国家社科基金
GUOJIA SHEKE JIJIN HOUQI ZIZHU XIANGMU
后期资助项目

U0955031

数字文献资源库要目总览

Directory of important digital literature resources database

王　英　等主编

西南大学出版社
SWUP 国家一级出版社 全国百佳图书出版单位

图书在版编目(CIP)数据

数字文献资源库要目总览 / 王英等主编. —
重庆：西南大学出版社，2022.11
ISBN 978-7-5697-1522-4

Ⅰ.①数… Ⅱ.①王… Ⅲ.①文献数据库—
内容提要—世界 Ⅳ.①TP311.135.9②G250.74

中国版本图书馆CIP数据核字(2022)第200439号

数字文献资源库要目总览
SHUZI WENXIAN ZIYUANKU YAOMU ZONGLAN

王 英 杨新涯 主编

项目负责人：李浩强
责 任 编 辑：郑祖艺 何思琴
责 任 校 对：钟宇欣
装 帧 设 计：闰江文化
照 排：吴秀琴
出 版 发 行：西南大学出版社（原西南师范大学出版社）
网 址：http://www.xdcbs.com
地 址：重庆市北碚区天生路2号
邮 编：400715
电 话：023-68868624
印 刷：重庆市正前方彩色印刷有限公司
成 品 尺 寸：165 mm × 238 mm
印 张：30.5
字 数：547千字
版 次：2022年11月 第1版
印 次：2022年11月 第1次印刷
书 号：ISBN 978-7-5697-1522-4

定 价：256.00元

国家社科基金后期资助项目
出版说明

后期资助项目是国家社科基金设立的一类重要项目，旨在鼓励广大社科研究者潜心治学，支持基础研究，多出优秀成果。它是经过严格评审，从接近完成的科研成果中遴选立项的。为扩大后期资助项目的影响，更好地推动学术发展，促进成果转化，全国哲学社会科学工作办公室按照“统一设计、统一标识、统一版式、形成系列”的总体要求，组织出版国家社科基金后期资助项目成果。

全国哲学社会科学工作办公室

收录说明

《数字文献资源库要目总览》是一部对中外文数字文献资源库及其表征按统一标准整理和揭示的工具书，其建构的数字文献资源库目录和知识地图，旨在为图书馆资源采购管理人员提供可检索和查询的供应信息和比对信息。

一、收录原则

1.内容范围

《数字文献资源库要目总览》按照中华人民共和国相关法律规范及政策规定，收录当前数字文献资源市场上在售的中外文数据库信息，包括：数据库的名称和简称，数据库平台，数据库网址，数据库的类型、文献类型、语种、学科分类、用户权限，数据库概况、资源访问模式、是否支持资源长期保存与元数据收割、资源统计方式、使用（试用）过的单位、用户评论等内容。

2.时间范围

所收数字文献资源库为当前市场上在售的数字文献资源库，收录时间截至2019年9月。

3.数据来源

本书所收录的信息由数据库产品开发商、供应商和代理商提供。

用户评论内容是通过高校图书馆数字资源采购联盟（DRAA）以用户采集、电话、QQ、走访等方式，收集而来的已使用（试用）过的单位对数据库的评价与建议。

二、收录规模

《数字文献资源库要目总览》共收录国产和进口数据库产品527个，包括期刊、图书、报纸、学位论文、会议论文、专利、标准、古籍、图片、音视频、法律法规、年鉴、数值数据、科技报告、科技成果、产品资料等类型。其中中文数据库215条，外文数据库312条，涉及130家数据库商。附录包括数据库类型索引、文献类型索引及数据库名索引。

全书分为上下两卷：上卷为中文数据库，收录国内外数据库平台语种以中文为主的数据库资源，共215条；下卷为外文数据库，收录国内外数据库平台语种以外文为主的数据库资源，共312条。

三、数据内容说明

数据库商名称：数字文献资源库供应商公司全称或业界约定俗成的名称。

数据库名称：数据库商提供的可订购数字文献资源库的产品全称或业界约定俗成的名称，部分名称后备注的产品版本不包含在数据库名称内。

简称：业界惯用数字文献资源库产品的简称，无简称的则沿用全称。

数据库平台：数字文献资源库所属的平台。一些平台包含多个数字文献资源库，如中国知网(CNKI)平台下面有中国博士学位论文全文数据库、中国学术期刊(网络版)、中国重要报纸全文数据库、中国重要会议论文全文数据库等，这里描述的平台为这些资源库所属的平台名称，即中国知网。

数据库网址：数据库的访问域名或所属数据库平台的访问域名，而非IP地址。

数据库类型：分为5大类，分别是全文数据库、索引(文摘)数据库、数值文本数据库、多媒体数据库、参考工具数据库。

文献类型：分为17种类型，分别为期刊、图书、报纸、学位论文、会议论文、专利、标准、古籍、图片、音视频、法律法规、年鉴、数值数据、科技报告、科技成果、产品资料、其他。

语种：数据库中所含资源、文献的语种，包括5种，分别是中文、英文、日文、俄文、其他。

学科分类：根据国务院学位委员会印发的《学位授予和人才培养学科目录(2011年)》划分的学科，包括哲学、经济学、法学、教育学、文学、历史学、理学、工学、农学、医学、军事学、管理学、艺术学等13大类。

用户权限：买断（永久使用）、使用权（一旦停购则不能使用）、部分买断（部分内容永久使用）等，有的数据库可以提供多种用户权限方案。

数据库概况：数据库的介绍和描述，包括数据库的内容、主要涉及领域、覆盖人群、市场认可情况、功能特色等。

资源访问模式：镜像站、远程访问等。

资源长期保存与元数据：数据库是否支持用户进行资源长期保存、是否支持用户收割元数据等。

资源统计：数据库是否定期主动提供资源使用统计、是否由图书馆自行查询资源使用统计、是否支持counter标准统计数据等。

使用（试用）过的单位：截至2019年9月使用过、试用过或被推荐使用该数据库的单位。

四、其他需要说明的事宜

（1）根据《高等学校图书馆数字资源计量指南》（2007年），中文电子期刊每种每年算1册，外文电子期刊每种每年算2册，不同数据库包含的同种书刊分别计算。

（2）文献资源库填写的基本单位是面向图书馆销售的子库。

（3）部分专业数字文献资源库因信息不全等原因未能收录。

（4）部分数据库信息存在内容不全或无法提供等现象。

（5）《数字文献资源库要目总览》采用剔除机制，剔除了质量较差的数据库信息。

（6）部分国外数据库名称、公司名称、出版单位或机构名称等无对应中文名称或行业内惯用英文表述，因此未进行中文括注。

（7）未尽事宜，由《数字资源文献库要目总览》编者解释。

目录

CONTENTS

附　录

上　卷

中文数据库

北京爱如生数字化技术研究中心

1. 中国辞书库

简称:中国辞书库
数据库平台:爱如生典海数字数据库平台
数据库网址:http://dh.ersjk.com/
数据库类型:全文数据库
文献类型:图书、古籍
语种:中文
学科分类:多学科
用户权限:买断(永久使用)、使用权(一旦停购则不能使用)
数据库概况:该库是专门收录历代语言文字类典籍的全文检索版大型古籍数据库,包括字书(文字学著作)、韵书(音韵学著作)、雅书(训诂学著作)以及综合性的字典、词典等。该库网罗先秦至民国的语言文字类著作共计1 000余部,搜集宋、元、明、清及民国各级善本共1 000余本。数据总量为录文约1.2亿字,影像约46万页,压缩后约2 GB。
资源访问模式:镜像站与远程访问
资源长期保存与元数据:支持用户进行资源长期保存、支持用户收割元数据
资源统计:定期主动提供资源使用统计
使用(试用)过的单位:中国国家博物馆、首都图书馆、苏黎世大学、哈佛大学等。
用户评论:该库设计较为精致,左图右文的浏览方式方便查看;服务用心。希望扩充资源,使其内容更为丰富。

2. 敦煌文献库

简称:敦煌库
数据库平台:爱如生典海数字数据库平台
数据库网址:http://dh.ersjk.com/
数据库类型:全文数据库
文献类型:图书、古籍
语种:中文
学科分类:多学科
用户权限:买断(永久使用)、使用权(一旦停购则不能使用)

数据库概况：该库是专门收录敦煌汉文文献的全文检索版大型古籍数据库。该库辑录现藏于中国和英、法、俄、德、日等国的30 000余件敦煌汉文文献，分为佛书编、遗书编、文书编。该库根据原件照片或原件扫描件制成高精度的数码影像，辅以数字再造技术制成保留原件所有信息的数码全文，采用还原式页面，逼真再现敦煌文献的各种复杂书式。数据总量为录文约1亿字，影像约30万页，压缩后约100 GB。

资源访问模式：镜像站与远程访问

资源长期保存与元数据：支持用户进行资源长期保存、支持用户收割元数据

资源统计：定期主动提供资源使用统计

使用(试用)过的单位：中国国家图书馆、甘肃省图书馆、甘肃教育出版社、中国国家博物馆、深圳市文物考古鉴定所、四川大学、兰州大学、宁夏大学、北京服装学院、香港城市大学、莱顿大学、哈佛大学、普林斯顿大学等。

用户评论：该库收录资源丰富，文献版本较多且多为孤本。

3. 中国方志库

简称：爱如生方志库

数据库平台：爱如生典海数字数据库平台

数据库网址：http://dh.ersjk.com/

数据库类型：全文数据库

文献类型：图书、古籍

语种：中文

学科分类：历史学

用户权限：买断(永久使用)、使用权(一旦停购则不能使用)

数据库概况：该库是专门收录历代地方志类典籍的全文检索版大型古籍数据库。该库网罗广博，所收汉魏至民国地方志达10 000余部，宋、元、明、清及民国各级善本10 000余本。该库采用其独有的数字再造技术，以还原式页面呈现内容，可左图右文逐页对照；原书版式及眉批、夹注、图表、标记等均有录入，并在原位置上非嵌入式显示。同时该库配备强大的检索系统，可进行毫秒级的快速海量全文检索和一站式的整理研究作业。数据总量为录文约20亿字，影像约1 000万页，压缩后约350 GB。

资源访问模式：镜像站与远程访问

资源长期保存与元数据：支持用户进行资源长期保存、支持用户收割元数据

资源统计:定期主动提供资源使用统计

使用(试用)过的单位:中国国家图书馆、首都图书馆、湖北省图书馆、常州市图书馆、建瓯市图书馆、东莞图书馆、金华市图书馆、温州市图书馆、松江区图书馆、太仓市图书馆、泰州市图书馆、武进图书馆、佛山市图书馆、萧山图书馆等。

用户评论:该库支持全文检索。希望其能扩展资源,不仅收录古方志,也收录新方志。

4. 红色历史文献库

简称:红色历史文献库

数据库平台:爱如生典海数字数据库平台

数据库网址:http://dh.ersjk.com/

数据库类型:全文数据库

文献类型:期刊、报纸

语种:中文

学科分类:多学科

用户权限:买断(永久使用)、使用权(一旦停购则不能使用)

数据库概况:该库是汇集中国共产党领导的中国革命历史文献的全文检索版大型数据库。该库分为红色大报、红色名刊、红色纪实三篇,收录自1915年新文化运动至1949年新中国成立期间,中国共产党及外围组织公开和秘密出版的各类报纸、期刊,中国共产党领导人、共产党员以及党外友好人士、国外友好人士公开发表的各类著作、纪实文章,总计200余种。该库根据初印原件或权威复印件,运用数字化技术,以三窗点选式页面,实现影像和录文可逐页对照,毫秒级的全文检索。数据总量为录文约20亿字,影像约100万页,压缩后约30 GB。

资源访问模式:镜像站与远程访问

资源长期保存与元数据:支持用户进行资源长期保存、支持用户收割元数据

资源统计:定期主动提供资源使用统计

使用(试用)过的单位:中共中央党校(国家行政学院)、中华人民共和国最高人民法院、中国社会科学院、中国国家博物馆、重庆图书馆、北京服装学院、西南政法大学、信阳师范学院、西北师范大学、西华师范大学、香港中文大学等。

用户评论:该库资源收录全面,史料珍贵,是党建研究的一手资料。

5. 中国谱牒库

简称：中国谱牒库

数据库平台：爱如生典海数字数据库平台

数据库网址：http://dh.ersjk.com/

数据库类型：全文数据库

文献类型：图书、古籍

语种：中文

学科分类：历史学

用户权限：买断（永久使用）、使用权（一旦停购则不能使用）

数据库概况：该库是专门收录历代谱牒类典籍的全文检索版大型古籍数据库。该库共收录唐、宋、元、明、清历代家谱36 000余部、年谱1 500余部、仕谱10 000余部、日谱500余部，共计50 000余部。该库采用数字再造技术，以还原式页面呈现内容，可左图右文逐页对照；原书版式及眉批、夹注、图表、标记等均有录入，并在原位置非嵌入式显示。该库可进行毫秒级的全文检索和一站式整理研究作业，为综览历代谱牒并提取其中丰富的信息、进行计量化研究开辟了广阔的前景。数据总量为录文约60亿字，影像约3 000万页，压缩后约1 TB。

资源访问模式：镜像站与远程访问

资源长期保存与元数据：支持用户进行资源长期保存、支持用户收割元数据

资源统计：定期主动提供资源使用统计

使用（试用）过的单位：首都图书馆、南京图书馆、中国国家博物馆、深圳市文物考古鉴定所、北京大学、中山大学、四川大学、山东大学、兰州大学、郑州大学、温州大学、南京信息工程大学、香港中文大学（深圳）、陕西师范大学、首都师范大学、西北师范大学、浙江师范大学等。

用户评论：该库检索速度快，资源较为丰富。希望其能扩充资源，收录民间族谱、家谱。

6. 四库系列库

简称：四库系列库

数据库平台：爱如生典海数字数据库平台

数据库网址：http://dh.ersjk.com/

数据库类型：全文数据库

文献类型: 图书、古籍

语种: 中文

学科分类: 多学科

用户权限: 买断(永久使用)、使用权(一旦停购则不能使用)

数据库概况: 该库是围绕清修《四库全书》汇辑历代典籍的全文检索版系列数据库。该库广搜博采,汇辑“清修四库”采录之书、列为存目之书、毁弃之书、未收之书,按清修四库的处理方式,编为4个既互相联系又各自独立的子库,既展现“清修四库”的全貌,又显示“清修四库”的不同侧面。全库共收录历代典籍9 000余部,宋、元、明、清及民国各级善本共9 209本。数据总量为录文约17亿字,影像约940万页,压缩后约327 GB。

资源访问模式: 镜像站与远程访问

资源长期保存与元数据: 支持用户进行资源长期保存、支持用户收割元数据

资源统计: 定期主动提供资源使用统计

使用(试用)过的单位: 故宫博物院、西北大学、宁夏大学、浙江省社会科学院、香港大学、台湾清华大学、台湾辅仁大学、哈佛大学、斯坦福大学、加利福尼亚大学伯克利分校等。

用户评论: 该库收录各种不同版本的“四库”资源,按“清修四库”的处理方式建4个子库,资源较珍贵。希望能降低价格。

7. 中国基本古籍库

简称: 中国基本古籍库

数据库平台: 爱如生典海数字数据库平台

数据库网址: http://dh.ersjk.com/

数据库类型: 全文数据库

文献类型: 图书、古籍

语种: 中文

学科分类: 多学科

用户权限: 买断(永久使用)、使用权(一旦停购则不能使用)

数据库概况: 该库分为4个子库、20个大类、100个细目,精选先秦至民国的历代重要典籍,包括流传千古的名著、各学科基本文献以及罕见而实用的特殊著作等,各据通行善本,采用数字化技术制成数码全文,另附1—2个珍贵版本的影像。总计收书约10 000部、170 000卷,共12 500余个版本。数据总量为录文约17亿字,影像约1 200万页,压缩后约330 GB。

资源访问模式：镜像站与远程访问

资源长期保存与元数据：支持用户进行资源长期保存、支持用户收割元数据

资源统计：定期主动提供资源使用统计

使用(试用)过的单位：中国国家图书馆、首都图书馆、天津图书馆、南京图书馆、湖北省图书馆、山东省图书馆、浙江图书馆、广东省立中山图书馆、四川省图书馆、深圳图书馆、东莞图书馆、江阴市图书馆、中国国家博物馆、故宫博物院、上海博物馆、深圳博物馆、深圳市文物考古鉴定所等。

用户评论：该库资源收录全面，检索速度快，支持全文检索。价格略贵。

8. 中国金石库

简称：中国金石库

数据库平台：爱如生典海数字数据库平台

数据库网址：http://dh.ersjk.com/

数据库类型：全文数据库

文献类型：图书、古籍、图片

语种：中文

学科分类：历史学

用户权限：买断(永久使用)、使用权(一旦停购则不能使用)

数据库概况：该库是专门收录历代金石文献的全文检索版大型古籍数据库，收录上古至民国初期的金石文献，其中金石拓片10万件，金石志书2 000余部。每部志书各据善本，每件拓片各据照片或影印件扫描并加以订释，采用数字再造技术制作，以还原式页面呈现内容，可左图右文逐页对照。原书版式及眉批、夹注、图表、标记及古文字、重叠字、颠倒字无障碍录入，并在原位置非嵌入式显示。数据总量为录文5亿字，影像300万页，压缩后200 GB。

资源访问模式：镜像站与远程访问

资源长期保存与元数据：支持用户进行资源长期保存、支持用户收割元数据

资源统计：定期主动提供资源使用统计

使用(试用)过的单位：中国国家博物馆、云南大学、西北大学、河北大学、宁夏大学、河北师范大学、中国美术学院、浙江大学、浙江师范大学、西华师范大学等。

用户评论：该库资源质量高，支持全文检索。希望其能扩充资源，增加拓片类资源。

9. 中国近代大报库·申报数据库

简称：申报

数据库平台：爱如生典海数字数据库平台

数据库网址：http://dh.ersjk.com/

数据库类型：全文数据库

文献类型：报纸

语种：中文

学科分类：多学科

用户权限：买断（永久使用）、使用权（一旦停购则不能使用）

数据库概况：该库收录《申报》自1872年4月30日创刊至1949年5月27日终刊共27 534份报纸。该库采用原报胶卷数字还原件制作，影像精度在300 DPI以上，录文包括全部新闻、副刊和广告；采用三窗点选式全图页面，影像和录文可逐页对照，时间与区位可自由切换。该库同时配备功能强大的检索系统，可进行毫秒级的全文检索和一站式的整理研究作业。数据总量为录文约18亿字，影像约42万页，压缩后约300 GB。

资源访问模式：镜像站与远程访问

资源长期保存与元数据：支持用户进行资源长期保存、支持用户收割元数据

资源统计：定期主动提供资源使用统计

使用（试用）过的单位：北京大学、南京大学、复旦大学、厦门大学、中山大学、武汉大学、四川大学、河南大学、苏州大学、扬州大学、湖北大学、西北大学、香港中文大学（深圳）、华东师范大学、华中师范大学、河南师范大学、江苏师范大学、杭州师范大学、内蒙古师范大学等。

用户评论：该库内容较珍贵，支持全文检索，检索效率高，用户满意度较高。

10. 中国近代大报库（晚清民国大报库）

简称：中国近代大报库

数据库平台：爱如生典海数字数据库平台

数据库网址：http://db.ersjk.com/

数据库类型：全文数据库

文献类型：报纸

语种：中文

学科分类：多学科

用户权限：买断（永久使用）、使用权（一旦停购则不能使用）

数据库概况：该库是精选晚清民国时期大型报纸的全文检索版历史文献数据库，收录自清同治十一年（1872年）至民国三十八年（1949年）70余年间，存续时间长、影响范围广、史料价值高的大型报纸20种。所收报纸除少数残损外，基本完整。该库内容有些据胶片还原，有些据权威复印件扫描，精度均在300 DPI以上。数据总量为录文约150亿字，影像约300万页，压缩后约1 TB。

资源访问模式：镜像站与远程访问

资源长期保存与元数据：支持用户进行资源长期保存、支持用户收割元数据

资源统计：定期主动提供资源使用统计

使用（试用）过的单位：中国国家博物馆、中山大学、河南大学、扬州大学、香港中文大学（深圳）、河北师范大学、华东师范大学等。

用户评论：该库收录近代中国影响较大的主要报纸，内容丰富，包罗万象。希望其能扩充资源，收录部分小报。

11. 中医典海库

简称：中医典海库

数据库平台：爱如生典海数字数据库平台

数据库网址：http://dh.ersjk.com/

数据库类型：全文数据库

文献类型：图书、古籍

语种：中文

学科分类：医学

用户权限：买断（永久使用）、使用权（一旦停购则不能使用）

数据库概况：该库是汇集历代中医药典籍的全文检索版大型古籍数据库。该库博采精选，撮要删繁，收录自先秦至民国具有学术价值、实用价值和版本价值的历代中医药典籍2 000余部，内容广及医经、本草、诊法、方书、针灸、临症各科、养生及医案、医话、医论等，同时按照完本、母本和后出转精本标准，慎选宋、元、明、清各级善本以及日本、高丽刊本，其中孤本和稀见本近30%。

资源访问模式:镜像站与远程访问

资源长期保存与元数据:支持用户进行资源长期保存、支持用户收割元数据

资源统计:定期主动提供资源使用统计

使用(试用)过的单位:江西中医药大学、福建中医药大学、成都中医药大学、陕西中医药大学、南京中医药大学、湖北中医药大学、上海中医药大学、辽宁中医药大学、山西中医药大学、广州中医药大学、香港大学、香港中文大学、澳门科技大学等。

用户评论:该库收录资源质量较高,种类丰富,使用体验好。

联合百科电子出版有限公司

1. 标点古今图书集成

简称:标点古今图书集成

数据库平台:台湾学术经典

数据库网址:http://chinesebooks.udpweb.com.tw/

数据库类型:全文数据库

文献类型:期刊、古籍

语种:中文

学科分类:多学科

用户权限:买断(永久使用)、使用权(一旦停购则不能使用)

数据库概况:该库收录民国二十三年(1934年)中华书局影印出版的《古今图书集成》。它是中国现存最大型、最重要的类书之一,也是全世界最大的百科全书之一。其涵盖我国从上古时代到明末清初的文献,举凡天文地理、人伦规范、文史哲学、自然艺术、经济政治、教育科举、农桑渔牧、医药偏方……该库最大的特点在于秒级检索的快速和只字不差的准确性,不但可以检索全文的任意字词,在几秒内呈现检索结果,还可调阅原始版面对照浏览。

资源访问模式:镜像站与远程访问

资源长期保存与元数据:支持用户进行资源长期保存、支持用户收割元数据

资源统计:定期主动提供资源使用统计

使用(试用)过的单位:沈阳市图书馆、上海中医药大学、温州大学、宁波图书馆、宁波大学、舟山市图书馆、苏州科技大学、江西警察学院、福建省图书馆、河南中医药大学、洛阳师范学院、云南中医药大学等。

用户评论:该库收录的版本为标点标注版,方便学生使用。希望其能提供无标点的对照本作为参照。

2. "中研院"经典人文学刊

简称:经典人文学刊库

数据库平台:台湾学术经典

数据库网址:http://db1.udpweb.com.tw/udp/

数据库类型:全文数据库

文献类型:期刊、图片、古籍

语种:中文

学科分类:多学科

用户权限:买断(永久使用)、使用权(一旦停购则不能使用)

数据库概况:该库收录台湾"中研院"史语所、文哲所、近史所、民族所及台史所等的核心汉学期刊,及台湾顶尖经典人文学刊:《汉学研究》《思与言》《食货》《鹅湖》等14种。这些期刊均完整回溯至创刊号,这在全球是首屈一指的。同时该库独家提供早期内文100%精确检索功能,尤其是《历史语言研究所集刊》《汉学研究》等高难度早期过刊的完整精确检索。

资源访问模式:远程访问

资源长期保存与元数据:支持用户进行资源长期保存、支持用户收割元数据

资源统计:定期主动提供资源使用统计

使用(试用)过的单位:中华女子学院、苏州科技大学、厦门大学、南昌航空大学、井冈山大学、河南中医药大学、湖南大学、兰州大学、甘肃省图书馆、宁夏大学、西北师范大学、西南民族大学、重庆图书馆等。

用户评论:该库收录全面,尤其是台湾"中研院"系列,为人文社会科学研究提供了较大的帮助。

3. 历代书法碑帖集成

简称:历代书法碑帖集成

数据库平台:台湾学术经典

数据库网址:http://www.udpweb.com.tw/calligraphy1/

数据库类型：全文数据库

文献类型：古籍

语种：中文

学科分类：文学、历史

用户权限：买断（永久使用）、使用权（一旦停购则不能使用）

数据库概况：该库将全文检索技术整合入传统“书法字典”与“碑帖赏析”，共有全帖库、单字库两大检索数据库，包含甲骨金文、秦汉古拓、敦煌写经、南北朝墓志、唐宋碑帖、金元珍本、明清墨迹等。该库由海峡两岸编辑从公共版权出版物中或辑录或借摄，选择历朝代表性书法家保留完好的作品，采用Unicode（统一码）录字制作而成。遇罕见古字无法原形照录时，该库以通用之异体字代替，以便每个字都能检索。

资源访问模式：镜像站与远程访问

资源长期保存与元数据：支持用户进行资源长期保存、支持用户收割元数据

资源统计：定期主动提供资源使用统计

使用（试用）过的单位：中国国家图书馆、温州大学、苏州科技大学、浙江图书馆、香港理工大学、香港中文大学、香港浸会大学等。

用户评论：该库界面清晰易懂，使用简单，收录拓片较全面、清晰度较高，获得书法研究者的好评。但其缺少近现代书法家的作品，希望能扩宽收录范围。

4. 台湾人社百刊

简称：台湾人社百刊

数据库平台：台湾学术经典

数据库网址：http://120.79.21.78/tjs/

数据库类型：全文数据库

文献类型：期刊、图书、图片

语种：中文

学科分类：多学科

用户权限：买断（永久使用）、使用权（一旦停购则不能使用）

数据库概况：该库于2015年推出。为方便人文学者与社会科学学者互作跨领域的研究，该库以收纳全台湾优质人文社会学刊数百刊为目标，目前收录台湾人文学引文索引核心期刊（THCI Core），台湾人文学核心期刊（THCI），台湾社会科学核心期刊（TSSCI）等60%以上学刊，每刊尽可能

回溯至创刊号，甚至针对版权征集不全的学刊，也自动请缨代征授权，以求完整数字化保存优质文献。该库支持中文、英文。简体中文、繁体中文在同一界面中，切换甚为便利，用户可以输入简体中文、繁体中文、英文关键词进行搜寻。其中部分文献价值特殊的独家期刊，被制成了单库，供非学术社群单独选购。

资源访问模式：远程访问

资源长期保存与元数据：支持用户进行资源长期保存、支持用户收割元数据

资源统计：定期主动提供资源使用统计

使用(试用)过的单位：重庆工商大学、天水师范学院、湖南师范大学、兰州大学等。

用户评论：该库内容质量较高，部分资源独有；检索方便，数据库平台人性化设计合理；使用便捷。

5. 台湾文献丛刊

简称：台湾文献丛刊

数据库平台：台湾学术经典

数据库网址：http://tai.udpweb.com/

数据库类型：全文数据库

文献类型：图书、古籍

语种：中文

学科分类：文学、历史

用户权限：买断(永久使用)、使用权(一旦停购则不能使用)

数据库概况：该库收录了唐、宋、元、明、清以及日本非法侵占台湾时期的台湾方志、明郑史料、清代档案、南明史籍、诗文辑录，以贴近台湾史的观点，记录与诠释台湾各地区的开发历史、城市演变、人物事迹、风土民情、诗文传承等。该库以方志等8大类别为目录分类，篇章内容以简体中文、繁体中文呈现，软件界面则有简体中文版、繁体中文版、英文版等多种语言版本。

资源访问模式：镜像站与远程访问

资源长期保存与元数据：支持用户进行资源长期保存、支持用户收割元数据

资源统计：定期主动提供资源使用统计

使用(试用)过的单位：沈阳市图书馆、海南省图书馆、清华大学、温州

大学、泉州师范学院、厦门大学、洛阳师范学院等。

用户评论：该库资源价值较高。但其研究受众面较窄，希望能多扩充资源。

6. 台湾文献丛刊续编

简称：台湾文献丛刊续编

数据库平台：台湾学术经典

数据库网址：http://taisyu.udpweb.com/

数据库类型：全文数据库

文献类型：图书、古籍

语种：中文

学科分类：多学科

用户权限：买断（永久使用）、使用权（一旦停购则不能使用）

数据库概况：该库收录了1958年之前的中文著作或档案，其中主要为明清两代和日本非法侵占台湾时期与民国时期的著作和文献，少量收集了既诠释史实又可与已收录的同类主题文献形成参照的现代著作。所收书种包括台湾地区数个重量级台湾史研究机构和出版社的出版物、档案，以及原藏于大陆各大学图书馆的珍本、孤本、稿本，后来翻印成书在民间广为流通的文献资料。为避免资源重复，已有数字化专门文件的资料，或已列入官方、民间数字出版计划内的文献，该库不予收录。

资源访问模式：镜像站与远程访问

资源长期保存与元数据：支持用户进行资源长期保存、支持用户收割元数据

资源统计：定期主动提供资源使用统计

使用（试用）过的单位：沈阳市图书馆、海南省图书馆、温州大学等。

用户评论：该库弥补了近现代台湾史料的不足，尤其是其保留的大量一手的手稿，比较珍贵。希望跟"台湾文献丛刊"整合，方便用户使用。

7. 雄狮美术知识库

简称：雄狮美术知识库

数据库平台：台湾学术经典

数据库网址：http://db1.udpweb.com/tw/lion/

数据库类型：全文数据库

文献类型：期刊、图片、年鉴

语种:中文

学科分类:艺术学

用户权限:买断(永久使用)、使用权(一旦停购则不能使用)

数据库概况:该库于2013年正式上市,完整收录了台湾知名老牌艺术出版社“雄狮图书公司”出版的307期《雄狮美术月刊》。《雄狮美术月刊》创刊于1971年,1996年停刊,堪称当时台湾民间最具知名度和影响力的艺术期刊之一,记录着四分之一个世纪的台湾艺术史,见证了台湾的美术史发展,影响深远。该库另有专业艺术辞库:雄狮长销出版物《中国美术辞典》、《西洋美术辞典》及《台湾美术年鉴》,搭配雄狮招牌内容,是艺术赏析与艺术教育的最佳参考库之一。

资源访问模式:远程访问

资源长期保存与元数据:支持用户进行资源长期保存、支持用户收割元数据

资源统计:定期主动提供资源使用统计

使用(试用)过的单位:中央美术学院、洛阳师范学院、中国美术学院等。

用户评论:该库收录内容较为全面,图片比较清晰。希望后续能收录国外各博物馆的有关绘画、雕塑、版画等馆藏资源。

北京北大英华科技有限公司

北大法宝

简称:北大法宝

数据库平台:北大法宝

数据库网址:http://www.pkulaw.com/

数据库类型:全文数据库

文献类型:期刊、法律法规

语种:中文

学科分类:法学

用户权限:使用权(一旦停购则不能使用)

数据库概况:该库包括8大数据库约3 300万条数据资料,从1985年至今,形成了一套完善的数据收集、校对、分类体系。该库具备信息检索功能,提供多库检索、高级检索、二次检索等丰富的检索方式,具有很强的编

辑和保存功能。该库数据以纯电子文本格式收录,可直接保存文档;具备效力标注功能,标注有法规时效性,并注明了时效变化原因。

资源访问模式:远程访问

资源长期保存与元数据:不支持用户进行资源长期保存、不支持用户收割元数据

使用(试用)过的单位:吉林大学、哈尔滨工业大学、大连海洋大学、中国政法大学、清华大学、北京大学、中国人民大学、北京理工大学、浙江大学、南京大学、暨南大学、中山大学、武汉大学、湖南大学、新疆大学、四川大学、西南大学、西南政法大学、重庆大学等。

用户评论:该库内容全面,可以通过一个法条关联到相关文献资料,使用方便。该库的自动生成案例报告功能太单一,希望能进一步完善。

北京爱迪科森教育科技股份有限公司

1. 天天微学习中心

简称:微学习

数据库平台:天天微学习中心

数据库网址:http://wxuexi.cn/

数据库类型:多媒体数据库

文献类型:音视频

语种:中文

学科分类:多学科

用户权限:使用权(一旦停购则不能使用)

数据库概况:该库倡导“移动微学习”的基本理念,将23 000余部微课资源按属性和适用人群两个维度进行揭示,将相关知识点汇总成专题形式,让用户可更加深层次地发现感兴趣的内容,建立起长期观看的习惯。同时该库结合了产品移动终端的使用功能,便于使用者高效利用碎片化时间,快速查找、学习并掌握知识点,达到“碎片时间微学习、移动学习快充电”的效果。

资源访问模式:远程访问

资源长期保存与元数据:不支持用户进行资源长期保存、不支持用户收割元数据

资源统计: 定期主动提供资源使用统计

使用(试用)过的单位: 重庆大学、西南大学、西南政法大学、哈尔滨工业大学、山东大学、南京师范大学、中山大学、华中科技大学、西北林业大学、中国石油大学等。

用户评论: 该库资源内容丰富,资源简短、精细,有利于用户利用碎片化时间进行学习。数据库平台运行稳定,结合微信端使用,不受IP限制,人性化特点突出,用户满意度较高。

2. 网上报告厅

简称: 网报

数据库平台: 网上报告厅

数据库网址: http://www.wsbgt.com/

数据库类型: 多媒体数据库

文献类型: 音视频

语种: 中文

学科分类: 多学科

用户权限: 使用权(一旦停购则不能使用)

数据库概况: 该库是2005年推出的国内大型多媒体数据库,其内容包括学术报告和学术鉴赏两部分。该库拥有包括著名院士、政府领导、专业研究人员在内的千余名国内外一流专家学者的强大讲师阵容,积累了43 000余篇精彩报告,涵盖了科技、人文、经济、政治等诸多领域的新知识与新视点。

资源访问模式: 镜像站与远程访问

资源长期保存与元数据: 支持用户进行资源长期保存、支持用户收割元数据

资源统计: 定期主动提供资源使用统计

使用(试用)过的单位: 重庆大学、西南大学、西南政法大学、重庆工商大学、电子科技大学、吉林大学、中国石油大学、北京大学、浙江大学、中山大学、华中科技大学、四川大学等。

用户评论: 该库资源丰富,知名专家较多,大部分内容较权威,对提升学生文化素养有较大帮助。数据库平台运行稳定,界面简单友好,使用方便。整个数据库平台资源分类比较笼统,用移动数据观看会耗费大量流量。

3. 职业全能培训库

简称:职业库

数据库平台:职业全能培训库

数据库网址:http://www.bjadks.cn/

数据库类型:多媒体数据库

文献类型:音视频

语种:中文

学科分类:多学科

数据库概况:该库是以就业为导向的综合性多媒体教育培训数据库平台。其内容涵盖了求职、考研、留学、创业、公务员考试等,是集课程学习、职业资讯、职业测评、学习评估、网上考试、互动社区、职业速配、系统管理等先进的学习与管理功能为一体的在线学习数据库平台。该库还与职业资格考试和技能培训课程相结合,为图书馆提供高效、便捷、优质的资源建设方案,让用户体验数字化时代全新的学习方式,享受完全免费的优秀资源。

资源访问模式:镜像站与远程访问

资源长期保存与元数据:支持用户进行资源长期保存、支持用户收割元数据

资源统计:定期主动提供资源使用统计

使用(试用)过的单位:重庆工商大学、哈尔滨工业大学、山东大学、南京师范大学、中山大学、华中科技大学、西北林业大学、曲阜师范大学等。

用户评论:该库资源内容丰富,数据库中收录课程的讲师知名度较高,有较多的名人创业案例,结合数据库平台的试题测试,用户体验好。数据库平台界面稍显散乱。

北京爱说吧科技有限公司

口语伙伴交互式学习数据库

简称:口语伙伴

数据库平台:口语伙伴交互式学习数据库

数据库网址:http://calis.isayb.com/

数据库类型:多媒体数据库

文献类型：音视频

语种：中文、英文

学科分类：文学

用户权限：使用权（一旦停购则不能使用）

数据库概况：该库于2010年9月正式推向市场，为大中小学提供英语（及部分小语种）听说训练的技术支持和资源服务，是一个利用语音识别技术帮助学习者纠正发音、增进语感、提升表达能力的数据库。学习者在电脑端上使用时，其系统可以对学习者的录音和原声音频进行逐字逐句的识别对比，给出精准的打分评价，激励学习者反复练习，不断修正。电脑端同时还提供跟读、复述与听写功能。其手机端可以使学习者实现随时听学，适合碎片时间使用。

资源访问模式：远程访问

资源长期保存与元数据：支持用户进行资源长期保存、支持用户收割元数据

资源统计：定期主动提供资源使用统计

使用（试用）过的单位：大连理工大学、北京大学、清华大学、中国农业大学、中国石油大学、北京邮电大学、中国科学技术大学、同济大学、长安大学、重庆大学、西南大学、四川农业大学、中国人民解放军陆军军医大学等。

用户评论：该库较为实用，可在微信端使用，比较适合用户碎片式学习。其课程访问和功能设计简洁。

北京安雅达教育科技有限公司

环球英语多媒体资源库

简称：环球英语

数据库平台：环球英语多媒体资源库

数据库网址：http://www.englibrary.com/

数据库类型：多媒体数据库

文献类型：音视频

语种：中文、英文

学科分类：文学

用户权限：使用权（一旦停购则不能使用）

数据库概况：该库是在教育部“高等学校本科教学质量与教学改革工

程”方针下，专门为高校图书馆推出的精品课程数据库。该库涵盖出国英语、学历英语、应用英语、职业英语、热门小语种、职称英语等6大类，几百门课程，约20 000集课程视频，充分满足在校大学生考试、外语学习、出国、求职等多种实际需求。

资源访问模式：镜像站与远程访问

资源长期保存与元数据：支持用户进行资源长期保存、支持用户收割元数据

资源统计：定期主动提供资源使用统计

使用(试用)过的单位：吉林大学、大连大学、大连外国语大学、中国计量大学、东华大学、中山大学、华南理工大学、深圳大学、广州大学、暨南大学、湖南大学、中南大学、国防科技大学、湘潭大学、兰州大学、宁夏大学、石河子大学、电子科技大学、四川农业大学等。

用户评论：该库包含各类英语资源，视频量大，能满足用户对英语多方面的学习需求。

北京百智享科技有限公司

1. 经济学教研资源系统

简称：经济学教研资源系统

数据库平台：百智享

数据库网址：http://econ.e-courses.cn/

数据库类型：全文数据库、数值文本数据库、多媒体数据库、参考工具数据库

文献类型：图片、年鉴、数值数据、法律法规

语种：中文

学科分类：经济学

用户权限：使用权(一旦停购则不能使用)

数据库概况：该库是北京百智享科技有限公司联合西南财经大学、武汉大学、厦门大学等高校经济学领域专家，充分挖掘一线教师教学与科研实践中对真实数据、文献案例、仿真建模等的迫切需求，基于“数据库+教学模型+教学案例+互动分享”的理念，倾力打造的教学科研服务平台。该库于2013年正式推出，包括经济资讯、经济地图、经济案例、经济课件、经济模型、经济优课、经济数据、在线题库、经济实训等9个板块。

资源访问模式：远程访问

资源长期保存与元数据：支持用户进行资源长期保存、支持用户收割元数据

资源统计：定期主动提供资源使用统计

使用(试用)过的单位：东北财经大学、对外经济贸易大学、河北经贸大学、上海财经大学、浙江财经大学、江西财经大学、山西财经大学、重庆工商大学、西南财经大学等。

用户评论：该库和教材匹配，可以直接用于课堂教学，数据真实，符合理论教学与实践教学相结合的理念，有助于培养学生解决实际问题的能力和创新创造的能力。其资源类型丰富，功能较强大。建议该库多开发其他财经课程和增加实验教学案例。

2. 数据星球统计数据库

简称：数据星球

数据库平台：百智享

数据库网址：http://data-planet.com.cn/

数据库类型：数值文本数据库、参考工具数据库

文献类型：年鉴、数值数据

语种：中文、英文

学科分类：多学科

用户权限：使用权(一旦停购则不能使用)

数据库概况：该库是基于网络的全球最大规模的统计数据库之一，集成了来自包括中国、美国、欧洲各国等在内的全球70多个数据库商提供的各国统计数据，拥有超过2 500亿条数据记录，其中包括200多亿条的时间序列数据。该库为用户提供标准化、结构化的统计数据，用户界面简单易学。用户可以搜索、查询或按专题浏览数据，可在不同层面上进行海量数据比较分析，生成各种统计表格、统计图形和地图。

资源访问模式：远程访问

资源统计：定期主动提供资源使用统计

使用(试用)过的单位：北京工商大学、中央财经大学等。

用户评论：该库数据来源广、数据指标丰富，具备数据对比、多样化的数据呈现、可视化地图数据分享等功能，数据集成度高，整合了全球几十个机构的统计数据，调用方便。该库部分指标数据不全。

3. 中国人文社科空间数据分析平台

简称:CGE
数据库平台:百智享
数据库网址:http://chinageoexplorer.org.cn/
数据库类型:数值文本数据库、参考工具数据库
文献类型:年鉴、数值数据
语种:中文
学科分类:多学科
用户权限:使用权(一旦停购则不能使用)

数据库概况:该库是基于全国、省级、市级、县级、乡级等行政级别的人口、经济、土地利用等数据的空间统计与智能分析(空间数据集成、空间信息分析、空间决策支持)的数据库平台,以PaaS(平台即服务)方式为用户提供数据服务,按空间位置为用户展示数据分布状态,按时间序列展示历史数据变化过程。

资源访问模式:远程访问
资源统计:定期主动提供资源使用统计

使用(试用)过的单位:北京工商大学、南开大学、华东理工大学、中山大学、武汉大学、西安交通大学、西南财经大学等。

用户评论:该库数据权威、全面,可直接引用,而且数据指标可达乡级,支持自有数据的上传及多种文件格式的输出,具有多样化的可定制报告生成功能。该库数据资源需要增加。

北京华通人商用信息有限公司

中国统计数据应用支持系统

简称:中国统计数据应用支持系统
数据库平台:百智享
数据库网址:http://info.acmr.cn/
数据库类型:全文数据库、数值文本数据库、参考工具数据库
文献类型:年鉴、数值数据
语种:中文
学科分类:经济学

用户权限：使用权（一旦停购则不能使用）

数据库概况：该库为涵盖了宏观、区域、行业、企业等范围的经济运行状态、结构变化、发展趋势及政策效应等信息的商用信息数据库。可为用户快速掌握最新的数据、资讯和分析报告提供支持，大大提高用户查询资料、处理图表和生成报告的效率。

资源访问模式：远程访问

资源长期保存与元数据：支持用户进行资源长期保存、支持用户收割元数据

资源统计：定期主动提供资源使用统计

使用（试用）过的单位：清华大学、上海财经大学、贵州财经大学等。

用户评论：该库数据较权威、全面，连续性和专业性强，指标分类科学严谨，数据更新及时、准确度高，数据库平台功能较强大，特别是咨询报告对相关课题研究有较大的帮助。该库需要增加对微观数据的收录。

北京扮客信息技术有限公司

新生入馆培训数据库

简称：晓图®

数据库平台：新生入馆培训数据库

数据库网址：http://360banke.com/

数据库类型：多媒体数据库

文献类型：其他

语种：中文

学科分类：多学科

用户权限：买断（永久使用）、使用权（一旦停购则不能使用）

数据库概况：该库于2011年推向市场，主要用于高校图书馆对新生的入馆培训。该库打破传统的课件学习形式和考试形式，对图书馆进行三维建模，并运用RPG（角色扮演游戏）闯关的体验形式，让使用者在轻松的过程中完成对图书馆的认知。该库涉及图书馆三维建模、图书馆概况、入馆须知、馆藏查询、图书借阅、电子资源、自动设施、读者服务、应急逃生等多个方面的上百个知识点，以漫游知识库、新生闯关题库、互动小游戏库、闯关剧本库等多种形式呈现。

资源访问模式：镜像站与远程访问

资源长期保存与元数据：支持用户进行资源长期保存、支持用户收割元数据、向使用单位提供数字资源的元数据

资源统计：由图书馆自行查询资源使用统计

使用（试用）过的单位：哈尔滨工业大学、清华大学、上海交通大学、湖南大学、中南大学、四川大学、电子科技大学、西藏大学等。

用户评论：该库内容丰富、形式新颖，与图书管理系统对接，通过互动小游戏、知识问答等环节增强新生入馆培训的互动性和趣味性。新生完成入馆培训闯关后，系统可自动为其开通借阅权限，提升了入馆培训的质量与新生参与的积极性。完成培训的新生，对常见基础问题的咨询频率明显降低。但该库讲解采用机器配音，感情不足，听起来较僵硬，个别讲解内容过于冗长，剧情不够丰富，讲解不够生动。

北京碧虚文化有限公司

碧虚文化管理系统

简称：碧虚网

数据库平台：碧虚文化管理系统

数据库网址：http://www.bixu.cc/

数据库类型：全文数据库

文献类型：期刊、报纸、图片、音视频、数值数据、科技报告、产品资料

语种：中文

学科分类：经济学

用户权限：使用权（一旦停购则不能使用）、所有权

数据库概况：该库集成了企业内部手册、内部期刊、内部报纸、内部视听等各种企业内部资料，通过文字、图片、音频、视频等多种形式对企业内部资料进行全方位的展示，提供行业名称、企业名称、内刊名称、标题、作者、关键词、摘要和全文等10种分类检索功能，提供印刷版内刊的原版展示功能。其宗旨是密切关注、报道、反映全国各行业有重要影响的大中型企业的最新理念、最新实践的发展状况和趋势，传播企业文化，进而为企业的发展作出积极的贡献。

资源访问模式：远程访问

资源长期保存与元数据：不支持用户进行资源长期保存、支持用户收割元数据

资源统计：定期主动提供资源使用统计

使用(试用)过的单位：中国科技大学、安徽大学、郑州大学、山西农业大学、山西财经大学、东莞图书馆、浦东图书馆等。

用户评论：该库系统功能较全面，内容较丰富，对行业发展、文化、人物信息的更新较实时，是对知网、万方等期刊资源较为有力的补充。

北京晨星创投科技有限公司

创课之星

简称：创课之星

数据库平台：全球大学生创新创业与就业升学视频资源数据库平台

网址：http://www.chinacxc.org/

数据库类型：全文数据库、多媒体数据库

文献类型：音视频、图书

语种：中文、英文

学科分类：多学科

用户权限：使用权(一旦停购则不能使用)

数据库概况：该库课程可分为创新创业、求职就业、升学考试3类。创新创业类包含最新的在线视频课程、创业电子书库及互动直播服务、创新创业基本方法、公司经营理念、行业热点痛点分析、成功案例CEO访谈、欧美创新创业动态、全球直播中心与在校生互动交流等视频资料，视频总时长超过2 200课时。大学生求职就业类覆盖职业生涯规划、求职培训、面试辅导、100余个企业岗位的核心技能培训、企业上升通道培训、人生目标设定等一系列课程及电子书，视频总时长超过2 300课时。大学生升学考试类包含研究生入学考试、大学英语四六级考试、教师资格证考试3大模块的视频课程，其中研究生入学考试包含考研公共课和部分主流专业课，视频总时长超过5 300课时。

资源访问模式：远程访问

资源长期保存与元数据：不支持用户进行资源长期保存、支持用户收割元数据

资源统计：定期主动提供资源使用统计

使用(试用)过的单位：北京邮电大学、中国科学技术大学、国际关系学院、中南大学、北华大学、长春理工大学、华北理工大学、安徽建筑大学、合

肥学院、厦门理工学院、河南经贸职业学院、湖南工商大学、甘肃中医药大学、西南民族大学、西南医科大学等、重庆文理学院等。

用户评论:该库是以创新、创业、就业为主题的数据库,用户体验良好;视频画面高清,学者与用户直播互动的设计较有实用特色。希望其能调整互动时间,方便更多用户参与体验。

北京创信天华信息技术有限公司

51CTO学堂

简称:51CTO

数据库平台:51CTO学堂

数据库网址:http://e-learning.51cto.com/

数据库类型:多媒体数据库

文献类型:音视频

语种:中文

学科分类:工学

用户权限:买断(永久使用)、使用权(一旦停购则不能使用)

数据库概况:该库是由北京创信天华信息技术有限公司为高校打造的IT技能在线学习数据库平台,致力于为高校学子提供优质、专业并极富实际应用性的自助式IT培训课程。其课程范围包括前端开发、安全、办公软件、测试、产品运营、大数据、后端开发、金融财会、考试认证、企业实践、区块链、人工智能、设计制作、数据库、网络技术、物联网、兴趣教学、研发管理、移动开发、游戏开发、云计算、运维、云原生、职业发展等。

资源访问模式:镜像站与远程访问

资源长期保存与元数据:不支持用户进行资源长期保存、支持用户收割元数据

资源统计:由图书馆自行查询资源使用统计

使用(试用)过的单位:东北大学、北京邮电大学、浙江工业大学、中山大学、中南财经政法大学、西南大学等。

用户评论:该库视频数量多、质量较好;内容前沿、实用性强,对提升学生综合素养有较大帮助。该数据库平台运行稳定、界面操作简单,手机刷题打卡很方便。但该库视频种类多,选择课程时较费时间,且自助式的学习数据库平台对学生的自主学习能力要求较高;视频消耗流量较多。

北京典藏科技有限公司

中国典藏古籍库

简称：中国典藏古籍库

数据库平台：中国典藏古籍库

数据库网址：http://www.dcgjk.com/

数据库类型：全文数据库

文献类型：古籍、图片

语种：中文

学科分类：多学科

用户权限：买断（永久使用）、使用权（一旦停购则不能使用）

数据库概况：该库是综合性大型古籍数据库，分为经部、子部、史部、集部、丛部5大部类和80多个大类。全库收录了自先秦至民国的历史名著、各学科基本文献，整理了具有一定史料价值和研究价值的文献，共计10万多部古籍。该库拥有强大的检索功能，支持分类检索、一键检索与高级检索，支持在线阅读模式，可轻松实现古籍管理、发布、分类、展示、阅览及分享等，是面向文化研究机构、专业研究人员和文史爱好者的中华古籍全文资料数据库。

资源访问模式：镜像站与远程访问

资源长期保存与元数据：支持用户进行资源长期保存、支持用户收割元数据

资源统计：由图书馆自行查询资源使用统计、支持使用counter标准统计数据

使用（试用）过的单位：鞍山市图书馆、池州市图书馆、宁波图书馆、茂名市图书馆、江门市图书馆、梅州市剑英图书馆、汕头市图书馆、绵阳师范学院、四川省图书馆、四川音乐学院、西昌学院、德宏师范高等专科学校等。

用户评论：该库资源覆盖面广，加工质量高；数据库平台功能稳定，界面友好，使用方便；数据库性价比较高，价格便宜，总体质量较好，公共图书馆用户比较多。但是大部分古籍只有原版图像和书名、书目等，没有实现全库全文与原版的图文对照；推广力度较小，知名度较低。

北京法意科技有限公司

1. 法意科技中国法律资源库

简称：北大法意数据库

数据库平台：北大法意

数据库网址：http://www.lawyee.org/

数据库类型：全文数据库

文献类型：法律法规

语种：中文

学科分类：法学

用户权限：使用权（一旦停购则不能使用）

数据库概况：该库适用于法学专业及其他各学科与法学的交叉学科专业学习者和研究者，重点服务于高校的教学科研工作。该库包含案例数据库群、法规数据库群、法学辞典、法学文献、法学家沙龙等模块及栏目，为法学教学科研提供实务数据支持。该库注重数据的全面性、分类体系的专业性、收录来源的权威性、检索结果的精确性、应用功能的实用性和数据更新的及时性，并依托聚类、互动检索和文本分析等创新技术，全面实现法律信息智能检索、各类型信息间互动互链等全新应用功能，一次性解决用户的复杂检索需求，便于用户拓展阅读，更好地学习、理解、利用所查询的内容。

资源访问模式：远程访问

资源长期保存与元数据：不支持用户进行资源长期保存、支持用户收割元数据

使用（试用）过的单位：吉林大学、北京大学、清华大学、中国政法大学、中央财经大学、浙江大学、山东政法学院、澳门大学、香港中文大学、暨南大学、武汉大学、中南财经政法大学、西北农林科技大学、兰州大学、西北政法大学、重庆大学、四川大学、西南政法大学等。

用户评论：该库资源内容较为全面，质量高，来源权威，专业性强；数据分类专业，展示版式规范，贴近需求；采用多种检索方式，法规案例数据互动关联；数据库平台运行稳定、使用方便，售后服务也不错，走访用户多。需要加强对数据库用户的培训。

2. 北大法意法学大数据实证研究数据库平台

简称：法学大数据分析数据库平台
数据库平台：北大法意
数据库网址：http://bigdata.lawyee.net/
数据库类型：参考工具数据库、数值文本数据库
文献类型：法律法规、数值数据、科技报告
语种：中文
学科分类：法学
用户权限：使用权（一旦停购则不能使用）

数据库概况：该库是面向法学院校、相关科研机构、政法行业开发的大数据分析数据库平台，是集课题资源汇总、数据统计分析、科研成果共享等于一体的科研互联网服务数据库平台。该库为研究者提供课题创建、样本维护、变量设置、统计分析、成果发布等大数据在线服务，实现数据筛选与实证研究相结合，为实证研究工作的开展提供科学的研究方法和强大的工具支持。此外，该库还有针对性地提供线下主题分析的增值服务，最大限度满足法学科研的特殊要求。

资源访问模式：远程访问

资源长期保存与元数据：不支持用户进行资源长期保存、支持用户收割元数据

使用（试用）过的单位：北京师范大学、河北经贸大学、河北工业大学、南开大学、天津商业大学、天津工业大学、天津科技大学、广州大学、南京大学、南京工业大学、内蒙古大学、西北大学、河北师范大学、内蒙古科技大学、中国地质大学（北京）等。

用户评论：通过该数据库平台用户能够快速找到需要的案例，从多个维度进行观察，再进行统计分析。该库案例数量丰富，得出的数据比较准确。希望其案例范围能进一步扩充。

北京福卡斯特信息技术有限公司

1. EPS数据平台

简称：EPS数据平台
数据库平台：EPS DATA

数据库网址： http://olap.epsnet.com.cn/

数据库类型： 数值文本数据库

文献类型： 数值数据

语种： 中文

学科： 多学科

用户权限： 买断（永久使用）

数据库概况： 该库大规模集成整合了各类数据资源，形成了国际数据、宏观经济、金融市场、产业运行、区域经济、贸易外经、资源环境、县市数据、人文社科、普查数据等多个数据库集群，共包含86个数据库，数据总量达到40亿余条，为高等院校、科研院所、金融机构、政府部门、企事业单位的教学科研、实证投资与辅助决策提供强有力的数据支持。该库基于数据仓库和联机分析处理系统的理念进行开发，能够支持复杂的分析操作，数据查询便捷高效，自动图表、数字地图等数据显示方式简洁直观，改进了传统数据库数据单一、操作复杂的缺点，用户只需点击相关按钮即可完成对相关数据的查询、处理、分析预测及可视化呈现。

资源访问模式： 远程访问

资源长期保存与元数据： 支持用户进行资源长期保存、支持用户收割元数据

资源统计： 定期主动提供资源使用统计

使用（试用）过的单位： 吉林大学、哈尔滨工业大学、南开大学、安徽大学、广东外语外贸大学、郑州大学、河南大学、湖南大学、四川农业大学、西南政法大学等。

用户评论： 该库涵盖经济、金融、贸易、会计等诸多领域实证投资研究的大量数据，可为用户实证研究提供较强的数据支持；其数据展示、抽取、分析、利用独特，能满足用户多方位的需求。该库运维情况良好，为用户提供较完整、及时、准确的数据。希望该库能添加操作说明或解释，帮助用户更好地使用数据库平台的功能，同时在资源层面增加颗粒度更高的数据。

2. EPS知识服务平台

简称： EPS知识服务平台

数据库平台： EPS DATA

数据库网址： http://kdd.epsnet.com.cn/

数据库类型： 数值文本数据库

文献类型： 数值数据、年鉴

语种：中文

学科：多学科

用户权限：使用权（一旦停购则不能使用）

数据库概况：该库基于知识发现、应用集成、开放互联的设计理念，拒绝数据资源的简单堆砌，强调数据利用，通过云分析数据库平台和智能报告生成数据库平台，将一系列与数据密切关联的应用集成到一个数据库平台中。该库通过对文献中指标的提取与挖掘分析，发现主题与指标间的关联关系，形成知识发现图谱，提供多项个性化服务，实现不同类型数据资源间的互通互联。该库基于面向海量数据的智能搜索引擎技术，进行全面的最优匹配检索，不仅实现了时间序列、统计表格、文献元数据3种类型资源的同时快速检索，还能进行实时动态查询，实现多维度、多频度的数据聚合分类以及统计。

资源访问模式：远程访问

资源长期保存与元数据：不支持用户进行资源长期保存、支持用户收割元数据

资源统计：定期主动提供资源使用统计

使用（试用）过的单位：中共中央党校（国家行政学院）、北京工商大学、河北工业大学等。

用户评论：该库较好地揭示了经济类论文的研究热点、发展趋势，对学科馆员帮助较大。通过检索研究主题，用户便可发现相关研究主题、引用变量和方法，降低了实证研究中的盲目性。希望其文献计量模块的期刊源数据能进一步改进，不局限于核心期刊，同时还可提高表格数据模块的数据更新频率。

3. 中国微观经济数据查询系统

简称：微观数据查询系统

数据库平台：EPS DATA

数据库网址：http://microdata.sozdata.com/

数据库类型：数值文本数据库

文献类型：数值数据

语种：中文

学科：经济学

用户权限：买断（永久使用）

数据库概况：该库致力于提供丰富全面的企业微观数据和简单易用的

数据查询功能,并基于数据应用提供匹配后的数据查询。该库包含工业企业财务数据、海关企业进出口数据、企业绿色发展数据、创新企业专利数据等4大主题数据库。该库操作简单,设计专业,围绕数据获取与数据应用两大用户核心需求进行功能设计,包含单年查询、时间序列、数据可视化和跨库查询4大功能模块。同时,为方便用户进行跨领域研究,该库增加了跨库匹配模块,用户可同时下载任意多个主题数据。

资源访问模式:远程访问

资源长期保存与元数据:支持用户进行资源长期保存、支持用户收割元数据

资源统计:定期主动提供资源使用统计

使用(试用)过的单位:东北师范大学、清华大学、北京大学、首都经济贸易大学、中国社会科学院、上海大学、上海海洋大学等。

用户评论:该库界面友好,获取数据方便,信息也较为全面,对推动相关领域的研究有较为积极的意义,其中工业企业数据是包含企业经营、管理、财务等详细信息的大型微观数据库,是进行相关研究必不可少的数据库。希望该库增加更新频率;在数据下载时,可以提供自定义异常数据剔除,以减少人工处理工作。

北京国研网信息股份有限公司

1. 中国电子商务数据库

简称:电子商务数据库

数据库平台:国研网

数据库网址:http://www.drcnet.com.cn/www/ecommerce/

数据库类型:全文数据库

文献类型:期刊、报纸、法律法规、数值数据

语种:中文

学科:经济学

用户权限:买断(永久使用)、使用权(一旦停购则不能使用)

数据库概况:该库能全面跟踪、及时收录电子商务产业及其重点应用和支撑体系的新闻动态、研究报告、政策法规,科学解读政府相关政策及其给电子商务产业带来的市场前景、风险与机会;同时实时跟踪电子商务产业的重大事件和重要举措,全面、及时把握市场变化以及热点问题,深入洞

察产业发展趋势，汇集国内外权威机构、专家学者的相关分析与预测以及权威机构发布的相关统计数据，为政府部门、图情机构、科研院所、开设电子商务专业或课程的财经类院校、学术团体的科学研究提供决策分析依据、资料参考与项目服务支持。该库共收录文章7万余篇，年更新11 000多篇，月更新900多篇。

资源访问模式：镜像站与远程访问

资源长期保存与元数据：支持用户进行资源长期保存、支持用户收割元数据

使用(试用)过的单位：重庆工商大学、广州南方学院、韶关学院等。

用户评论：该库数据结构优良，已纳入数字经济发展观察与监测数据库平台分支板块，用户反馈较好，对推进产业信息化、信息产业化相关研究和产业转型升级都有很好的借鉴作用。

2. 国务院发展研究中心信息网

简称：国研网

数据库平台：国研网

数据库网址：http://www.drcnet.com.cn/www/int/

数据库类型：全文数据库

文献类型：期刊、图书、报纸、会议论文、法律法规、年鉴、数值数据

语种：中文

学科：经济学

用户权限：使用权(一旦停购则不能使用，但可以使用之前订购过的产品)

数据库概况：该库是内容丰富、检索便捷、功能齐全的大型经济信息数据库集群，致力于服务中国各级党政机关、研究机构和企事业单位，以准确把握国内外宏观环境、经济金融运行特征、发展趋势及政策走向，从而对其管理决策、理论研究、微观操作等提供有价值的参考。该库是高校、金融机构、企业等在经济研究、管理决策过程中的重要辅助工具。

资源访问模式：镜像站与远程访问

资源长期保存与元数据：支持用户进行资源长期保存、支持用户收割元数据

资源统计：定期主动提供资源使用统计

使用(试用)过的单位：哈尔滨工程大学、东北农业大学、吉林大学、东北师范大学、大连理工大学、河北工业大学、南开大学、复旦大学、浙江大

学、中山大学、广州大学、中南大学、湖南大学、新疆大学、西南财经大学、四川大学、云南大学等。

用户评论：该库产品价值高，其核心资源具有独家性。由于长期与各地政府部门合作，其政策导向、发展规划等相关课题参考资料的时效性、权威性都较高。

3. 战略性新兴产业数据库

简称：战略性新兴产业数据库

数据库平台：国研网

数据库网址：http://emerging.drcnet.com.cn/

数据库类型：全文数据库、数值文本数据库

文献类型：期刊、报纸、法律法规、数值数据、科技报告、科技成果

语种：中文

学科：多学科

数据库概况：该库于2011年10月正式推出，设新兴产业综述、节能环保产业、新一代信息技术产业、生物产业、高端装备制造产业、新能源产业、新材料产业、新能源汽车产业8个子库。该库实时跟踪行业发展的重大事件和重要举措，全面、及时把握市场重大变化及热点，系统汇集权威机构、专家、学者关于战略性新兴产业的分析和洞见，广泛覆盖国外发展战略性新兴产业的先进做法，深入洞察行业发展趋势，科学解读战略性新兴产业及各领域的重要政策。全库收录18万多条信息，年均更新约2.5万条，月均更新2 000多条。

资源长期保存与元数据：支持用户进行资源长期保存、支持用户收割元数据

使用(试用)过的单位：河南科技大学、中国科学院成都文献情报中心、中国科学院武汉文献情报中心等。

用户评论：该库全面、系统地收录了战略性新兴产业的相关资讯、政策、报告和数据信息，覆盖了国内外主要区域以及发展前沿的企业信息，基本满足用户对相关信息的需求。

4. 经济·管理案例库

简称：案例库

数据库平台：国研网

数据库网址：http://caselib.drcnet.com.cn/

数据库类型：全文数据库

文献类型：期刊、图书、报纸、其他

语种：中文

学科分类：管理学、经济学

用户权限：使用权（一旦停购则不能使用）

数据库概况：该库依托国研网长期积累的案例资源，围绕经济类院校、咨询机构、企业用户的需要，从各级高校、企业、金融和政府机构的现实需求和长远利益出发，努力提供高质量的权威管理案例库产品，从而为其管理实践和理论研究提供帮助。该库包含教学案例库、研究案例库和实用资源库、教学知识点等核心栏目以及检索中心、点击率排行榜等辅助栏目。

资源访问模式：镜像站与远程访问

资源长期保存与元数据：支持用户进行资源长期保存、支持用户收割元数据

资源统计：由图书馆自行查询资源使用统计

使用（试用）过的单位：重庆工商大学、西南大学等。

用户评论：该库资源全面、案例实用，希望能加强与相关院校的合作，收录更多精品案例。

5. 全球矿产资源信息数据库平台

简称：矿产资源信息库

数据库平台：国研网

数据库网址：http://worldminal.drcnet.com.cn/

数据库类型：全文数据库、数值文本数据库

文献类型：期刊、科技成果

语种：中文、英文

学科分类：经济学、理学

用户权限：买断（永久使用）、使用权（一旦停购则不能使用）

数据库概况：该库收录了全球主要国家的矿产资源资讯、政策法规、统计数据、报告、案例、项目、信息图标、公司等信息，覆盖地质勘查、勘探开发、矿权交易、矿业投融资、冶炼与加工、技术与设备、矿业服务等全产业链。该数据库每日更新，月更新量保持在1 700条左右，数据年更新约5 000条。该库文献主要来源于道琼斯、华尔街见闻、金融时报、彭博社、路透社等国内外知名媒体，彼得森国际经济研究所、世界经济论坛、世界银行、国际能源机构等国际组织和智库，普华永道等四大会计师事务所，以及

《国际石油经济》《中国有色金属》《中国国土资源经济》《中外能源》等期刊。

资源访问模式：镜像站与远程访问

资源长期保存与元数据：支持用户进行资源长期保存、支持用户收割元数据

资源统计：定期主动提供资源使用统计

使用(试用)过的单位：山东工商学院等。

用户评论：该库内容专业、全面，但由于其主要涉及矿业产业数据，面向的用户群体比较单一，使用人数也较少。

6. 文化产业数据库

简称：文化产业库

数据库平台：国研网

数据库网址：http://culture.drcnet.com.cn/

数据库类型：全文数据库、数值文本数据库

文献类型：期刊、报纸、法律法规、数值数据

语种：中文

学科分类：多学科

用户权限：买断(永久使用)、使用权(一旦停购则不能使用)

数据库概况：该库全面跟踪、及时发布产业纵览、动漫产业、游戏产业、影视娱乐、出版印刷、工艺美术、广告会展、创意设计、网络文化、文化旅游等重点文化产业的新闻动态、研究报告、政策法规等内容，科学解读有关政策、重大事件、热点问题，汇集国内外权威机构、专家学者的分析与预测，以及权威机构的统计数据，为政府部门、图情机构、科研院所、学术团体的科学研究提供决策支持、资料参考与项目服务支持。该库共收录文章108 600余篇，年更新量约15 000篇，月更新量约1 200篇。

资源访问模式：镜像站与远程访问

资源长期保存与元数据：支持用户进行资源长期保存、支持用户收割元数据

使用(试用)过的单位：郑州升达经贸管理学院、河南师范大学等。

用户评论：该库可以较好地满足用户对我国文化产业的产业形态、产业结构、产业组织、产业政策以及相关理论研究的信息需求。

7. “一带一路”研究与决策支撑平台

简称：“一带一路”数据库

数据库平台：国研网

数据库网址：http:// drcnet.com.cn/www/ydyl/

数据库类型：全文数据库、数值文本数据库

文献类型：数值数据、其他

语种：中文、英文

学科分类：经济学

用户权限：买断（永久使用）、使用权（一旦停购则不能使用）

数据库概况：该库收录来自国际或区域性经济组织、各国政府部门、研究机构、咨询机构和媒体的各类信息，内容涵盖“一带一路”共建国家和地区的最新政治与经济形势、投资环境、企业对外投资机会、贸易与投资报告、主要宏观经济数据等。该库设报告、案例、行业、法规、项目、园区、数据以及图表等8大主要栏目，资讯、规划方案、机构、大事记和重点报告推荐等5大辅助栏目，同时设置了国别、省市标签，方便实现数据的自动聚合分类，全方位提供“一带一路”共建国家和地区有关政经形势、政策法规、营商环境、投资案例、宏观数据、国别风险等的报告和信息，深度剖析“一带一路”共建国家和地区的潜在机遇与挑战。

资源访问模式：镜像站与远程访问

资源长期保存与元数据：支持用户进行资源长期保存、支持用户收割元数据

资源统计：由图书馆自行查询资源使用统计

使用（试用）过的单位：重庆大学、西南大学、重庆交通大学、重庆图书馆、西安建筑科技大学、中央财经大学、辽宁师范大学等。

用户评论：该库内容较翔实全面，质量较高。其内容对研究“一带一路”相关课题有帮助。希望其能增加数据量和统计信息量。

8. 国务院发展研究中心信息网（教育版）

简称：国研网（教育版）

数据库平台：国研网

数据库网址：http://edu.drcnet.com.cn/

数据库类型：全文数据库

文献类型：数值数据、其他

语种：中文

学科分类：经济学、教育学、管理学

用户权限：使用权（一旦停购则不能使用）

数据库概况：该库于2003年推出，是国研网针对高校用户设计的专版，旨在以专业性、权威性、前瞻性、指导性和包容性为原则，全面汇集、整合国内外经济、金融和教育领域的前沿信息和研究成果，为全国各高等院校的管理者、师生和研究机构提供高端的决策和研究参考信息。该库由专题文献库、统计数据库、研究报告库、专家库4大数据库组成。

资源访问模式：镜像站与远程访问

资源长期保存与元数据：支持用户进行资源长期保存、支持用户收割元数据

资源统计：由图书馆自行查询资源使用统计

使用(试用)过的单位：吉林大学、东北大学、北京大学、中国人民大学、复旦大学、华东师范大学、南京大学、中山大学、华南师范大学、广州大学、武汉大学、华中师范大学、中南大学、湖南师范大学、中南财经政法大学、兰州大学、重庆大学、电子科技大学等。

用户评论：该库是国研网的教育版，比较适合高校使用。

北京翰海博雅科技有限公司

鼎秀古籍全文检索平台

简称：鼎秀古籍全文检索平台

数据库平台：鼎秀古籍全文检索平台

数据库网址：http://www.ding-xiu.com/

数据库类型：全文数据库

文献类型：古籍

语种：中文

学科分类：多学科

用户权限：买断（永久使用）、使用权（一旦停购则不能使用）

数据库概况：该库是一款全文检索的大型古籍典藏数据库。该库广泛收录全国各地公共机构、私人藏家、研究机构及博物馆所藏的历代古籍资源，其特色古籍采录自海外所藏中国古籍，其中日本、韩国所藏的数量较

多。该库涵盖从先秦至民国撰写并经抄写、刻印、排印、影印的历朝历代汉文古籍；稿抄本、刻本、石印本、铅印本、活字本等版本均有收录；在版本选择时，以同类版本中保存良好的为先，要求图书品相好，避免虫蛀、漫漶等情况。分类上，该库沿用四部分类法，并增设丛书部，能够检索近2万种40万卷的专业古籍。

资源访问模式：镜像站与远程访问

资源长期保存与元数据：支持用户进行资源长期保存、支持用户收割元数据

资源统计：定期主动提供资源使用统计

使用(试用)过的单位：北京大学、中国人民大学、南开大学、华东师范大学、扬州大学、武汉大学、宁夏大学等。

用户评论：该库涉及的古籍内容丰富珍贵，检索便捷。用户反馈使用量一般，主要是相关研究人员较少。

北京华图新天科技有限公司

全球案例发现系统

简称：全球案例

数据库平台：全球案例发现系统

数据库网址：http://www.htcases.com.cn/

数据库类型：全文数据库、索引(文摘)数据库

文献类型：其他

语种：中文、英文

学科分类：管理学

用户权限：使用权(一旦停购则不能使用)

数据库概况：该库是大型案例文献数据库集群，整合了世界众多知名案例研究机构的研究成果，定位于为从事案例数据库开发和案例教学的用户提供全球一站式检索服务和传送服务。该库包括工商管理类的中国工商管理案例库、工商管理案例素材库、全球工商管理案例在线，以及公共管理类的中国公共管理案例库、公共管理案例素材库、全球公共管理案例在线等数据库，提供案例全文、案例素材和案例索引3种类型的文献数据，以满足用户对案例教学和案例开发的全面需求。该库收录数据始于2012

年,案例年更新量在150篇以上,素材年更新量约50万条。

资源访问模式:远程访问

资源长期保存与元数据:支持用户进行资源长期保存、支持用户收割元数据

资源统计:定期主动提供资源使用统计

使用(试用)过的单位:东北大学、清华大学、浙江工业大学、中山大学、中南财经政法大学、西北工业大学、四川大学、西南大学等。

用户评论:该库是管理学科教师上课的重要工具,也是MBA、MPA评估的重要指标。其案例素材为教师开发二手案例提供了方便。但案例中的教学指导只针对教师开放,学生不能直接下载,下载控制较严格;部分案例篇幅较长。

北京汇云博图科技有限公司

1. U-LIB多元书目信息库

简称:U-LIB

数据库平台:汇云博图多元书目信息库

数据库网址:http://www.u-lib.com/

数据库类型:索引(文摘)数据库

文献类型:数值数据、科技报告

语种:中文

学科分类:多学科

用户权限:使用权(一旦停购则不能使用)

数据库概况:该库整合了国内外近千万册图书的书目信息,包含题名、ISBN、出版社、分类号、作者介绍、出版日期、高清的封面图片、编者推荐、版权页、内容简介、试读内容等。封面图片有缩略图和高清大图,封面内容清晰可见。90%以上的图书有目录信息和作者介绍。80%的图书有试读内容,部分为文字试读,部分为前16页扫描图片试读,图片清晰度高。并且该库新书数据更新速度快,新出版的图书基本能在两个月内完成收录。

资源访问模式:镜像站

资源长期保存与元数据:支持用户进行资源长期保存、支持用户收割元数据

资源统计：不支持资源统计

使用（试用）过的单位：重庆大学、西南大学、西南政法大学、重庆师范大学、四川外国语大学、海南热带海洋学院等。

用户评论：该库和馆藏图书一对一匹配，丰富了OPAC（联机公共目录检索系统）的检索信息，为完善图书馆馆藏书目信息提供精细化服务，提升了读者的检索体验。但1990年以前出版的书，匹配率低。

2. 汇云书舍电子图书数据库

简称：汇云书舍

数据库平台：京东阅读校园版

数据库网址：http://gx.jd.com/

数据库类型：全文数据库

文献类型：图书

语种：中文

学科分类：多学科

用户权限：使用权（一旦停购则不能使用）

数据库概况：该库是京东阅读全国高校合作伙伴，依托京东阅读约20万海量电子书资源，专为高校读者提供电子书畅读服务，涉及哲学、经济学、法学、文学、历史学、医学、管理学、艺术学等十多个学科，满足各种阅读需求。该库支持多设备同时畅读，阅读记录可在手机、电子书阅读器、电脑、平板等终端同步；设有本校同学阅读圈，可线上线下畅聊读书心得；可定制版面内容，自动对接图书馆读者数据库，自动维护读者信息，根据读者手机号授权阅读许可，不受校内校外网络限制；后台可查看阅读数据统计报表，可分院系对比分析阅读数据。

资源访问模式：远程访问

资源长期保存与元数据：不支持用户进行资源长期保存、支持用户收割元数据

资源统计：由图书馆自行查询资源使用统计

使用（试用）过的单位：广东外语外贸大学、重庆大学、四川美术学院、四川外国语大学等。

用户评论：该库便捷性能突出，其依托的京东数据库平台资源种类多，新书更新速度快，数据库平台推广情况和售后服务良好，能一定程度满足馆内读者的使用需求。

3. 权威学位论文发现系统

简称：ADDS

数据库平台：权威学位论文发现系统

数据库网址： http://botuadds.com/

数据库类型：全文数据库

文献类型：学位论文

语种：中文、英文

学科分类：多学科

用户权限：使用权（一旦停购则不能使用）

数据库概况：该库完整收集了QS世界大学排名前200位的高校公开学位论文，揭示全球顶尖学府的科研产出。其论文涉及200多个学科，信息完整。该库具有权威性、系统性、全面性，为高校师生从事日常学习、论文写作与科研创新提供权威、专业的论文保障与文献服务。

资源访问模式：远程访问

资源长期保存与元数据：支持用户进行资源长期保存、支持用户收割元数据

资源统计：定期主动提供资源使用统计

使用（试用）过的单位：重庆师范大学、西南政法大学、西南大学、四川外国语大学等。

用户评论：该库具有很高的权威性，文献资源参考性较强且检索功能丰富。目前论文数量为120万篇左右，希望其能进一步拓展收录高校的范围。

北京精讯云顿数据软件有限公司

infobank高校财经数据库

简称：infobank

数据库平台：中国资讯行（国际）高校财经数据库

数据库网址：http://www.bjinfobank.com/

数据库类型：全文数据库、数值文本数据库、参考工具数据库

文献类型：期刊、图书、报纸、年鉴、数值数据、法律法规

语种：中文

学科分类：经济学、管理学

用户权限：使用权（一旦停购则不能使用）

数据库概况：该库建于1995年，属于时事型数据库，包括实时财经新闻、权威机构经贸报告、法律法规、商业数据及证券消息等。该库包含14个子数据库，收录了1 000多类信息来源，包括报纸、杂志、学报、图书和各类年鉴，以及部分海外综合类、财经类报纸，部分政府或民间专业信息机构的宏观经济分析或行业报告，反映了全国各地区、各行业的经济动态。截至2019年，数据库容量超过1 000万篇文献，汇集改革开放以来中国经济领域权威的文献数据。其数据均经过严格的清洗及标引，内容涉及19个大类、197个行业，每日更新约2 000万字。

资源访问模式：远程访问

资源长期保存与元数据：支持用户进行资源长期保存、支持用户收割元数据

资源统计：定期主动提供资源使用统计、支持counter标准统计数据

使用（试用）过的单位：东北农业大学、哈尔滨工程大学、浙江大学、东南大学、浙江工业大学、江苏师范大学、安徽工业大学、中山大学、华中科技大学、湖南大学、西安交通大学、西北农林科技大学、西安电子科技大学、重庆大学、成都信息工程大学等。

用户评论：该库容量比较大，数据来源较为多样，虽然挖掘深度不如国研网和中经网，但总体来说适合高等院校收藏和使用。其价格比较合理，单篇使用成本较低；检索路径较全面，特别是在行业和地区分类方面比较细；提供了比较全面、完善的服务。但是该库在检索功能和检索结果显示方面，相对同类产品略有不足；在镜像站系统稳定、counter标准化统计、统计数据自动收割、培训方面还有待加强。

北京聚源锐思数据科技有限公司

1. RESSET“一带一路”数据库系列

简称：RESSET/BltRdDS

数据库平台：锐思数据

数据库网址：http://www3.resset.cn:8080/product/

数据库类型：数值文本数据库

文献类型:数值数据

语种:中文

学科分类:多学科

用户权限:使用权(一旦停购则不能使用)

数据库概况:该库着眼于服务“一带一路”倡议,全方位提供“一带一路”共建各国、金砖国家、自贸区国家和地区有关政策、交通、能源、通信、经济、金融、贸易、教育文化、科技、军事等各方面的数据。该库具体细分为中亚五国数据库、两翼五国数据库、中东七国数据库、高加索和东欧五国数据库、金砖国家数据库、中孟印缅数据库等,数据总量多达10万条,数据库每半年更新一次,年度更新数据不少于1万条。

资源访问模式:远程访问

资源长期保存与元数据:支持用户进行资源长期保存、支持用户收割元数据

资源统计:由图书馆自行查询资源使用统计

使用(试用)过的单位:东北财经大学、哈尔滨商业大学、中国地质大学、中央财经大学、北京交通大学、华东政法大学、上海商学院、上海财经大学、华东师范大学、广东金融学院、广东工业大学、河南大学、洛阳师范学院、郑州大学、西安理工大学、西华大学、福州大学等。

用户评论:该库涉及时下热点话题,数据较准确,更新也及时,有利于用户紧跟时事热点。

2. RESSET国际经济金融数据库

简称:RESSET/IEF

数据库平台:锐思数据

数据库网址:http://www.resset.cn/

数据库类型:数值文本数据库

文献类型:数值数据

语种:中文、英文

学科分类:多学科

用户权限:使用权(一旦停购则不能使用)

数据库概况:该库包括金融、经济、工业、农业、农村、自然资源与环境、基础设施、援助、就业、贫困、教育、健康、科技、发展14个类别,数据涵盖世界各国的金融、经济、工业、农业等多领域、多方位的发展数据,收录丰富。其数据来自美国联邦储备委员会(FRB)、美国农业部(USDA)、世界银行

（WB）、国际货币基金组织（IMF）、经济合作与发展组织（OECD）、联合国教科文组织统计研究所（UNESCO）、联合国儿童基金会（UNICEF）、联合国开发计划署（UNDP）、联合国工业发展组织（UNIDO）、联合国统计司（UNSD）、世界卫生组织（WHO）、国际劳工组织（ILO）、联合国粮食及农业组织（FAO）等组织，具有权威性，历史数据全面。该库主要供高校、金融研究机构和金融企业的研究部门使用，可为研究世界经济与金融、农业发展、社会发展等提供数据支持，是国内种类多样、数据内容完整的经济金融数据库。

资源访问模式：远程访问

资源长期保存与元数据：支持用户进行资源长期保存、支持用户收割元数据

资源统计：定期主动提供资源使用统计

使用（试用）过的单位：辽宁大学、北京大学、清华大学、北京工商大学、华东政法大学、广州大学、华南农业大学、中南财经政法大学、郑州大学、云南大学、电子科技大学等。

用户评论：该库专业性较强，能够提供较为丰富的数据资源，检索也较为方便。

3. RESSET 行业数据库

简称：RESSET/IND

数据库平台：锐思数据

数据库网址：http://res.resset.com/INDDB/

数据库类型：数值文本数据库

文献类型：数值数据

语种：中文

学科分类：多学科

用户权限：使用权（一旦停购则不能使用）

数据库概况：该库集数据展示、数据查询、数据整合、数据下载、图形绘制等功能于一体，数据覆盖黑色金属、有色金属、煤炭、农林牧渔、家用电器、交通运输、食品饮料、公用事业、电子元器件、TMT（科技、媒体、通信）、信息设备、化工、医药生物、餐饮旅游、商业贸易、机械、金融服务业、房地产、纺织服装、轻工制造、建筑建材等行业。数据覆盖面广，指标量丰富，每项指标数据以年、月、日为采集单位，指标量大而且全。该库数据来源于权威统计发布部门，信息准确、实时，以更加贴近用户研究分析习惯的方式提供查询，是结构合理、分类细致、数据量十分丰富的行业数据库。该库数据

总量多达1 334余万条。数据库进行日更新，月度更新数据不少于18万条。

资源访问模式：远程访问

资源长期保存与元数据：支持用户进行资源长期保存、支持用户收割元数据

资源统计：由图书馆自行查询资源使用统计

使用(试用)过的单位：吉林大学、对外经济贸易大学、首都经济贸易大学、北京物资学院、中国矿业大学、河北经贸大学、华东政法大学、华东师范大学、上海财经大学、广东财经大学、广西大学、河南大学、陕西师范大学、西安外国语大学、重庆工商大学、华侨大学等。

用户评论：该库是比较专业的行业数据库平台，可以帮助用户获取数据，使教学与实验研究相互促进。

4. RESSET宏观经济数据库

简称：RESSET/ED

数据库平台：锐思数据

数据库网址：http://res.resset.com/MADB/

数据库类型：数值文本数据库

文献类型：数值数据

语种：中文

学科分类：经济学

用户权限：使用权(一旦停购则不能使用)

数据库概况：该库涉及经济、投资、人口、就业等多个领域，数据内容涵盖国民经济核算、人口、就业人员和职工工资、固定资产投资、国内贸易、对外经济贸易、能源、财政、利率、价格指数、经济景气指数、人民生活、城市概况、行政区划与环境、农业、工业、建筑业、房地产开发投资、运输与邮电、批发和零售业、住宿和餐饮业、旅游业、金融、证券和保险、教育、科技、文化和体育、卫生和其他社会服务共计28个数据模块，信息实时准确，包含多达20余万项的热门、常用指标，为业界数据量丰富、结构合理、条理清晰、使用便捷的数据库之一。

资源访问模式：远程访问

资源长期保存与元数据：支持用户进行资源长期保存、支持用户收割元数据

资源统计：由图书馆自行查询资源使用统计

使用(试用)过的单位:东北财经大学、吉林大学、中央财经大学、首都经济贸易大学、天津财经大学、上海立信会计金融学院、南京审计大学、广东财经大学、河南财经政法大学、湖北经济学院、宝鸡文理学院、西南财经大学、重庆工商大学、四川外国语大学、泉州师范学院、莆田学院等。

用户评论:该库数据较全面、界面友好、更新较及时,比较受用户欢迎,尤其对宏观经济学、金融学等精品课程的建设具有一定的基础支撑作用。

5. RESSET金融研究数据库系统

简称:RESSET/DB

数据库平台:锐思数据

数据库网址:http://www.resset.cn/

数据库类型:数值文本数据库

文献类型:数值数据

语种:中文

学科分类:经济学

用户权限:使用权(一旦停购则不能使用)

数据库概况:该库是为模型检验、投资研究、实证研究、学科与实验室建设等提供专业服务的大数据平台,由多位国内外著名高校和研究机构的专家全程参与,参照了国际权威数据库CRSP(证券价格研究中心)、Compustat数据库等的设计标准,又结合中国金融市场的实际情况,以实证研究为导向整体设计而成,设计体系科学先进、规范标准。该库历史数据完整、涵盖广泛,包括股票、债券、基金、研究报告、融资融券、宏观统计、行业统计、金融统计、外汇、期货、黄金等11大系列,包括经济、金融、会计实证与投资研究所需的海量级大数据,且其内容量以每年30%—50%的速度增长。

资源访问模式:远程访问

资源长期保存与元数据:支持用户进行资源长期保存、支持用户收割元数据

资源统计:定期主动提供资源使用统计

使用(试用)过的单位:吉林大学、北京大学、清华大学、中国人民大学、中央财经大学、华东师范大学、华南农业大学、中山大学、华中师范大学、华中科技大学、中南财经政法大学、兰州大学、郑州大学、河南大学、四川大学、电子科技大学等。

用户评论:该库提供了我国金融市场与行业发展的实证数据,可辅助提升用户的数据提取与金融建模能力。

北京雷速科技有限公司

1. e线图情全文数据库系统

简称:e线图情

数据库平台:e线图情

数据库网址:http://www.chinalibs.net/

数据库类型:全文数据库

文献类型:期刊、报纸、会议论文、专利、图片、音视频、数值数据、科技报告、产品资料

语种:中文

学科分类:管理学

用户权限:使用权(一旦停购则不能使用)

数据库概况:e线图情是面向图情界、图情理论界、图情教学界、图情协会界以及图情企业界和个人提供集数据库服务、深度研究、专业咨询于一体的专业学术交流平台,包括数字图书馆领域中理论、技术、产品、市场、协会等各个方面的内容。它是图情界进行数字图书馆建设不可缺少的“智囊”。该库下设学者、聚焦、海外、国内、热点、专题、论文等板块,包括风云人物、行业聚焦、新馆写真、国际动态、图情要闻、国际图联、国际会议、国内会议、e线速递、雷速动态、图情人物、产品市场、行业协会、图情机构、馆刊集萃、理论技术、研究报告、图书馆建设等栏目。目前,该库已经成为我国图情界了解世界图书馆事业最新理论、最新技术、最新产品和最新实践等发展状况和趋势,与世界图书馆事业发展保持同步,促进我国图书馆事业发展的重要数据库平台。

资源访问模式:远程访问

资源长期保存与元数据:不支持用户进行资源长期保存、支持用户收割元数据

资源统计:定期主动提供资源使用统计

使用(试用)过的单位:东北师范、中国人民大学、东南大学、中山大学、湖南大学、西安交通大学、四川大学、西南大学、电子科技大学等。

用户评论:该库为图书情报专业常用数据库,内容涉及图书情报行业最新资讯和动态,价格便宜。希望其能进一步加强内容的独有性。

2. 方略知识管理系统

简称：方略

数据库平台：方略知识管理系统

数据库网址： http://firstlight.cn/

数据库类型：全文数据库

文献类型：期刊、会议论文、专利、图片、音视频、数值数据、科技报告

语种：中文

学科分类：多学科

用户权限：使用权（一旦停购则不能使用）

数据库概况：该库是一个包括哲学、经济学、法学、教育学、文学、历史学、理学、工学、农学、医学、军事学、管理学、旅游学和文化学14大门类、108个一级学科、600多个二级学科、3 000多个三级学科在内的新型、综合性的学科网站集群，以收录各个学科高品质灰色文献为主。该库产品独特，已连续为全国350多家高校图书馆、公共图书馆提供了卓有成效的服务。截至2016年12月，该库总计数据量超过120万条，并按照每年新增8万条左右的速度更新。

资源访问模式：远程访问

资源统计：定期主动提供资源使用统计

使用（试用）过的单位：哈尔滨商业大学、中国矿业大学、河海大学、湖南大学、西安交通大学、重庆交通大学、四川音乐学院等。

用户评论：该库主要收录灰色文献，数据量较大，涉及学科较广。但文献的权威性不够，用户反馈使用满意度一般。

3. 哲摄线咨询管理系统

简称：哲摄线

数据库平台：哲摄线咨询管理系统

数据库网址：http://www.toplights.cn/

数据库类型：全文数据库

文献类型：期刊、图片、会议论文、音视频、数值数据、科技报告

语种：中文

学科分类：哲学

用户权限：使用权（一旦停购则不能使用）

数据库概况：该库是北京雷速科技有限公司主办的面向哲学领域提供

集资源搜索、资讯传播、学术交流等服务于一体的专业网络数据库平台，涉及学科范围包括马克思主义哲学、中国哲学、东方哲学、西方哲学、现代外国哲学、科学哲学、逻辑学、伦理学、美学、心理学、宗教学等。该库下设聚焦板块、国外板块、国内板块、学界热点、专题板块、资源板块等6大板块，包括哲学要闻、国际动态、学术会议、学者访谈、学术聚焦、专题、学者、学术热点、论文、基本典籍、哲学机构、学会、视听资料、课件、论坛、博客聚合等20多个栏目。

资源访问模式：远程访问

资源长期保存与元数据：不支持用户进行资源长期保存、支持用户收割元数据

资源统计：定期主动提供资源使用统计

使用（试用）过的单位：吉林大学、中共中央党校（国家行政学院）、安徽大学、中山大学、湖南大学、陕西师范大学、西南政法大学等。

用户评论：该库为哲学领域的专业数据库，用户使用频率较高，内容更新及时，价格较便宜，性价比较高，是学校加强马克思主义哲学理论学习的较好资源。但该库需要加强其资源的独有性。

北京森途教育科技股份有限公司

森途学苑职业能力与创业学习资源总库

简称：森途学苑

数据库平台：森途学苑

数据库网址：http://www.sentuxueyuan.com/

数据库类型：多媒体数据库

文献类型：音视频、法律法规、科技报告、其他

语种：中文

学科分类：教育学、管理学

用户权限：使用权（一旦停购则不能使用）

数据库概况：该库是北京森途教育科技股份有限公司通过7年的资源积累而推出的职业与创业数字资源总站。该库按照职业创业发展路径，整合视频、大数据、资讯、法律法规、案例、文书、报告、题库等多种优质资源，同时提供在线测评、模拟演练等实践体验服务，为高校的就业创业教育提

供整体化的解决方案。该库除了打造资源服务一体化解决方案外,还与时俱进,研发紧跟政策动向的就业创业应用型专题,开办贴近学生需求的“互联网+创新创业”知识竞赛,力图打造高品质、多维度的就业创业校园文化体系,建立资源、实训、文化三位一体的就业创业生态圈。

资源访问模式:远程访问

资源长期保存与元数据:不支持用户进行资源长期保存、支持用户收割元数据

资源统计:定期主动提供资源使用统计

使用(试用)过的单位:重庆大学、重庆图书馆、西南政法大学、广西大学、广西科技大学、百色学院等。

用户评论:该库为就业创业教育提供了整体化的解决方案,其资源内容系统较丰富,有利于提高在校生的就业能力与创业素养。

人民卫生出版社有限公司

人民卫生出版社临床知识库

简称:人卫临床知识库

数据库平台:人民卫生出版社临床知识库

数据库网址:http://medbooks.ipmph.com/medical/medbooks/index.zhtml/

数据库类型:全文数据库、多媒体数据库

文献类型:图书、会议论文、图片、音视频

语种:中文

学科分类:医学

用户权限:买断(永久使用)、使用权(一旦停购则不能使用)

数据库概况:该库包含了人民卫生出版社积累的权威资源,实现了知识查询、知识积累和知识交流等多种功能。临床医生可以通过查询该库中的相关内容,例如某一疾病的相关知识、诊疗指南、相关的检查及药物或手术治疗方法、相关手术操作视频、相关图片等,增加对该疾病的深入了解,解决临床实际问题,完善与提高相关理论知识,还可以查看与该疾病相关的具体病例讨论。该库为临床医生提供理论与实践相结合的学习途径,辅助其对患者进行诊疗,以减少误诊和漏诊。科研人员可利用该库,在已有的成熟的医学知识体系基础上开展进一步的研究工作,保证研究方向的正确性和基础理论的可靠性,也可以利用该库的检索功能,解决科研中的某

些问题。该库对每篇文献都设置了用户讨论区,用户对任一主题都可以发表自己的见解体会,便于交流知识和互相学习。该库提供书名、疾病、药物等进行一键式简单检索,也提供多字段逻辑组合检索,并根据学科、疾病分类、出版时间限定等实现高级检索。该库设置了中国图书馆分类法(简称"中图法")分类、疾病分类、药物分类等多种分类导航。

资源访问模式:镜像站与远程访问

资源长期保存与元数据:支持用户进行资源长期保存、支持用户收割元数据

资源统计:定期主动提供资源使用统计

使用(试用)过的单位:哈尔滨市卫生学校、黑龙江省林业卫生学校、天津市医学科学技术信息研究所、中国医学科学院医学信息研究所、潍坊医学院、复旦大学、广西卫生职业技术学院、海南省卫生学校、香港大学、西安医学院、宁夏医科大学、湖北医药学院等。

用户评论:该库较权威,是医学类相关用户较常使用的资源库;其检索方便、迅速。

中国社会科学出版社

1. 中国社会科学年鉴数据库

简称:年鉴数据库

数据库平台:中国社会科学年鉴数据库

数据库网址:http://eyearbook.cn/

数据库类型:全文数据库、参考工具数据库

文献类型:图书、年鉴、数值数据

语种:中文

学科分类:多学科

用户权限:买断(永久使用)、使用权(一旦停购则不能使用)

数据库概况:该库依托中国社会科学院学科年鉴出版工程的优质资源,整合了40余种学术年鉴、400余卷资源及100余种学科发展报告,覆盖了哲学社会科学大部分一级学科和部分重点二级学科,系统全面地梳理了各学科学术发展的脉络,是研究学术史不可或缺的科研工具。该库具有3大特点:一是内容具有权威性,大部分年鉴内容为独家资源,持续记录学科发展,实现纸电同步出版;二是实现了细粒度加工,以学科为基点,提炼出

文章、课题、人物、机构、论文、图书、会议、大事记等8大内容模块；三是提供文献检索与阅读、机构与人物索引、学术热点分析、知识关联分析、数据挖掘分析等知识服务。

资源访问模式：镜像站与远程访问

资源长期保存与元数据：支持用户进行资源长期保存、支持用户收割元数据

资源统计：定期主动提供资源使用统计、支持counter标准统计数据

使用(试用)过的单位：天水师范学院、广西民族大学、吉林大学、宁夏大学、上海图书馆、西南政法大学等。

用户评论：该库资源丰富，且内容大部分较权威，尤其在人文社科领域，对提升学生文化素养有较大帮助。该库是高质量专业学科年鉴数据库，在哲学社会科学领域具有重大影响力。该库运行稳定，界面简单友好，使用方便，但其收录的学科不够全面，希望多加入一些经济管理类年鉴。

2. 中国近代影像资料库

简称：近代影像库

数据库平台：中国近代影像资料库

数据库网址：http://LZP360.com/

数据库类型：全文数据库、多媒体数据库

文献类型：图片、音视频

语种：中文

学科分类：历史学

用户权限：买断(永久使用)、使用权(一旦停购则不能使用)

数据库概况：该库是以近代历史照片为主要内容的大型专业历史研究数据库。该库收录了1840年至1949年间7万多幅珍贵的历史图片和近百部视频作品，建成组图900多组，涉及政治经济、历史地理、社会风俗、宗教艺术、文化教育、军事法律6大类，其资料类型包括老照片、绘画、舆图、档案、书影、建筑遗址、遗物照片等，并配有上百万字的文字介绍，真实、客观、形象地再现出特定历史条件下重要事件和人物的原貌，揭示了近代中国人民遭受的苦难，歌颂了为民族独立和人民解放牺牲的千万英烈的英雄事迹，对深入推广爱国主义教育具有重要意义。

资源访问模式：镜像站与远程访问

资源长期保存与元数据：支持用户进行资源长期保存、支持用户收割元数据

资源统计:定期主动提供资源使用统计、支持counter标准统计数据

使用(试用)过的单位:天水师范学院、广西民族大学、吉林大学、宁夏大学、上海图书馆、上海辞书出版社有限公司、西南政法大学等。

用户评论:该库的近代影像图片资料丰富,很大程度上弥补了文字描述的不足,并且支持反向图片检索功能,很不错。希望其能够增加更多音视频资料。

3. 中国社会科学文库

简称:社科文库

数据库平台:中国社会科学出版社数据库

数据库网址:http://www.sklib.cn/

数据库类型:全文数据库

文献类型:图片、图书

语种:中文

学科分类:多学科

用户权限:买断(永久使用)、使用权(一旦停购则不能使用)

数据库概况:该库于2018年3月开发上线,整合了中国社会科学出版社近18 000种学术电子书资源,是一个更新快、学科全的哲学社会科学学术电子书数据库。库中电子书全部按照章节实现了知识单元的条目化加工,从学科、主题、知识、关键词等维度进行了扩展标引。其内容覆盖哲学社会科学全部学科,包含大量国家社会科学基金项目、中国社会科学院哲学社会科学创新工程项目、教育部人文社会科学重点研究基地重大项目等优质成果资源,可根据用户需求,按照不同分类、不同主题进行内容重组,实现了定制化出版、纸电同步出版,每年可更新1 500余种新书资源。文库提供全文模糊检索、文内精准检索,具备多维度筛选资源功能,还具备基于相关知识点的语义检索等功能。其多种阅读模式、方便的引用和复制等功能,获得了用户的一致好评。

资源访问模式:镜像站与远程访问

资源长期保存与元数据:支持用户进行资源长期保存、支持用户收割元数据

资源统计:定期主动提供资源使用统计、支持counter标准统计数据

使用(试用)过的单位:国际关系学院、天水师范学院、广西民族大学、吉林大学、宁夏大学、上海图书馆、西南政法大学、浙江师范大学、河南科技大学等。

用户评论:该库覆盖哲学社会科学各学科,反映了当下中国哲学社会科学学术研究的现状与水平,其学术影响力在全国出版单位中名列前茅。该库界面清晰,资源分类也比较清楚,便于检索。

北京智坤数图科技有限公司

典海民国图书资源平台

简称:民国图书平台

数据库平台:典海民国图书资源平台

数据库网址:http://www.dian-hai.cn/

数据库类型:全文数据库

文献类型:图书

语种:中文

学科分类:多学科

用户权限:买断(永久使用)、使用权(一旦停购则不能使用)

数据库概况:该库参考中国国家图书馆"十三五"规划建设目标,致力于建设成为一个全面反映民国时期流传与存藏状况的大型图书文献典藏资源检索平台。该平台收录广泛,涵盖了1911年至1949年出版的各类图书超过13万种。用户通过该平台能够全面了解民国时期的学术研究概况。该平台可为院校学术资源建设及专业人员研究提供完整的文献信息服务,其学术资源按中图法分类编排,同类图书多数按出版年月排列,多卷本或同一著者的著作尽量排在一起,少数以著者或书名拼音字母顺序排列。

资源访问模式:镜像站与远程访问

资源长期保存与元数据:支持用户进行资源长期保存、支持用户收割元数据

资源统计:定期主动提供资源使用统计

使用(试用)过的单位:安徽大学、中国矿业大学、宁夏大学等。

用户评论:该库资源较独特,内容丰富,对研究民国时期政治经济文化有帮助。希望其能收集更多民国图书。

北京智联起点信息技术有限公司

1. 起点考研网

简称:起点考研网
数据库平台:起点考研网
数据库网址:http://www.yjsexam.com/
数据库类型:多媒体数据库
文献类型:音视频、其他
语种:中文
学科分类:教育学
用户权限:使用权(一旦停购则不能使用)

数据库概况:该库于2015年推出,主要为考研学生提供公共课、统考专业、专业硕士、学术硕士、小语种等课程学习和考试练习,目前已有100多所本科、专科院校使用。该库课程按照基础班、强化班和冲刺班划分,并按阶梯分批次更新。通过下载手机应用程序(APP)或者关注微信公众号即可方便使用该库所有资源。只需注册一次,校园网内外均可无障碍使用,大大方便了广大学生学习。

资源访问模式:远程访问

资源长期保存与元数据:不支持用户进行资源长期保存、支持用户收割元数据

资源统计:定期主动提供资源使用统计

使用(试用)过的单位:白城师范学院、通化师范学院、安徽工程大学、杭州师范大学、河北工业大学、唐山师范学院、华南农业大学、韶关学院、西安科技大学、宝鸡文理学院、长江师范学院、安顺学院等。

用户评论:该库把视频课程学习和考试相结合,课程内容新,功能较为强大;使用方便,适合不同阶段的考生用户。但统考专业和专业硕士大类中的学科偏少,希望能扩充。

2. 起点医考网

简称:起点医考网
数据库平台:起点医考网
数据库网址:http://yx.qdexam.com/
数据库类型:多媒体数据库

文献类型:音视频、其他

语种:中文

学科分类:医学

用户权限:使用权(一旦停购则不能使用)

数据库概况:该库于2015年推出,主要为医学类专业学生参加医师、药师、卫生、护士等资格考试提供课程学习和考试练习,目前已有30多所本科、专科院校使用。该库课程内容全部由金英杰教育集团具有多年从业经验和培训经验的专职老师讲解,课程内容重点突出、针对性强;题库包括了历年资格考试真题、针对性模拟试卷、专项题型试卷、章节题库等,具有真题练习、在线模拟考试、随机组卷练习、章节练习、专项训练、专题练习等多种考试学习功能。学生通过PC端和手机端可以随时在线点播课程学习,也可以在线答题练习,操作简便。

资源访问模式:远程访问

资源长期保存与元数据:不支持用户进行资源长期保存、支持用户收割元数据

资源统计:定期主动提供资源使用统计

使用(试用)过的单位:江西中医药高等专科学校、武汉铁路职业技术学院、西安医学院、陕西中医药大学、益阳医学高等专科学校等。

用户评论:该库以考题带考点,专家讲授,精选课程,系统解读,在灵活度、吸收率、针对性上表现得更好。但是数据库平台视频需要在网络环境下观看,会对流量有所消耗,希望可以开发视频下载功能。

3. 起点考试网

简称:起点考试网

数据库平台:起点考试网

数据库网址:http://www.qdexam.com/

数据库类型:多媒体数据库

文献类型:音视频、其他

语种:中文

学科分类:多学科

用户权限:使用权(一旦停购则不能使用)

数据库概况:该库于2010年推出,为高校全科类学生提供语言类、计算机类、公务员类、司法类、财经类、考研类、工程类、资格类、医学类等课程学习和考试练习。目前已有100多所本科、专科院校使用。该库是一套集

课程视频教学、自主练习考试的网上学习数据库平台。其试题库收录了历年真题和模拟试题;视频库由有多年教学经验的教授和专家主讲,课程围绕考试大纲,突出重点、难点和考点,课程内容通俗易懂,深入浅出;其特色自建资源库包括2 000多个英语音视频,800多种英文原版电子书,200多首英文经典歌曲。

资源访问模式:远程访问

资源长期保存与元数据:不支持用户进行资源长期保存、支持用户收割元数据

资源统计:定期主动提供资源使用统计

使用(试用)过的单位:白城师范学院、通化师范学院、安徽工程大学、杭州师范大学、河北工业大学、唐山师范学院、华南农业大学、韶关学院、西安科技大学、宝鸡文理学院、重庆警察学院、达州职业技术学院等。

用户评论:该库集视频教学、专业考试练习、考试资讯、就业信息、学习社区于一体,资源覆盖全面,由专家讲授,内容权威并具针对性,对考试学习和就业培训有帮助。其数据库平台简单易操作,更新及时,但在资源分类上稍显笼统。

北京中基伟业科技发展中心

1. HKMO优秀学术全文资源库

简称:HKMO

数据库平台:HKMO优秀学术全文资源库

数据库网址:http://www.e-hkmolib.com/

数据库类型:全文数据库

文献类型:学位论文

语种:中文、英文

学科分类:多学科

用户权限:使用权(一旦停购则不能使用)

数据库概况:该库收录了香港、澳门特别行政区著名院校的优秀博硕论文,另名为“港澳优秀博硕论文库”,涉猎的内容涵盖数学、物理学、化学、生物学、地理学和地质学、建筑学、信息与电子科学、工程学、心理学、医学、计算机科学与技术、哲学、经济学、教育学、历史学、法学、文学、管理学、社

会学等学科，所有文献均再现全文，保持原版原貌，其中不乏一些名家、学者的手稿。该库全面地展现了香港、澳门特别行政区的学术成就，为学术研究提供翔实的参考依据。其数据组成为英文文献和中文文献，其中英文文献所占比重为96%—97%，中文文献所占比重为3%—4%；数据格式为PDF。

资源访问模式：远程访问

资源长期保存与元数据：不支持用户进行资源长期保存、支持用户收割元数据

资源统计：由图书馆自行查询资源使用统计

使用（试用）过的单位：北华大学、哈尔滨商业大学、郑州大学、河南大学、石家庄铁道大学、国际关系学院、河北工程大学、内蒙古科技大学、宁夏大学、西南财经大学、电子科技大学、华东政法大学、福州大学、宁夏回族自治区图书馆、广西中医药大学等。

用户评论：该库涉猎的学科广泛，展现了香港、澳门特别行政区的学术成就，为用户进行学术研究提供了详细又真实的参考依据。

2. 国际教育系列全文资源库

简称：国际教育

数据库平台：国际教育系列全文资源库

数据库网址：http://www.ieslib.com/

数据库类型：全文数据库

文献类型：期刊、图书、报纸、学位论文、会议论文、专利、年鉴、科技报告、科技成果

语种：中文、英文

学科分类：多学科

用户权限：使用权（一旦停购则不能使用）

数据库概况：该库由数位国内外教育学界的著名专家、学者历经数年从浩如烟海的教育文献中整理、甄选而成，内容包括亚洲、欧洲、非洲、大洋洲、南北美洲等地区在大学教育、师资教育、师范教育、职业教育、初等教育、中等教育、高等教育、艺术教育（书法、美术、舞蹈、音乐、戏剧、戏曲、传媒等）、留学教育等方面的重要教育政策、文献、论文、案例、报告、会议记录、白皮书、评述报道、议题议案、专栏专题、法规标准等，反映出了各个国家不同时期教育的历史状况。

资源访问模式：远程访问

资源长期保存与元数据：不支持用户进行资源长期保存、支持用户收割元数据

资源统计：由图书馆自行查询资源使用统计

使用(试用)过的单位：青海师范大学、兰州大学等。

用户评论：该库可为各级教育机构师生及科研人员提供时效强、理论与应用并重的教育资讯，为用户了解和研究各国教育提供翔实的参考资料。

北京中加国道科技有限责任公司

1. Dissertation Discovery System(学位论文集成发现系统)

简称：DDS学位论文集成发现系统

数据库平台：Metel教学资源数据库平台

数据库网址：http://www.oadds.cn/

数据库类型：全文数据库

文献类型：学位论文

语种：英文

学科分类：多学科

用户权限：买断(永久使用)、其他地区联采(广东图工委协议采购)

数据库概况：该库是专业提供学位论文数据集成与知识发现的系统，主要收录了来自欧美国家2 300多所知名大学的优秀博硕学位论文，其中70%是美国之外的世界名校；涉及指导老师超过95万名，专业方向超过7.5万个；学科范围涵盖理学、工学、农学、医学、管理学、经济学、法律学、教育学、文学、历史学、哲学、军事学、艺术学等13大学科门类，是学术研究中十分重要的信息资源。

该库易用性强，提供了院校导航和学科导航两种导航方式，提供了快速检索、高级检索和二次检索等3种检索方式，可供检索的字段有：标题、作者、关键词、全文、学校、导师、年份范围和学位类型等。该库支持逻辑检索，检索结果排序有重要度排序和年份排序两种，并由在线国道词典提供英文助读功能。

资源访问模式：远程访问

资源长期保存与元数据：支持用户进行资源长期保存、支持用户收割元数据

资源统计:定期主动提供资源使用统计

使用(试用)过的单位:河北大学、华北电力大学、华南师范大学、暨南大学、电子科技大学、重庆大学等。

用户评论:该库学科划分较细,查找方便,可通过院校导航、学科导航来检索,易用性好,更新速度较快。但其传递速度需要进一步提升,检索结果的归类、分组功能需要加强。

2. 公安学一流学科建设数据库

简称:公安学一流学科建设数据库

数据库平台:国道数据

数据库网址:http://pol-hfcdcd.guodao.cn/

数据库类型:全文数据库

文献类型:期刊、音视频

语种:英文

学科分类:军事学

用户权限:使用权(一旦停购则不能使用)

数据库概况:该库全面整合了与公安学相关的多种国内外优质资源,包括学术论文及各类教学资源,以助力高校建设公安学优势学科。该库收录专题资源全文文献22万余篇,教学课程300余门,教学课件等9 000余个,教材教参1 500余种,国际学术会议资料170余件,涉及学术期刊600余种。其中,博硕学位论文500余篇,会议论文9 000余篇。该库定期更新。

资源访问模式:远程访问

资源长期保存与元数据:不支持用户进行资源长期保存、支持用户收割元数据

资源统计:定期主动提供资源使用统计

使用(试用)过的单位:重庆警察学院等。

用户评论:该库内容专业性强,其中世界各国的研究成果、经典案例可以让用户开阔视野和思路。其期刊论文展示方式美观简洁,便于使用。但外文图书资源较少,需要及时补充国外相关的图书资源。

3. MeTeL(外文国外多媒体教学资源库)

简称: MeTeL

数据库平台:国道数据

数据库网址:http://www.MeTeL.cn/

数据库类型：多媒体数据库

文献类型：音视频、其他

语种：英文

学科分类：多学科

用户权限：使用权（一旦停购则不能使用）

数据库概况：该库以课件、讲义、参考教材、阅读材料、习题作业、试卷答案等文本资料为主、音视频文件为辅，与国外高校90%用PPT授课的情况相契合，完整真实再现国外先进高校课堂教学过程及育人理念。该库已收录美国、英国、加拿大、澳大利亚等国300余所著名高校，28 000万余名教师或教学小组讲授的4万余门课程、40万余课节、150万余个教学资源。每门课程包括课程介绍、课程须知、课程表、教学大纲、参考教材、教材评价等；每个课节可能有讲义、课件、音频、视频、教学图片、教学案例、阅读材料、作业、习题答案、试卷等几类课节资源；部分课节为独立的专题研讨会（Seminar）、实验实习、外出考察、演讲讲座、培训讲座等；个别课节会有相关的程序代码、工具软件、数据等资源。

资源访问模式：远程访问

资源长期保存与元数据：不支持用户进行资源长期保存、支持用户收割元数据

资源统计：定期主动提供资源使用统计

使用（试用）过的单位：吉林大学、长春理工大学、北京师范大学、北京邮电大学、首都师范大学、华南理工大学、华南师范大学、暨南大学、中南大学、湖南大学等。

用户评论：该库选题新颖，种类齐全，检索功能较强大，检索点设计合理，用户满意度较高，一定程度上可以帮助教师提高教学水平，帮助学生提高英语水平。希望能加大工科学科的资源建设力度，特别是加强视频资源的加工整合力度。

4. SpecialSci国道外文专题数据库

简称：SpecialSci

数据库平台：国道数据

数据库网址：http://v2017.specialsci.cn/

数据库类型：全文数据库

文献类型：会议论文、专利、法律法规、科技报告、科技成果、产品资料

语种：英文

学科：多学科

用户权限：使用权（一旦停购则不能使用）

数据库概况：该库是外文全文特色专题数据库，拥有全文数据约2 000万篇，1999年开始在国内面向科研教学情报机构提供在线服务，目前已成为科技领域最全学科的特色专题数据查询数据库平台之一。该库适用于科技查新、课题跟踪、论文写作与文献参考、教学备课与课程开发、学生学习等。法库分为5大专辑60余个专题库，覆盖多个学科，收录了欧美国家1995年以来多个领域的科技文献。其资源类型涉及学术论文、技术报告、会议记录、议题议案、专栏评述、法规标准、新产品资讯、专利、机构出版物及其他等10余种，因不同专题而异。

资源访问模式：远程访问

资源长期保存与元数据：不支持用户进行资源长期保存、支持用户收割元数据

资源统计：定期主动提供资源使用统计

使用（试用）过的单位：吉林大学、长春理工大学、黑龙江大学、北京师范大学、北京邮电大学、首都师范大学、华南理工大学、华南师范大学、暨南大学、中南大学、湖南大学、国防科技大学、西北工业大学、西安电子科技大学等。

用户评论：该库资源丰富，查询结果冗余内容少，命中率高，最新的免费查新功能非常符合现在高校的发展需要，在同一数据库平台中可以直接查新，不需要跳转到其他数据库平台去找。希望其能放宽页数查看的限制，提高用户体验的友好性。

北京中科进出口有限责任公司

Chinese Science Citation Database（中国科学引文数据库）

简称：CSCD

数据库平台：中国科学文献服务系统

数据库网址：http://sciencechina.cn/

数据库类型：索引（文摘）数据库

文献类型：期刊、其他

语种：中文

学科：多学科

用户权限：使用权（一旦停购则不能使用）

数据库概况：该库创建于1989年，收录了我国数学、物理、化学、天文学、地学、生物学、农林科学、医药卫生、工程技术和环境科学等领域出版的中英文科技核心期刊和优秀期刊千余种，按周更新，每年约更新30万篇文摘、550万条引文，已积累从1989年到2019年的论文记录约508万条、引文记录约6 709万条。该库除具备一般的检索功能外，还提供新型的索引关系——引文索引、数据链接机制，支持用户获取全文，对交叉学科和新学科的发展研究具有十分重要的参考价值。2007年该库成为ISI Web of Knowledge（学术信息资源整合平台）数据库平台上第一个非英文语种的数据库。

资源访问模式：远程访问

资源长期保存与元数据：不支持用户进行资源长期保存、支持用户收割元数据

资源统计：定期主动提供资源使用统计

使用（试用）过的单位：重庆师范大学、重庆交通大学、大连理工大学、河北大学、上海大学、华南理工大学、湖北工业大学、新疆医科大学、贵州大学、新乡医学院、河南中医药大学等。

用户评论：该库建库历史悠久，专业性强、数据准确规范，检索方式多样、完整、方便，在我国科研院所、高等学校的课题查新、基金资助、项目评估、成果申报、人才选拔以及文献计量与评价研究等多方面被广泛应用。其数据库平台界面简单，使用方便，访问流畅，深受用户好评。

北京中文在线教育科技发展有限公司

1. 书香中国全民阅读数字图书馆——中文在线开放定制平台

简称：书香中国

数据库平台：中文在线“书香中国”平台

数据库网址：http://www.chineseall.cn/

数据库类型：全文数据库

文献类型：图书、音视频、期刊

语种：中文

学科：多学科

用户权限：使用权（一旦停购则不能使用）

数据库概况：该库于2010年推出，提供了10万多种数字图书和3万多集有声图书。数字图书包括国学经典、世界名著、名家大作、畅销图书、教育读物、文艺精粹、网络原创等大众社科类图书，设立了文学、小说、艺术、经济、职场、历史等图书类别，便于师生搜索和阅读自己感兴趣的书目。有声图书则包括名家的经典评书、相声，经典电影录音剪辑，近年来畅销文学作品录制的有声图书等，对各专业的师生都很实用。

资源访问模式：镜像站与远程访问

资源长期保存与元数据：支持用户进行资源长期保存、支持用户收割元数据

资源统计：定期主动提供资源使用统计

使用（试用）过的单位：吉林大学、清华大学、中国人民大学、北京理工大学、复旦大学、华东理工大学、浙江大学、中山大学、武汉大学、华南理工大学、中南大学、西北大学、兰州大学、西安交通大学、重庆大学、西南大学、四川大学、电子科技大学、西南交通大学等。

用户评论：该库资源丰富，名家作品、获奖作品较多，新书、热门书也很多，能吸引读者。关于新时代的经典著作，对党员深入学习贯彻习近平新时代中国特色社会主义思想，具有积极的指导意义。该库每个月都有配合时节和时政开展的主题活动，资源内容丰富，对提升读者的文化素养有积极作用。该库适用于电脑PC端和移动APP端，提供多种阅读方式，运行稳定，界面简洁，具有更换背景、插入书签和评论功能，使用非常方便，用户体验较好。但其好书推荐功能位置不明显，需要分享链接，同时建议能为期刊设置浏览记录功能和收藏功能。

2. 中文在线“引得”数字人文资源数据库平台

简称：CBDB

数据库平台：中文在线“引得”数字人文资源数据库平台

数据库网址：http://www.inindex.cn/

数据库类型：全文数据库、参考工具数据库

文献类型：古籍

语种：中文

学科：文学、历史学

用户权限：使用权（一旦停购则不能使用）

数据库概况：该库别名为中国历代人物传记资料库（CBDB），整合了大

量中国历史上重要的传记数据，其内容由人物、亲属、非亲属关系、社会区分、入仕途径、官历、地址、著述、研究成果等部分组成。该库资料的来源包括传记资料（宋人传记资料、元人传记资料、明人传记资料、清代人物生卒年表）、史料（正史列传、墓志铭、墓表、地方志列传）、文学作品（文集之祭文、序、记、书信等）、官方文书（郡守年表、会要、官禄等）。截至2019年，数据库平台共收录从先秦到清末约41万份历史人物的传记、著作资料，总量超过4亿字。其中，唐、宋、明、清的人物传记资料较为充实。

资源访问模式：远程访问

资源长期保存与元数据：支持用户进行资源长期保存、支持用户收割元数据

资源统计：定期主动提供资源使用统计

使用（试用）过的单位：石家庄铁道大学、东北师范大学等。

用户评论：该库重构了古文献研究服务新脉络，是完全结构化的关系型数据库，具有唯一性和权威性，为学生和学者构建并优化了数字人文素养训练环境、教学环境和研究环境。该库收录了丰富的不同版本的历史文本资源与原稿影印本，古籍影印原本与古籍纯文本字对字的对照阅读保证了资源的准确性和可验证性，全文检索功能非常方便。该库界面简洁，关系图谱等可视化图表清晰明了，文本标注等辅助功能使用方便。

北京搜知数据科技有限公司

长江经济带大数据平台

简称：长江经济带

数据库平台：搜知数据

数据库网址：http://yreb.sozdata.com/

数据库类型：数值文本数据库

文献类型：期刊、图片、音视频、法律法规、年鉴、数值数据、科技报告

语种：中文

学科分类：经济学、教育学、管理学

用户权限：买断（永久使用）

数据库概况：该库是集基础数据、政府资讯、期刊论文与科研成果于一体的区域经济发展研究数据库平台。该库围绕长江经济带区域展开，提供

多种资源，其中有到乡镇级的基础数据，有评价城市各方面发展水平的指数数据，有科研工作者以长江经济带为研究对象发表的期刊论文，也有各级政府公布的与长江经济带相关的政策文件等。学科研究者可以直接从库中获取信息，从而促进和完善社会科学的发展。各级政府通过数据库平台能直接了解到行政区范围内的区域发展状况，更有利于政府进行经济决策；能够对长江经济带的基本面做到运筹帷幄，全局把握，从宏观层面及时纠正发展过程中出现的问题，提高长江经济带发展效率，提升长江经济带建设质量。

资源访问模式：远程访问

资源长期保存与元数据：支持用户进行资源长期保存、支持用户收割元数据

资源统计：定期主动提供资源使用统计

使用(试用)过的单位：长江大学、河北经贸大学等。

用户评论：该库为用户提供了覆盖长江流域11个省(直辖市)的经济、人口、就业、金融、贸易、工业、农业、能源等诸多领域实证投资研究的大量数据支持；定量展示长江经济带包容性发展、绿色发展和高质量发展3个系统之间的耦合关系。但该库某些功能按钮显示不明显，不易找到相应功能，建议修改；同时希望能在指数中心增加其他指数。

北京畅想之星信息技术有限公司

1. cxstar光盘数据库

简称：畅想之星光盘数据库

数据库平台：畅想之星随书资源数据库

数据库网址：http://www.bj.cxstar.cn/

数据库类型：多媒体数据库、参考工具数据库

文献类型：音视频、图片

语种：中文

学科分类：多学科

用户权限：买断(永久使用)

数据库概况：该库于2004年推出第一版本，截至2019年收录了10万余种随书光盘，包含图书封面、目次、书附卡片、书附网址、配套电子书等丰

富的随书资源数据。用户通过PC端、移动端,可完成数据资源的检索、下载、纠错、请求,电子书在线阅读等,大大提高了读者对图书馆所采购的纸、电图书的阅读兴趣和利用率,增强了图书馆的读者黏性,降低了图书馆的管理成本,提升了图书馆的读者服务水平,帮助图书馆实现了轻松自在的云服务模式,能够满足广大用户对市面上图书所配套的光盘提供数字化、网络化服务的应用需求。该库充分利用现代化设备与技术,是促进读者服务水平提升的专业化光盘数据库。

资源访问模式:镜像站

资源长期保存与元数据:支持用户进行资源长期保存、支持用户收割元数据

资源统计:由图书馆自行查询资源使用统计

使用(试用)过的单位:哈尔滨工业大学、大连理工大学、清华大学、北京大学、中国人民大学、南京大学、中国矿业大学、电子科技大学等。

用户评论:该库整体使用效果不错,解决了图书馆长期加工随书光盘以及借阅不方便等一系列问题。其光盘涉及学科全,每年更新数据及时,很多计算机盘和英语听力盘能够直接获取,查询方便,实用性强,系统比较稳定,读者的反馈也不错。

2. 畅想之星阿法购数据库平台

简称:阿法购数据库平台

数据库平台:畅想之星阿法购数据库平台

数据库网址:http://buy.cxstar.com/

数据库类型:全文数据库

文献类型:图书、标准、古籍

语种:中文

学科分类:多学科

数据库概况:该库是综合图书信息发布的数据库平台,是为图书馆打造集纸书和电子书查询、图书采购、荐购处理、PDA还书为一体的集中业务处理数据库平台,也是为读者提供纸书和电子书查询、PDA采购、电子书阅读、随书光盘下载等功能的纸电一站式智能服务数据库平台。该库收录电子书约70万种,收藏图书约330万种(其中纸书可达约140万种),随书光盘约10万种,分别按照13大类学科和22大类的中图法详细分类。该库支持各种Android、IOS移动终端设备,读者也可以通过微信公众号直接阅读电子书,并可阅览其相关的随书光盘数据。其所有的电子书以及纸书都具

有出版社授权，并推出了纸电一体化服务，让纸书和电子书业务更加协同。

资源访问模式：镜像站

资源长期保存与元数据：支持用户进行资源长期保存、支持用户收割元数据

资源统计：由图书馆自行查询资源使用统计

使用(试用)过的单位：成都工业学院、南昌航空大学等。

用户评论：该库是一个纸电融合的资源发现系统，资源丰富，可以及时了解上游更新的纸质和电子资源数据，也可以让读者做荐购或“你选书，我买单”的个性服务，提升了图书馆经费的使用效率。数据库平台功能还有待提升和完善。

3. 畅想之星馆配电子书

简称：畅想之星

数据库平台：电子图书

数据库网址：http://www.cxstar.com/basedata/cqdx.htm/

数据库类型：全文数据库

文献类型：图书

语种：中文

学科分类：多学科

用户权限：买断(永久使用)、使用权(一旦停购则不能使用)

数据库概况：该库是由北京畅想之星信息技术有限公司于2014年面向B2B馆配电子图书市场建立的集电子书版权管理、新书发布、采购、销售、借阅与知识发现于一体的综合性服务数据库平台。该库定位于向馆配市场的团体客户销售电子书，且只销售正版授权的电子图书。该库已经和人民邮电出版社、清华大学出版社、中国人民大学出版社、电子工业出版社、中国出版集团、商务印书馆等全国400余家出版供货商正式合作，涉及哲学、经济学、法学、教育学、文学、历史学、理学、工学、农学、医学、军事学、管理学和艺术学13大学科门类。

资源访问模式：镜像站与远程访问

资源长期保存与元数据：支持用户进行资源长期保存、支持用户收割元数据

资源统计：由图书馆自行查询资源使用统计

使用(试用)过的单位：哈尔滨工业大学、大连理工大学、中国人民大学、对外经济贸易大学、华北电力大学、中国石油大学、西北大学、西安电子

科技大学、宁夏大学、西南财经大学等。

用户评论：该库资源版权清晰，资源较全面；新书较多，学科优势较明显；内容图片均为矢量图，清晰度高，体验较佳，图片可以单独抽取下载。该库中人民邮电出版社、电子工业出版社、化学工业出版社等出版的图书基本实现纸电同步，其余出版社的新书更新速度还是较慢。

北京世纪超星信息技术发展有限责任公司

1. 百链云图书馆

简称：百链

数据库平台：百链云图书馆

数据库网址：http://www.blyun.com/

数据库类型：全文数据库、索引（文摘）数据库

文献类型：图书、期刊、报纸、学位论文、会议论文、专利、标准

语种：中文

学科分类：多学科

用户权限：使用权（一旦停购则不能使用）

数据库概况：该库是专业的学术搜索门户，利用该库可以搜索到1 000多家图书馆几乎所有的文献资料。其基于元数据检索的搜索引擎具有检索速度快、检索结果无重复、格式统一等特点。由于图书馆数据库种类繁多，各种数据库资源的格式不同、访问方式不同、检索界面不同，读者在使用中易碰到各种问题，图书馆馆员也存在重复培训的无奈。该库通过预先的元数据排序处理，在提供统一检索的同时，还提供获取全文的准确定位。该库可以较完整地揭示图书馆的各种馆藏资源和购买的商用数据库资源，为读者提供互联网搜索引擎方式的检索体验和及时的全文传递云共享服务。

资源访问模式：远程访问

资源长期保存与元数据：不支持用户进行资源长期保存、支持用户收割元数据

资源统计：定期主动提供资源使用统计

使用（试用）过的单位：中国人民大学、北京航空航天大学、北京理工大学、复旦大学、上海交通大学、同济大学、中山大学、暨南大学、武汉大学、中

南大学、郑州大学、四川大学、西南大学、西南交通大学等。

用户评论：该库功能强大，售后服务较好，读者使用量较大，尤其是对稀缺资源的获取比较方便。但数据库平台文献传递时间过长，希望有所改进。

2. 超星“名师讲坛”

简称：名师讲坛

数据库平台：超星“名师讲坛”

数据库网址：http://ssvideo.superlib.com/

数据库类型：全文数据库、多媒体数据库

文献类型：音视频

语种：中文

学科分类：多学科

用户权限：买断（永久使用）、使用权（一旦停购则不能使用）

数据库概况：该库主要收录了各领域知名专家学者的优质讲座，采用先进的数字化影像技术，将其前沿思想、专业技术或成功经验系统地记录、保存，并深度编辑制作成精彩视频，以互联网为媒介进行传播。至2019年，该库已拍摄名师1万余位，制作精品视频16.8万余集。主讲老师或为来自全国重点高校或机构的知名教授、学者，或为著名艺术家、作家、主持人、医生等，又或为各行业知名的企业家、一线实战专家，还有许多海外名师名人等。

资源访问模式：镜像站与远程访问

资源长期保存与元数据：支持用户进行资源长期保存、支持用户收割元数据

资源统计：定期主动提供资源使用统计

使用（试用）过的单位：清华大学、中国人民大学、北京大学、北京航空航天大学、北京理工大学、复旦大学、上海交通大学、同济大学、暨南大学、海南大学、武汉大学、中山大学、中南大学、郑州大学、广西大学、西安科技大学、四川大学、西南大学、西南交通大学等。

用户评论：该库功能设计人性化，售后服务满意度高，手机端“听讲座”是深受用户欢迎的功能。希望其能多一些大众类的内容。

3. 超星电子图书

简称：超星电子书

数据库平台：汇雅书世界

数据库网址：http://www.sslibrary.com/

数据库类型：全文数据库

文献类型：图书、图片、古籍

语种：中文

学科分类：多学科

用户权限：买断(永久使用)

数据库概况：该库包含中文电子图书100多万种，是目前国内大型的中文电子图书网站之一，内容涵盖中图法的22个大类。该库提供检索功能及分类索引，可在线阅读全文。阅读时，用户可检索、识别、打印、下载所需的图书全文。

资源访问模式：镜像站与远程访问

资源长期保存与元数据：支持用户进行资源长期保存、支持用户收割元数据

资源统计：定期主动提供资源使用统计

使用(试用)过的单位：清华大学、中国人民大学、北京大学、北京航空航天大学、北京理工大学、复旦大学、上海交通大学、同济大学、暨南大学、武汉大学、中山大学、中南大学、郑州大学、西安科技大学、四川大学、西南大学等。

用户评论：该库内容较全面，资源量大，用户满意度较高。但下载过程中不能直接打开资源，需要用浏览器才能打开，希望这点得到改进。

4. 超星期刊

简称：超星期刊

数据库平台：超星期刊

数据库网址：http://qikan.chaoxing.com/

数据库类型：全文数据库、索引(文摘)数据库

文献类型：期刊

语种：中文

学科分类：多学科

用户权限：使用权(一旦停购则不能使用)

数据库概况：该库收录的期刊以学术、技术、政策指导、科普及教育类为主，内容涉及理学、工学、农学、社科、文化、教育、哲学、医学、经管等各学科领域，可实现多维度的期刊文献检索和电脑端、手机端、触摸媒体端全终端阅读。截至2019年，该库涵盖中外文期刊88 000余种，其中全文收录7 400余种中文期刊（核心期刊超过1 300种）。该库采用全新的期刊出版模式和流媒体格式，实现与上亿条外文期刊元数据联合检索。

资源访问模式：远程访问

资源长期保存与元数据：支持用户进行资源长期保存、支持用户收割元数据

资源统计：定期主动提供资源使用统计

使用（试用）过的单位：中国人民大学、中国科学技术大学、中南大学、武汉大学、华中科技大学、厦门大学、西北大学、中国地质大学、中国矿业大学、华北电力大学、北京邮电大学、西北大学、上海社会科学院、中共上海市委党校、山西省社会科学院（山西省人民政府发展研究中心）等。

用户评论：该库资源丰富，内容较为广泛，流媒体手机端不设限制这一点尤其受到用户认可。希望其能补充部分核心刊物，让内容更具权威性。

5. 超星学术资源发现系统

简称：超星发现

数据库平台：超星学术资源发现系统

数据库网址：http://www.zhizhen.com/

数据库类型：全文数据库、索引（文摘）数据库、参考工具数据库

文献类型：期刊、图书、报纸、学位论文、会议论文、专利、标准、古籍、法律法规、年鉴、科技成果

语种：中文、英文

学科分类：多学科

用户权限：使用权（一旦停购则不能使用）

数据库概况：该库是一个基于海量知识挖掘与数据分析的发现系统，以10亿多海量元数据为基础，利用数据仓储、资源整合、知识挖掘、数据分析、文献计量学模型等相关技术，较好地解决了复杂异构数据库群的集成整合，实现高效、精准、统一的学术资源搜索，进而通过分面聚类、引文分析、知识关联分析等功能实现高价值学术文献发现、纵横结合的深度知识挖掘、可视化的全方位知识关联。该库具有以下特点：每周更新2次元数据；由多个强大的专业级词表库支持；能够区分自引和他引；提供可视化的

知识关联图谱；提供学术趋势分析；具备智能的辅助搜索；可无缝对接获取各类全文。

资源访问模式：远程访问

资源长期保存与元数据：不支持用户进行资源长期保存、支持用户收割元数据

资源统计：定期主动提供资源使用统计

使用（试用）过的单位：中国人民大学、北京航空航天大学、北京理工大学、上海交通大学、同济大学、中山大学、哈尔滨工业大学、天津大学、吉林大学、西安交通大学等。

用户评论：该库对数据的深入挖掘功能受到研究生和教师的喜爱。但是该库专业性强，针对的使用人群较窄，所以使用量一直不高。

6. 超星移动图书馆

简称：超星移动图书馆

数据库平台：超星移动图书馆

数据库网址：http://m.5read.com/app.html（网址为超星移动图书馆APP下载地址）

数据库类型：全文数据库、索引（文摘）数据库

文献类型：图书、期刊、报纸、学位论文、音视频

语种：中文

学科分类：多学科

用户权限：使用权（一旦停购则不能使用）

数据库概况：该库是专门为各图书馆制作的专业移动阅读数据库平台软件，用户可在手机、平板电脑等移动设备上自助完成个人借阅查询、馆藏查阅、图书馆最新资讯浏览。该库同时拥有超过百万册的电子图书、海量报纸文章以及中外文献元数据供用户自由选择，为用户提供方便快捷的移动阅读服务。该库与OPAC的集成实现了纸质馆藏文献的移动检索与自助服务；与数字图书馆门户集成，实现了电子资源的一站式检索与全文移动阅读；与全国共享云服务体系集成，实现了馆外资源联合检索与文献传递服务；构建起读者信息交流互动数据库平台，实现了公告信息发布与读者个性化服务定制；具备集成RSS（简易信息聚合）订阅功能，能有效地为用户提供个性化信息服务。

资源访问模式：远程访问

资源长期保存与元数据：不支持用户进行资源长期保存、支持用户收割元数据

资源统计：定期主动提供资源使用统计

使用(试用)过的单位：浙江大学、中国科学技术大学、武汉大学、中国人民大学、华中科技大学、四川大学、中山大学、吉林大学、南开大学、西安交通大学、中南大学、哈尔滨工业大学、山东大学、兰州大学、中国海洋大学、中央民族大学、湖南大学、郑州大学等。

用户评论：该库功能较为全面，尤其是查馆藏以及续借模块得到较为广泛的认可。希望在听书资源上进行补充，让资源更加丰富。

7. 超星大雅相似度分析

简称：大雅

数据库平台：大雅相似度检测系统

数据库网址：http://dsa.dayainfo.com/

数据库类型：全文数据库

文献类型：期刊、图书、报纸、学位论文、会议论文、法律法规、其他

语种：中文

学科分类：多学科

用户权限：使用权(一旦停购则不能使用)

数据库概况：该库拥有图书、期刊、论文、报纸、网络全文等丰富的对比资源库，有图书检测优势，保证书刊检测并重，为论文查重提供多一层保障。该库收录图书400万余种，期刊论文6 200万余篇，报纸文章1.6亿余篇，学位论文300万余篇，会议论文300多万篇，还有网页、文档等其他海量资源。

资源访问模式：远程访问

资源长期保存与元数据：不支持用户进行资源长期保存、支持用户收割元数据

使用(试用)过的单位：南开大学现代远程教育学院、上海交通大学继续教育学院、吉林大学出版社、中国矿业大学、上海外国语大学、四川外国语大学、吉林农业大学、湖北文理学院、湖北第二师范学院、泉州师范学院、中国农业科学院、中共青海省委党校(青海省行政学院)等。

用户评论：该库系统提供的可以查重电子书和报纸的功能受到用户较为广泛的认可。该系统可以与CNKI(中国知网)、维普开发的论文查重系统进行相互补充。

8. 读秀

简称:读秀

数据库平台:读秀学术搜索

数据库网址:http://www.duxiu.com/

数据库类型:全文数据库、索引(文摘)数据库

文献类型:图书

语种:中文

学科分类:多学科

用户权限:使用权(一旦停购则不能使用)

数据库概况:该库是由图书等文献资源组成的庞大的知识系统,是集文献搜索、试读、传递于一体,可以对文献资源及其全文内容进行深度检索,并且提供文献传递服务的数据库平台。全库收录了630万余种中文图书,占1949年以来已出版中文图书的95%以上,其中包括约315万种图书原文、16亿页资料,并以每年至少10万种的速度更新。

资源访问模式:远程访问

资源长期保存与元数据:不支持用户进行资源长期保存、支持用户收割元数据

资源统计:定期主动提供资源使用统计

使用(试用)过的单位:清华大学、中国人民大学、北京大学、北京航空航天大学、北京理工大学、复旦大学、上海交通大学、同济大学、中山大学、暨南大学、四川大学、西南大学、浙江图书馆、贵州省图书馆、宁波图书馆、江阴市图书馆等。

用户评论:该库搜索功能较为强大,可细化到知识点的检索,其查找图书功能也受到读者喜爱。希望能改进文献传递的限制以及传递速度。

9. 歌德电子书借阅机

简称:歌德

数据库平台:歌德电子书借阅机

数据库网址:无

数据库类型:全文数据库

文献类型:图书、期刊、报纸、音视频

语种:中文

学科分类:多学科

用户权限:使用权(一旦停购则不能使用)

数据库概况:该库内置约3 000册电子图书、200种期刊、400集学术视频和部分报纸资源。库内图书内容涵盖精品推荐、经典名著、生活保健、经管理财、成功励志、小说传记、历史军事、文学艺术、人文社科、政治法律、人生哲学、亲子育儿等12个热门分类。该库的电子书能够自适应屏幕排版,支持富媒体文本、图文混排,保留图书的原文原貌。其图书和期刊资源每个月的1日至5日提供网络更新。

歌德电子图书借阅机以落地式触摸一体机为依托,占地面积小,易安装,更不用受图书馆开、闭馆时间的限制,图书馆、教学楼、宿舍楼、食堂、行政楼、各党政机关办公楼、政府行政中心大厅、机场、车站、地铁站、银行、医院、企业办公楼、街道社区、乡镇文化站、农家书屋、商场等地均可安置。歌德电子借阅机以二维码为媒介,改变传统图书、期刊的借阅方式,用智能手机扫码即可将图书、期刊等资源借阅至手机中阅读。

资源访问模式:远程访问

资源长期保存与元数据:支持用户进行资源长期保存

资源统计:定期主动提供资源使用统计

使用(试用)过的单位:中国人民大学、四川大学、重庆大学、上海交通大学、西南大学、中国药科大学、北京化工大学、西北大学、西南交通大学、武汉理工大学、吉林省图书馆、河南省图书馆、云南省图书馆、青海省图书馆等。

用户评论:该库更新快,资源质量较高,让阅读更便捷,但其硬件设备的维护较难,部分旧设备存在屏幕老化等问题,需要加强维护。

10. 超星机构知识库

简称:机构库

数据库平台:超星机构知识库

数据库网址:http://xytssp.dayainfo.com/

数据库类型:索引(文摘)数据库

文献类型:图书、期刊、会议论文、学位论文、专利、标准、科技报告、报纸、音视频、图片、其他

语种:中文、英文

学科分类:多学科

用户权限:买断(永久使用)

数据库概况:该库利用超星机构的词典信息,汇总了机构公开发表后

被几百个中外文数据库收录的成果数据，由专门的数据处理团队以国际标准对数据进行清洗、合并、整合、上线，并将机构、学者、院系等发表的成果进行收集和展示。数据库平台首次建设时，系统自动回溯了超星机构的历史成果，使其成果在短期内达到比较大的规模；建设后期，数据库平台支持定期自动更新。该库支持多种检索方式，可多维度展示机构成果，提供多种可视化统计分析、成果自动更新、ESI（基本科学指标）学科分析报告、国际各类排名统计等，支持移动端与触摸屏端使用。

资源访问模式：镜像站与远程访问

资源长期保存与元数据：支持用户进行资源长期保存、支持用户收割元数据

使用（试用）过的单位：中山大学、北京理工大学、四川大学、天津大学、湖南大学、哈尔滨工程大学、杭州师范大学、西藏大学、北京林业大学、海南大学、南京中医药大学、北京建筑大学等。

用户评论：该库的功能和售后服务满意度较高，使用效果较好。但其数据揭示及分析功能存在一些小问题，需要改进。

11. 特色库建设数据库平台

简称：特色库

数据库平台：超星资源特色库

数据库网址：http://demo2.tsk.libsou.com/

数据库类型：全文数据库、多媒体数据库

文献类型：图书、期刊、报纸、学位论文、会议论文、专利、标准、古籍、法律法规、年鉴、音视频、图片、其他

语种：中文

学科分类：多学科

用户权限：买断（永久使用），使用权（一旦停购则不能使用）

数据库概况：该库基于超星的海量数据资源和大数据分析能力，辅之以面向普通用户开发的内容管理数据库平台，形成“资源+数据库平台+服务”的现代数字图书馆特色资源建设一体化解决方案。该库的方案设计采用当前流行的Spring MVC（java框架）技术开发框架，遵循标准化的资源建设规范并由专业化的项目团队实施，在确保广大图书馆充分利用本身已有馆藏资源的基础上，不断加强基于地方文化、历史民俗、知名人物、重点学科、特色专业、重点行业以及民族风情的特色馆藏资源建设。

资源访问模式：镜像站

资源长期保存与元数据：支持用户进行资源长期保存

资源统计：定期主动提供资源使用统计

使用(试用)过的单位：中国矿业大学、厦门大学、兰州大学、中国地质大学、南昌大学、西安音乐学院、浙江财经大学、西安交通大学、邓小平图书馆、河北省图书馆、安徽省图书馆、海南省图书馆、舟山市图书馆、宁波图书馆、首都图书馆、广东省立中山图书馆等。

用户评论：该库的用户使用率较高，数据库平台定制功能满意度高。希望页面能进一步美化。

12. 超星文旅云数据库平台

简称：文旅云

数据库平台：超星公共文化云服务数据库平台

数据库网址：http://cultureclouds.chaoxing.com/

数据库类型：全文数据库

文献类型：期刊、图书、图片、音视频

语种：中文

学科分类：多学科

用户权限：使用权(一旦停购则不能使用)

数据库概况：该库实现了各文化单位新闻资讯、数字资源的整合及共享；实现了活动线上报名、线下预约的流程闭环；实现了各文化单位场馆的展示及导航；实现了交互式的数据库平台流程；实现了绩效考核及大数据统计。

资源访问模式：远程访问

资源长期保存与元数据：不支持用户进行资源长期保存、支持用户收割元数据

资源统计：定期主动提供资源使用统计

使用(试用)过的单位：湖北省图书馆、河南省图书馆、吉林省图书馆、浙江图书馆、无锡市图书馆、黄冈市文化广电新闻出版局、珠海市图书馆、江阴市图书馆、铜川市文化和旅游局、福州市图书馆、西安图书馆、章丘区文化广电新闻出版局、安远县文化广电新闻出版旅游局等。

用户评论：该库设计突出人性化，页面美观。但产品研发周期较长，希望有更多体现文旅融合的资源内容。

13. 云舟知识服务空间

简称:云舟

数据库平台:云舟知识服务空间

数据库网址:http://yz.chaoxing.com/

数据库类型:全文数据库

文献类型:其他

语种:中文

学科分类:多学科

用户权限:使用权(一旦停购则不能使用)

数据库概况:该库主要实现以下功能:第一,打造成为知识重构化的数据库平台,提供知识空间和专题制作编辑平台,方便用户创作、收藏专题;第二,打造成为分享评价服务的数据库平台,使用户可建立、加入各种小组,分享交流彼此的专题创作,进行评论、点赞、转发、收藏等;第三,实现全终端互联服务,从以用户为中心的角度出发,实现PC端与移动端互联,让用户随时随地都可进行创作。

资源访问模式:远程访问

资源长期保存与元数据:支持用户进行资源长期保存、支持用户收割元数据

资源统计:定期主动提供资源使用统计

使用(试用)过的单位:南京大学、吉林大学、北京航空航天大学、北京理工大学、哈尔滨工程大学、上海交通大学、同济大学、中山大学、暨南大学、四川大学、西南大学等。

用户评论:该库的用户使用量较大、反馈较理想,其专题编辑功能较强大,尤其是可以自定义权限的功能获得用户较高评价。希望有更多的专题传播途径,让更多用户看到学者的专题。

14. 超星智慧党建

简称:党建

数据库平台:超星智慧党建

数据库网址:http://dangjian.chaoxing.com/

数据库类型:全文数据库、索引(文摘)数据库

文献类型:期刊、报纸、图书、音视频

语种:中文

学科分类:哲学

用户权限:买断(永久使用)

数据库概况:该库基于对党建工作全过程的智能分析,利用大数据支撑党员学习和党务管理。各级党组织和辖区党员可通过移动设备、自助终端、PC端实时了解党建动态,参与党建活动。该库可促进党组织和党员之间的互联互通,提升党组织在党员群体中的凝聚作用,增强党员对党组织的归属感,并推动实现党建管理工作的扁平化、信息化、精细化、动态化。该库提供资源量:期刊6 500余种,报纸400余种,图书5 000余册,音视频5 000余集。

资源访问模式:远程访问

资源长期保存与元数据:支持用户进行资源长期保存、支持用户收割元数据

资源统计:定期主动提供资源使用统计

使用(试用)过的单位:电子科技大学、河北师范大学、湘潭大学、安徽理工大学、西南财经大学、中国矿业大学、兰州大学、大连海洋大学、西安市公安局高新分局、衡阳市公安局等。

用户评论:该库资源及课程得到用户认可,可较好地与学习强国融合。

15. 超星智慧图书馆

简称:智慧图书馆

数据库平台:超星智慧图书馆

数据库类型:全文数据库、索引(文摘)数据库

文献类型:期刊、图书、报纸、学位论文、会议论文、标准、专利、其他

语种:中文

学科分类:多学科

用户权限:使用权(一旦停购则不能使用)

数据库概况:该库提供的数据存储库支持一体化资源管理,为智慧图书馆的运行提供数据资源的支持,涵盖了各类馆藏文献数据、运行数据,其中文献数据包括中外文图书、期刊、学位论文、会议论文、标准、专利、报纸等。该库利用大数据构建数据统计分析系统和数据挖掘系统,可进行获取途径分析,支持统计数据库平台使用、数据库使用、学科使用、研究方向等与用户息息相关的数据。借助该数据库,用户可快捷全面地了解图书馆的资源统计及综合情况,图书馆可更有针对性地提供服务。该库对智慧图书馆各业务系统的管理功能进行了集成,可满足馆员随时随地管理图书馆各项业务的需求,实现馆员对实体空间和虚拟空间的统一管理。

资源访问模式:远程访问

资源长期保存与元数据:支持用户进行资源长期保存、支持用户收割元数据

资源统计:定期主动提供资源使用统计

使用(试用)过的单位:内蒙古财经大学、南京大学、上海中医药大学、广东外语外贸大学、南华大学等。

用户评论:该库的售后服务满意度较高。但大部分图书馆用户还处于试运营阶段,使用量偏小。

成都艾文图思信息技术有限公司

全球科技报告服务(发现)系统

简称:科技报告发现系统

数据库平台:全球科技报告服务(发现)系统

数据库网址:http://www.gstrss.com/

数据库类型:全文数据库、索引(文摘)数据库

文献类型:科技报告、科技成果

语种:中文、英文

学科分类:多学科

用户权限:使用权(一旦停购则不能使用)

数据库概况:该库是由成都艾文图思信息技术有限公司在2013年研发推出的在线服务系统。其主要收录了包括美国四大报告(美国武装部队技术情报局的AD报告、美国航空航天局的NASA报告、美国能源部的DOE报告和美国商务部的PB报告)及AIAA(美国航空航天学会)文献在内的大量国外科技报告。在当前飞速发展的大数据时代背景下,如何在大量的数据中找到有价值的科研信息,成为各科研院所研究者、各高校师生及社会科研爱好者迫切想要解决的问题。于是全球科技报告服务(发现)系统应运而生,它成为科研工作者及科研爱好者查询相关科研信息的重要数据库平台。该库收录了海量的国外科技报告,具有较高的权威性、资源容量优势和良好的元数据完整性,为用户提供文献检索、原文传递及信息分析、信息挖掘等功能。

资源访问模式:远程访问

资源长期保存与元数据：不支持用户进行资源长期保存、支持用户收割元数据

资源统计：定期主动提供资源使用统计

使用(试用)过的单位：重庆大学、西南大学、四川外国语大学、重庆师范大学等。

用户评论：该库资源容量大，元数据完整性较强，覆盖学科门类广泛，数据库平台检索功能、导航功能完善，具有用户友好性和使用便利性。希望能完善数据库平台的统计功能，让用户实时了解数据库的使用情况。

成都联图科技有限责任公司

联图就业培训资源库

简称：就业培训资源库

数据库平台：联图就业培训资源库

数据库网址：http://www.ltlib.com/

数据库类型：全文数据库

文献类型：音视频

语种：中文

学科分类：多学科

用户权限：买断(永久使用)、使用权(一旦停购则不能使用)

数据库概况：该库于2016年3月15日推出，是一个以各种视频课程资源为主体，以考试题库为辅，采用先进的技术，将传统的模式与先进的网络应用相结合，集视频听课、练习、互动交流于一体的学习数据库平台。该库涵盖建筑工程、财会经济、医药卫生、职业资格、公务考试、学历教育等6大分类，提供100多种认证考试、400多门课程、16 000多个课时的环球名师海量课程视频。该库实时更新各类考试动态，包括考试时间、考试政策、成绩查询时间等。同时该库的课程主讲均为环球网校北京总校顶级名师，环球网校外聘名校博士生导师，大学教授、副教授、讲师等，保证了资源的权威性。

资源访问模式：镜像站与远程访问

资源长期保存与元数据：支持用户进行资源长期保存、支持用户收割元数据

资源统计:由图书馆自行查询资源使用统计、支持counter标准统计数据

使用(试用)过的单位:辽宁医药职业学院、河北工业大学、南宁师范大学、桂林电子科技大学、广西科技大学、广西农业职业技术学院、惠州市图书馆、江西司法警官职业学院、信阳师范学院、成都工业职业技术学校、中国民用航空飞行学院、四川省图书馆、西藏大学等。

用户评论:该库专业性比较强,有相关专业的学校更适合使用,例如财会经济,建筑工程,医药卫生等。该库对职业资格等考试有很大帮助。

成都色诺芬信息技术有限责任公司

CCER经济金融数据库

简称:CCER

数据库平台:CCER经济金融数据库

数据库网址:http://www.ccerdata.cn/

数据库类型:数值文本数据库

文献类型:数值数据

语种:中文

学科分类:经济学

用户权限:使用权(一旦停购则不能使用)

数据库概况:该库覆盖中国宏观、微观市场经济金融数据,遵循学术研究使用习惯,设计迎合市场需求的数据产品。该库分为A股市场、基金市场、债券市场、货币市场、行业数据、期货数据、权证数据、宏观数据、港股市场、沪深港通数据、新三板数据和央企高管12大板块。该库的特供数据库包括中国工业企业数据库、海关进出口数据库、县级财政数据库、专利数据库、环境数据库和旅游数据库,为实证研究提供了高效多元的数据服务。

资源访问模式:远程访问

资源长期保存与元数据:支持用户进行资源长期保存、支持用户收割元数据

资源统计:定期主动提供资源使用统计

使用(试用)过的单位:内蒙古大学、首都经济贸易大学、南开大学、北京大学、南京审计大学、中国海洋大学、中国矿业大学、浙江财经大学、南京

大学、中山大学、河南理工大学、湖南大学、青海大学、贵州财经大学、重庆工商大学、西南政法大学、重庆大学、重庆理工大学等。

用户评论：该库数据比较稳定、准确，有一些自己独特的数据，比如上市公司最终控制人股权结构方面的数据。该库的数据下载和使用较方便，下载后的数据结构符合大部分研究者的数据处理习惯。

重庆公图网络科技有限公司

公图艺术资源O2O服务数据库平台

简称：公图艺术资源

数据库平台：G.T.ART–公图艺术

数据库网址：http://gtart.gongtuedu.cn/

数据库类型：多媒体数据库

文献类型：音视频、图片、其他

语种：中文

学科分类：艺术学

用户权限：使用权（一旦停购则不能使用）

数据库概况：该库于2016年推出，将多维度艺术资源整合为一体，包含艺术作品、艺术家、艺术讲堂、设计课程、原创交流、艺术知识、艺术机构、艺术资讯等板块，并且在资源板块和资源量上不断丰富。该库多方面实现美育知识普及，为高校师生打造了一个丰富的艺术殿堂。截至2019年，全国合作及试用该库的高校已超过100所，整体使用情况良好。该库给用户视听结合双重体验，可让用户用手机端实现移动鉴赏，还具有师生原创互动交流功能，以及丰富的线下展览和3D、VR应用等特色。其中的音频介绍、画展视频和VR、师生原创作品等内容均为该库所独有。

资源访问模式：远程访问

资源长期保存与元数据：不支持用户进行资源长期保存、支持用户收割元数据

资源统计：定期主动提供资源使用统计

使用（试用）过的单位：东北财经大学、清华大学、河海大学、桂林电子科技大学、湖北民族大学、武汉理工大学、湘潭大学、陕西师范大学、四川大学、云南大学、四川美术学院、西南政法大学、重庆师范大学等。

用户评论：该库线上数据库平台的资源板块比较齐全，并支持移动端视听鉴赏，符合广大师生的使用习惯。其线下服务“高雅艺术进校园”艺术展和原创作品的互联网展示有利于师生进行艺术交流，能够在一定程度上提高师生的审美和人文素养。

重庆尚唯信息技术有限公司

1. 尚唯军用标准信息服务平台

简称：尚唯军用标准库

数据库平台：尚唯军用标准信息服务平台

数据库网址：http://gwbz.rarelit.net/

数据库类型：全文数据库

文献类型：标准

语种：中文、外文

学科分类：军事学

用户权限：买断（永久使用）

数据库概况：该库于2016年推出，其覆盖人群为军事类高校师生、军事类科研院所的研究人员，主要为军事工程设计、研制、维修和军用物资的采购、供应管理等领域提供标准化文件。该库揭示了国外军用科学、技术和实践经验的总结性成果，对军事、航空等相关领域的发展有着极大的促进作用，是先进、科学、完整的军用标准全文服务系统。该库提供快速检索、高级检索、标准来源检索、二次检索等多种检索方式，主要收录了美国、澳大利亚、日本、英国等国家和北大西洋公约组织等军事同盟相关机构的报告，共有约25万条题录、23万篇全文。

资源访问模式：镜像站与远程访问

资源长期保存与元数据：支持用户进行资源长期保存、支持用户收割元数据

资源统计：由图书馆自行查询资源使用统计

使用（试用）过的单位：黑龙江省科学技术情报研究所、中国人民解放军陆军装甲兵士官学校、齐鲁工业大学、广东工业大学、天津大学、南京航空航天大学、陕西省科学技术情报研究院等。

用户评论：该库数据全，价值较大，是目前市面上少有的军用标准全文

数据库，资源非常独特。由于资源独特，其使用对象范围也比较窄，只对正在从事或想从事军工研究的科研团队用处较大。

2. 全球智库发现系统

简称： TDS
数据库平台： 全球智库发现系统
数据库网址： http://tds.sunwayinfo.com.cn/
数据库类型： 全文数据库
文献类型： 其他(智库资源)
语种： 中文
学科分类： 多学科
用户权限： 买断(永久使用)

数据库概况： 该库于2018年推出，涉及国防与国家安全、教育、能源和资源、环保、外交政策和国际事务、卫生政策、国际发展、国际经济、科技、社会政策等多个研究领域，为社科类研究提供决策咨询参考，发挥建言献策、促进国际交流合作的作用。其受众主要为我国各级政策研究室、发展研究中心、社会科学院、高校、党校等各类从事政策研究的智库机构，以及相关领域的专家学者和社会大众。该库拥有快速检索、高级检索、机构导航、区域导航、领域导航、条件筛选、关联漫游、关联穿透、数据可视化等功能，涵盖超过400家智库机构、8万条机构动态、60万篇研究成果，涉及3万余名专家。

资源访问模式： 远程访问

资源长期保存与元数据： 支持用户进行资源长期保存、支持用户收割元数据

资源统计： 由图书馆自行查询资源使用统计

使用(试用)过的单位： 中国航天系统科学与工程研究院、天津城建大学、中南大学等。

用户评论： 该库符合国家智库的发展需求，实现了不同区域、不同行业的智库专项定制，系统检索快、准，资源内容丰富、完整，实现了数据的深度关联和数据可视化展示。该库虽然保证了原始数据的规范，但数据整理还不够细致，因此用户在使用时有一些不方便。

3. 尚唯科技报告资源服务系统

简称：尚唯科技报告

数据库平台：尚唯科技报告资源服务系统

数据库网址：http://bg.sunwayinfo.com.cn/

数据库类型：全文数据库、索引（文摘）数据库

文献类型：科技报告、科技成果

语种：中文

学科分类：多学科

用户权限：买断（永久使用）

数据库概况：该库于2012年推出，在科研立项、承接国家科技项目、科技查新、成果鉴定、自主创新等方面发挥重要作用，可提高科研人员的科研起点，为科研项目提供解决方法，为企业实现技术升级。该库的覆盖人群为高校师生、科研院所的研究人员、公共图书馆的使用者。该库提供快速检索、高级检索、学科分类导航、研究机构导航、关键词导航、二次检索等多种功能，并能实现报告在线预览。该库涵盖超400万条题录，资源年更新5万—6万篇。

资源访问模式：远程访问

资源长期保存与元数据：支持用户进行资源长期保存、支持用户收割元数据

资源统计：由图书馆自行查询资源使用统计

使用（试用）过的单位：东北大学、大连理工大学、清华大学、内蒙古大学、浙江大学、中国科技大学、中山大学、广西大学、国防科技大学、郑州大学、西北工业大学、重庆大学、电子科技大学等。

用户评论：该库收录范围大、更新速度较快，简单的翻译功能降低了使用难度，理工科数据相对完善。但是该库的使用群体有限，本科利用率很低，翻译功能还需要加强，文科数据相对较少。

4. 尚唯产品样本数据库

简称：GPD

数据库平台：尚唯产品样本数据库

数据库网址：http://gpd.sunwayinfo.com.cn/

数据库类型：全文数据库

文献类型：图片、音视频、产品资料

语种:中文

学科分类:工学

用户权限:买断(永久使用)

数据库概况:该库于2009年推出,涉及材料与物资、家装建材、通用机械、专用机械、交通运输设备、电子通信、仪器仪表、电气机械以及数码家电等多个领域,对教学科研、产品自主创新、原材料采购、成果转化、竞争情报等方面都具有重要的价值和作用。其覆盖人群为高校师生、科研院所的研究人员、公共图书馆的使用者。该库提供多种检索功能,包括快速检索、高级检索、二次检索等,以及分类导航、学科导航、企业导航等多种导航类型,提供检索结果排序功能和分组聚类功能,方便用户快速查找资源;涵盖约2万家企业、428万件产品、365万件样本,年更新20万—30万件产品。

资源访问模式:远程访问

资源长期保存与元数据:支持用户进行资源长期保存、支持用户收割元数据

资源统计:由图书馆自行查询资源使用统计

使用(试用)过的单位:吉林大学、东北大学、清华大学、天津大学、同济大学、浙江大学、中山大学、华南理工大学、中南大学、中国科技大学、西北工业大学、西北农业大学、重庆大学、电子科技大学等。

用户评论:该库运用了大数据技术,是针对工业产品进行深度建设的事实型数据库,涵盖的产品信息丰富全面、垂直度深。

高等教育出版社有限公司

“学术前沿在线”数据库

简称:学术前沿在线

数据库平台:“学术前沿在线”数据库

数据库网址:http://academic.hep.com.cn/

数据库类型:全文数据库

文献类型:图书、期刊

语种:中文、英文

学科分类:多学科

用户权限:买断(永久使用)

数据库概况：该库于2017年正式推出，是高等教育出版社在前沿(Frontiers)期刊数据库的基础上升级改版而来的学术资源服务数据库平台。该库将高等教育出版社出版的中英文学术著作与学术期刊按照统一的学科分类体系进行组织，面向国内外用户提供以图书“章”与期刊“篇”为单位的学术书刊内容服务。该库保留了原期刊数据库的内容及功能，同时实现了书刊内容的快速发布、浏览、检索、下载和在线阅读、多维评价以及个性化定制等服务。该库提供书刊联合检索功能，也提供通过图书、章节目录进行内容定位的功能、中英文自动翻译和全文检索功能、图书各章节按照时间和地域的浏览与下载分布统计功能。

资源访问模式：远程访问

资源长期保存与元数据：支持用户进行资源长期保存、支持用户收割元数据

资源统计：定期主动提供资源使用统计、支持counter标准统计数据

使用(试用)过的单位：沈阳航空航天大学、兰州大学、湖南科技学院、东北师范大学等。

用户评论：该库注重学术内容的权威性和研究的前瞻性，既包括经典著作，也包括获奖图书，其中有非常多的知名丛书系列，如“现代数学基础丛书”、“机械工程前沿著作”系列、“数学经典论题”系列等。用户在数据库平台上既可浏览、检索、下载、阅读，也可以分享、评价。

古联(北京)数字传媒科技有限公司

中华经典古籍库

简称：中华经典古籍库

数据库平台：籍合网

数据库网址：http://publish.ancientbooks.cn/

数据库类型：全文数据库

文献类型：古籍

语种：中文

学科分类：多学科

用户权限：买断(永久使用)

数据库概况：该库于2014年由古联(北京)数字传媒科技有限公司推出，是大型整理本古籍数据库产品。该库旨在为专业用户和喜爱传统文化

的读者提供高质量的整理本古籍资源服务，其收录了中华书局及其他古籍出版社出版的整理本古籍图书，涵盖经史子集各部，包含了二十四史、《资治通鉴》、《新编诸子集成》、《十三经清人注疏》、史料笔记丛刊、“中国古典文学基本丛书”、“中国佛教典籍选刊”等，保留了专名线、注释、校勘记录等整理成果。该数据库具有全面、精确的检索功能，便捷的资源阅览功能，提供联机字典、纪年查询、专名查询等辅助工具以及文本与原书图像逐页对照浏览功能。该库的国内市场用户包括政府部门、高校、出版单位、公共图书馆、博物馆、独立研究机构等上百家，国外市场用户包括哈佛大学、斯坦福大学、耶鲁大学、密歇根大学、加利福尼亚大学、普林斯顿大学等30多家，中国地区个人研究用户6万多名。

资源访问模式：镜像站与远程访问

资源长期保存与元数据：支持用户进行资源长期保存、支持用户收割元数据

资源统计：定期主动提供资源使用统计、支持counter标准统计数据

使用（试用）过的单位：大连图书馆、大连理工大学、北京大学、清华大学、中国社会科学院、中国人民大学、山西大学、复旦大学、华东师范大学、上海古籍出版社、金陵图书馆、中南民族大学、湖南大学、宁夏大学、西北大学、四川大学、四川博物院、贵阳孔学堂等。

用户评论：该库资源珍贵、内容权威，受客户欢迎。希望其价格能更优惠。

广州汇尹网信息科技有限公司

汇尹网蒐图片资料库

简称：汇尹网蒐图片资料库

数据库平台：汇尹网蒐图片资料库

数据库网址：http://www.adsoft.com.cn:88/

数据库类型：多媒体数据库

文献类型：图片、其他

语种：中文

学科分类：多学科

用户权限：买断（永久使用）、使用权（一旦停购则不能使用）

数据库概况：该库的图片由专业图片资料编辑进行了筛选、编辑和组

织整理,并配备了全面、准确、规范的文字数据。该库预先收录的数字化图片资料资源已超过100万张,涵盖了历史、地理、社会、民俗、自然科学等诸多领域。该库以“分库”和“专题”两种方式编排,共有世界历史、世界地理、中国历史、中国地理、中国建筑、当代中国、民族、宗教、中国民俗、中华医药、世界建筑、军事、世界艺术、中国艺术、动物、农业、园艺、航天航空、植物、世界文化遗产、世界自然遗产、天文、文博、地质、中国非物质文化遗产、科学技术、语言文学、矢量素材等28个分库。

资源访问模式:镜像站与远程访问

资源长期保存与元数据:支持用户进行资源长期保存、支持用户收割元数据

资源统计:定期主动提供资源使用统计

使用(试用)过的单位:浙江大学、浙江工业大学、福建师范大学、福建农林大学、中山大学、华南师范大学、广州美术学院、广东工业大学、深圳大学、广东外语外贸大学、湖北大学等。

用户评论:该库图片资源较为丰富,清晰度高,涉及学科广泛,数据库平台友好性较强。希望内容能更权威。

贵州出版集团有限公司

本草风物志中草药主题数据库

简称:本草风物志中草药数据库

数据库平台:贵州出版集团主题数据库平台

数据库网址: http://www.gzzcybk.com/

数据库类型:全文数据库、参考工具数据库

文献类型:图书、图片

语种:中文

学科分类:医学

用户权限:使用权(一旦停购则不能使用)

数据库概况:该库内含上万条目,收载中草药近6 000种、图像资料9 000多张;综合参考了《中国常用中草药彩色图谱》《中华本草》《贵州民族常用天然药物》《精选草药彩色图集》等专著,内容丰富,图文并茂,是全面介绍中草药信息的参考工具型数据库。该库从药物类别、临床科目、性味、主治功效等多个维度进行归类,每一味中草药的介绍涉及其各种命名、基

原、形态、资源、性味、用法、考证、临床应用、药理学研究等多方面,支持品名、汉语拼音名、英译名、拉丁名、功效、主治、产地、药理作用、化学成分、药材基原、用法用量、内容全文等字段检索。

资源访问模式:远程访问

资源长期保存与元数据:不支持用户进行资源长期保存、支持用户收割元数据

资源统计:定期主动提供资源使用统计

使用(试用)过的单位:长春中医药大学等。

用户评论:该库从各角度对中草药进行描述,使用户能较全面地了解药物的性质。

国家图书馆出版社有限公司

中国历史文献总库·民国图书数据库

简称:民国图书数据库

数据库平台:中国历史文献总库

数据库网址:http://mg.nlcpress.com/

数据库类型:全文数据库

文献类型:图书

语种:中文

学科分类:多学科

用户权限:买断(永久使用)

数据库概况:该库于2017年完成三期建设,是国家“民国时期文献保护计划”的重要成果,其收录了约15万种民国图书,涉及中图法22个大类,使用对象主要为中国史、现代文学研究者。民国时期是我国现代学术确立的时期,因此该库也适合政治学、经济学、法学、社会学、哲学等学科作为研究参考。该库发布了“民国时期文献保护计划”,从全国60余家重点收藏机构普查而来的30余万条书目数据,以全面的图书品种,持续进行更新的能力,成为与“晚清民国期刊全文数据库”类似的集大成之作。

资源访问模式:镜像站与远程访问

资源长期保存与元数据:支持用户进行资源长期保存、支持用户收割元数据

资源统计:定期主动提供资源使用统计

使用(试用)过的单位:北京大学、华东政法大学、安徽大学、四川大学、重庆大学等。

用户评论:该库内容珍贵,是研究民国时期政治学、经济学、法学、社会学、哲学的重要文献库。数据库平台设计科学,书籍质量高。希望其更新数量能更多,涉及学科能够更丰富。

海枣数字科技(北京)有限公司

CIDP制造业数字资源数据库平台

简称:CIDP

数据库平台:CIDP制造业数字资源数据库平台

数据库网址:http://www.digitalmechanical.com.cn/

数据库类型:全文数据库、多媒体数据库、参考工具数据库

文献类型:图书、图片、音视频、其他(三维模型、设计计算程序)

语种:中文

学科分类:工学、理学

用户权限:使用权(一旦停购则不能使用)

数据库概况:该库于2014年推出,集成了化学工业出版社近年来承担的国家出版基金项目、财政部文化产业发展专项资金项目等项目成果,立足于服务整个制造行业的科技研发人员、产品设计人员、技术工程师和大中专院校师生。该库分析、梳理、传播制造业的各方面知识,主要以我国机械工程、航空航天、电气工程、汽车与机床等在长期设计制造过程中形成的海量信息资源为对象,基于制造业中的国家和行业标准,参照国际标准和制造业发达国家的国家标准,利用数据检索与关联技术对资源进行整合,为我国制造业提供不同粒度的数字化信息服务。

资源访问模式:远程访问

资源长期保存与元数据:不支持用户进行资源长期保存、支持用户收割元数据

资源统计:定期主动提供资源使用统计

使用(试用)过的单位:哈尔滨工业大学、天津大学、上海交通大学、中国科学技术大学、华中科技大学、西北工业大学、四川大学、电子科技大学、西南交通大学等。

用户评论:该库在工业设计领域比较实用,性价比较高,其平台功能比

较简单方便，友好性也不错。该库结构已纳入数字经济发展观察与监测数据库平台分支板块，用户反馈比较好，对推进产业信息化、信息产业化相关研究和产业转型升级有很好的借鉴作用。

杭州弘雅科技有限公司

Artlib世界艺术鉴赏库

简称：Artlib

数据库平台：Artlib世界艺术鉴赏库

数据库网址：http://www.artlib.cn/

数据库类型：全文数据库、参考工具数据库

文献类型：图片

语种：中文、英文

学科分类：艺术学

用户权限：使用权（一旦停购则不能使用）

数据库概况：该库于2016年9月正式推出，主要向全国中小学、高校、图书馆进行推广，已获得各高校和图书馆的认可与支持。该库是一个满足"互联网+"时代全方位艺术鉴赏需求的产品，是定位为向艺术教育提供资源、素材及方法的深度学习数据库。截至2019年，该库收录了8万多幅高清图片，涵盖油画、素描、版画、水彩、国画、书法、壁画、雕塑、篆刻、建筑艺术及其他类型，包含艺术普及、艺术故事、艺术品、艺术家、艺术机构、资讯6大内容模块。该库具有知识组织系统、内容全面完整、数据深度标引、超清大图呈现、内容模块关联、艺术辞典规范等专业特点。

资源访问模式：镜像站与远程访问

资源长期保存与元数据：支持用户进行资源长期保存、支持用户收割元数据

资源统计：定期主动提供资源使用统计、支持counter标准统计数据

使用（试用）过的单位：广东外语外贸大学、电子科技大学等。

用户评论：该库内容较专业、丰富，图像清晰、覆盖面广、展示度高，是一个图文并茂的艺术鉴赏数据库平台，能在一定程度上满足用户艺术欣赏的需求，达到艺术普及和教育的目的。希望其内容的深度更深。

化学工业出版社有限公司

化学工业出版社电子图书馆系统

简称:化学工业出版社电子图书

数据库平台:化学工业出版社电子图书馆系统

数据库网址:http://www.ciplib.com/

数据库类型:全文数据库

文献类型:期刊、图书、标准

语种:中文

学科分类:多学科

用户权限:使用权(一旦停购则不能使用)

数据库概况:该库于2017年8月推出,覆盖人群为高校教师及学生。该库整合了化学工业出版社海量、正版的出版资源,通过电子书库、标准库、工具书库、期刊库等形式,为用户提供科学、规范的数字资源服务,其专业覆盖化学、化工、建筑、生活、少儿、社科等范围。该库收录图书近28 000种,5种期刊近3年的文章,标准近1 800种,化工百科全书全19卷;每年更新图书约2 500种;电子资源与纸书更新基本同步。该库充分考虑用户的个性化需求:对采购者来说,可按库、按专业批量选购,也可按单品个性化选购;对终端用户来说,可提供全库、全文及个性化检索,使用方便。

资源访问模式:镜像站与远程访问

资源长期保存与元数据:支持用户进行资源长期保存、支持用户收割元数据

资源统计:由图书馆自行查询资源使用统计

使用(试用)过的单位:重庆师范大学、菏泽学院、漯河医学高等专科学校等。

用户评论:该库科技类电子书较多,图书能够全文加载且放大,这使老师、学生在查找图表和数据的时候能够看得清楚;文章也支持全文检索,数据库平台更新及时。希望其收录的新书品种能够更多。

中国科技出版传媒股份有限公司(科学出版社)

中国生物志库

简称:生物志库

数据库平台:中国生物志库

数据库网址:http://zgswz.lifescience.com.cn/

数据库类型:全文数据库

文献类型:图书、图片、数值数据、科技报告、科技成果

语种:中文

学科分类:历史学、理学

用户权限:买断(永久使用)、使用权(一旦停购则不能使用)

数据库概况:该库于2017年10月正式上线,其数据来源均为权威志书。该库包含的10万余个物种信息均经过学界认定。数据库随着各类志书的不断出版而持续进行内容更新,其质量和可靠性有充分保证。该库将来自志书的物种信息进行碎片化、结构化、标准化处理,按照多分类体系兼容的内容组织方式进行归类、建立索引,提供包括联想提示、同义关联、多级筛选的物种信息智能检索功能和多类型信息界面展示,基于物种数据建立了形象的可视化呈现方式,为生物、农林、医药等专业用户提供一站式专业知识和解决方案服务。

资源访问模式:镜像站与远程访问

资源长期保存与元数据:支持用户进行资源长期保存、支持用户收割元数据

资源统计:定期主动提供资源使用统计

使用(试用)过的单位:南方医科大学、新疆农业大学、东北大学等。

用户评论:该库在生物多样性考察、物种鉴别等研究领域专业性较强,且该库功能较友好便利,智能关联查询功能的用户体验不错。希望能补充濒危植物、入侵动植物等内容。

库客数字音乐股份有限公司

库客数字音乐图书馆

简称:库客音乐

数据库平台:库客艺术中心

数据库网址:http://www.kuke.com/

数据库类型:多媒体数据库

文献类型:音视频

语种:中文、英文

学科分类:艺术学

用户权限:使用权(一旦停购则不能使用)

数据库概况:该库于2007年11月正式上线发布,是国内专注于音乐教育普及、发展的服务运营商。该库积极打造以互联网音频、视频在线服务为核心的用户消费服务平台,为广大音乐学习者和爱好者提供一个全面、丰富的正版音乐资源平台,致力于推动国内高雅音乐的普及,促进音乐素质教育的发展。该库含有海量非流行音乐曲目、相关背景资料、乐谱、珍贵历史录音等。对于音乐学院、各种艺术团体等,该库可用于音乐专业用户的学术研究、多媒体数据分析;对于非音乐专业的用户,该库可以普及古典音乐知识,拓展思路,释放情绪,陶冶情操。

资源访问模式:远程访问

资源长期保存与元数据:不支持用户进行资源长期保存、支持用户收割元数据

资源统计:定期主动提供资源使用统计

使用(试用)过的单位:哈尔滨工业大学、南开大学、清华大学、北京大学、中国人民大学、复旦大学、华南理工大学、中山大学、武汉大学、华中科技大学、西南大学、四川大学等。

用户评论:该库内容全面,收录的古典音乐丰富,对提高用户音乐素养有帮助。希望其能多宣传、培训,提高利用率。

南京大学中国社会科学研究评价中心

中文社会科学引文索引

简称：CSSCI

数据库平台：中文社会科学引文索引

数据库网址： http://cssci.nju.edu.cn/

数据库类型：索引(文摘)数据库

文献类型：期刊

语种：中文

学科分类：多学科

用户权限：使用权(一旦停购则不能使用)

数据库概况：该库是由南京大学中国社会科学研究评价中心开发研制的引文数据库，用来检索人文社会科学领域中文论文的收录和被引用情况。该库遵循文献计量学规律，采取定量与定性相结合的方法，从全国数千种中文人文社会科学学术性期刊中精选出学术性强、编辑规范的期刊作为来源期刊。截至2019年，该库收录内容包括法学、管理学、经济学、历史学、社会学等在内的25大类学科，来源文献200万余篇，引文文献近1 000万篇。利用该库可以检索到所有CSSCI来源期刊的收录(来源文献)和被引情况。

资源访问模式：远程访问

资源长期保存与元数据：不支持用户进行资源长期保存、不支持用户收割元数据

资源统计：定期主动提供资源使用统计

使用(试用)过的单位：辽宁省图书馆、黑龙江大学、中国国家图书馆、北京大学、清华大学、宁波大学、东南大学、复旦大学、深圳大学、广州大学、郑州大学、中南民族大学、青海大学、新疆大学、四川大学、四川农业大学、重庆师范大学、重庆交通大学等。

用户评论：该库是一项凝聚了国内学术界、期刊界及其管理部门集体智慧的知识创新成果，已被国内外数百所高等院校和科研院所订购或包库使用，成为学术、学科、项目及成果评价与评审的重要依据，对我国学术界产生了重要影响。

南京昆虫软件有限公司

ERS电子资源利用绩效分析平台

简称:ERS

数据库平台:ERS电子资源利用绩效分析平台

数据库网址:http://ers.addup.com.cn/

数据库类型:参考工具数据库

文献类型:期刊、图书、学位论文、会议论文

语种:中文

学科分类:多学科

用户权限:使用权(一旦停购则不能使用)

数据库概况:该库是由南京昆虫软件有限公司依托上海交通大学图书馆自主研发的一款深度数据挖掘产品。该库实现了图书馆文献资源(包括纸本资源)的统计与管理;建立了数据库评价体系,对数据库利用绩效数据进行深度挖掘及分析;从学科角度出发,分析学科资源保障及利用情况,可为学科资源建设提供参考;在双方授权许可的情况下,可直接进行资源保障及利用情况对比;自动收割counter报告及发文引文等资源相关数据,并提供保存及下载路径;提供很多实用性功能,如期刊书目信息查询、数据库死链查询、合同管理等。

资源访问模式:远程访问

资源长期保存与元数据:不支持用户进行资源长期保存、不支持用户收割元数据

资源统计:定期主动提供资源使用统计

使用(试用)过的单位:沈阳师范大学、中国人民大学、南开大学、天津大学、上海交通大学、同济大学、中国科学技术大学、浙江大学、东南大学、华中科技大学、中国地质大学(武汉)、江汉大学、兰州大学、西北师范大学、重庆大学、电子科技大学、西南财经大学、贵州大学等。

用户评论:该库可对学校的整体期刊及部分重点学科期刊的保障和利用绩效情况进行分析,使图书馆对外文电子期刊的使用情况有一个基本了解。

人大数媒科技(北京)有限公司

中国人民大学复印报刊资料

简称:人大复印资料

数据库平台:中国人民大学复印报刊资料

数据库网址:http://ipub.exuezhe.com/index.html/

数据库类型:全文数据库

文献类型:图书、期刊、报纸

语种:中文

学科分类:多学科

用户权限:买断(永久使用)

数据库概况:该库的内容来自中国人民大学书报资料中心复印报刊资料系列纸刊,汇集了自改革开放以来国内报刊公开发表的人文社科学术研究成果的精华,并不断更新。该库记录了中国学术发展的轨迹,汇聚了学术精品,展现了中国人文社会科学领域的最新研究成果。该库门类齐全、分类详细、内容精当、检索方便,能够直观、系统地反映各个学科的学术研究面貌和发展变化趋势,为广大研究机构和学者及时查阅到本学科最新的研究成果提供了一个便捷的平台。

资源访问模式:镜像站与远程访问

资源长期保存与元数据:支持用户进行资源长期保存、支持用户收割元数据

资源统计:定期主动提供资源使用统计

使用(试用)过的单位:吉林大学、清华大学、复旦大学、中山大学、武汉大学、西安交通大学、四川大学等。

用户评论:该库是人文社科信息汇集的学术数据库,内容具有一定的代表性、权威性,有较高的学术价值、应用价值,兼具教学和科研的双重功能。希望其能给资料提供者提供转载证明。

人民出版社

中国共产党思想理论资源数据库

简称：共产党思想理论库

数据库平台：中国共产党思想理论资源数据库

数据库网址：http://data.lilun.cn/

数据库类型：全文数据库

文献类型：图书

语种：中文

学科分类：多学科

用户权限：使用权（一旦停购则不能使用）

数据库概况：该库于2013年底正式上线，被党政干部和专家学者称为“用科学技术传播中国化马克思主义的重大创新工程”。该库为高校学生学习马克思主义经典理论、马克思主义中国化理论成果以及中国共产党治国理政经验提供了便利，对提升主流意识形态的社会认同度以及师生思想观念的先进性和纯洁性具有重要的促进作用。该库收录的资源量丰富，范围较广，同时主题鲜明，具有明显的价值导向性。师生在浏览和学习的过程中，能够受到积极正向的引导。另外，该库对马克思列宁主义、党的思想理论、党的建设、国家政策等方面的研究，具有很大的参考借鉴价值。

资源访问模式：远程访问

资源长期保存与元数据：不支持用户进行资源长期保存、支持用户收割元数据

资源统计：定期主动提供资源使用统计

使用（试用）过的单位：清华大学、北京大学、同济大学、深圳大学、华南师范大学、暨南大学、湖北大学、武汉大学、中南财经政法大学、四川大学、电子科技大学、重庆大学、西南大学等。

用户评论：该库对高校思想政治理论课建设具有重要的作用，非常切合高校思政教学和科研的需要，具有很高的理论指导价值。希望其图书更新能更及时，能以账号密码登录的方式在家使用。

人民网科技(北京)有限公司

人民日报图文数据库

简称:人民日报

数据库平台:人民网

数据库网址:http://data.people.com.cn/rmrb/

数据库类型:多媒体数据库

文献类型:图片、报纸、音视频

语种:中文

学科分类:多学科

用户权限:使用权(一旦停购则不能使用)

数据库概况:该库主要用户群体为全国各高校、公共图书馆、党政机关等单位,以及传媒、咨询、研究、教育、文化类事业单位与企业组织、军事机关等,是电子政务必备的公共信息资源库之一,也是决策、研究、教学、写作、咨询、经营管理等工作的必备信息资源库之一。

资源访问模式:远程访问

资源长期保存与元数据:不支持用户进行资源长期保存、支持用户收割元数据

资源统计:定期主动提供资源使用统计

使用(试用)过的单位:中国人民大学、中南大学、武汉大学、西北大学、陕西师范大学、重庆大学等。

用户评论:该库资源具有权威性,库中许多资源还具有唯一性,可以为用户准确抓取不同历史时期类似事件发生时,主流声音的反馈。该库对过量下载要求比较严格,价格略微偏贵。

上海图情信息有限公司

1. 民国时期期刊全文数据库

简称:民国期刊库

数据库平台:全国报刊索引

数据库网址:http://www.cnbksy.cn/

数据库类型:全文数据库

文献类型:期刊

语种:中文

学科分类:文学、历史学

用户权限:买断(永久使用)

数据库概况:该库收录了民国时期出版的2万余种期刊,内容集中反映了民国时期的政治、军事、外交、经济、教育、思想文化、宗教等各方面的情况。作为历史档案的重要组成部分,该库具有重要的学术价值和史料价值。该库丰富了报刊数字资源,也方便了广大用户进行民国时期历史的相关学术研究。用户可通过标题、作者、刊名、分类号、年份及期号等检索词分类对文献进行检索、浏览并下载全文,还可以使用期刊导航功能,直接浏览和下载期刊原文。

资源访问模式:镜像站与远程访问

资源长期保存与元数据:支持用户进行资源长期保存、支持用户收割元数据

资源统计:定期主动提供资源使用统计

使用(试用)过的单位:山东大学、北京大学、北京师范大学、复旦大学、武汉大学、华中师范大学、西南大学等。

用户评论:该库界面简洁,检索方便,聚类功能很不错,全库2万多种期刊,内容很丰富,对研究民国历史有帮助。但其资源有少量缺失,远程访问的并发数偏少。

2. 晚清期刊全文数据库

简称:晚清期刊库

数据库平台:全国报刊索引

数据库网址:http://www.cnbksy.cn/

数据库类型:全文数据库

文献类型:期刊

语种:中文

学科分类:文学、历史学

用户权限:买断(永久使用)

数据库概况:该库共收录了从1833年至1911年间出版的300余种期刊,几乎囊括了当时出版的所有期刊,拥有众多的“期刊之最”,是研究晚清历史的读者用户必备的数据库检索工具之一。作为种类繁多、收录全面、主题鲜明的全文史料库,该库再现了晚清时期思想激荡的峥嵘岁月:有宣

扬妇女解放和思想启蒙的妇女类期刊，有晚清小说大繁荣时期涌现的四大小说期刊，有为开启民智、传播新知创办的白话文期刊，有介绍先进技术、传播科学知识的科技类期刊……用户可通过标题、作者、刊名等分类检索词对文章进行检索、浏览并下载全文。

资源访问模式：镜像站与远程访问

资源长期保存与元数据：支持用户进行资源长期保存、支持用户收割元数据

资源统计：定期主动提供资源使用统计

使用(试用)过的单位：山东大学、北京大学、北京师范大学、复旦大学、武汉大学、华中师范大学、西南大学等。

用户评论：该库内容丰富，收录品种全，文章清晰度高，检索速度快，用户体验满意度高；售后服务及时，数据库性价比高。虽然该库期刊种数很多，但是很多期刊只有一两期。希望检索能精细到全文。

社会科学文献出版社

1. 列国志数据

简称：列国志

数据库平台：列国志数据库

数据库网址：http://www.lieguozhi.com/

数据库类型：全文数据库

文献类型：图书、图片、专利、标准、音视频

语种：中文

学科分类：多学科

用户权限：买断(永久使用)、使用权(一旦停购则不能使用)

数据库概况：该库依托中国社会科学院国别史及国际问题研究学科齐全、研究力量雄厚的优势，全面整合国别、国际问题核心研究成果，是一站式提供有关世界各国及国际组织翔实资料，聚焦世界发展大势的专业数据库。该库还包括文献资料、图片、图表、新闻资讯等资源类型。其中，文献资料已收录《美国国家安全战略解密文献选编》《满铁档案资料汇编》《苏联历史档案选编》《近代日本对钓鱼岛的非法调查及窃取》《东亚同文书院中国调查资料选译》《满铁内密文书》《满洲交通史稿》等7套珍稀档案资料。

资源访问模式：镜像站与远程访问

资源长期保存与元数据：支持用户进行资源长期保存、支持用户收割元数据

资源统计：定期主动提供资源使用统计

使用(试用)过的单位：河北省社会科学院、华侨大学、重庆工商大学派斯学院、上海外国语大学、长春师范大学、宁夏师范学院、巢湖学院、东北师范大学等。

用户评论：该库内容视野新颖，涉及国别区域与全球治理信息和相关资料。数据库平台用户体验反馈良好，整合的信息文献较全面。希望其收录的国家能更全面，提高更新频率。

2. 皮书数据库

简称：皮书

数据库平台：皮书数据库

数据库网址：http://www.pishu.com.cn/

数据库类型：全文数据库

文献类型：图书、学位论文、专利、标准、图片、音视频

语种：中文

学科分类：多学科

用户权限：买断(永久使用)、使用权(一旦停购则不能使用)

数据库概况：该库全面收录了改革开放以来中国经济社会发展年度报告，完整记录中国发展变迁，深度研究中国发展经验，涵盖中国经济、中国社会、中国行业、中国区域、中国文化传媒、世界经济与国际关系6大主题研究文献，实现了对哲学社科文献的客观完整揭示，为用户提供直观便捷的使用体验。该库覆盖全球80余个国家、30余个地区及国际组织，中国28个省级行政区、20个区域经济体、200个地级及以上城市，100多个行业，41个一级学科、179个二级学科，基本囊括了社会、经济、政治等各个领域和层面，能够满足经济学、社会学实证研究的资源需求。

资源访问模式：镜像站与远程访问

资源长期保存与元数据：支持用户进行资源长期保存、支持用户收割元数据

资源统计：定期主动提供资源使用统计

使用(试用)过的单位：北京大学、华东政法大学、安徽大学、四川大学、重庆大学、西南大学等。

用户评论：该库为国家政策、行业法规研究提供了重要数据来源，对人

文学科领域、经管领域的学习和研究都有较大的帮助。希望其能整合更多资源,收录更全面。

3.“一带一路”数据库

简称:“一带一路”数据库

数据库平台:“一带一路”数据库

数据库网址:http://www.ydylcn.com/

数据库类型:全文数据库

文献类型:图书、专利、标准、图片、音视频

语种:中文

学科分类:多学科

用户权限:买断(永久使用)、使用权(一旦停购则不能使用)

数据库概况:该库以服务国家“一带一路”倡议为宗旨,以满足三大主流用户,即政府机关、科研机构、企事业单位的基本需求为目标,从提供“一带一路”基础资料、助力学术研究、指导合作实践三大核心应用场景出发,设置9个一级子库,包括战略研究、实战探索、投资指南、专题研究、国家库、省域库、丝路数据、特色专题等。其中专题研究紧跟时事热点,追踪学术前沿,关注“一带一路”倡议的主要议题,下设生态篇、产业篇、金融篇、交通篇、外交篇及文化篇等6个专题。该数据库全方位、多角度呈现“一带一路”研究成果,为政府决策、企业投资提供权威、高效的决策参考,为学术科研提供严谨、翔实的资料数据。

资源访问模式:镜像站与远程访问

资源长期保存与元数据:支持用户进行资源长期保存、支持用户收割元数据

资源统计:定期主动提供资源使用统计

使用(试用)过的单位:重庆大学等。

用户评论:该库整合的资源独特,方向性突出,是研究“一带一路”倡议较为重要和全面的数据库。希望其涉及的内容和展示的形式更多样化。

深圳希施玛数据科技有限公司

CSMAR数据库

简称:CSMAR

数据库平台:CSMAR数据库

数据库网址:http://www.gtarsc.com/、http://cn.gtadata.com/

数据库类型:参考工具数据库

文献类型:专利、标准、数值数据

语种:中文

学科分类:经济学、管理学

用户权限:使用权(一旦停购则不能使用)

数据库概况:该库是深圳希施玛数据科技有限公司针对高等院校、金融证券机构、社会研究机构的专家学者,基于中国金融、经济分析研究的需要,而设计研发的高级、精准的专业财务、金融、经济系列研究型数据库。该库是由股票市场系列、公司研究系列、基金市场系列、债券市场系列、衍生市场系列、经济研究系列、行业研究系列、货币市场系列、海外研究系列、板块研究系列、市场资讯系列、专题研究系列、科技金融研究系列、商品市场研究系列、银行研究系列、因子研究系列、宏观经济、行业研究、上市公司共19个系列约140个子库构成的有机统一整体。其数据来源正规,支持10余种格式输出,支持SAS(统计分析系统)、SPSS(社会科学统计软件包)等多种统计软件。

资源访问模式:远程访问

资源长期保存与元数据:支持用户进行资源长期保存、支持用户收割元数据

资源统计:由图书馆自行查询资源使用统计、支持counter标准统计数据

使用(试用)过的单位:哈佛大学、北京大学、清华大学、中国人民大学、山东大学、复旦大学、浙江大学、中山大学、湖南大学、厦门大学、安徽大学、东北大学、陕西师范大学、重庆大学等。

用户评论:该库功能非常强大、数据齐全,对高校教学科研人员的学术研究有较强的实用性。该库用户体验非常好,界面设计一流,符合中国人的使用习惯;特色数据库非常突出,公司治理数据详细,公司控制链图等均有收录,高频数据属全国一流。由于是学术数据库,其更新速度不够快,缺乏资讯类的数据。

索引数位股份有限公司

1. TWB台湾学术书籍数据库

简称：TWB台湾书
数据库平台：TWB台湾学术书籍数据库
数据库网址：http://books.twscholar.com/
数据库类型：全文数据库、索引（文摘）数据库
文献类型：图书
语种：中文
学科分类：多学科
用户权限：使用权（一旦停购则不能使用）

数据库概况：该库是以收录台湾学术专著、研究报告、史料研究、商业出版社出版的学术著作和经典著作为主的多学科台湾学术书数据库，其主要授权代表性机构为"中研院"及台湾大学等台湾学术出版重点机构。截至2019年，该库从约10万本书中挑出约3万种提供在线阅读，其中收录年代最早为1958年，最新为2018年。该库涵盖语言文学类、哲学类、应用科学、社会科学类、宗教类、世界史地类、中国史地类、艺术类、自然科学类、性别研究、地理研究、区域研究等学科领域。

资源访问模式：远程访问

使用（试用）过的单位：河南财经政法大学、兰州大学、郑州大学、深圳大学、中共上海市委党校、河南工程学院等。

用户评论：该库内容独特，以台湾地区和香港、澳门特别行政区的书籍为主；移动端使用便捷；检索方式完整。其图书文字为繁体字，希望增加繁体字、简体字的转换功能。

2. TWS台湾学术期刊在线数据库

简称：TWS台湾期刊库
数据库平台：TWS台湾学术期刊在线数据库
数据库网址：http://www.twscholar.com/
数据库类型：全文数据库、索引（文摘）数据库
文献类型：期刊
语种：英文、中文
学科分类：多学科

用户权限：使用权（一旦停购则不能使用）

数据库概况：该库以“索引+摘要+电子全文”的数据形式，收录台湾学术期刊1 743种，截至2019年，文章超过55 000篇，是最全的台湾期刊库之一。该库收录刊物最早出版时间为1930年，其中1 013种刊物从创刊号开始收录，其余主要为2000年以后出版的刊物。从创刊号开始收录的完整性期刊占比达到48.6%，只有约30种刊物延迟一期以上出刊。该库每日更新，每月持续新增至少3 000篇电子全文，纸本出刊后2—3周上线，全文率为100%。

资源访问模式：远程访问

资源长期保存与元数据：不支持用户进行资源长期保存、支持用户收割元数据

资源统计：定期主动提供资源使用统计、支持counter标准统计数据

使用（试用）过的单位：吉林大学、华东政法大学、华东师范大学、中南民族大学、首都师范大学、华中科技大学、海南大学、中国计量大学等。

用户评论：该库内容较丰富，收录的书目以台湾地区和香港、澳门特别行政区书籍为主，收藏的书目除了学术书籍之外，还涉及台湾研究的地方志、史料等重要学术文献，对研究台湾文化有很大的帮助。该数据库收藏的书以人文社科为主，有相关书籍推荐，用户友好性高。虽然数据库平台操作已经全面转换为简体字，但是图书都是繁体字，希望能将内文也转换成简体字，使阅读更亲近、便捷。

台湾得泓资讯有限公司

1. 中国近代报刊《大公报：1902—1949》

简称：大公报

数据库平台：中国近代报刊《大公报：1902—1949》

数据库网址：http://tk.cepiec.com.cn/tknewsc/tknewskm/tknewskm/

数据库类型：全文数据库

文献类型：报纸

语种：中文

学科分类：多学科

用户权限：买断（永久使用）

数据库概况：该库收录了民国时期《大公报》所出版的所有版面及文字，包含了天津、上海、重庆、汉口、桂林及香港等版本的全部版面，广告版面亦可通过剪报功能查阅；收录约20万幅高解析图像。1902年6月17日《大公报》在天津法租界首次出版，其创办人英敛之（同时也是辅仁大学倡议者之一）主张变法维新，《大公报》遂在北方言论界初露头角。《大公报》是一笔难以估量的“财富”，值得国人去研究与思考。

资源访问模式：镜像站

资源长期保存与元数据：支持用户进行资源长期保存、支持用户收割元数据

资源统计：定期主动提供资源使用统计

使用（试用）过的单位：北京大学、南开大学、中国人民大学、河北大学、浙江大学、南昌大学等。

用户评论：该库资源权威详尽，文献内容学术价值高。该库界面简洁、友好，检索功能全面、响应快速，操作及下载方便，特别是其能够在原始报纸中将检索词直接标注出来，对阅读扫描图书文档非常有帮助。该库售后服务快速及时，资源访问很流畅，只要在局域网内，用手机和电脑都能访问，限制比较少。

2. 雕龙古籍全文数据库

简称：雕龙

数据库平台：雕龙古籍全文数据库

数据库网址：http://www.diaolong.net、http://dhcdb.com.tw

数据库类型：全文数据库

文献类型：图书、古籍

语种：中文

学科分类：教育学、历史学、文学

用户权限：买断（永久使用）

数据库概况：雕龙是一个超大型的中国古籍全文检索数据库，全库含书3万多种，近80亿字。该库具备先进的搜索引擎技术，平均检索时间不超过1秒。其首席程序开发员曾担任文渊阁《四库全书》电子版的程序开发，具有丰富的全文数据库开发经验。截至2019年，该库有单机版和网络版2种版本，以适应客户的不同需求。其子库包括《正统道藏》、《道藏辑要》、《永乐大典》、《四部丛刊》、《续四部丛刊》（《四部备要》）、《中国地方志》（第一辑和第二辑）、清代史料、《六府文藏》、《古今图书集成》、日本古典书

籍库、敦煌史料、雕龙《续修四库全书》、雕龙《四库全书》(文渊阁版)、雕龙医家库等。

资源访问模式:镜像站

资源长期保存与元数据:支持用户进行资源长期保存、支持用户收割元数据

资源统计:定期主动提供资源使用统计

使用(试用)过的单位:中国人民大学、中国社会科学院、首都图书馆、北京市社会科学院、南开大学、复旦大学、上海交通大学、浙江大学、南昌大学、西安交通大学等。

用户评论:该库严格按照原书目录收录并单独成库,文献归类清晰,收录版本多出自权威出版社(如成文出版社)。数据库界面排版及分类直观合理,检索功能全面、响应快速,有特色字典和检索记录等功能;错字漏字少,古籍扫描清晰度高,可对比阅读;售后服务好,反馈解决问题及时,可用手机和电脑访问,限制比较少,同时可支持VPN(虚拟专用网络)校外访问。希望其能解决与浏览器的兼容问题。

3. 中国近代报刊

简称:近代报刊

数据库平台:中国近代报刊

数据库网址:http://tk.cepiec.com.cn/SP/

数据库类型:全文数据库

文献类型:报纸

语种:中文

学科分类:多学科

用户权限:买断(永久使用)

数据库概况:该库由台湾得泓资讯有限公司研发,收录丰富的近代报纸(如《申报》《中央日报》《台湾日日新报》《台湾时报》),是市场上最全、最能体现和反映完整的中国近代的报刊资料库之一。另外,在数据内容增值方面,该库与台湾政治大学合作了主题新闻的分析,以期让读者及研究人员能更容易地获取所需的珍贵史料。该库具有统一的检索平台,方便快捷的跨库检索方式。该库有别于古籍数字化数据库平台设计方式,按照新闻媒介使用理念,创建新闻类史料数据库;其内容全面,可较完整地反映中国近代的社会情况。

资源访问模式:镜像站

资源长期保存与元数据：支持用户进行资源长期保存、支持用户收割元数据

资源统计：定期主动提供资源使用统计

使用(试用)过的单位：南开大学、中国人民大学、上海交通大学、复旦大学、西安交通大学等。

用户评论：该库拥有台湾近代报刊资源、完整齐全的《申报》和《中央日报》资源，均具备较高的学术价值。该数据库界面排版简洁明了，提供多功能设定和多种检索方式；售后服务好，解决问题及时；资源访问速度快，使用方便，可下载文档或原报扫描件存档阅读。比较遗憾的是库内报纸大部分尚未数字化。

台湾华艺数位股份有限公司

1. 图像设计数据库

简称：设计数据库

数据库平台：华艺学术文献数据库

数据库网址：http://pattern.airitilibrary.cn/

数据库类型：参考工具数据库

文献类型：图片

语种：中文

学科分类：艺术学

用户权限：使用权(一旦停购则不能使用)

数据库概况：该库是最早收录古布纺织品和图案的素材数据库之一，其从欧洲各国、美国和日本收集取得了超过6万张百年历史古董布样、珍贵服装绘本及手稿等经典图像，涵盖超过600种服装纺织品、地毯、提花、印花图案和家用纺织品，每片实体古布的价值都至少超过100欧元。台湾华艺数位股份有限公司经过人工整件过程及数位化处理，借由服装界对布料的专业分类与织法分析，独家开发了自动化分析实体原始样本的颜色信息功能，让使用者可以筛选所需颜色、年份和分类的布料，以获得准确的设计结果。该库允许使用者上传自己喜爱的图像，以搜索库中类似的纺织品和图案，为图像设计元素提供参考。

资源访问模式：远程访问

资源长期保存与元数据：不支持用户进行资源长期保存、支持用户收割元数据

资源统计：定期主动提供资源使用统计

使用(试用)过的单位：重庆工商大学、重庆大学等。

用户评论：该库是最早收录古布纺织品和图案的素材数据库之一。其大量的欧洲百年历史古董布样和手稿等经典图像，为用户提供了灵感，同时还提供了较多的模板，可以辅助学生完成创作，可满足用户学习和创新课程的需要。

2. 台湾华艺科学期刊库、科学论文库

简称：台湾华艺科学

数据库平台：华艺学术文献数据库

数据库网址：http://www.airitilibrary.cn/

数据库类型：全文数据库

文献类型：期刊

语种：中文

学科分类：多学科

用户权限：使用权(一旦停购则不能使用)

数据库概况：该库收录科学期刊800余种，包含基础与应用科学、医药卫生、生物、农学、工程技术等，电子全文超过22万篇，收录科学论文64 000余篇。华艺数位股份有限公司的主要产品“华艺学术文献数据库”(华艺科学期刊库、科学论文库为其子库)，是查找台湾学术资源重要的电子全文数据库，其全球客户数超过1 000个，其中包括欧美顶尖高校，如剑桥大学、牛津大学、哈佛大学、斯坦福大学等。

资源访问模式：远程访问

资源长期保存与元数据：不支持用户进行资源长期保存、支持用户收割元数据

资源统计：定期主动提供资源使用统计

使用(试用)过的单位：北京大学、清华大学、中国人民大学、北京科技大学、中国科学技术大学、云南大学、四川大学、电子科技大学、西南交通大学、西南大学、重庆大学、华南师范大学、暨南大学、复旦大学、中山大学、南京大学、中国矿业大学、南京农业大学、武汉大学等。

用户评论：该库分类明确、方便查找，提供了许多核心并且参考价值高的资源，为科研提供了参考依据，为了解台湾地区中文资源提供了良好的

渠道。该库提供繁体和简体两种检索方式，并支持简体中文阅读，使用方便。希望其能提供手机端服务。

3. 台湾华艺人社期刊库、人社论文数据库

简称：台湾华艺人社

数据库平台：华艺学术文献数据库

数据库网址：http://www.airitilibrary.cn/

数据库类型：全文数据库

文献类型：期刊

语种：中文

学科分类：多学科

用户权限：使用权（一旦停购则不能使用）

数据库概况：该库收录人文社科类期刊1 000多种，期刊电子全文超过22万篇，台湾高校人文社科类优质硕博论文约29 000篇。台湾华艺数位股份有限公司的主要产品“华艺学术文献数据库”（华艺人社期刊库、人社论文库为其子库）在全球拥有超过1 000家图书馆客户，是查找台湾学术资源重要的电子全文数据库。

资源访问模式：远程访问

资源长期保存与元数据：不支持用户进行资源长期保存、支持用户收割元数据

资源统计：定期主动提供资源使用统计

使用（试用）过的单位：北京大学、清华大学、中国人民大学、北京科技大学、中国科学技术大学、云南大学、四川农业大学、四川大学、电子科技大学、西南交通大学、西南大学、重庆大学、华南师范大学、暨南大学、复旦大学、中山大学、南京大学、武汉大学等。

用户评论：该库运行稳定，分类明确，提供多种检索方式，能在线阅读并下载全文，收录了众多核心期刊和重点高校学位论文，参考价值高。该库为了解台湾的中文学术资源提供了良好的渠道，可用简体中文阅读，使用方便。但该库对台湾部分高校的论文收录较少，希望可以增加收录，丰富资源内容。

外语教学与研究出版社有限责任公司

FIF外语学习资源库

简称:FIF

数据库平台:外研讯飞外语学习资源库

数据库网址:http://lib.fifedu.com/

数据库类型:多媒体数据库

文献类型:图书、音视频

语种:英文、中文

学科分类:多学科

用户权限:使用权(一旦停购则不能使用)

数据库概况:该库是于2015年5月1日推出的一款新一代富媒体、多语种外语学习产品。该库基于科大讯飞全球领先的语音技术,整合国内外海量优质外语学习资源,包含口语训练营、阅享电子书、在线课程库、试听练兵场、玩转多语种、专题赛事、考试留学、考试竞技场、学习资讯等模块,为广大外语学习者提供一站式在线学习体验。截至2019年,该库产品已经覆盖全国600余家高校图书馆、公共图书馆及机构,是图书馆与高校外语院系首选的外语学习数字产品之一。

资源访问模式:远程访问

资源长期保存与元数据:不支持用户进行资源长期保存、支持用户收割元数据

资源统计:定期主动提供资源使用统计

使用(试用)过的单位:北京大学、华东政法大学、安徽大学、四川大学、重庆大学、西南大学等。

用户评论:该库资源丰富,功能齐全,性价比高;多终端同步适配学习系统使资源获取更便捷;个人中心统计精确。希望其能开发移动端的应用,方便用户利用碎片化时间学习。

北京万方数据股份有限公司

1. 创新助手

简称：STADS

数据库平台：创新助手

数据库网址：http://webstads.sciinfo.cn/

数据库类型：索引（文摘）数据库、参考工具数据库

文献类型：期刊、学位论文、会议论文、专利、标准、法律法规、科技成果、产品资料、其他

语种：中文

学科分类：多学科

用户权限：使用权（一旦停购则不能使用）

数据库概况：该库是一个面向产学研合作、技术转移转化的科技大数据分析数据库。该库依托科技成果、基金项目、专利、标准、期刊论文、学位论文、图书、法律法规等资源，收录了近千万家技术型企业及产品信息、约800万项科技人才的研发成果、100万余项国家和省部级优秀科技成果、85万余项科技项目、近亿项中外专利、18 000多种中文期刊和79 000多种外文期刊、近千家硕士培养单位和500余家博士培养单位的资源，涵盖了战略性新兴产业、自然科学、工程技术、农业、医学等众多领域。该库有别于传统的全文数据库，其围绕技术孵化的3个关键对象，即人、技术、机构来做科研数据分析。具体来讲，该库将科技成果、基金项目、国内外期刊、国内硕博士论文、国内外会议、国内外专利、科技成果、标准、法律法规等数据进行了面向人才、技术、机构3个技术交易关键对象的数据抽提和建模，将传统的基于文献类型的数据库建设方式转化成面向实体对象的数据库建设方式，并且延伸出基于关键技术的人才推荐、机构推荐，以及科研人才画像、关键技术画像、机构科研能力画像等多维度分析。

资源访问模式：远程访问

资源长期保存与元数据：不支持用户进行资源长期保存、支持用户收割元数据

资源统计：定期主动提供资源使用统计

使用（试用）过的单位：大连理工大学、北京理工大学、中国人民大学、江苏省科学技术情报研究所、上海研发公共服务平台、山西财经大学、太原理工大学、塔里木大学、重庆大学、西南大学、华南理工大学等。

用户评论:该库数据全面,能较好地满足用户对教师申请项目和双创项目的背景调查、技术分析、团队分析、知识产权查询、市场预期、政策支持等信息需求。

2. 临床诊疗知识库

简称:万方医学库
数据库平台:万方医学
数据库网址:http://lczl.med.wanfangdata.com.cn/
数据库类型:全文数据库、参考工具数据库
文献类型:期刊
语种:中文
学科分类:医学
用户权限:使用权(一旦停购则不能使用)
数据库概况:该库是万方医学推出的一站式信息服务数据库平台,旨在满足临床医护人员在学习、工作中对医学信息的需求,使其快速、便捷地获取实用的医学信息,辅助临床决策参考。该库整合了国内权威的临床教科书、工具书,中华医学会、中国医师协会等专家发表的高质量期刊文献及国内正式发表的指南规范等资源,由各领域资深专家撰写、审核知识条目,筛选论证文献,而建成的疾病知识库、药品知识库、检查知识库、指南规范库、病例文献库及循证文献库等丰富、权威的临床医学资源。
资源访问模式:镜像站与远程访问
资源长期保存与元数据:不支持用户进行资源长期保存、支持用户收割元数据
资源统计:由图书馆自行查询资源使用统计
使用(试用)过的单位:浙江中医药大学、山西医科大学、重庆医科大学等。
用户评论:该库提供的中西医结合的医学知识和科学关联的医学文献,数据全面,能帮助用户方便快捷地获取规范实用的医学信息,用户体验较好;其网络版、PC端、移动端、对接版等多场景应用方式可嵌入临床诊疗流程,用户满意度高。

3. 全球智库数据库

简称: ThinkTank
数据库平台:全球智库资讯服务系统

数据库网址: http://tt.sciinfo.cn/

数据库类型: 全文数据库

文献类型: 图书、报纸、科技报告

语种: 中文、英文

学科分类: 多学科

用户权限: 使用权(一旦停购则不能使用)

数据库概况: 该库是一个收录了数百家著名智库机构所发布的公开资源的资讯数据库平台。该库遵循客观态度,借鉴美国宾夕法尼亚大学《全球智库报告》(*Global Go To Think Tank Index Report*)中的排名,筛选出400余家顶级智库,整合万方优势技术进行资源加工,形成前端的智库资讯的内容数据库平台,为国际环境分析提供参考依据与决策支撑。该库内容涉及卫生、教育、环境、国际关系与安全、商业与经济、技术、社会政策、国际事务等学科领域,包括报告、新闻、书籍、多媒体文件、论文、专栏等文献类型,涉及的智库机构分布全球多个地区。

资源访问模式: 镜像站与远程访问

资源长期保存与元数据: 支持用户进行资源长期保存、支持用户收割元数据

资源统计: 由图书馆自行查询资源使用统计

使用(试用)过的单位: 大连理工大学、外交学院、商务部国际贸易经济合作研究院、天津市科学技术信息研究所等。

用户评论: 该库数据丰富,数据加工标准明确,质量较高,弥补了智库研究外文文献的空白,是辅助开展学术研究重要的外文文献资料数据库。

4. 万方地方志知识服务系统

简称: 方志数据库

数据库平台: 万方数据知识服务平台

数据库网址: http://fz.wanfangdata.com.cn/index.do/

数据库类型: 全文数据库

文献类型: 其他

语种: 中文

学科分类: 历史学、文学

用户权限: 使用权(一旦停购则不能使用)

数据库概况: 该库于2017年9月正式上线服务,其产品结合GIS(地理信息系统)技术,整合贯通新、旧方志文献,实现时间、空间、文献3个维度

的智能检索，资源粒度细，匹配精确，获取知识全面。该库提供地图、专辑、地区、专题、时间等强大、实用的导航功能；提供统一检索、志书条目检索、高级检索、正文检索等多种检索方式；提供地区、年代、专题、专辑、分类等多角度聚类方式；提供地图自动定位、条目阅读、整书翻阅等多样化内容呈现形式。该库主要服务于高等学校图书馆、公共图书馆以及科研院所等机构用户和个人用户，自上线以来，得到社会各界的广泛好评。

资源访问模式：镜像站与远程访问

资源长期保存与元数据：支持用户进行资源长期保存、支持用户收割元数据

资源统计：由图书馆自行查询资源使用统计

使用（试用）过的单位：清华大学、中国人民大学、南开大学、同济大学、武汉大学、武汉大学等。

用户评论：该库资源珍贵，是传统文化的重要载体；数据规范、标引专业，是指定查新数据库之一，用户好评度高。

5. 万方视频数据库服务软件

简称：万方视频库

数据库平台：万方视频

数据库网址：http://video.wanfangdata.com.cn/

数据库类型：多媒体数据库

文献类型：音视频

语种：中文

学科分类：多学科

用户权限：买断（永久使用）、使用权（一旦停购则不能使用）

数据库概况：该库是万方数据在2007年推出的一款特色资源数据库。自推出以来，该库长期服务于全国各大高校和公共图书馆，现已推出高校课程、学术讲座、学术会议报告、考试辅导、医学实践、管理讲座、科普视频、国外优秀视频、环球高清精选等精品视频。自2016年起，该库紧跟国家“双一流”建设方向，致力于满足图书馆用户的资源需求，拟定以图书情报与档案管理、材料科学、化学、计算机科学和工程学等国内重点学科作为未来视频收录的主要方向，助力图书馆用户实现服务创新。该库视频内容丰富多样，包含中国科学院数据库、中国气象局数据库、CCTV-7数据库、中国科技信息研究所数据库、资格考试辅导数据库、就业创业指导数据库、国外优秀视频数据库、中国名师讲坛数据库、境内高端学术会议数据库、环球

高清精选数据库、凤凰卫视数据库、赢家大讲堂数据库、第一财经数据库、中华医学会数据库、中医药数据库等18个子数据库。

资源访问模式：镜像站与远程访问

资源长期保存与元数据：支持用户进行资源长期保存、支持用户收割元数据

资源统计：由图书馆自行查询资源使用统计

使用(试用)过的单位：中国国家图书馆、北京科技大学、北京理工大学、吉林大学、同济大学、上海交通大学医学院、四川大学、电子科技大学、中南大学等。

用户评论：该库内容丰富，特别是独家拍摄的高端学术视频，参考价值较高。

6. 万方数据标准管理服务系统

简称：万方标准库

数据库平台：万方数据标准管理服务系统

数据库网址：http://et.wanfangdata.com.cn/bz/

数据库类型：全文数据库、索引(文摘)数据库

文献类型：标准

语种：中文

学科分类：多学科

用户权限：买断(永久使用)

数据库概况：该库是万方数据于2014年推出的基于标准文献，面向企业用户服务的一个多视角、全方位功能型数据库平台。该库提供包括标准文献检索、标准有效性查询、标准收藏与预警、标准体系管理及账户管理在内的5项功能，从而实现对标准文献的查找、跟踪及管理，有助于用户进一步推动及落实标准化工作。该库数据主要来源于中国质检出版社(标准数据源的权威机构)，同时该库与机械工业出版社、中国建材工业出版社等单位签署了独家协议。

资源访问模式：镜像站与远程访问

资源长期保存与元数据：支持用户进行资源长期保存、支持用户收割元数据

资源统计：由图书馆自行查询资源使用统计

使用(试用)过的单位：河南质量工程职业学院、南京特殊教育师范学院等。

用户评论：该库收录的数据量大，是国内较全的中文标准数据库平台之一，且数据较权威，是指定查新数据库之一，用户好评度高。

7. 万方数据中国法律法规数据库

简称：万方法律法规库

数据库平台：万方数据知识服务平台

数据库网址：http://www.wanfangdata.com.cn/legislations/toIndex.do/

数据库类型：全文数据库

文献类型：法律法规

语种：中文、英文

学科分类：法学

用户权限：买断（永久使用）、使用权（一旦停购则不能使用）

数据库概况：该库收录的数据始于1949年，涵盖了国家法律法规、行政法规、地方性法规、国际条约及惯例、司法解释以及其他规范性文件。该库每月更新，年新增数据量不低于8万条。其资源主要由国家信息中心提供，共计110万余条，信息来源权威、专业。其特色包括海量的数据储备，方便的海量专利文献组织、管理和检索；简单检索功能便捷易用，高级检索功能专业且强大，还可以通过多字段进行组合检索；检索结果聚类项目丰富，可从不同入口进行最相关文献的遴选，及时跟进法律法规的颁布与更新等。

资源访问模式：镜像站与远程访问

资源长期保存与元数据：支持用户进行资源长期保存、支持用户收割元数据

资源统计：由图书馆自行查询资源使用统计、支持counter标准统计数据

使用（试用）过的单位：南京特殊教育师范学院等。

用户评论：该库收录的中国法律法规文献范围广泛，产品价格性价比较高；数据规范、标引专业，是指定查新数据库之一，用户满意度高。

8. 万方数据高职高专知识服务平台

简称：高职高专知识服务平台

数据库平台：万方数据知识服务平台

数据库网址：http://tech.wanfangdata.com.cn/

数据库类型：全文数据库、索引（文摘）数据库

文献类型：期刊、学位论文、会议论文、专利、标准、古籍、音视频、法律

法规、科技报告、科技成果

语种：中文

学科分类：多学科

用户权限：使用权(一旦停购则不能使用)

数据库概况：该库于2014年推出，主要为全国高等职业学校、高等专科学校、中等职业学校数字化建设提供电子资源保障。该库提供多种不同场景下的资源检索方式，帮助用户快速定位目标资源；可根据用户需求对资源进行重新梳理，个性化定制资源导航体系；针对不同行业构建了相应的专题栏目，在领域内将资源进行深度整合。该库收录中文期刊数千种，学位论文数万篇(覆盖90%以上的高校)，中文学术会议论文数万篇，中国专利文献数万篇，中国科技成果数万篇，中国国家标准全文数据数万条。该库可根据学校建设需要进行个性化定制。

资源访问模式：镜像站与远程访问

资源长期保存与元数据：支持用户进行资源长期保存、支持用户收割元数据、提供数字资源的元数据

资源统计：由图书馆自行查询资源使用统计

使用(试用)过的单位：哈尔滨职业技术学院等。

用户评论：该库文献收录范围广泛，性价比较高；数据规范、标引专业，整合了较为齐全的中外文元数据，是指定查新数据库之一，用户好评度较高。

9. 万方数据行业知识服务平台

简称：行业知识服务平台

数据库平台：万方数据知识服务平台

数据库网址：http://www.wanfangdata.com.cn/

数据库类型：全文数据库、索引(文摘)数据库

文献类型：图书、期刊、学位论文、会议论文、专利、标准、法律法规、科技报告、科技成果

语种：中文

学科分类：多学科

用户权限：使用权(一旦停购则不能使用)

数据库概况：该库于2015年推出，主要面向企业、政府、科研院所等单位，以满足其资源发现、资源导航与决策支持等需求，助力其创新能力与水平提升。该库覆盖电力、冶金、石化、航空航天、农业、建筑、环保节能、汽车

交通、机械装备、通信、水利、军事、电动汽车等多个行业，涉及的科技领域范围广泛，同时包含专家学者、企业机构、法律法规等相关数据资源，可做到向多领域内的业务人员、技术人员、管理人员等提供知识服务。该库已在多个行业市场内进行推广，市场反馈良好，市场认可程度较高。

资源访问模式：镜像站与远程访问

资源长期保存与元数据：支持用户进行资源长期保存、支持用户收割元数据

资源统计：定期主动提供资源使用统计

使用（试用）过的单位：重庆大学、哈尔滨工业大学等。

用户评论：该库系统整合文献，有针对性、专业性，适合不同行业；数据规范、标引专业，整合了较齐全的中外文元数据，用户满意度较高。

10. 万方数据科技成果共享管理服务平台

简称：科技成果共享管理服务平台

数据库平台：万方数据知识服务平台

数据库网址：http://et.wanfangdata.com.cn/kjcg/

数据库类型：索引（文摘）数据库

文献类型：科技成果

语种：中文

学科分类：多学科

用户权限：使用权（一旦停购则不能使用）

数据库概况：该库于2016年6月份推出，主要面向企业、科研机构、高校院所等，为用户的技术创新、科学研究、产品研发、专利布局等工作提供有力支持。该库是搭载近百万（科技成果约90万，技术需求约3万）数量级的省部级科技成果以及企业技术需求资源的综合应用管理服务数据库平台，覆盖农、林、畜牧、渔、采矿、制造、建筑、交通运输、信息传输、批发零售、住宿餐饮、金融、房地产、水利环境等多个行业，涉及的领域范围广泛。

资源访问模式：镜像站与远程访问

资源长期保存与元数据：支持用户进行资源长期保存、支持用户收割元数据

资源统计：定期主动提供资源使用统计

使用（试用）过的单位：重庆大学、武汉大学、云南大学、四川大学、贵州大学等。

用户评论：该库成果数据在收集、检索、管理、收藏等方面可满足用户

学习和科研的需求，用户满意度较高；数据规范、标引专业，有较齐全的元数据，适用性较高。

11. 万方数据学术影响统计分析系统

简称：万方分析

数据库平台：万方数据知识服务平台

数据库网址：http://miner.wanfangdata.com.cn/

数据库类型：索引（文摘）数据库

文献类型：图书、期刊、学位论文、会议论文、专利、科技报告、科技成果

语种：中文

学科分类：多学科

用户权限：使用权（一旦停购则不能使用）

数据库概况：该库是2017年7月万方数据全新推出的学术影响统计分析系统。该库依托万方新一代知识服务数据库平台的海量学术资源，利用知识图谱和可视化技术，针对科研人员、科研管理人员、科研决策人员等不同用户群体，提供多维度文献计量、个性化对比分析、智能化文献推荐、专业性报告导出等功能。该库可帮助用户轻松把握其所关注的主题研究现状、跟踪学科领域发展动态、监测与分析学者或机构的学术产出及科研能力、研究期刊学术影响力、定位和分析地区科研水平等，为科学研究、科研决策、学科建设等提供数据支持和科学解决方案。该库主要致力于提供学术元数据的分析挖掘服务，与中国科学技术信息研究所（简称“中信所”）评价中心密切合作，通过为科研工作者及科研管理者提供深度数据分析服务，来为学术研究及科研管理赋能。该库的产品功能包括数据统计、监测、评价、对比、挖掘，分析维度包括机构、学科、期刊、学者、主题、地区等，可结合教育部学科分类体系及中信所指标评价体系，为机构在科研情况描述、科研表现评价、科研发展定位、潜在目标执行等方面提供全链条科研管理服务支撑。

资源访问模式：远程访问

资源长期保存与元数据：向使用单位提供数字资源的元数据

资源统计：由图书馆自行查询资源使用统计、支持counter标准统计数据

使用（试用）过的单位：武汉软件工程职业学院、梧州学院等。

用户评论：该库指标全面、功能创新、分析准确，用户对其产品及服务有较高的满意度。

12. 万方数据学术资源发现服务系统

简称：万方智搜

数据库平台：万方数据知识服务平台

数据库网址：http://www.wanfangdata.com.cn/

数据库类型：全文数据库、索引（文摘）数据库、多媒体数据库

文献类型：期刊、图书、学位论文、会议论文、古籍、图片、音视频、科技报告、专利

语种：中文、英文、日文、其他

学科分类：多学科

用户权限：使用权（一旦停购则不能使用）

数据库概况：该库是2017年4月万方数据全新推出的学术资源发现服务数据库平台，通过整合数亿条全球优质数据资源，实现海量学术文献的统一发现服务。万方数据已与国家科技图书文献中心（NSTL）、国家科技报告服务系统、中国科学院文献情报中心、英国皇家物理学会（IOP）等多家国内外著名学术机构、出版商、OA（开放获取）出版或集成数据库平台及预印本数据库平台达成战略及数据合作，携手打造全球学术资源发现基地。该库全面集成期刊、图书、学位论文、会议论文、科技报告、专利、视频等10余种数据资源类型，覆盖中文、英文、德文、日文等语种，致力于帮助用户精准发现、获取与沉淀学术精华。

资源访问模式：镜像站与远程访问

资源长期保存与元数据：支持用户进行资源长期保存、支持用户收割元数据、向使用单位提供数字资源的元数据

资源统计：由图书馆自行查询资源使用统计、支持counter标准统计数据

使用（试用）过的单位：武汉大学、武汉东湖学院等。

用户评论：该库整合的数据量大，文献类型丰富，覆盖各研究层次，智慧搜索个性化强。

13. 万方数据在线组卷系统

简称：万方在线组卷系统

数据库平台：万方数据中小学知识服务平台

数据库网址：http://zujuan.edu.wanfangdata.com.cn/

数据库类型：全文数据库

文献类型：其他

语种：中文

学科分类：教育学

用户权限：买断（永久使用）、使用权（一旦停购则不能使用）

数据库概况：该库是2013年推出的一款专门为中学师生定制开发的试题组卷工具，可以极大地减少老师的工作量，提高工作效率。该库定期更新试题资源及系统功能，以保证与时俱进地把握近年中高考的考试动向，是广大师生练习与测试的组卷利器。该库覆盖初、高中升学考试学科的110万余道试题，试题均源于中高考真卷、名校模拟试卷，试题由一线名师解析，并且可以在线生成word文档，方便修改，还可一键打印。

资源访问模式：镜像站与远程访问

资源长期保存与元数据：支持用户进行资源长期保存、支持用户收割元数据

资源统计：由图书馆自行查询资源使用统计

使用（试用）过的单位：上海市教育委员会教育技术装备中心、天津市少年儿童图书馆等。

用户评论：该库使用方便，平台设计人性化，用户满意度高，是教师在信息化教学中较好的辅助工具。

14. 万方数据中国学术期刊数据库

简称：中国学术期刊数据库

数据库平台：万方数据知识服务平台

数据库网址：http://www.wanfangdata.com.cn/perio/toIndex.do/

数据库类型：全文数据库

文献类型：期刊

语种：中文、英文

学科分类：多学科

用户权限：买断（永久使用）、使用权（一旦停购则不能使用）

数据库概况：该库期刊资源包括中文期刊和外文期刊，其中中文期刊共8 000余种，核心期刊约3 200种，涵盖了自然科学、工程技术、医药卫生、农业科学、哲学政法、社会科学、科教文艺等各个学科；外文期刊主要来源于国家科技图书文献中心（NSTL）外文文献数据库以及牛津大学出版社等国外出版机构，收录了1995年以来世界各国出版的约20 900种重要学术期刊。该库收录内容包括论文标题、论文作者、来源刊名、论文的年卷期、中图法的分类号、关键字、所属基金项目、数据库名、摘要等信息，提供全文

下载和原文传递服务。

资源访问模式:镜像站与远程访问

资源长期保存与元数据:支持用户进行资源长期保存、支持用户收割元数据

资源统计:由图书馆自行查询资源使用统计、支持counter标准统计数据

使用(试用)过的单位:云南机电职业技术学院、贵州师范学院、大连理工大学、华南师范大学等。

用户评论:该库数据规范、标引专业,整合了较齐全的中外文元数据,用户体验良好。

15. 万方数据中国学位论文数据库

简称:中国学位论文数据库

数据库平台:万方数据知识服务平台

数据库网址:http://www.wanfangdata.com.cn/degree/toIndex.do/

数据库类型:全文数据库

文献类型:学位论文

语种:中文

学科分类:多学科

用户权限:买断(永久使用)、使用权(一旦停购则不能使用)

数据库概况:该库学位论文资源包括中文博士、硕士学位论文。其学位论文收录始于1980年,累计收录中文学位论文共计500余万篇,年增30万篇左右,涵盖理学、工业技术、人文科学、社会科学、医药卫生、农业科学、交通运输、航空航天和环境科学等各学科领域,包括全国985高校和211高校、中国科学院、中国工程院、中国农业科学院、中国医学科学院、中国林业科学研究院等的重点精选博、硕士学位论文;收录包括论文标题、论文作者、作者单位、学位授予单位、关键字、摘要等信息,提供全文下载和1977年以来的学位论文原文传递服务。

资源访问模式:镜像站与远程访问

资源长期保存与元数据:支持用户进行资源长期保存、支持用户收割元数据、向使用单位提供数字资源的元数据、数字资源能通过主流发现系统(Summon、EDS、Primo)进行检索与发现

资源统计:由图书馆自行查询资源使用统计、支持counter标准统计数据

使用(试用)过的单位:云南机电职业技术学院、中国科学技术大学、桂林航天工业学院等。

用户评论:该库收录内容丰富,覆盖学科较广泛;数据规范、标引专业;界面友好性也较突出。

16. 万方数据中小学数字图书馆

简称:中小学数字图书馆

数据库平台:万方数据中小学知识服务平台

数据库网址:http://edu.wanfangdata.com.cn/

数据库类型:全文数据库

文献类型:图书、期刊、学位论文、会议论文、音视频

语种:中文

学科分类:教育学

用户权限:买断(永久使用)、使用权(一旦停购则不能使用)

数据库概况:该库于2012年推出,是一款针对中小学师生在线学习及阅读的数字图书馆产品,旨在为全国中小学师生提供一站式的教育教学资源服务。该库涵盖了基础教育领域紧密相关的各类资源,总量达到1 000万余条,每年新增资源上百万条。该库涉及作者群分布广泛,中小学名师云集其中;并且其独有的异构资源关联技术,基于学科知识点,将相关微课、教研文章、同步视频、教辅材料及试题关联,集中展示与推送,方便教与学。

资源访问模式:镜像站与远程访问

资源长期保存与元数据:支持用户进行资源长期保存、支持用户收割元数据、向使用单位提供数字资源的元数据

资源统计:由图书馆自行查询资源使用统计

使用(试用)过的单位:沈阳市教育研究院、北京第二外国语学院附属中学、成都市龙泉驿区教育科学研究院等。

用户评论:该库基础教育类期刊、学位论文、图书、视频、试卷、有声绘本、微课等数字资源丰富,可一定程度上促进教育信息化及义务教育均衡发展,帮助推进新时期中小学数字图书馆和信息资源中心等的建设与应用。

17. 万方数据专利技术数据库

简称：中外专利数据库

数据库平台：万方数据知识服务平台

数据库网址：http://www.wanfangdata.com.cn/navigations/patent.do/

数据库类型：全文数据库

文献类型：会议论文、专利

语种：中文

学科分类：多学科

用户权限：买断（永久使用）、使用权（一旦停购则不能使用）

数据库概况：该库的专利资源来源于中外专利数据库，收录的专利始于1985年。已收录中国专利2 000万余条，年增量200万余条；国外专利4 000万余条，年增量150万余条。该库收录范围涉及11个国家和2个组织，内容涵盖自然科学各个学科领域。该库数据储备海量，采用国际通用的国际专利分类（IPC），方便进行海量专利文献的组织、管理和检索。其检索方式专业且功能强大，可以通过专利名称、摘要、申请号、申请日期、公开号、公开日期、主分类号、分类号、申请人、发明人、主申请人地址、代理机构、代理人、优先权、国别省市代码、主权项、专利类型等检索项进行检索。

资源访问模式：镜像站与远程访问

资源长期保存与元数据：支持用户进行资源长期保存、支持用户收割元数据

资源统计：由图书馆自行查询资源使用统计、支持counter标准统计数据

使用（试用）过的单位：大连理工大学、北京师范大学、东北大学等。

用户评论：该库专利收录范围涉及11个国家和2个组织，最早可追溯到20世纪80年代；数据规范、标引专业，整合了较齐全的中外文元数据，是指定查新数据库之一。

18. 万方医学文献资源数据库

简称：万方医学文献

数据库平台：万方医学网

数据库网址：http://med.wanfangdata.com.cn/

数据库类型：全文数据库、索引（文摘）数据库、参考工具数据库

文献类型：图书、期刊、学位论文、会议论文、专利、标准、古籍、法律法规、科技报告、科技成果、音视频

语种：中文、英文

学科分类：医学

用户权限：使用权（一旦停购则不能使用）

数据库概况：该库致力于帮助医院提升整体的临床科研能力、医疗水平；向大众传播专业的医学信息，提升大众的医学知识素养；帮助医药企业传递产品价值，为其药品研发生产提供信息支撑。万方数据从2001年开始推出医学、药学行业系列数据库产品，10余年来始终致力于为医护人员、医学科研人员、医疗管理者及公众提供专业的医学信息服务。

资源访问模式：镜像站与远程访问

资源长期保存与元数据：支持用户进行资源长期保存、支持用户收割元数据

资源统计：由图书馆自行查询资源使用统计

使用（试用）过的单位：上海健康医学院、重庆医科大学等。

用户评论：该库收录的医学文献种类齐全、数量多；医学院校、医院、医学机构的推荐度高。其数据规范、标引专业，整合了较齐全的中外文元数据，是指定查新数据库之一。

19. 万方中国学术会议论文数据库

简称：中国学术会议论文数据库

数据库平台：万方数据知识服务平台

数据库网址：http://www.wanfangdata.com.cn/conf/load.do/

数据库类型：全文数据库

文献类型：会议论文

语种：中文

学科分类：多学科

用户权限：买断（永久使用）、使用权（一旦停购则不能使用）

数据库概况：该库的会议资源包括中文会议和外文会议。中文会议收录始于1982年，收录中文会议论文共超538万篇，年收集4 000多个重要学术会议，年增20万篇论文全文，每月更新；外文会议论文主要来源于外文文献数据库，收录了1985年以来世界各主要协会、出版机构出版的学术会议论文，共超766万篇。该库收录的会议级别高，全国重点会议数量占收录会议总量的90%以上。该库内容包括论文标题、论文作者、作者单位、会议名称、会议主办单位、关键字、摘要等信息，提供全文下载和原文传递服务。

资源访问模式：镜像站与远程访问

资源长期保存与元数据：支持用户进行资源长期保存、支持用户收割元数据

资源统计：由图书馆自行查询资源使用统计、支持counter标准统计数据

使用(试用)过的单位：福州大学、华南师范大学等。

用户评论：该库是国内首批学术会议论文数据库之一；数据规范、标引专业，整合了较齐全的中外文元数据，用户好评度较高。

20. 中国科技论文统计与分析网

简称：CSTPCD

数据库平台：中国科技论文统计与分析网

数据库网址：http://www.cstpcd.org/

数据库类型：索引(文摘)数据库

文献类型：期刊、会议论文、专利

语种：中文、英文

学科分类：多学科

用户权限：使用权(一旦停购则不能使用)

数据库概况：该库是以中国科学技术信息研究所在1987年建立的“中国科技论文与引文数据库”为基础，打造的涵盖中英文期刊数据资源的综合型检索数据库，于2012年推向市场。其每年的统计结果汇编入《中国科技统计年鉴》等权威统计报告中，并定期向社会公布。该库涵盖中国科技论文与引文数据库(CSTPCD)、科学引文索引(SCI)、工程索引(EI)、社会科学引文索引(SSCI)、科技会议录索引(CPCI-S)、德温特世界专利索引(DWPI)等6大中英文数据库中的中国机构与作者的数据资源。该库为客户提供中英文收录查询、中文引文查询、期刊评价报告、机构产出检索报告、个人产出检索报告等5大功能。

资源访问模式：镜像站与远程访问

资源长期保存与元数据：不支持用户进行资源长期保存、支持用户收割元数据

资源统计：由图书馆自行查询资源使用统计

使用(试用)过的单位：大连海事大学、中国人民解放军海军军医大学、厦门大学、西北工业大学等。

用户评论：该库数据较为权威，数据量大，可追踪科技人员在国内外发表论文数量和论文被引用情况，用户重视度和好评度较高。

21. 中医药知识库

简称：中医药库

数据库平台：万方医学网

数据库网址：http://tcm.med.wanfangdata.com.cn/

数据库类型：全文数据库、参考工具数据库

文献类型：期刊、学位论文、会议论文、图书、音视频

语种：中文

学科分类：医学

用户权限：买断(永久使用)

数据库概况：该库是万方医学网推出的以中医药知识和中医药文献为主要内容的数据库平台。该库整合了中医疾病、方剂、中药、中成药、针灸等多种中医知识，并关联万方医学大量优质的中医药文献、中医课程视频、中医类图书等资源，旨在为临床医护人员、科研人员和中医药学生等人群提供高质量的中医知识文献服务。该库的查阅方式分为分类浏览和直接检索，其首页精选了一部分临床常见的疾病、常用的方剂和中草药等推荐资源，也支持通过关键词进行直接检索。

资源访问模式：镜像站与远程访问

资源长期保存与元数据：不支持用户进行资源长期保存、支持用户收割元数据

资源统计：由图书馆自行查询资源使用统计

使用(试用)过的单位：右江民族医学院、重庆医科大学、华南理工大学等。

用户评论：该库是少有的中医药数据库，是中医药工作者获取、运用中医药知识的一条“捷径”；检索结果中的疾病名称、方剂名称、中药名称等可以与万方数据医药信息系统中相关全文文献和其他文摘文献链接，方便用户直接追踪文献。

网博雅乐(北京)文化传媒有限公司

雅乐校园经典影院视频数据库

简称：经典影院

数据库平台：雅乐校园经典影院视频

数据库网址：http://114.112.104.186:8003/

数据库类型：多媒体数据库

文献类型：音视频

语种：中文、英文

学科分类：艺术学

用户权限：使用权(一旦停购则不能使用)

数据库概况：该库是一套功能强大的多媒体视频点播系统，片库分为科教类、纪录类、体育类、影视类、专业类等，包括最新电视剧以及电影。2010年推出后，该库受到广大用户喜爱，是一款专门收录具有教育意义经典影视的数据库，在各大图书馆和高校备受好评。

资源访问模式：镜像站与远程访问

资源长期保存与元数据：不支持用户进行资源长期保存、支持用户收割元数据

资源统计：定期主动提供资源使用统计

使用(试用)过的单位：山东农业大学、北京工业大学、北京电影学院、北京师范大学、山西省图书馆、福建农林大学、广州图书馆等。

用户评论：该库的影片内容积极向上，使用镜像站时不占用学校宽带，不需要缓存，不需要注册，用户体验感好。

重庆维普资讯有限公司

1. 维普考试服务平台

简称：维普考试系统

数据库平台：维普考试服务平台

数据库网址：http://vers.cqvip.com/

数据库类型：参考工具数据库

文献类型：其他

语种：中文

学科分类：多学科

用户权限：买断(永久使用)

数据库概况：该库是重庆维普资讯有限公司研发的集日常学习、考前练习、模拟测试、在线考试等功能于一体的大型教育资源数据库。该库包含职业资格考试、高教题库、移动应用功能等模块，采用开放、动态的架构，

将传统的试卷考试和试题练习模式与先进的网络技术应用相结合，可使学生根据个性化需要来进行具有针对性的考试学习和模拟练习。

资源访问模式：镜像站与远程访问

资源长期保存与元数据：支持用户进行资源长期保存、支持用户收割元数据

资源统计：定期主动提供资源使用统计

使用(试用)过的单位：北京大学、中国人民大学、南京大学、华南理工大学、兰州大学、北京师范大学、重庆大学、西南大学、中央戏剧学院、海南大学、广州大学、北京工商大学、西安邮电大学、中国海洋大学、深圳大学、重庆师范大学、重庆理工大学、重庆交通大学等。

用户评论：该库收录范围比较广，涵盖学生的各种考试；手机端使用方便，对提高学生应对考试的能力有显著作用。其本地服务不错，地方组团联采价格比较便宜，性价比高。

2. 中文期刊服务平台

简称：维普中文期刊库

数据库平台：维普期刊官网

数据库网址：http://qikan.cqvip.com/

数据库类型：全文数据库

文献类型：期刊

语种：中文

学科分类：多学科

用户权限：买断(永久使用)

数据库概况：该库整合了开放资源获取渠道，通过OA整合下载、网络链接，使其全文保障情况处于同类数据库前列。该库在文献检索方面表现优异，检索功能简捷而强大，支持同类数据库所具备的各类检索方式，在检索结果的二次分析方面，开创性地设计了“分面聚类”功能，可通过聚类面板，快速对检索结果进行聚类筛选。该库首次将“数据对象化”要素引入期刊全文数据库，除了提供传统的文献检索、期刊检索外，还支持主题检索、作者检索、机构检索、基金检索、学科检索、地区检索，多维度展示期刊文献全貌。

资源访问模式：镜像站与远程访问

资源长期保存与元数据：支持用户进行资源长期保存、支持用户收割元数据

资源统计:定期主动提供资源使用统计

使用(试用)过的单位:北京大学、清华大学、北京师范大学、北京航空航天大学、复旦大学、上海交通大学、南京大学、浙江大学、中山大学、深圳大学、福州大学、厦门大学、湖南大学、中南大学、武汉大学、华中科技大学、西安交通大学、西北工业大学、兰州大学、重庆大学、四川大学等。

用户评论:该库期刊种类及数据较齐全,收录年限长,本地服务不错。学校师生经常使用,下载量比较大,没有并发数限制,联采价格比较优惠。但20世纪80年代的文献数据清晰度较低。

武汉缘来文化传播有限责任公司

"知识视界"视频教育资源库

简称:知识视界

数据库平台:知识视界

数据库网址:http://www.libvideo.com/

数据库类型:多媒体数据库

文献类型:音视频

语种:中文、英文

学科分类:多学科

用户权限:使用权(一旦停购则不能使用)

数据库概况:该库是武汉缘来文化传播有限责任公司于2005年推出的,专为高校图书馆量身打造、独家海外引进的数据库,其以丰富的知识、独特的表现形式,为师生带来视觉和头脑上的双重冲击。该库按照专业学科分为经济管理学、工学、理学、医药学、农学、文史哲学、政法学、社会科学、艺术学、体育学、军事学等11大类,能满足不同专业、不同群体用户的学习要求。其"双语字幕"配合精彩的视频节目画面使英语学习有更强烈的代入感。该库首次推出"画面检索"及"片断保存"等独特功能,使资源在应用上可满足更多需求。

资源访问模式:镜像站与远程访问

资源长期保存与元数据:支持用户进行资源长期保存、支持用户收割元数据

资源统计:定期主动提供资源使用统计

使用(试用)过的单位:大连理工大学、北京大学、清华大学、中国人民大学、北京师范大学、南开大学、上海交通大学、中国科技大学、武汉大学、华中科技大学、华中师范大学、西安交通大学、西安电子科技大学、重庆大学、西南大学、四川大学等。

用户评论:该库内容覆盖面广,影片制作专业,库内的纪录片能够降低学习难度,有助于知识拓展。该库有不少专业英语听读练习的好素材;每年4次的线上知识问答活动,深受用户欢迎。但部分影片年代较远,画质不够清晰。

西安数图网络科技有限公司

1. TTC教育多媒体资源服务平台

简称:TTC

数据库平台:西安数图多媒体教育资源服务平台

数据库网址:http://www.shutu.tv/

数据库类型:多媒体数据库

文献类型:音视频

语种:中文、英文

学科分类:多学科

用户权限:买断(永久使用)、使用权(一旦停购则不能使用)

数据库概况:该库数据量达3万多集,年更新量约占数据总量的10%。The Teaching Company(TTC)是美国最著名的大学教育课程制作公司之一,它从全欧美一流大学共计数万名教授中,挑选出约5 000位,讲授大学的各类课程,推出视频、音频、PDF多种格式。这些教授有的曾获得过"诺贝尔奖""教师奖"等各类奖项。因其注重学术性、教育性和普及性,符合终身学习的时代观念,在业界享有盛誉。截至2019年,该库共有约500门课程,内容总时长约14 000小时,跨越多个学科,包括政治、文学、物理、心理、经管、艺术、历史、数学、哲学、科学、宗教、生活、生物、地理、法律、教育、综合等。

资源访问模式:镜像站与远程访问

资源长期保存与元数据:支持用户进行资源长期保存、支持用户收割元数据

资源统计:定期主动提供资源使用统计

使用(试用)过的单位:东北大学、辽宁城市建筑职业技术学院、大连海

事大学、南开大学、燕山大学、华北电力大学、内蒙古大学、云南大学、西北工业大学、西北农林科技大学、兰州大学、四川大学、电子科技大学等。

用户评论：该库多为名师授课，教育课程资源优质，其课程自动跳转播放，方便学习，页面时尚大方，操作感很好，总体来讲其课程有价值，可开阔学习者的学习思路。美中不足的是该库无翻译。

2. 美国探索教育视频资源服务平台

简称：美国探索

数据库平台：西安数图多媒体教育资源服务平台

数据库网址：http://www.shutu.tv/

数据库类型：多媒体数据库

文献类型：音视频

语种：中文、英文

学科分类：多学科

用户权限：买断（永久使用）、使用权（一旦停购则不能使用）

数据库概况：该库精选并整合了美国探索频道和美国国家地理频道等近年来的最新节目，内容包罗万象，涵盖工程巡礼、科学发现、军事天地、自然星球、历史人文、生物百科、宇宙科幻、犯罪调查等20余个专题，共约5万集视频，分为自然科学、科学发现、生命科学、旅游风光、工程建筑、历史人文、军事侦探、体育探险、交通机械等9大专辑。该库容量约3 TB，年更新量约占数据总量的10%。该库支持在线下载资源。

资源访问模式：镜像站与远程访问

资源长期保存与元数据：支持用户进行资源长期保存、支持用户收割元数据

资源统计：定期主动提供资源使用统计

使用（试用）过的单位：东北大学、辽宁城市建筑职业技术学院、大连海事大学、中国人民解放军海军大连舰艇学院、华北电力大学、内蒙古大学、福建师范大学、云南大学、湖北民族大学、西北工业大学、西北农林科技大学、兰州大学、石河子大学、四川大学、电子科技大学、西南交通大学、西南大学等。

用户评论：该库视频课程内容丰富，课程具有粒度小、内容精、终端载体多样化、应用方便灵活等特点，非常适合情景化、个性化、移动化的学习，已经成为移动互联网时代重要的知识载体。该库内容多样化、知识覆盖面广、趣味性强，满足了用户的好奇心，用户可以根据数据库平台里的点击排

行榜、最新视频推荐排行榜查看热门课程。该库具有在线编辑下载功能,也可在移动客户端观看,使用方便。该库页面专辑大图简洁、美观、吸睛,直切主题,操作方便,容易上手,学习者可以在工作学习之余,轻松愉快地拓宽眼界、增长见闻,激发对科技文化的热情,跟随节目中恢宏壮观的场面和生动形象的特技镜头"上天入地",在科技人文的世界中畅游。

3. 中国名校精品课资源服务平台

简称:中国名校

数据库平台:西安数图多媒体教育资源服务平台

数据库网址:http://www.shutu.tv/

数据库类型:多媒体数据库

文献类型:音视频

语种:中文

学科分类:多学科

用户权限:买断(永久使用)、使用权(一旦停购则不能使用)

数据库概况:该库汇集了国内上百所名校著名教授的优秀课程视频资源,内容涉及文学、哲学、法学、理学、工学、医学、农学、教育学、历史学、经济学、管理学、军事学、艺术学等13个学科大类。这些视频可以让学生感受到中国各大名校的课程氛围,聆听名师讲学,不断提升自己的专业知识和自学能力;也可以作为借鉴,让教师恰当运用现代教育技术与方法,改进教学方案,提升教学水平。该库涵盖数据约2 TB,3万余集视频,1 200余门课程,总计时长约30万分钟。

资源访问模式:镜像站与远程访问

资源长期保存与元数据:支持用户进行资源长期保存、支持用户收割元数据

资源统计:定期主动提供资源使用统计

使用(试用)过的单位:东北大学、大连海事大学、中国人民解放军海军大连舰艇学院、南开大学、燕山大学、华北电力大学、内蒙古大学、福建师范大学、云南大学、湖北民族大学、郑州大学、西北工业大学、西安交通大学、西北农林科技大学、兰州大学、四川大学、电子科技大学、西南交通大学等。

用户评论:该库听课方便、课程便宜、讲师质量高;操作方便,课程缓冲速度快、不卡顿,学习体验流畅;能够使用户零距离和名师大家接触,一览大师授课的风采。

4. 世界油画资源服务平台

简称：世界油画

数据库平台：西安数图多媒体教育资源服务平台

数据库网址：http://www.shutu.tv/

数据库类型：多媒体数据库

文献类型：图片

语种：中文、英文

学科分类：艺术学

用户权限：买断(永久使用)、使用权(一旦停购则不能使用)

数据库概况：该库于2013年推出，其画作皆来自世界各大知名博物馆，其中包括来自大英博物馆、俄罗斯冬宫博物馆等举世闻名的博物馆馆藏，同时还收录了世界级名人油画，如凡·高、莫奈、达·芬奇等艺术史上领军人物的巨作。其画作从抽象派到印象派，从风景人物到花卉静物，包含的种类面面俱到，给欣赏者无限的选择空间。该库支持原图下载，用户可下载后制作为作品，使其既可以成为极具艺术价值的收藏品，也能用作临摹学习。用户使用该库，在提高自身艺术修养的同时，也能进一步强化艺术专业学习。该库涵盖数据量约1万集，年更新量约占数据总量的1%。

资源访问模式：镜像站与远程访问

资源长期保存与元数据：支持用户进行资源长期保存、支持用户收割元数据

资源统计：定期主动提供资源使用统计

使用(试用)过的单位：燕山大学、华北电力大学、内蒙古大学、福建师范大学、云南大学、湖北民族大学、西北工业大学、西北农林科技大学、兰州大学、石河子大学、四川美术学院、四川师范大学、西南交通大学、四川音乐学院、西华师范大学等。

用户评论：该库是一个透过艺术感知世界的通道，通过该库用户可以足不出户观看世界各地博物馆、美术馆的名家名作。该库资源都是高清大图，不管是鉴赏、临摹还是喷绘、装饰，都可以满足用户的需求，尤其对美术专业学生有非常大的帮助。该库界面色彩美观、大方，图片无色差，是一个非常优秀且专业性强的学习工具。

5. 微课堂教育多媒体资源服务平台

简称：微课堂

数据库平台：西安数图多媒体教育资源服务平台

数据库网址：http://shutu.tv/

数据库类型：多媒体数据库

文献类型：音视频

语种：中文、英文、日文、俄文、其他

学科分类：多学科

用户权限：买断（永久使用）、使用权（一旦停购则不能使用）

数据库概况：该库于2016年推出，汇集了耶鲁大学、哈佛大学等世界各大名校著名教授的视频课程资源。截至2019年，该库已经建设完成15 000多个微课程，涉及60多个系列，内容涵盖文学艺术、历史文化、风土人情、哲学社科、教育体育、语言文字、经济管理、科学技术、旅游生活、休闲娱乐等多个领域。该库以视频为主，视频资源是时长为5至10分钟的微型课程，具备自主学习及碎片化学习的特点。该库涵盖数据量约1.5万集，年更新量约占数据总量的10%。

资源访问模式：镜像站与远程访问

资源长期保存与元数据：支持用户进行资源长期保存、支持用户收割元数据、向使用单位提供数字资源的元数据

资源统计：定期主动提供资源使用统计

使用（试用）过的单位：南开大学、燕山大学、华北电力大学、内蒙古大学、云南大学、湖北民族大学、郑州大学、西北工业大学、西安交通大学、西北农林科技大学、兰州大学、石河子大学、电子科技大学、西南交通大学、成都中医药大学、重庆第二师范学院、川北医学院等。

用户评论：该库视频课程内容丰富，课程具有粒度小、内容精、终端载体多样化、应用方便灵活等特点，非常适合情景化、个性化、移动化的学习，几分钟就能看完一个视频并学习到一个知识点。该数据库平台内容多样化、知识覆盖面广、趣味性强。

6. 艺术教育视频多媒体资源服务数据库平台

简称：艺术教育视频

数据库平台：西安数图多媒体教育资源服务平台

数据库网址：http://shutu.tv/

数据库类型：多媒体数据库

文献类型：音视频

语种：中文、英文、日文、俄文、其他

学科分类：艺术学

用户权限：买断（永久使用）、使用权（一旦停购则不能使用）

数据库概况：该库于2016年推出，涵盖了表演艺术、造型艺术、语言艺术、视觉艺术、视听艺术和综合艺术6大分类，包含了音乐、舞蹈、戏剧、影视、美术、文学、绘画、雕塑、工艺、建筑、曲艺、表演、摄影、设计、旅游等30多个系列的视频资源。该库支持在线下载、截取资源。通过该库，高校学生可在线上或线下学习，教师可截取课程用作授课。该库涵盖数据量约1万集，年更新量约占数据总量的1%。

资源访问模式：镜像站与远程访问

资源长期保存与元数据：支持用户进行资源长期保存、支持用户收割元数据

资源统计：定期主动提供资源使用统计

使用（试用）过的单位：内蒙古大学、福建师范大学、云南大学、湖北民族大学、西北工业大学、西安交通大学、西北农林科技大学、兰州大学、石河子大学、电子科技大学、西南交通大学、四川音乐学院、四川美术学院等。

用户评论：该库页面艺术感强且美观大方，资源课程量大，艺术涵盖面广，用户可以根据自己的需求学习相关课程。该库关于艺术鉴赏的知识很丰富，课程清晰度高，学习体验感很好，学习过程中可以提升用户的艺术综合修养、艺术综合品位，同时丰富精神内涵和人格魅力，有助于促进其身心的全面发展。

7. 中国历代馆藏书画数字资源库

简称：历代馆藏

数据库平台：西安数图多媒体教育资源服务平台

数据库网址：http://www.shutu.tv/school/315/

数据库类型：多媒体数据库

文献类型：图片

语种：中文

学科分类：艺术学

用户权限：买断(永久使用)、使用权(一旦停购则不能使用)

数据库概况：该库可在线下载并截取资源，通过该库，高校学生可线上和线下学习，教师可截取课程用作授课。该库收录的年代上起晋代，下至当代，其间包括：隋代、唐代、宋代、辽代、金代、元代、明代、清代等多个朝代的数百名艺术巨匠的惊世之作。该库涵盖数据量约1万集，年更新量约占数据总量的1%。

资源访问模式：镜像站与远程访问

资源长期保存与元数据：支持用户进行资源长期保存、支持用户收割元数据

资源统计：定期主动提供资源使用统计

使用(试用)过的单位：东北大学、南开大学、燕山大学、福建师范大学、云南大学、湖北民族大学、西北农林科技大学、兰州大学、石河子大学、四川美术学院、四川师范大学、西南交通大学、四川音乐学院、西华师范大学等。

用户评论：该库图片质量高，访问用户多，登录方式很方便，操作界面简洁美观，检索等操作都很容易上手。该数据库平台还带有下载以及二维码扫描、移动端观看功能，方便用户收录自己喜欢的图片；数据库性价比高，资源内容和服务都不错，所有图片都有作者及介绍，易学易懂。

北京新东方迅程网络科技股份有限公司

1. 新东方多媒体学习库

简称：新东方学习库

数据库平台：新东方多媒体学习库

数据库网址：http://library.koolearn.com/

数据库类型：多媒体数据库

文献类型：音视频

语种：中文、英文

学科分类：多学科

用户权限：使用权(一旦停购则不能使用)

数据库概况：该库包含大学英语四六级考试、研究生考试、出国留学、应用外语、金融考试、医学教育等类别，能满足用户不同层次的学习需求，其课程都是由新东方名师倾力讲解并经过后期多媒体技术制作而成的音频、视频形式的教学课程，互动性极强。除丰富的网络课程外，该库还提供大量的学习服务，包括考试中心、励志视频、最新学习资讯、学习互动、内部资料下载等。该库在高校图书馆的广泛使用，既满足了广大师生便捷获取新东方优质资源的需求，又帮助高校提升了教学服务水平，助力了高校教育改革工程的实施。

资源访问模式：远程访问

资源长期保存与元数据：不支持用户进行资源长期保存、支持用户收割元数据

资源统计：定期主动提供资源使用统计

使用（试用）过的单位：中国科学技术大学、上海外国语大学、西南大学、西南医科大学、北京石油化工学院等。

用户评论：该库是学生群体使用频率很高的多媒体数据库，其课程实用并且更新及时，为各个学科、各种身份的用户所适用；系统友好且客服响应迅速，使图书馆能够利用该库为自己的读者提供高效的服务。部分用户对新东方的整体服务非常满意，希望以后在资源整合等方面继续加强沟通与合作。单人使用该库课程的性价比很高。

2. 新东方在线互动口语平台

简称：互动口语平台

数据库平台：新东方在线互动口语平台

数据库网址：http://oral.koolearn.com/

数据库类型：全文数据库、多媒体数据库

文献类型：其他

语种：中文、英文

学科分类：多学科

用户权限：使用权（一旦停购则不能使用）、其他地区联采（重庆联采）

数据库概况：该库是新东方在线针对中国大学生英语口语学习中的问题，整合新东方教育集团优质口语教学师资资源、英语口语教学专家资源，联合国内领先的语音识别技术合作伙伴，全力打造的一款以学生为中心、覆盖全面、讲练结合式、智能交互式的口语产品。2017年，该库全面升级，界面全新改版，课程体系优化重组，资源大幅更新，分为基础口语、进阶口

语、应用口语、酷学口语、应试口语、教学口语6大类,并全新研发学情统计分析系统,升级学习服务功能,大幅改版直播课堂,在原有网络论坛(BBS)的基础上新增热门学习内容推荐、口语期刊等服务内容。

资源访问模式:镜像站与远程访问

资源长期保存与元数据:支持用户进行资源长期保存、支持用户收割元数据

资源统计:定期主动提供资源使用统计

使用(试用)过的单位:东北师范大学、大连海事大学、中央民族大学、西南政法大学、广西大学、辽宁大学等。

用户评论:该库具有极强的实用性,其课程类型全面,教学方法独特,学生爱用爱学;课程使用以来,从对学生的使用效果调查结果看,89%的学生非常满意互动口语,绝大部分学生认为通过新东方互动口语平台学到了在课堂上没有学到的知识,英语口语水平在短期内得到迅速的提高。在使用新东方互动口语平台的过程中,新东方在线还联合图书馆为师生提供外语学习讲座,以新东方独特的激情励志风格传授外语学习方法,充分调动学生学习外语的积极性,广受师生欢迎,平台使用率很高。该数据库平台资源丰富,市场定价合理。希望其能增加更多语言种类,为更多专业提供服务。

3. 新东方在线微课堂

简称:新东方微课堂

数据库平台:新东方在线微课堂

数据库网址:http://vl.koolearn.com/

数据库类型:多媒体数据库

文献类型:音视频

语种:中文

学科分类:多学科

用户权限:使用权(一旦停购则不能使用)

数据库概况:该库是新东方在线针对微学习、微课程研究出的一款以视频为核心资源的微学习型数据库平台产品。为了满足学生随时、随地、随心学习的需求,该库课程包括畅学口语、活学商务、乐学外语、留学直通车、语言应试等分类,每个课程由多个独立的知识点组成,知识点超过6 000个,每个知识点的学习时间不超过10分钟。学生可以自由安排学习进度,有效避免重复学习,提高学习效率。该库支持电脑学习,也支持在移

动端APP学习，帮助用户随时随地学知识。

资源访问模式：镜像站与远程访问

资源长期保存与元数据：支持用户进行资源长期保存、支持用户收割元数据

资源统计：定期主动提供资源使用统计

使用（试用）过的单位：北京大学、中国传媒大学、成都中医药大学、四川邮电职业技术学院、北华大学等。

用户评论：该库属于网络课堂，扩展了广大用户的学习空间和学习模式。碎片化学习、移动学习是现在学生广泛接受的学习方式，这一资源的增加，不仅丰富和完善了图书馆的电子文献馆藏，更重要的是在教师的语言教学改进和学生的语言能力提升方面发挥了很大作用。

4. 新东方掌上学习平台

简称：新东方掌学

数据库平台：新东方掌上学习平台

数据库网址：http://app.koolearn.com/zhuanti/lib/

数据库类型：全文数据库、多媒体数据库

文献类型：音视频

语种：中文

学科分类：多学科

用户权限：使用权（一旦停购则不能使用）

数据库概况：该库是新东方在线为各大院校及图书馆量身定制的专业化移动学习数据库平台，以提供系统化、个性化、精准化的移动学习课程为己任，同时附有图书馆信息服务功能，以满足广大用户对移动学习、趣味学习、碎片化学习的需求。该库集精选应试类、应用类、基础类、提升类课程于一身，满足不同人群的移动学习需求，涵盖了视频、音频、文本、交互练习类课程，课程活泼有趣，展现形式丰富。该库提供"我的错题""我的收藏""我的下载""学习记录"等功能服务，实现"一人一课堂"的服务宗旨，满足个性化的移动学习需求。

资源访问模式：镜像站与远程访问

资源长期保存与元数据：不支持用户进行资源长期保存、支持用户收割元数据

资源统计：定期主动提供资源使用统计

使用（试用）过的单位：大连民族大学、中国人民公安大学、华北理工大

学、东华大学、西南大学、电子科技大学等。

用户评论：该库及时向广大师生准确传播考试动态、热点和教育及培训趋势，为高校师生提供热门、及时的网络培训课程和个性化、智能化的全程指导，深得青年教师和学生的喜爱，是一个非常优秀的教学辅助和学习型资源。进入网络数字化时代以来，数字化学术资源为高校的教学模式和科研工作带来了新的变革，受到了广大师生的欢迎。图书馆引进的研究性学术资源较多，但真正提供给广大本科生使用的学习型资源和供教学使用的数据库并不多，该库弥补了这方面的不足，对学生学习外语及辅助老师的教学都很有帮助，对语言文化的丰富、学生应试及实际应用能力的提升，也提供了极大的帮助。该库满足了在校大学生在考试、外语学习、出国、求职等方面的多种实际需求。

元照出版有限公司

月旦知识库

简称：月旦

数据库平台：月旦知识库

数据库网址：http://www.lawdata01.com.cn/

数据库类型： 全文数据库、索引（文摘）数据库、参考工具数据库

文献类型：图书、期刊、学位论文、法律法规

语种：中文

学科分类：多学科

用户权限：使用权（一旦停购则不能使用）

数据库概况：该库由台湾元照出版有限公司制作推出，收录元照知识集团独家授权的月旦法学杂志系列、教育研究期刊系列、学术专论、经管丛书、教育丛书、语言丛书，是具有台湾学术精品特色资源的知识库。该库包含“期刊”“论著”“学位论文”“教学讲义”“法规”“裁判”“学者专家文献”“词典工具书”等内容，另有独立子库收录两岸学术研讨会讲座视频。该库收录学科除了人文社会领域，还包括医学、护理、公共卫生等。该库在推出后立即被QS世界大学排名的百大排名学校采用。

资源访问模式：远程访问

资源长期保存与元数据：支持用户收割元数据

资源统计: 定期主动提供资源使用统计

使用(试用)过的单位: 东北财经大学、北京大学、清华大学、人民大学、中国国家图书馆、上海图书馆、上海交通大学、浙江大学、苏州大学、厦门大学、云南大学、华中科技大学、重庆大学、西南大学等。

用户评论: 该库集合了两岸教育论文,搭配关键字、作者、期刊的搜索功能,使教育研究者能够迅速找到相关完整论文,在两岸学术研究数据库平台中有着重要的地位。在法院的司法审判、司法改革,审判业务研究、指导和对外司法交流中,该库也有着较好的参考借鉴作用,希望其能加强数据库的宣传,增加用户对台湾学术的了解、研究。

中国科技出版传媒股份有限公司

1. 科学智库

简称: 科学智库

数据库平台: 科学智库

数据库网址: http://thinktank.sciencereading.cn/

数据库类型: 全文数据库

文献类型: 图书、图片、数值数据、科技报告、科技成果、其他

语种: 中文

学科分类: 多学科

用户权限: 买断(永久使用)、使用权(一旦停购则不能使用)

数据库概况: 该库于2017年10月正式上线,以权威报告及专著为基础,整合学界动态、观点、学者、机构等信息,下设经济发展智库、公共政策智库、管理科学智库、学科战略智库4个主题智库,包含十几年间各地的经济社会发展研究,覆盖经济、社会、政府、企业、文化、教育等众多领域,内容实时更新。其适用对象为高校、政府、科研机构、公共服务机构以及其他对相关领域的政策有学习、研究需求和传播职能的机构,覆盖管理学、经济学、社会学、理学和工学等学科与专业。该库有助于用户把握宏观政策方向,了解科研领域进展,加强研究应用能力,提升分析决策水平。

资源访问模式: 镜像站与远程访问

资源长期保存与元数据: 不支持用户进行资源长期保存、支持用户收割元数据

资源统计:定期主动提供资源使用统计

使用(试用)过的单位:吉林财经大学、天津职业大学、内蒙古工业大学、东北大学、中央财经大学、兰州大学等。

用户评论:该库内容系统性强,子库特色性突出,具有较高的权威性和专业性,数据来自中国科学院、中国工程院、国家自然科学基金委员会等国内高端智库和重点高校智库。希望其能增添相关度以及时间的双重排序功能,以便精确地查找文献。

2. 中国生物志数据库

简称:生物志库

数据库平台:生物志库

数据库网址:http://zgswz.lifescience.com.cn/

数据库类型:全文数据库

文献类型:图片、其他

语种:中文、英文

学科分类:理学

用户权限:买断(永久使用)、使用权(一旦停购则不能使用)

数据库概况:该库以《中国植物志》、*Flora of China*(《中国植物志》英文修订版)、《中国高等植物彩色图鉴》为基础资源,并将逐步加入《中国苔藓志》《中国淡水藻志》《中国海藻志》《中国地衣志》《中国高等植物图鉴》《中国生物物种名录(植物)》以及其他地方物种志、名录、图志等权威专著作为更新资源,年均更新数万条物种信息,同时将继续整合最新的物种分类体系。《中国植物志》出版时间跨度为1959年至2004年,包含80卷126册,共5 000多万字,全面记录了中国境内301科、3 408属、31 142种植物的科学名称、形态特征、生态环境、地理分布、经济用途和物候期等;*Flora of China*包括文字25卷、图版24卷,记录了我国维管束植物312科、3 328属、31 362种,是目前世界上最大和高水平的英文版植物志之一。《中国高等植物彩色图鉴》精选了中国境内野生植物和重要栽培植物1万余种,配图近2万张。

资源访问模式:镜像站与远程访问

资源长期保存与元数据:不支持用户进行资源长期保存、支持用户收割元数据

资源统计:定期主动提供资源使用统计

使用(试用)过的单位:中国农业大学、天津中医药大学、天津职业大学、上海中医药大学、福建农林大学、右江民族医学院等。

用户评论:该库内容来源于正式出版的经典志书,是比较全面、权威和翔实的生物学参考资料,其关联查询的功能方便快捷。数据库平台创新性地建立了按分类层级、按地区、按海拔等要素进行筛选的功能,以可视化方式显示物种数量,用户体验满意度高。希望其能加强数据库使用方面的培训。

中国图书进出口(集团)有限公司

中图易阅通

简称:易阅通
数据库平台:中图易阅通
数据库网址:http://www.cnpereading.com/
数据库类型:全文数据库
文献类型:期刊、图书、音视频
语种:中文、英文、日文、俄文、其他
学科分类:多学科
用户权限:买断(永久使用)

数据库概况:该库是中国图书进出口(集团)有限公司自主研发的数字资源交易与服务平台。该库以"一个平台、海量资源、全球服务"为定位,通过全新的合作模式和本地化服务理念,为广大用户提供中外文数字资源一站式服务。该库广泛汇聚了海内外出版机构的高品质数字资源,截至2019年,资源数量已经超过200万条,呈现电子书、电子刊、有声书等多种产品形态,涵盖83个语种,其中,英文出版物占比近70%,阿拉伯文出版物占12%,德文、法文出版物各占6%和4%。该库学术优势突出,同时也不断走向多元化,大众资源、原创内容资源的占比也有所增加,正在形成新的优质资源板块。其中,原创文学电子书首批聚合近6 000种。该库以本地化聚合理念、国际化服务模式为定位,服务于高等院校、科研院所、公共图书馆、国防与军队系统、政府机构、医院和企事业单位及个人用户。该库集中外文书、刊、库在同一个数据库平台上,方便用户交叉检索,很大程度上提高了资源的使用率。

资源访问模式:远程访问

资源长期保存与元数据:支持用户进行资源长期保存、支持用户收割元数据

资源统计：定期主动提供资源使用统计、支持counter标准统计数据

使用(试用)过的单位：哈尔滨工程大学、吉林农业大学、北京大学、北京航空航天大学、中国科学技术大学、浙江大学、广东工业大学、厦门大学、深圳大学、广西中医药大学、中南大学、武汉大学 、湖南大学、宁夏大学、四川大学、电子科技大学、四川外国语大学等。

用户评论：该库实现了本地存储，本地服务；采用中文界面、中图法分类，使用户可以快速、准确地找到所需资源；资源为专家和教授的选书以及推荐工作提供了较大的帮助。对图书馆馆员来说，该库的中外文资源在一个平台上，可以在线采选；支持在线管理、荐购、浏览等一站式服务，节省了图书馆馆员进行资源管理工作的时间。

中国农业出版社

“智汇三农”农业专业知识服务数据库平台

简称：“智汇三农”

数据库平台：“智汇三农”农业专业知识服务数据库平台

数据库网址：http://www.pwsannong.com/

数据库类型：全文数据库

文献类型：图书、专利、标准、古籍、图片、音视频、年鉴、数值数据、科技报告、科技成果、产品资料、其他

语种：中文

学科分类：农学

用户权限：买断(永久使用)

数据库概况：该库是由中国农业出版社精心打造的多媒体、多终端的专业智能平台。其宗旨在于汇聚农业领域内的权威专业知识，构建农业领域产学研知识服务社区，以大数据、语义分析、云计算技术为支撑，建立内容、用户、企业、政府之间的互动和关联，促进各类型出版物、知识内容的多形态融合和多渠道传播。该库以农业学科为特色，分9个主题数据库，外加“三农书城”和“三农信息”等22个附加子库，为从事农业、食品、生命科学、环境科学等农业相关产业研究的科研工作者和学生提供知识服务，也为其他非农但涉农的专业提供相应的知识服务。该库不仅包含类似传统数据库中的文本类资源，还包含图片、视频等多媒体、多元化的资源，能让

用户对知识点进行多方位的学习。该库精心挑选中国农业出版社多年来出版的精品农业专业图书约16 023种、农业标准约3 313种、农业年鉴年报约320份；通过精细的结构化拆分和知识化标引，建设了知识条目约210万条，并通过9大分类体系展现给用户；包含农业专业领域的图片约14万张，涵盖养殖动物种类、植物品种、植物病虫草害、畜牧兽医等领域；包含农业专业知识问答约10万条；包含种植技术、养殖技术、植物病理、兽医病害等各层次多学科的教学性、理论性、实操性视频和动画，总计约1.2万分钟。该库将电子书碎片化，把图书中重要的知识点、单元提炼出来，形成独立的知识条目，以便于用户检索、使用、引用图书资源。

资源访问模式：镜像站与远程访问

资源长期保存与元数据：支持用户进行资源长期保存、支持用户收割元数据

资源统计：定期主动提供资源使用统计

使用（试用）过的单位：东北农业大学、浙江农林大学等。

用户评论：该库总体质量较好，性价比较高；资源覆盖面广，加工质量高，平台功能稳定，界面友好，使用方便。不足的是该数据库推广力度较小，知名度较低；大部分资源没有实现全文复制功能，下载功能也有所限制。

同方知网（北京）技术有限公司

1. CNKI学术图片知识库

简称：IMAGE

数据库平台：中国知网

数据库网址：http://image.cnki.net/

数据库类型：数值文本数据库

文献类型：图片

语种：中文

学科分类：多学科

用户权限：使用权（一旦停购则不能使用）

数据库概况：该库是学术类图片的知识库，采用同方知网自主研发的智能挖掘技术，从各类学术文献中提取出千万量级的图形、图像等内容，加以规范化编辑整理，提供相似图表的检索、对比和分析等知识发现功能，可

大大提高学术文献知识传播和应用效果。该库所有图片资源均来源于CNKI中国文献资源总库,主要包括中国学术期刊网络出版总库、中国优秀硕士学位论文全文数据库、中国博士学位论文全文数据库、中国重要会议论文全文数据库、中国工具书网络出版总库、中国专利全文数据库。CNKI学术图片知识库是通过对上述资源的分析,挑选其中最有价值的学术类图片整合而成的知识库。该库根据图片语义和视觉信息,让用户可以准确方便地检索到所需要的图像素材进而快速获取相关的知识与信息,其结果按照科学合理的方式进行分类和组织,并提供丰富的图片"知网节"信息,进而实现"同类图片比较""相关图片参考"等,帮助用户提高学习和研究效率的功能。

资源访问模式:镜像站与远程访问

资源长期保存与元数据:不支持用户进行资源长期保存、不支持用户收割元数据

资源统计:定期主动提供资源使用统计

使用(试用)过的单位:湖北工程学院、潍坊学院等。

用户评论:该库资源质量好,内容涵盖学科领域广,资源现存数量和年新增量大,能满足学术研究的需求;页面精致简单,操作方便,实现了"同类图片比较"和"相关图片参考"的功能,提高了用户的学习和研究效率。希望其能扩大资源收录范围,增加资源收录量。

2. CNKI专利检索分析系统

简称:PTA

数据库平台:中国知网

数据库网址:https://pta.cnki.net/patent/

数据库类型:索引(文摘)数据库

文献类型:专利、期刊、学位论文、会议论文、法律法规、标准、科技成果

语种:中文、英文

学科分类:多学科

用户权限:使用权(一旦停购则不能使用)

数据库概况:该库收录了全球主要国家和地区的专利数据,并同步收录引文、法律状态、事务等信息,收录总数据量超过1亿条。其中完整收录中国、美国、日本、德国、英国、法国、瑞士以及欧洲专利局(EPO)、世界知识产权组织(WIPO)的专利全文。依托CNKI强大资源优势,该库收录期刊、博硕士论文、会议论文集等全文信息。同时,依托CNKI学术文献数据标引

等技术积累，实现专利与学术文献的统一联合检索；支持同义词、近义词等扩展检索，扩大了检索范围，提升了查全查准能力；支持简单检索、高级检索、批量检索、引证检索、图像检索、语义相似检索和法律与事务信息检索等多种检索方式，满足了用户获取不同信息的需求。该库针对检索结果提供技术分析、聚类分析、法律事务分析等功能，并提供多形态可视化的图表适配最优展示效果；从6个维度多项指标进行技术分析；支持分析图表及报告下载等服务。该库以专利文献与非专利文献统一检索及检索结果的可视化分析为核心功能，实现快速有效的专利检索与分析，为企事业单位及个人提供专利查新、专利咨询、专利信息技术挖掘等服务。

资源访问模式：远程访问

资源长期保存与元数据：不支持用户进行资源长期保存、不支持用户收割元数据

资源统计：定期主动提供资源使用统计

使用(试用)过的单位：广西大学、贺州学院等。

用户评论：该库最大的优点在于收录了与专利相关的最新文献、科技成果、标准等信息，完整地展现了专利产生的背景、最新发展动态、相关领域的发展趋势。该库内容全面专业，分类标准规范，海内外收录数量均较多，性价比高，其售后服务详细解答了检索技能及方法，使用体验佳。希望增加海外专利全文的收录。

3. 国际会议论文全文数据库

简称：IPFD

数据库平台：中国知网

数据库网址：http://www.cnki.net/

数据库类型：全文数据库

文献类型：会议论文、音视频

语种：中文、英文

学科分类：多学科

用户权限：买断(永久使用)、使用权(一旦停购则不能使用)

数据库概况：该库汇集了1981年至今国内外4 000余家授权单位推荐的5 600多次国际学术会议的论文，以及国内外召开的会议的音视频，多数为自然科学领域，是实现国际会议文献整合出版的大型数据库。该库支持通过分组排序对检索结果进行进一步筛选，用户可以按照学科类别、主办单位、研究资助基金、研究层次、文献作者、作者单位、发表时间等进行分组

浏览，也可以按照会议召开时间、相关度、被引频次、下载频次等进行排序浏览。截至2017年2月，该库收录国际会议论文69万余篇，国内机构主办的国际会议收录完整率达80%。该库每日更新。

资源访问模式：镜像站与远程访问

资源长期保存与元数据：不支持用户进行资源长期保存、不支持用户收割元数据

资源统计：由图书馆自行查询资源使用统计、支持counter标准统计数据

使用（试用）过的单位：吉林大学、大连理工大学、东北大学、清华大学、北京大学、南开大学、北京师范大学、同济大学、浙江大学、南京大学、上海交通大学、厦门大学、中国科学技术大学、东南大学、武汉大学、兰州大学、四川大学、重庆大学、电子科技大学、西南大学等。

用户评论：该库收录数量多，资源质量好，能满足用户的需求；会议论文提供了专门的会议导航，方便查找；并且提供了会议视频，学生和老师使用的次数多，性价比高；售后客户服务不错。希望其能扩大资源收录范围，增加资源收录量。

4. 国学宝典数据库

简称：GXBD

数据库平台：中国知网

数据库网址：http://www.gxbd.com/

数据库类型：全文数据库

文献类型：期刊、图书、会议论文、古籍、科技成果

语种：中文

学科分类：文学

用户权限：使用权（一旦停购则不能使用）

数据库概况：该库是一套面向中文图书馆、中国文化研究机构、专业研究人员和文史爱好者的中华古籍全文资料检索系统。该库收录了上起先秦、下至民国两千多年的5 700余种历代典籍。该库分为经、史、子、集、丛书及通俗小说，系统整合了清代以后至当代学者有关古籍整理的重要成果，大部分文献附有内容提要，包括作者简介、内容组成、版本等相关信息，为文史研究人员提供了常用资料。该库每年更新1亿—2亿字的内容。

资源访问模式：远程访问

资源长期保存与元数据：不支持用户进行资源长期保存、不支持用户

收割元数据

资源统计:定期主动提供资源使用统计

使用(试用)过的单位:韶关学院、华南农业大学、河南师范大学、安顺学院、同济大学、天津美术学院等。

用户评论:该库收录量大,内容完备,不仅提供了文学作品本身,还呈现了学者的研究成果;检索方式符合常规,设置了段落检索和全文检索,能满足不同的需求,使用体验感好,使用价值高。希望其能扩大资源收录范围,入口标示得更明显些。

5. 海外专利摘要数据库

简称:SOPD

数据库平台:中国知网

数据库网址:http://kns.cnki.net/KNS/brief/result.aspx?dbprefix=SOPD/

数据库类型:全文数据库

文献类型:专利

语种:中文、英文、其他

学科分类:多学科

用户权限:使用权(一旦停购则不能使用)

数据库概况:该库收录了自1970年以来的包括美国、日本、英国、德国、法国、瑞士、俄罗斯、韩国、加拿大、澳大利亚等10个国家,以及中国香港、中国台湾2个地区,世界知识产权组织及欧洲专利局2个组织的专利摘要,可链接至欧洲专利局网站在线阅读或下载原文专利全文,并以“知网节”的形式链接中国知网上的各种相关文献。截至2017年底该库收录专利共约8 382万条。该库每月更新,年更新量约160万条。

资源访问模式:镜像站与远程访问

资源长期保存与元数据:不支持用户进行资源长期保存、不支持用户收割元数据

资源统计:定期主动提供资源使用统计

使用(试用)过的单位:佛山市图书馆、华南理工大学等。

用户评论:该库的特色是每项专利的“知网节”都直观地展现了专利的基本信息及同族专利情况,还可以链接到专利全文并进行法律状态查询。使用方便,性价比高。希望其能增加海外专利全文的收录。

6.《汉语大词典》和《康熙字典》数据库

简称:KXHD

数据库平台:中国知网

数据库网址:http://hd.cnki.net/kxhd/

数据库类型:参考工具数据库

文献类型:图书

语种:中文

学科分类:文学

用户权限:使用权(一旦停购则不能使用)

数据库概况:该库将《汉语大词典》、《汉语大词典订补》和《康熙字典》整合在一起。在内容上,该库保有纸质工具书的准确性、科学性、权威性,为用户提供精准、规范、丰富的信息;在功能上,该库开发了强大的全文检索工具,构建了具有关联性、立体性和动态性的知识系统。这既极大地提高了检索速度,又很好地实现了知识的聚合,可以显著提高用户的使用效率,大大拓展用户的信息视角,帮助用户便捷地获取信息,能全面满足文史工作者一站式查找和研究字词源流、读音、释义与书证的需要。

资源访问模式:镜像站与远程访问

资源长期保存与元数据:不支持用户进行资源长期保存、不支持用户收割元数据

资源统计:定期主动提供资源使用统计

使用(试用)过的单位:同济大学、西南财经大学天府学院等。

用户评论:该库介绍详尽,题录信息完备,使用便利;分类索引方式多样,能满足不同需求;收录数量多,资源质量佳,内容完备。希望数据库入口标示得更明显些。

7. 建设工程预算造价与规范数据库

简称:BUILD

数据库平台:中国知网

数据库网址:http://jzys.cnki.net/

文献类型:图书

语种:中文

学科分类:工学、经济学、管理学

用户权限:使用权(一旦停购则不能使用)

数据库概况：该库收录栋梁工作室10多年来的优秀资源，收录1 400多册建设工程造价类图书，约26万页、4亿字。为用户提供权威的、信息量足够大的建设工程造价与规范的知识检索服务，是广大建设工作者从事土建工程、装饰装修工程、安装工程、市政工程、园林绿化工程、公路工程、电力工程、水利工程等工程造价工作和学习专业知识的实用性工具。

资源访问模式：镜像站与远程访问

资源长期保存与元数据：不支持用户进行资源长期保存、不支持用户收割元数据

资源统计：定期主动提供资源使用统计

使用(试用)过的单位：安徽建筑大学、沈阳建筑大学等。

用户评论：该库资源权威，信息量大而全面，提供了建设工程预算造价、规范及资格考试等一系列服务。但该库知名度不高，建议其增加宣传。

8. “两学一做”学习教育专题库

简称：“两学一做”

数据库平台：中国知网

数据库网址：http://lxyz.cnki.net/

数据库类型：全文数据库

文献类型：期刊、报纸、学位论文、会议论文、法律法规

语种：中文

学科分类：哲学

用户权限：使用权(一旦停购则不能使用)

数据库概况：该库包含党章、党规、党的历史、革命先辈、先进典型、违法违纪案例等模块，针对学习活动过程中出现的热点、疑点、难点问题进行了详尽的分析，对全党学习党章党规的重要性和主体内容，对共产党员如何守纪律、讲规矩，唤醒组织意识、纪律意识和规矩意识，做一名合格共产党员的标准等，作了既简明扼要又全面深入的论述，其还配备了专门知识竞赛题库，是“两学一做”学习教育辅导的重要工具，也是全党增强“四个意识”，自觉在思想上、政治上、行动上与党中央保持高度一致的行动指南，对党员干部进行“两学一做”学习教育具有重要的参考价值。截至2017年12月，该库收录期刊、报纸、博硕士学位论文、会议论文、法规等各类国内权威部门和机构领导、专家研究的相关文献资料共计13.7万余篇。该库在中国知网上每日更新，镜像模式每月更新。

资源访问模式：镜像站与远程访问

资源长期保存与元数据: 不支持用户进行资源长期保存、不支持用户收割元数据

资源统计: 定期主动提供资源使用统计

使用(试用)过的单位: 牡丹江大学、东北大学、兰州大学、浙江师范大学等。

用户评论: 该库切合时政主题,页面板块分明,功能齐全,内容全面细致,能够满足学习工作以及研讨的需要,定价合理,性价比高,售后客服工作做得周到专业,解决了许多使用问题。建议数据库入口标示得更明显些。

9. 商务印书馆·精品工具书数据库

简称: 精品工具书数据库

数据库平台: 商务印书馆·精品工具书数据库

数据库网址: http://www.icidian.com.cn/cpnet/

数据库类型: 参考工具数据库

文献类型: 图书、音视频

语种: 中文

学科分类: 文学

用户权限: 使用权(一旦停购则不能使用)

数据库概况: 该库是由商务印书馆有限公司研制出版、同方知网(北京)技术有限公司完成技术开发的权威、专业、创新的在线工具书全文数据库,集成了商务印书馆出版的29部精品汉语言类工具书,类型包括字典、词典、成语词典、语典和专科辞典,共收词目(累计)约35万条,共计约6 000万字。该库全面、全新地整合了商务印书馆优质工具书资源。在内容上,保有纸质工具书的准确性、科学性、权威性,为用户提供精准、规范、丰富的信息;在功能上,开发了强大的全文检索工具,构建了具有关联性、立体性和动态性的知识系统,既极大地提高了检索速度,又很好地实现了知识的聚合,可以显著提高用户的使用效率,大大拓展用户的信息视角,帮助用户便捷地获取信息,全面、系统地学习知识。

资源访问模式: 镜像站与远程访问

资源长期保存与元数据: 不支持用户进行资源长期保存、不支持用户收割元数据

资源统计: 定期主动提供资源使用统计

使用(试用)过的单位: 北京师范大学、武昌理工学院、天津大学、天津

科技大学等。

用户评论：该库内容丰富，资源具有准确性、科学性、权威性，具备强大的全文检索功能，提高了使用效率。学校师生对该库的使用情况较好。希望工具书数据库能与“知网节”打通。

10.“双语智读”电子书数据库平台

简称：SER

数据库平台：中国知网

数据库网址：http://www.scholarlye-reading.com/elsevier/Elsevier/

数据库类型：全文数据库、索引（文摘）数据库

文献类型：图书

语种：中文、英文

学科分类：多学科

用户权限：使用权（一旦停购则不能使用）

数据库概况：该库为爱思唯尔出版集团（Elsevier）携手中国国际图书进出口（集团）总公司（简称“中图”）和国内大型学术出版机构共同打造的科研学术电子图书平台。其依托中图的数字出版平台技术，将爱思唯尔蜚声世界的科技图书和其优质中文译本相对照，以数字化的形式集中呈现，满足国内各大高等院校、科研机构对国际学术的本地阅读需求。平台首批收录200种爱思唯尔优质学术图书和其相对应的中文译本，以章节对照的形式实现中英文字之间的简便切换，方便国内大专院校师生与科研人员快速浏览、查找所需的参考资料，也有助于用户学习掌握科技英语，提高论文写作能力。

资源访问模式：镜像站与远程访问

资源长期保存与元数据：不支持用户进行资源长期保存、不支持用户收割元数据

资源统计：定期主动提供资源使用统计

使用（试用）过的单位：江汉大学、吉林大学、华南理工大学、西北师范大学、湖南涉外经济学院、广东工业大学等。

用户评论：该库译文权威可靠，都是爱思唯尔数据库平台上较为权威的学科专著；内容更新及时，检索方便，全文内容可以复制粘贴，对专业学习、工作、研究有很大帮助；对英语水平较低的学生来说，是一个很适用的了解国外学术专著的途径。希望其能增加学科专著的收录量，增加全文下载的功能。

11. 智叟助教辅学平台

简称:ZHIS

数据库平台:中国知网

数据库网址:http://zhisou.cnki.net/zhis/

数据库类型:参考工具数据库

文献类型:图书、图片

语种:中文

学科分类:教育学

用户权限:使用权(一旦停购则不能使用)

数据库概况:该库是面向中小学的数字化教学辅助数据库平台,主要解决师生在教学过程中的疑难问题。该库集合了860多部适用于基础教育的权威工具书,包括字词典、百科全书、图谱等。该库通过对内容的深度挖掘,构建了较为完善的知识网络,为在校师生提供了一个权威、精准的释疑解惑工具。该库采用了学科分类模式,设置了包括语文、数学、英语、文综、理综五大学科学习模块和百科、图片两大知识拓展模块,能帮助师生方便快捷地获取知识、解决学习中的疑难问题。

资源访问模式:镜像站与远程访问

资源长期保存与元数据:不支持用户进行资源长期保存、不支持用户收割元数据

资源统计:定期主动提供资源使用统计

使用(试用)过的单位:西安市第八十九中学等。

用户评论:该库内容丰富,操作方便,内容分级明确,涵盖了中小学用户的各个学科和领域,足以满足日常的学习和教学需求,辅助教学效果好。建议该数据库将其特有资源与CNKI期刊库资源打通,方便用户跨库检索。

12. 中国博士学位论文全文数据库

简称:博士学位论文库

数据库平台:中国知网

数据库网址:https://cdfd.cnki.net/

数据库类型:全文数据库

文献类型:学位论文

语种:中文

学科分类:多学科

用户权限:买断(永久使用)、使用权(一旦停购则不能使用)

数据库概况:该库是国内资源内容最完备、质量最高、出版周期最短,数据最规范的博士学位论文全文数据库之一,是国务院学位委员会指定的博士学位点评估依据数据库。该库导航体系分为学科专业导航、学位授予单位导航;支持通过分组排序检索结果进行进一步筛选,可按照学科、学位年度、学位授予单位、研究资助基金、导师、学科专业、研究层次、关键词等条件进行分组聚类,并且检索结果还能够按照发表时间、主题排序、被引频次、下载频次、学位授予年度等进行排序。截至2016年底,该库收录博士论文达31.6万余篇。

资源访问模式:镜像站与远程访问

资源长期保存与元数据:不支持用户进行资源长期保存、不支持用户收割元数据

资源统计:由图书馆自行查询资源使用统计、支持counter标准统计数据

使用(试用)过的单位:大连理工大学、东北财经大学、清华大学、北京大学、复旦大学、浙江大学、上海交通大学、厦门大学、中国科学技术大学、中南大学、武汉大学、华中科技大学、西南交通大学、兰州大学、四川大学、重庆大学、电子科技大学、西南大学、贵州大学等。

用户评论:该库内容全面、质量高、出版周期短、数据规范且实用性强,覆盖基础科学、工程技术、农业、医学、哲学、人文、社会科学等各个领域。该库的学位论文可分章节或整本阅读,方便用户下载及学习;"知网节"功能好用,可实现全网检索。建议其扩大资源收录范围,增加资源收录量。

13. 中国党建期刊文献总库

简称:CJFX

数据库平台:中国知网

数据库网址:http://dangjian.cnki.net/index?sysid=18/

数据库类型:全文数据库

文献类型:期刊

语种:中文

学科分类:哲学

用户权限:使用权(一旦停购则不能使用)

数据库概况:该库内容覆盖党建理论、方针政策等各个方面,具有权威性、实用性、便捷性等特点,是全国各级党政机关、科研机构、学校及各类企

事业单位宣传党的方针政策、学习党建党史知识、交流党建先进经验、开展党建学术研究的必备文献资料保障。该库从理论与实践相结合的角度，为党政工作者、研究者、学习者提供全面翔实的实践指导与学习参考。该库在中国知网上每日更新，并以DVD-R光盘为载体按月连续出版。

资源访问模式：镜像站与远程访问

资源长期保存与元数据：不支持用户进行资源长期保存、不支持用户收割元数据

资源统计：定期主动提供资源使用统计

使用(试用)过的单位：上海第二工业大学、中山大学、重庆师范大学、大连东软信息学院等。

用户评论：该库检索方式多样，可满足不同情景下的需求，分类方式科学规范，提高了检索效率；收录的文献资料丰富，内容齐全，数量多，可以满足日常学习研究的需要。从使用情况来看，该库被使用的频率高，对用户的工作起到了很大帮助。总体来说，购买该数据库的性价比较高。建议其扩大资源收录范围，增加资源收录量。

14. 中国党建知识资源总库

简称：党建知识库

数据库平台：中国知网

数据库网址：http://kns.cnki.net/kns/brief/result.aspx?dbPrefix=CJFX/

数据库类型：全文数据库

文献类型：期刊、报纸、学位论文、会议论文、音视频

语种：中文

学科分类：哲学

用户权限：使用权(一旦停购则不能使用)

数据库概况：该库是信息量丰富、资源类型全面的大型、动态党建知识服务系统。截至2017年12月，该库收录党刊、党报、硕博论文、会议论文和视频等各类国内权威部门和机构的领导、专家的相关研究文献资料共计1 439.2万余篇，内容覆盖党建理论、思想建设等12个方面，具有权威性、实用性、便捷性的特点。该库根据不同部门、行业的党建特点，打造专业化党建产品，是全国各级党政机关、科研机构、学校及各类企事业单位宣传党的方针政策、学习党建党史知识、交流党建先进经验、开展党建学术研究的必备文献资料保障，从理论与实践结合的角度，为党政工作者、研究者、学习者提供全面翔实的学习参考与实践指导。

资源访问模式:镜像站与远程访问

资源长期保存与元数据:不支持用户进行资源长期保存、不支持用户收割元数据

资源统计:定期主动提供资源使用统计

使用(试用)过的单位:湖北三峡职业技术学院、天津财经大学、天津体育学院等。

用户评论:该库具有丰富的内容,包括党建期刊、报纸、学位论文、会议以及党章党规,能够满足日常工作学习的需求;内容规范权威,专业度高,操作便易,性价比高;售后服务工作到位,解决了使用过程中的问题,提升了用户体验。建议该数据库将其特有资源与CNKI期刊库资源打通,方便用户跨库检索。

15. 中国高等教育文献总库

简称:CJFR

数据库平台:中国知网

数据库网址:http://gaojiao.cnki.net/

数据库类型:全文数据库

文献类型:期刊

语种:中文

学科分类:多学科

用户权限:使用权(一旦停购则不能使用)

数据库概况:该库全面集成整合了1951年至今的523种我国正式出版发行的高等教育教学类期刊以及其他学术期刊中与高等教育教学有关的文献,为高等院校和职业院校的教育、教学研究、学校管理、教师备课、学生学习等提供相关信息资源,以更好地满足高等院校师生对专业知识的查找、学习、交流、评论、保存等各方面的需求。该库文献总量约442万篇,每日更新。

资源访问模式:镜像站与远程访问

资源长期保存与元数据:不支持用户进行资源长期保存、不支持用户收割元数据

资源统计:定期主动提供资源使用统计

使用(试用)过的单位:九江学院、重庆师范大学等。

用户评论:该库信息专业全面,为学校的教育、教学研究、学校管理、教师备课、学生学习等提供了相关信息资源。数据可靠权威,收录范围广,文

献总量大，每日更新的更新频率保证了信息的及时性，对学校的相关工作起到了很大帮助，性价比高，售后服务也令人满意。建议该数据库将其特有资源与CNKI期刊库资源打通，方便用户跨库检索。

16. 中国工具书网络出版总库

简称：CRFD

数据库平台：中国知网

数据库网址：http://gongjushu.cnki.net/

数据库类型：参考工具数据库

文献类型：期刊、图书、报纸、学位论文、会议论文、图片、产品资料

语种：中文

学科分类：多学科

用户权限：使用权（一旦停购则不能使用）

数据库概况：该库是全球最大的在线中文工具书全文数据库之一，荣获第二届中国出版政府奖——网络出版物奖，被列为“十一五”国家重大网络出版项目和“十一五”国家重点电子出版物规划选题，填补了市场空白。该库收录了我国300多家出版社正式出版的语文词典、专业词典、百科全书、手册、图录图鉴、表谱、资料集等1万多部工具书，共约34亿个汉字，约2 000万条词条、100万张图片。该库实现了全库文本化和深度标引，依托先进的网络出版技术和数据库检索系统的支持，为广大用户提供检索服务，是用户全方位了解各学科知识，并拓展其深度和广度的桥梁和阶梯。

资源访问模式：镜像站与远程访问

资源长期保存与元数据：不支持用户进行资源长期保存、不支持用户收割元数据

资源统计：定期主动提供资源使用统计

使用（试用）过的单位：兰州大学、北京师范大学、大连理工大学、西安体育学院等。

用户评论：该库内容来源权威可信，体系完整，资源覆盖各分库、各领域；中英双语及小语种词典都有，是一个非常全面的工具书库；检索的通配符都有标示，检索功能非常便利；检索结果准确高效，节约了用户的时间，提高了工作效率；对师生的工作学习起到了实质性的帮助，性价比高。希望其将工具书数据库与“知网节”打通。

17. 中国规范术语:全国科学技术名词审定委员会公布名词

简称:规范术语库

数据库平台:中国知网

数据库网址:http://shuyu.cnki.net/index.aspx/

数据库类型:参考工具数据库

文献类型:图书、数值数据

语种:中文

学科分类:文学

用户权限:使用权(一旦停购则不能使用)

数据库概况:该库是中国知网和全国科学技术名词审定委员会的合作项目,根据全国科学技术名词审定委员会历年审定公布并出版的数据制作而成,并在知网中心网站供用户免费查询。该库旨在帮助专业工作者规范、正确使用本领域的专业术语,提高专业水平。全国科学技术名词审定委员会是经国务院授权,代表国家进行科技名词审定、公布的权威性机构,其审定公布的名词具有权威性和约束力,全国各科研、教学、生产经营以及新闻出版等单位应遵照使用。该库数据包括65本名词出版物,条目合计25万余条,每条内容包括中文规范用词和对应的英文术语,部分条目附有同义词和定义。

资源访问模式:远程访问

资源长期保存与元数据:不支持用户进行资源长期保存、不支持用户收割元数据

资源统计:定期主动提供资源使用统计

使用(试用)过的单位:北京大学、辽宁大学、重庆大学、四川大学、贵州大学、云南大学、武汉大学、浙江大学、安徽大学等。

用户评论:该库数据可靠权威,能够帮助用户规范、正确使用本领域的专业术语,提高专业水平;提高了工作效率,满足了日常学习和研究的需要;涵盖各行各业。建议将数据库入口标示得更明显些。

18. 中国国家标准全文数据库

简称:SCSF

数据库平台:中国知网

数据库网址:http://kns.cnki.net/KNS/brief/result.aspx?dbprefix=SCSF/

数据库类型:全文数据库

文献类型:期刊、报纸、学位论文、会议论文、专利、标准、年鉴、科技成果

语种:中文

学科分类:多学科

用户权限:使用权(一旦停购则不能使用)

数据库概况:该库收录了自1950年以来由中国质检出版社(原名:中国标准出版社)出版的、国家标准化管理委员会发布的、中华人民共和国国家市场监督管理总局发布的所有国家标准,共4.9万余条,其中现行标准约3.4万条,即将实施标准1 400多条,占国家标准总量的90%以上。用户可以通过标准号、标准名称、发布单位、起草人、发布日期、实施日期、中国标准分类号、国际标准分类号等检索项进行检索。

资源访问模式:镜像站与远程访问

资源长期保存与元数据:不支持用户进行资源长期保存、不支持用户收割元数据

资源统计:定期主动提供资源使用统计

使用(试用)过的单位:五邑大学、广西大学、天津商业大学等。

用户评论:该库收录范围广,内容丰富,信息完备,呈现了标准的最新发展动态和相关领域的发展趋势;收录数量多,检索准确率高,数据更新频繁,使用体验很不错。建议其扩大资源收录范围,增加资源收录量。

19. 中国行业标准全文数据库

简称:SCHF

数据库平台:中国知网

数据库网址:http://kns.cnki.net/KNS/brief/result.aspx?dbprefix=SCHF/

数据库类型:全文数据库

文献类型:期刊、报纸、学位论文、会议论文、专利、标准、年鉴、科技成果

语种:中文

学科分类:多学科

用户权限:使用权(一旦停购则不能使用)

数据库概况:该库收录了现行、废止、被代替以及即将实施的行业标准,全部标准均获得权利人的合法授权,相关的链接文献、专利、成果等信息来源于CNKI各大数据库。该库实现了行业标准与学术期刊、学位论文、专利、科技成果等在同一数据库平台上的跨库检索,且在每一个标准条目

的“知网节”细览页链接了相关的国内外标准、学术期刊、学位论文、会议论文、报纸、年鉴、专利和科技成果等，帮助用户了解每条标准的产生背景、最新发展动态和相关领域的发展趋势，为研究每一条标准及其所处技术领域的发展动态提供了完备的信息集成服务。

资源访问模式：镜像站与远程访问

资源长期保存与元数据：不支持用户进行资源长期保存、不支持用户收割元数据

资源统计：定期主动提供资源使用统计

使用(试用)过的单位：天津商业大学、广西大学等。

用户评论：该库提供中国标准分类、国际标准分类和学科导航3种方式分类检索，分类比较科学，资源收录范围广，完整率较高；信息来源于国家标准化管理委员会，权威可靠，符合规范。建议其扩大资源收录范围，增加资源收录量。

20. 中国经济社会大数据研究平台

简称：CSYD

数据库平台：中国知网

数据库网址：http://data.cnki.net/

数据库类型：数值文本数据库

文献类型：年鉴、数值数据

语种：中文

学科分类：经济学

用户权限：使用权(一旦停购则不能使用)

数据库概况：该库是一个集统计数据资源整合、多维度统计指标快捷检索、数据深度挖掘分析及决策支持研究等功能于一体的，汇集中国国民经济与社会发展统计数据的大型统计资料数据库。该库收录我国历年出版的统计年鉴(资料)不低于2 298种、共23 367册，普查、调查资料和统计报告等统计资料737种、2 043册，中央级统计年鉴(资料)种数收全率达99%。该库全部收录我国在连续出版的193种统计年鉴，统计年鉴(资料)内容涵盖了国民经济与社会发展各领域，全部统计类年鉴与资料囊括统计指标约1 350万个、统计数据约3.6亿笔。该库还收录了国家统计局实时发布的各种经济运行进度数据累计达1 300万余笔。

资源访问模式：镜像站与远程访问

资源长期保存与元数据：不支持用户进行资源长期保存、不支持用户

收割元数据

资源统计:定期主动提供资源使用统计

使用(试用)过的单位:广西大学、南京大学、重庆工商大学、中共六盘水市委党校、深圳大学等。

用户评论:该库每个数据都可追溯来源,数据有权威性。该库的统计分析建模功能非常强大,在数据库使用过程中,很多功能对用户大有帮助,比如多维度统计指标快捷检索、数据深度挖掘分析及决策支持研究等功能,可提供多种类型的统计资料,并且其知识管理越来越人性化,方便快捷。该库售后服务很到位,解决了用户的很多使用问题,整个使用过程用户满意度高。建议其扩大资源收录范围,增加资源收录量。

21. 中国经济信息期刊文献总库

简称:CJFY

数据库平台:中国知网

数据库网址:http://jingji.cnki.net/urtpweb/index?sysid=22/

数据库类型:数值文本数据库

文献类型:期刊、数值数据、科技报告

语种:中文

学科分类:经济学

用户权限:使用权(一旦停购则不能使用)

数据库概况:该库是中国最大的经济信息期刊情报数据库之一,通过对海量期刊文献的规范著录、标引及深度加工,为用户提供自1979年至今的涵盖世界经济、宏观经济、区域经济、金融保险等各经济领域及各行业的行业分析报告、国内外著名智库的研究报告、市场行情信息、企业动态信息等各种类型的财经信息。同时该库提供先进的检索系统,并通过先进的知识整合技术,提供内容链接、个性化服务等增值服务,为企业、行业协会、各级政府部门、各类经济研究机构和社会公众等提供一个系统性、权威性的经济信息及其分析报告的情报检索系统与分析数据库平台。

资源访问模式:镜像站与远程访问

资源长期保存与元数据:不支持用户进行资源长期保存、不支持用户收割元数据

资源统计:定期主动提供资源使用统计

使用(试用)过的单位:西北民族大学、吉林师范大学等。

用户评论:该库提供了包括世界经济、宏观经济、区域经济、金融保险

等各经济领域及各行业的行业分析报告，帮助用户掌握最新经济动态，在其工作中起到了重要的作用；性价比高，用户乐于使用。建议该库扩大资源收录范围，增加资源收录量。

22. 中国精品科普期刊文献库

简称：CJFT

数据库平台：中国知网

数据库网址：http://kepu.cnki.net/index?sysid=21/

数据库类型：全文数据库

文献类型：期刊

语种：中文

学科分类：多学科

用户权限：使用权(一旦停购则不能使用)

数据库概况：该库择优收录，我国精品大众科普期刊文献，是面向高校、科研、企业和政府等各类机构及社会大众，以集成网络化出版形式传播科普知识的全文数据库。"感受物之神秘，追逐科技之光，揭示万物之理，传承学之精粹"是其设立的宗旨。该库内容丰富——大到宇宙的奥秘，小到身边的话题，涉及科普动态、前沿科技、人文社科、自然科学与技术、生命与健康、农业等诸多领域，是开阔用户眼界，提高公众科学素养的一个重要窗口。截至2017年底，该库文献总量约为176万篇，每日更新。

资源访问模式：镜像站与远程访问

资源长期保存与元数据：不支持用户进行资源长期保存、不支持用户收割元数据

资源统计：定期主动提供资源使用统计

使用(试用)过的单位：重庆医科大学、广西民族大学、九江学院等。

用户评论：该库提供的科普文献内容丰富，开阔了用户视野；收录的大量科普文献，满足了读者各式各样的需求；收录范围广，刊物种类多，形式新颖，操作方便。建议其扩大资源收录范围，增加资源收录量。

23. 中国精品文化期刊文献库

简称：CJFU

数据库平台：中国知网

数据库网址：http://cnki.kmlib.yn.cn/kns55/brief/result.aspx?dbPrefix=CJFU/

数据库类型：全文数据库

文献类型：期刊

语种：中文

学科分类：多学科

用户权限：使用权（一旦停购则不能使用）

数据库概况：该库择优收录了我国文化类精品期刊文献，对文献进行规范著录、标引和深度加工，以集成化网络出版形式普及社会文化知识，通过先进的知识整合技术提供内容链接、个性化服务等增值服务功能，以更好、更广泛地满足用户对精品文化期刊的阅读、欣赏、利用、评论、交流、保存等各方面的需求。该库致力于打造一个专业化的大众文化期刊的数字出版传播平台、各类文化知识的学习平台和文化产品的出口平台，以满足文化期刊数字化、国际化出版和建设学习型社会的需要。截至2017年底，该库收录文献总量为399万余篇，每日更新。

资源访问模式：镜像站与远程访问

资源长期保存与元数据：不支持用户进行资源长期保存、不支持用户收割元数据

资源统计：定期主动提供资源使用统计

使用（试用）过的单位：九江学院、东华理工大学、江西中医药大学、上饶师范学院、江西师范大学、山东农业大学等。

用户评论：该库收录刊种多，资源数量多，想找的文献都能找到；分类科学合理，检索结果根据期刊内容进行分类整合，满足了按类阅读整刊的需求，使用体验好。建议其扩大资源收录范围，增加资源收录量。

24. 中国精品文艺作品期刊文献库

简称：文艺作品期刊库

数据库平台：中国知网

数据库网址：http://wh.cnki.net/article/cjfvtotal/VN101/

数据库类型：全文数据库

文献类型：期刊

语种：中文

学科分类：文学、艺术学

用户权限：使用权（一旦停购则不能使用）

数据库概况：该库择优收录了1958年（部分优秀期刊回溯到了创刊时）至今我国正式出版发行的文艺类期刊，并以篇为单元收录其他期刊发

表的同类文献,是面向社会大众和各类机构,以集成化网络出版方式传播文艺作品的全文数据库。该库采用了适合于检索各类体裁的文艺作品的元数据框架,经过专门加工,制成适用的检索系统,并采用全数字化信息加工技术,支持数字资源战略馆藏建设。该库充分满足用户的各种个性化服务需求,既为大众读者提供一个欣赏交流平台,也支持专业人员阅读、鉴赏、学习。该库实现整刊文献和部分刊文献的全面结合,不仅满足了用户对文艺类杂志中文学作品的浏览、检索和存储的需求,而且把优秀非文艺类期刊中的相关文献有针对性地推荐给用户,有效地填补了用户的阅读盲区,扩展了用户的阅读视野。该库每日更新。

资源访问模式:镜像站与远程访问

资源长期保存与元数据:不支持用户进行资源长期保存、不支持用户收割元数据

资源统计:定期主动提供资源使用统计

使用(试用)过的单位:九江学院、东华理工大学、江西中医药大学、江西师范大学等。

用户评论:该库文献总量大,更新频率高,内容丰富,从多角度满足了师生对文艺作品及研究性文献的需求;浏览设计人性化,功能齐全。建议其扩大资源收录范围,增加资源收录量。

25. 中国科技项目创新成果鉴定意见数据库(知网版)

简称:SNAD

数据库平台:中国知网

数据库网址:http://kns.cnki.net/KNS/brief/result.aspx?dbPrefix=SNAD/

数据库类型:数值文本数据库

文献类型:数值数据、科技报告、科技成果、产品资料

语种:中文

学科分类:工学、理学、医学

用户权限:使用权(一旦停购则不能使用)

数据库概况:该库是中国化工信息中心的“国家科技成果数据库”,主要收录了1978年(部分成果回溯至1920年)至今正式登记的中国科技成果;包括成果概况、立项情况、评价情况、知识产权情况、成果应用情况、成果单位简介、成果采集信息、成果简介等基本信息,成果的推广应用前景与措施、主要技术文件目录及来源、测试报告和鉴定意见等成果鉴定数据。截至2017年底,该库收录成果标准数据约79.3万条,成果鉴定数据约29万

条。该库每月更新。

资源访问模式：镜像站与远程访问

资源长期保存与元数据：不支持用户进行资源长期保存、不支持用户收割元数据

资源统计：定期主动提供资源使用统计

使用（试用）过的单位：丽水市科学技术局、四川大学等。

用户评论：该库的科技成果鉴定意见来源权威，内容丰富详尽，更新速度快，能满足用户工作需要并且有助于掌握最新前沿讯息，大大提高了工作效率，售后客服耐心负责，解决了很多专业性问题。建议其扩大资源收录范围，增加资源收录量。

26. 中国年鉴网络出版总库

简称：CYBD

数据库平台：中国知网

数据库网址：http://nianjian.cnki.net/

数据库类型：全文数据库

文献类型：期刊、图书、年鉴

语种：中文

学科分类：多学科

用户权限：使用权（一旦停购则不能使用）

数据库概况：该库是国内最大的连续更新的动态年鉴资源全文数据库之一，既能全面展示我国纸质年鉴资源的原貌，又能运用国内先进的数图开发技术，深度开发利用纸质年鉴中的信息资源，形成全面、系统反映国情资讯的信息资源库。该库收录各类年鉴约4 110种，共计32 919册，文献条目数约2 968万条，册数和文献条目数的完整率为99%，多种年鉴册数的完整性已超国家图书馆和中国高等教育文献保障系统（CALIS）。该库收录的年鉴中，2 976种为独家或唯一授权年鉴，且多为优质年鉴，资源的独特性和完整性较好。该库中心网站版每周更新内容，镜像站按月更新；纸质年鉴现刊出版后，最快40天即可上网。

资源访问模式：镜像站与远程访问

资源长期保存与元数据：不支持用户进行资源长期保存、不支持用户收割元数据

资源统计：定期主动提供资源使用统计

使用（试用）过的单位：兰州大学、绵阳职业技术学院、湖北三峡职业技

术学院等。

用户评论：该库功能多且很实用，检索系统专业科学，检索准确率高，资源丰富，更新频率高；既可以单条检索，也可以整本检索，非常好用。建议其扩大资源收录范围，增加资源收录量。

27. 中国学术辑刊全文数据库

简称：CCJD

数据库平台：中国知网

数据库网址：http://kns.cnki.net/KNS/brief/result.aspx?dbPrefix=CCJD/

数据库类型：全文数据库

文献类型：期刊、图书、报纸、学位论文、会议论文、专利、标准、年鉴、科技成果

语种：中文

学科分类：多学科

用户权限：使用权（一旦停购则不能使用）

数据库概况：该库是目前国内较大的、连续动态更新的学术辑刊全文数据库，收录1975年至今各高等院校和科研院所等学术机构定期或不定期出版的成套论文集，分为基础科学、工程科技Ⅰ、工程科技Ⅱ、农业科技、医药卫生科技、哲学与人文科学、社会科学Ⅰ、社会科学Ⅱ、信息科技、经济与管理科学十大专辑，共168个专题。截至2017年底，该库收录国内出版的重要学术辑刊725种，累计文献总量约24.7万篇。该库平均出版时滞不超过2个月，每日更新。

资源访问模式：镜像站与远程访问

资源长期保存与元数据：不支持用户进行资源长期保存、不支持用户收割元数据

资源统计：定期主动提供资源使用统计

使用（试用）过的单位：广西中医药大学、上海外国语大学等。

用户评论：该库信息来源可靠、权威，辑刊的编辑单位多为高等院校和科研院所，每年的出版量大，更新率高，能满足用户学习工作的需要，有利于用户掌握最新动态。该库的检索功能很强大，按照提示检索，出来的结果很准确，用户体验很不错。建议其扩大资源收录范围，增加资源收录量。

28. 中国学术期刊(网络版)

简称:CNKI期刊库

数据库平台:中国知网

数据库网址:http://www.cnki.net/

数据库类型:全文数据库

文献类型:期刊

语种:中文

学科分类:多学科

用户权限:买断(永久使用)、使用权(一旦停购则不能使用)

数据库概况:该库以全文数据库形式大规模集成出版学术期刊文献的电子期刊,是目前全球最大的连续动态更新的中文学术期刊全文数据库之一,是国家学术期刊最具权威性的文献检索工具和网络出版数据库平台之一,基本完整收录了我国的全部学术期刊,覆盖所有学科的内容。该库收录了1915年至今(3 500余种期刊收录回溯至创刊)正式出版的、质量较高的学术类期刊(含英文版)全文文献。截至2017年10月25日,该库收录期刊8 435种,文献量超过5 000万篇;其中,专有授权期刊1 612种,专有授权核心期刊约900种,约占所有核心期刊刊种的63%。

资源访问模式:镜像站与远程访问

资源长期保存与元数据:不支持用户进行资源长期保存、不支持用户收割元数据

资源统计:定期主动提供资源使用统计、由图书馆自行查询资源使用统计、支持counter标准统计数据

使用(试用)过的单位:大连理工大学、清华大学、北京大学、中国人民大学、南开大学、北京师范大学、复旦大学、南京大学、厦门大学、东南大学、华南理工大学、武汉大学、华中科技大学、西北工业大学、兰州大学、西北农林科技大学、四川大学、重庆大学、电子科技大学等。

用户评论:该库的权威性毋庸置疑,收录范围广,资源数量多,能够满足学校各个专业学生的学术需求。并且知网更新了很多技术,比如增强出版、数据论文、网络首发等,还有超文本标记语言(HTML)等阅读方式,“知网节”等好用的功能。该库推行的碎片化技术提高了用户的学习效率和知识管理水平。建议其扩大资源收录范围,增加资源收录量。

29. 中国学术期刊(网络版)——(精品期刊典藏卷)

简称:精品期刊

数据库平台:中国知网

数据库网址:https://www.cnki.net/

数据库类型:全文数据库

文献类型:期刊

语种:中文

学科分类:多学科

用户权限:使用权(一旦停购则不能使用)

数据库概况:该库即"世纪期刊工程",是考虑核心期刊和行业重要性,结合引用分析数据,依据科学标准遴选出具有馆藏价值和至今仍具有参考价值的重要期刊,将其自创刊以来的全部文献进行回溯、收录、加工所形成的全文数据库。该库收录1915年至1993年的3 787种重要学术期刊,共计553万余篇文献,与"中国学术期刊(网络版)"(收录1994年至今的文献)可以合成统一的数据库使用,构成了中国学术期刊的权威文献检索工具。

资源访问模式:镜像站与远程访问

资源长期保存与元数据:不支持用户进行资源长期保存、不支持用户收割元数据

资源统计:定期主动提供资源使用统计

使用(试用)过的单位:南京大学、重庆大学、华南理工大学、武汉大学、厦门大学、西北工业大学、兰州大学、四川大学等。

用户评论:该库内容质量较高,为"学术期刊"中的重要内容。但由于大部分用户已习惯使用"学术期刊",使用该库的用户偏少。

30. 中国优秀硕士学位论文全文数据库

简称:CMFD

数据库平台:中国知网

数据库网址:http://www.cnki.net/

数据库类型:全文数据库

文献类型:学位论文

语种:中文

学科分类:多学科

用户权限:使用权(一旦停购则不能使用)

数据库概况：该库是国内内容全面、质量上乘、数据规范、出版迅速、实用便捷的硕士学位论文全文数据库，是国务院学位委员会指定的硕士学位点评估依据数据库。该库以优先保证文献质量为基本原则，收录具有博士学位授予权单位的优秀硕士学位论文以及全国无博士学位授予权单位的优秀硕士学位论文，已签约向该库投稿的硕士培养单位有590多家。该库收录了719家硕士培养单位（涉及国家保密的单位除外）的硕士学位论文。截至2016年底，收录优秀硕士学位论文297.6万余篇；297家培养单位与CNKI独家合作，985、211院校约占总数的31%和33%。该库大多数论文出版不晚于授予学位之后的2个月。

资源访问模式：镜像站与远程访问

资源长期保存与元数据：不支持用户进行资源长期保存、不支持用户收割元数据

资源统计：由图书馆自行查询资源使用统计、支持counter标准统计数据

使用（试用）过的单位：大连理工大学、清华大学、北京大学、中国人民大学、南开大学、北京师范大学、复旦大学、南京大学、厦门大学、东南大学、华南理工大学、武汉大学、华中科技大学、西北工业大学、兰州大学、西北农林科技大学、四川大学、重庆大学、电子科技大学等。

用户评论：该库收录完整，数据量大，覆盖学科广泛，用户评价高；使用方便，检索较精准，友好性突出。希望对用户自身提供的论文，支持免费开放，权限设置更人性化。

31. 中国重要报纸全文数据库

简称：CCND

数据库平台：中国知网

数据库网址：http://www.cnki.net/

数据库类型：全文数据库

文献类型：报纸

语种：中文

学科分类：多学科

用户权限：使用权（一旦停购则不能使用）

数据库概况：该库是以重要报纸刊载的学术性、资料性文献为收录对象的连续动态更新的报纸全文数据库，收录了2000年以来中央级各类报纸，各省、自治区、直辖市及其他地市级城市党报，以及面向全国公开发行

的具有一定影响力的特色重要行业性报纸。该库按照主题、报纸日期排序以供浏览。2016年度该库共收录各级党报及特色行业报等重要报纸500余种;出版文献总量达1 510余万篇。该库网上每日更新,镜像站每月更新,报纸网络出版平均滞后报纸印刷出版3天,其中当日更新当日出版报纸种类不少于260种。

资源访问模式:镜像站与远程访问

资源长期保存与元数据:不支持用户进行资源长期保存、不支持用户收割元数据

资源统计:由图书馆自行查询资源使用统计、支持counter标准统计数据

使用(试用)过的单位:吉林大学、哈尔滨工业大学 、大连理工大学、东北大学、东北财经大学、清华大学、北京大学、中国人民大学、南开大学、北京师范大学、同济大学、复旦大学、浙江大学、华南理工大学、中南大学、山东大学、武汉大学、华中科技大学、郑州大学、中国海洋大学、西南交通大学、西北农林科技大学、四川大学、重庆大学、西南大学、贵州大学等。

用户评论:该库文献总量大,收录国内主要报纸,出版时效快,几乎当天就能在数据库中检索浏览,有助于快速发现最新资讯,较大提高了用户的工作效率;导航体系设计科学,检索功能很好用。建议其扩大资源收录范围,增加资源收录量。

32. 中国重要会议论文全文数据库

简称:CPCD

数据库平台:中国知网

数据库网址:http://www.cnki.net/

数据库类型:全文数据库

文献类型:会议论文

语种:中文

学科分类:多学科

用户权限:使用权(一旦停购则不能使用)

数据库概况:该库汇集了国内外9 700余家重要会议主办单位产出的学术会议文献,包括高校重点实验室、研究中心及院系主办的学术会议,全国性学会及其分会、专业委员会主办的学术会议或论文评选、全国性行业协会及其分会主办的行业活动或发布的行业报告,地方性学会或协会主办的特色会议(选择性收录)等,基本囊括了我国各学科的重要会议论文,是

我国最完备的重要会议论文全文数据库之一。该库也是我国率先连续出版重要会议论文的全文数据库，国家一级学会、协会召开的会议产出的论文收全率占96%以上。

资源访问模式：镜像站与远程访问

资源长期保存与元数据：不支持用户进行资源长期保存、不支持用户收割元数据

资源统计：由图书馆自行查询资源使用统计、支持counter标准统计数据

使用（试用）过的单位：吉林大学、哈尔滨工业大学、大连理工大学、东北大学、东北财经大学、清华大学、北京大学、中国人民大学、南开大学、北京师范大学、同济大学、复旦大学、浙江大学、华南理工大学、中南大学、山东大学、武汉大学、华中科技大学、郑州大学、中国海洋大学、西南交通大学、西北农林科技大学、四川大学、重庆大学、西南大学、贵州大学等。

用户评论：该库收录了国内一级学会及重要学会的资源，文献专业权威，内容丰富，资料齐全，还能看到会议视频，对用户的工作有很大的帮助，用户反馈好，使用效果佳，性价比高。其与“知网节”的链接，扩大了相关学术资源的范围，功能使用起来非常方便。建议其扩大资源收录范围，增加资源收录量。

33. 中国专利全文数据库

简称：专利数据库

数据库平台：中国知网

数据库网址：http://kns.cnki.net/KNS/brief/result.aspx?dbPrefix=SCPD/

数据库类型：全文数据库

文献类型：专利、产品资料、图片

语种：中文

学科分类：多学科

用户权限：使用权（一旦停购则不能使用）

数据库概况：该库是我国最完整、最准确的专利图文数据库之一，与国家知识产权局知识产权出版社合作建设，内容整合科技研究、科技产出信息，具有全面、权威、实用的特点。截至2017年底，该库收录1985年9月以来我国的发明专利、实用新型、外观设计3大类型专利1 850万余条。该库双周更新，年更新量约168万条。

资源访问模式：镜像站与远程访问

资源长期保存与元数据：不支持用户进行资源长期保存、不支持用户收割元数据

资源统计：定期主动提供资源使用统计

使用（试用）过的单位：五邑大学、四川大学等。

用户评论：该库资源优质，收录范围广，可以查到主要的国家专利，满足用户工作学习的需求；更新快且更新量大，有利于用户快速获得资讯；检索功能很实用，设置了多个检索项，大大提高了检索效率和准确率。建议其扩大资源收录范围，增加资源收录量。

中经网数据有限公司

1. 中国权威经济论文库

简称：论文库

数据库平台：中国经济信息网

数据库网址：http://thesis.cei.cn/

数据库类型：数值文本数据库

语种：中文

学科分类：经济学

用户权限：买断（永久使用）

数据库概况：该库是国家信息中心中国经济信息网（简称“中经网”）利用其独特的信息资源和技术优势，为政府部门、教育科研机构和大中型企事业单位开发的具有强大检索、馆藏、自定义等功能的经济论文资料库。该库全面汇聚国内外300多位顶尖经济学者、40多家权威机构、10余所著名高校的学术论文和研究报告，以及经济学、管理学类30余种核心期刊、20余份报纸和杂志的精髓文章；涉及宏观经济、财政金融、区域经济、产业经济、世界经济、企业经济、经济理论等7大类37个子类的经济主题，涵盖35个经济学科和12个管理学科。

资源访问模式：镜像站

资源长期保存与元数据：支持用户进行资源长期保存、支持用户收割元数据

资源统计：定期主动提供资源使用统计

使用（试用）过的单位：中国人民大学、暨南大学、武汉理工大学、西南财经大学、四川大学、西南政法大学、重庆工商大学等。

用户评论：该库权威性和专业性较高，子库特色性突出，内容系统性强，服务好。但数据库价格偏贵。

2. 中经网产业数据库

简称：中经网产业库

数据库平台：中经专网

数据库网址：http://cyk.cei.cn/

数据库类型：全文数据库

文献类型：期刊、音视频、数值数据

语种：中文

学科分类：经济学

数据库概况：该库覆盖宏观经济、农业、煤炭、石油、食品、纺织、造纸、石化、医药、建材、钢铁、有色金属、车船、汽车、家电、机械、电子、交通、商贸、金融、保险、房地产、旅游等24个领域。该库将时间序列和截面报表、上下游产业链数据、行业相关数据按照使用者习惯集成，将数据库与图表技术融于一体，使数据提取与模型方法应用高度统一，是研究机构、大专院校、政府机关、企业和有关投资者研究我国产业发展的重要基础数据库平台。该库汇聚权威数据，展示主要产业发展轨迹；产销、进出口、价格、经济指标等分析元素一应俱全。

资源访问模式：镜像站与远程访问

资源长期保存与元数据：支持用户进行资源长期保存、支持用户收割元数据

资源统计：由图书馆自行查询资源使用统计、支持counter标准统计数据

使用（试用）过的单位：吉林财经大学、吉林大学、东北财经大学、内蒙古师范大学、北京大学、对外经济贸易大学、中国人民大学、中央财经大学、上海财经大学、东南大学、南京大学、湖南大学、广西大学、兰州财经大学、重庆大学、西南财经大学、重庆工商大学、四川大学等。

用户评论：该库内容涵盖多个经济领域，范畴广，更新及时。数据按照使用者习惯集成，融数据库与图表技术于一体，用户友好性高。希望其能增加检索功能，以便精确地查找文献。该库价格较高。

3. 中经网统计数据库

简称：中经网统计库

数据库平台：中经网统计数据库

数据库网址：http://db.cei.cn/

数据库类型：全文数据库

文献类型：期刊、音视频、数值数据

语种：中文

学科分类：经济学

用户权限：使用权（一旦停购则不能使用）

数据库概况：该库由国家信息中心主办，是中国著名的大型经济类专业网站，内容涵盖宏观经济、行业经济、区域经济以及世界经济等各个领域，是一个面向社会各界用户，提供全面、权威、及时、准确的经济类统计数据信息的基础资料库。该库包括“全国宏观月度库”“分省宏观月度库”“全国宏观年度库”“分省宏观年度库”“县域年度库”“海关月度库”“城市年度库”“OECD月度库”“OECD年度库”9大子库，指标涵盖国民经济各个方面，其统计数据来源于国家正规统计渠道并在部委统计报表报出后及时更新。该库数据入库前后都进行了严格的校对检验，均为满足分析长度的时间序列数据；有专业数据分析师及时给予有效答复，并对数据应用提供建议。

资源访问模式：远程访问

资源长期保存与元数据：支持用户进行资源长期保存、支持用户收割元数据

资源统计：由图书馆自行查询资源使用统计、支持counter标准统计数据

使用（试用）过的单位：吉林财经大学、东北财经大学、内蒙古师范大学、北京大学、对外经济贸易大学、中央财经大学、上海财经大学、东南大学、华东师范大学、南京大学、华南师范大学、中南财经政法大学、南昌大学、湖南大学、广西大学、重庆大学、西南财经大学、四川大学等。

用户评论：该库数据来源权威稳定、数据内容全面、数据处理及时、数据服务专业，资源和服务都不错；数据质量比较好，用户量比较多。但该库对过量下载要求严格。

4. 中经专网

简称:中经专网

数据库平台:中经专网

数据库网址:http://ibe.cei.cn/

数据库类型:全文数据库

文献类型:期刊、音视频、数值数据

语种:中文

学科分类:经济学

数据库概况:该库是国家信息中心中经网面向集团用户开发的一个全面反映我国经济运行态势和经济政策变动的信息数据库平台。该库是一个通过在线、卫星或网络同步传输的方式为用户提供访问或传输到用户端的信息服务系统。该库包括宏观、金融、行业、区域、国际等板块,以专家分析为基础,配合以快讯、统计、指数、政策等实时信息,及时、全面、系统地反映国内外经济运行状态,是各类经济决策层观测经济运行的重要工具,同时也是各类经济研究人员深入探讨各类经济问题的得力智库和交流的有效数据库平台。在线浏览、卫星广播和网络更新方式保障了信息内容传输的实时、准确、可靠;单向、同步系统发送数据流和系统自动纠错功能极大提高系统稳定性;打包优先级、同步优先级、解包优先级功能使用户能够及时看到自己最关心的数据。该库每日动态更新800—1 000篇文章、约120万个汉字及1.5小时视频。

资源访问模式:镜像站与远程访问

资源长期保存与元数据:支持用户进行资源长期保存、支持用户收割元数据

资源统计:定期主动提供资源使用统计

使用(试用)过的单位:吉林财经大学、东北财经大学、内蒙古师范大学、北京大学、对外经济贸易大学、中央财经大学、上海财经大学、东南大学、华东师范大学、南京大学、华南师范大学、中南财经政法大学、南昌大学、湖南大学、广西大学、重庆大学、西南财经大学、四川大学等。

用户评论:该库较全面地展现国内、国际经济发展态势,包含综合、宏观、金融、行业、区域、国际等内容板块,囊括监测、分析、研究、数据、政策、商情等诸多方面的专业信息,能够提高信息服务质量和信息挖掘深度。建议其增加手机端。

中新金桥数字科技有限公司

1. 计算机技能自助式网络视频学习系统

简称：软件通

数据库平台：软件通

数据库网址：http://zxjq.softtone.cn:8080/

数据库类型：参考工具数据库、多媒体数据库

文献类型：音视频

语种：中文

学科分类：多学科

用户权限：买断(永久使用)

数据库概况：该库囊括了50余种专业技能软件，总视频数超4万个，并且每年持续新增和扩充新的教学视频，满足各专业领域软件的应用需求。该库采用微课形式将众多优质数字视频教育资源有机整合在一起，是一个通过计算机视频快速学习和精通掌握各种主流软件操作技能的按需学习和自主学习数据库系统，也是一个面向信息化应用技术实用技能的大规模实践学习型数据库系统。该库还具备自建资源的上传功能，促进用户间学习资源共建、共享。用户可按需学习，自主学习，随学随用，轻松掌握软件的操作技能，提高应用水平和实践能力。

资源访问模式：镜像站与远程访问

资源长期保存与元数据：支持用户进行资源长期保存、支持用户收割元数据

资源统计：由图书馆自行查询资源使用统计

使用(试用)过的单位：中国人民大学、中国计量大学、中国矿业大学、中国美术学院、北京第二外国语学院、北京电影学院、北京语言大学、重庆大学、重庆理工大学、大连理工大学、东北师范大学、广西大学、集美大学、华侨大学、上海交通大学、上海理工大学、深圳大学、天津工业大学、重庆师范学院、北京印刷学院等。

用户评论：该库视频内容丰富，基本涵盖了各类学习需要用到的软件；实用性强，其微课形式有利于用户碎片化时间的利用，对计算机考级和相关考证都有帮助。由于是软件学习系统，希望该库能进一步区分新旧内容。

2.“可知”专业正版电子书平台

简称：可知

数据库平台：可知

数据库网址：http://www.keledge.com/

数据库类型：全文数据库

文献类型：图书

语种：中文

学科分类：多学科

用户权限：使用权(一旦停购则不能使用)

数据库概况：该库是国内专业电子图书的馆配采购平台，提供数十家国内权威专业出版机构共计10万余册正版电子书，部分电子书与纸书出版保持同步，并持续更新。目前已经入驻该库的国内顶级专业出版社达到22家，包括电子工业出版社、人民邮电出版社、化学工业出版社、清华大学出版社等。其内容涵盖建筑设计、网络安全、移动通信、计算机应用以及人文社科等多个专业领域，涉及学科包括哲学、经济学、法学、教育学、文学、历史学、理学、工学、农学、医学、军事学、管理学和艺术学等13大门类。

资源访问模式：镜像站与远程访问

资源长期保存与元数据：支持用户进行资源长期保护、支持用户收割元数据

资源统计：由图书馆自行查询资源使用统计

使用(试用)过的单位：大连海事大学、北京大学、清华大学、中国政法大学、中国国家图书馆、华东政法大学、中山大学、暨南大学、汕头大学、武汉大学、华中科技大学、西安交通大学、西北政法大学、四川大学、重庆大学、西南政法大学、西南民族大学、云南大学等。

用户评论：该库内容更新及时，功能人性化，资源清晰度高，用户体验满意度高。希望其在内容上能进一步扩充。

下　卷

外文数据库

American Association for Cancer Research（美国癌症研究协会）

American Association for Cancer Research（美国癌症研究协会）

简称：AACR

数据库平台：AACR

数据库网址：http://www.aacr.org/

数据库类型：全文数据库

文献类型：期刊

语种：英文

学科分类：医学

用户权限：使用权（一旦停购则不能使用）

数据库概况：该库所属协会成立于1907年，是世界上成立最早、规模最大、历史最悠久的致力于全面创新和高水准癌症研究的科学组织之一。美国癌症研究协会（AACR）致力于增进公众对癌症的了解，出版了8种经同行评审的期刊，分别侧重于癌症研究的不同方面，均具有较高的影响因子，在业内得到专业人士的高度认可。该库资源订购灵活，提供多种订购模式，满足用户多样化的订购需求，可从以下组合中选择订购：全部8种期刊（AACR Journal Suite）、《癌症研究》《临床癌症研究》组合（Combo）、《癌症研究》《临床癌症研究》加其余6种刊中的1种（Combo+1）、《癌症研究》《临床癌症研究》加其余6种刊中的2种（Combo+2）。该库内容全面，订购后可回溯至第一卷第一期的所有全文内容，并获得订购当年的永久访问权。AACR出版的期刊中《癌症研究》《临床癌症研究》每月出版2期，其余期刊每月出版1期。AACR期刊内容在出版12个月后即可免费获取。8种期刊全部收录在权威索引数据库中并有着较高的影响因子。

资源访问模式：远程访问

资源长期保存与元数据：不支持用户进行资源长期保存、支持用户收割元数据

资源统计：定期主动提供资源使用统计、支持counter标准统计数据

使用（试用）过的单位：大连医科大学、中国医科大学、清华大学、北京大学、上海交通大学医学院、复旦大学、南方医科大学、海南省人民医院、武汉大学、中南大学、西安交通大学、重庆医科大学等。

用户评论：该库的内容和资源质量高，检索设计比较人性化。由于内

容太专业，该库的使用率不太高。希望数据库商的服务能更好。

American Chemical Society International Beijing Representative Office（美国艾赛思国际有限公司北京代表处）

SciFinder（化学文摘）

简称：SF

数据库平台：SciFinder

数据库网址：http://scifinder.cas.org/

数据库类型：索引（文摘）数据库、数值文本数据库

文献类型：期刊、图书、会议论文、学位论文、专利、数值数据、科技报告、科技成果

语种：英文

学科分类：理学

用户权限：使用权（一旦停购则不能使用）

数据库概况：该库是一个研发应用数据库平台，由美国化学学会旗下的美国化学文摘社出品，提供全球权威的化学及相关学科文献、物质和反应信息，涵盖了化学及相关领域如化学、生物、医药、工程、农学、物理等多学科、跨学科的科技信息。该库收录的文献类型包括期刊、专利、会议论文、学位论文、图书、技术报告、评论和网络资源等。该库为全球最大的每日更新化学物质、反应、专利和期刊的数据库之一。

资源访问模式：远程访问

资源长期保存与元数据：不支持用户进行资源长期保存、不支持用户收割元数据

资源统计：定期主动提供资源使用统计

使用（试用）过的单位：吉林大学、大连理工大学、东北大学、清华大学、北京大学、天津大学、南开大学、浙江大学、复旦大学、上海交通大学、南京大学、山东大学、中山大学、湖南大学、厦门大学、华南理工大学、中南大学、武汉大学、华中科技大学、华中师范大学、中国科技大学、新疆大学、西北大学、四川大学、重庆大学、西南交通大学、云南大学等。

用户评论：该库的资源和服务都不错；内容质量比较高，走访用户比较多。该库对过量下载要求严格并且价格偏贵。

American Institute of Mathematical Sciences(美国数学科学研究所)

American Institute of Mathematical Sciences-journal(美国数学科学研究所期刊)

简称:AIMS-journal

数据库平台:美国数学科学研究所

数据库网址:http://www.aimsciences.org/

数据库类型:全文数据库

文献类型:期刊

语种:英文

学科分类:理学

用户权限:使用权(一旦停购则不能使用)

数据库概况:该库所属研究所是一家致力于数学科学的发展和传播的国际性组织,其通过出版物和会议促进数学科学的教育与研究,其宗旨是加强世界范围内的数学家与科学家之间的交流。该研究所主要服务于数学家和科学家,通过分享微分方程、动力系统等方面的知识,经过分析、建模与计算,将数学广泛应用于科学与工程。美国数学科学研究所(AIMS)出版了20多种同行评审的高质量数学科学期刊,这些期刊涵盖了整个数学领域,既有基础理论研究,也有应用研究。其内容丰富而全面,在高等研究领域享有盛名。

资源访问模式:远程访问

资源长期保存与元数据:不支持用户进行资源长期保存、不支持用户收割元数据

资源统计:定期主动提供资源使用统计

使用(试用)过的单位:北京大学、吉林大学、长沙理工大学、山东大学等。

用户评论:该库期刊质量高,使用方便,访问快速稳定,可直接在网站阅读及下载。此外,除了付费期刊外,数据库平台还免费提供OA刊、会议记录、部分图书电子文摘等出版社资源数据。但该库使用统计较为简单,只能提供下载量信息,无法按照作者单位进行检索。

American Institute of Physics(美国物理联合会)

American Institute of Physics(美国物理联合会全文电子期刊数据库)

简称:AIP

数据库平台:scitation

数据库网址:http://aip.scitation.org/

数据库类型:全文数据库

文献类型:期刊

语种:英文

学科分类:理学

用户权限:使用权(一旦停购则不能使用)

数据库概况:该库由美国物理联合会(AIP)出版。创立于1931年,以“增进物理学知识的发展与传播,并为人类造福”为宗旨,出版的电子期刊有27种,其主要任务是物理知识和应用的推广普及,是世界上领先的物理期刊出版社之一。其主要研究领域为物理学和天文物理学,为这一研究领域的科学家和教育工作者及学生提供服务。AIP拥有包括美国物理学会、美国光学学会、美国声学学会、美国流变学学会、美国物理教师协会、美国结晶测验协会、美国天文学学会、美国真空学科技学会、美国地球物理学联合会等9个物理学领域内的专业成员单位。AIP及其成员单位的出版文献占全球物理学界研究文献的四分之一以上。AIP出版的15种物理学术期刊中,许多拥有该领域最高的影响因子,*Applied Physics Letter*、*Chaos*、*Journal of Chemical Physics*在物理学界享有极高的声誉。

资源访问模式:远程访问

资源长期保存与元数据:不支持用户进行资源长期保存、支持用户收割元数据

资源统计:由图书馆自行查询资源使用统计、支持counter标准统计数据

使用(试用)过的单位:中山大学、中国农业大学、内蒙古大学、武汉大学、深圳大学、广西大学、吉林大学、华南理工大学、广东工业大学、西南大学、浙江大学、南方科技大学、厦门大学、复旦大学、同济大学、北京大学、中南大学、南昌大学、清华大学、上海交通大学等。

用户评论:该库总体内容和质量高,使用稳定;售后较好,能及时解决问题。用户收到数据库商的滥用警告信息比较频繁,希望其能改进限制设置。

American Mathematical Society(美国数学协会)

1. American Mathematical Society eBook(美国数学协会电子书)

简称:AMS电子书

数据库平台: MathSciNet

数据库网址:http://mathscinet.ams.org/mathscinet/

数据库类型:全文数据库

文献类型:图书

语种:英文

学科分类:理学

用户权限:买断(永久使用)

数据库概况:该库由美国数学协会(American Mathematical Society, AMS)出版。该库具有以下特点:用户可以在整卷PDF文档中点击“书签”,任意跳转章节;提供便捷浏览和搜索功能,用户可查看最新卷公告,或者通过书名、作者、学科进行搜索;提供MARC(机读目录)记录;提供每篇文章级别的DOI(数字对象唯一标识符);提供永久访问权;没有年费;无数字版权限制;不限用户数访问、不限时间访问;可定制RSS(简易信息聚合)信息;电子书内容早于印刷版可获得。该库共提供3个系列的超过20种产品,包括“应用数学研讨会论”“纯粹数学研讨会论”“美国数学协会论”“美国数学协会翻译系列2”“数学研究中心会议和演讲记录”“离散数学和理论计算机科学”“通信领域研究”“Barry Simon综合分析课程”“AMS非系列专题论文”“AMS切尔西出版物”“数学科学会议委员会数学教育专题”“数学科学会议委员会数学地区会议系列”“数学研究中心专题论文系列”“研讨会出版物”“Courant演讲笔记”“领域研究所专题论文”“研究生数学”“数学历史”“数学世界”“学生数学图书馆”“大学讲座系列”等。每个产品都可以单独购买。

资源访问模式:远程访问

资源长期保存与元数据:支持用户进行资源长期保存、支持用户收割元数据

资源统计:定期主动提供资源使用统计、支持counter标准统计数据

使用(试用)过的单位:重庆大学、四川大学、北京大学、中南大学、厦门大学等。

用户评论：该库内容质量高，能与其期刊实现统一检索，使用方便，数据库平台和系统稳定。希望该库提供存档功能。

2. American Mathematical Society EJP（美国数学协会电子刊集团）

简称：AMS EJP

数据库平台：MathSciNet

数据库网址：http://mathscinet.ams.org/mathscinet/

数据库类型：全文数据库

文献类型：期刊

语种：英文

学科分类：理学

用户权限：使用权（一旦停购则不能使用）

数据库概况：该库提供高质量的数学研究期刊，每本期刊均经过同行评审。AMS期刊自1891年开始出版，涵盖广泛的数学研究领域，每本期刊均由在各自领域杰出的编辑管理。除了出版纸质期刊，AMS还提供可搜索的在线版本。AMS的期刊主要分为4大类，分别是研究型期刊、会员期刊、翻译期刊、代理期刊，共21种期刊。其中，*Journal of American Mathematical Society* 在2011年全球289种纯数学类期刊中影响因子排名第一，*Memoris of the American Mathematical Society* 排名第八。该库期刊最早可追溯至1900年，涵盖电子期刊约822册。

资源访问模式：远程访问

资源长期保存与元数据：不支持用户进行资源长期保存、支持用户收割元数据

资源统计：定期主动提供资源使用统计、支持counter标准统计数据

使用（试用）过的单位：东北师范大学、华北水利水电大学、北京师范大学、华东理工大学、广东工业大学、合肥工业大学、兰州大学、四川师范大学等。

用户评论：该库的内容质量高，在数学学科领域具有较高的权威性，使用者认可度高；该库使用和访问价值大，检索方式简单友好，购买成本不高。希望该库的访问速度能提升。

3. MathSciNet(数学评论)

简称:MSN

数据库平台: MathSciNet

数据库网址:http://mathscinet.ams.org/mathscinet/

数据库类型:索引(文摘)数据库

文献类型:期刊、图书、会议论文

语种:英文

学科分类:理学

用户权限:使用权(一旦停购则不能使用)

数据库概况:该库是AMS1940年开始发行的一种期刊,内含数学、统计学与计算机科学领域出版物的摘要或评价,包含2 120条评论,分历史、基础、代数、数论、群论、分析、拓扑、几何、数值方法及图解法、力学以及数学物理等11个类别。其收录的文献已发展到涉及数学及统计学、工程学、物理学、经济学、生物学、运筹学、计算机科学等数十个应用领域,评论内容来源于期刊、图书、会议录、文集和预印本等,评论条目由世界各地的近12 000位数学家编写。2013年该刊停止出版纸质版,通过MathSciNet数据库提供全部服务,包含了该刊自1940年出版以来的所有评论文章。该库还每年对来自全世界300多家专业出版社的2 100多种期刊、700余种图书,以及相关学术会议进行评论。同时,该库提供数学主题分类(分为79个类别),是检索世界领域数学文献的重要工具。该库每年新增10万余条记录,超过323万余条评论全文。

资源访问模式:远程访问

资源长期保存与元数据:不支持用户进行资源长期保存、支持用户收割元数据

资源统计:定期主动提供资源使用统计、支持counter标准统计数据

使用(试用)过的单位:哈尔滨工业大学、吉林大学、北京大学、华北水利水电大学、上海财经大学、深圳大学、华南理工大学、中南大学、西北大学、西北师范大学、云南师范大学、四川大学等。

用户评论:该库方便快捷,内容涵盖学科中最前沿的研究,是数学研究领域里必备的学术辅助工具之一。希望该库提供存档功能。

American Physical Society(美国物理学会)

American Physical Society(美国物理学会全文数据库)

简称:APS

数据库平台:APS

数据库网址:http://journals.aps.org/

数据库类型:全文数据库

文献类型:期刊、图书、会议论文

语种:英文

学科分类:理学

用户权限:使用权(一旦停购则不能使用)

数据库概况:该库由美国物理学会(The American Physical Society, APS)出版。APS成立于1899年,拥有会员53 000多人,是世界上最具声望的物理学专业学会之一。APS出版的物理评论系列期刊*Physical Review*、*Physical Review Letters*、*Reviews of Modern Physics*,均是各专业领域备受尊重、被引用次数较多的科技期刊之一,在全球物理学界及相关学科领域的研究者中具有极高的声望。该库通过APS期刊数据库平台访问,收录了9种物理领域的核心期刊,另有4种免费出版物及1种2017年刊物,全库文献量超过61万篇。

资源访问模式:远程访问

资源长期保存与元数据:不支持用户进行资源长期保存、支持用户收割元数据

资源统计:定期主动提供资源使用统计、支持counter标准统计数据

使用(试用)过的单位:西南大学、西南交通大学、四川大学等。

用户评论:该库的内容丰富,质量高,数据库平台和系统比较稳定。希望该库加大宣传、培训,进一步提高使用率;希望该库提高访问速度。

American Physiological Society（美国生理学会）

American Physiological Society（美国生理学会全文电子期刊数据库）

简称：APS

数据库平台：APS

数据库网址：http://www.the-aps.org/

数据库类型：全文数据库

文献类型：期刊

语种：英文

学科分类：理学

用户权限：使用权（一旦停购则不能使用）

数据库概况：该库由英国生理学会（American Physiological Society，APS）出版，APS创建于1887年，是一个致力于提升生理学领域教育、科研和推广的非营利性组织，拥有超过10 500名会员。绝大多数会员都拥有生理学、医学或其他卫生领域的博士学位。学会出版物包括14种专业期刊、生理学系列丛书和手册，几乎涵盖生理学领域所有研究主题。

资源访问模式：远程访问

资源长期保存与元数据：支持用户进行资源长期保存、支持用户收割元数据

资源统计：由图书馆自行查询资源使用统计、支持counter标准统计数据

使用（试用）过的单位：复旦大学、上海交通大学、中国医学科学院、中国农业科学院、南京医科大学、中国人民解放军陆军军医大学、中国人民解放军空军军医大学、南昌大学等。

用户评论：该库期刊质量高，覆盖范围广，数据库平台访问稳定快速，检索功能全面。但1997年之前的过刊需要单独采购才可访问。希望出版方能提供使用培训。

American Psychological Association（美国心理学会）

American Psychological Association Databases（美国心理学会系列数据库）

简称：APA Databases

数据库平台：PsycNet

数据库网址：http://psycnet.apa.org/

数据库类型：全文数据库、索引（文摘）数据库、数值文本数据库、多媒体数据库

文献类型：期刊、图书、音视频

语种：英文

学科分类：理学

用户权限：使用权（一旦停购则不能使用）

数据库概况：该库由美国心理学会（American Psychological Association, APA）出版。APA成立于1892年，是美国心理学领域的专业组织，已有54个分会，15万名会员，是全球最大的心理学学会之一。PsycNet数据库平台是于2007年推出的自行开发的数据库平台，是APA专门为心理学内容设计的数据库平台，可与大部分具有全文链接功能的知名检索数据库平台，如Web of Science（SSCI）、PubMed（搜寻引擎）、MEDLINE（美国国立医学图书馆）以及开放学术文献搜索引擎Google Scholar的检索结果实现无缝链接，最大程度为学者使用APA学术资源提供便利。

资源访问模式：远程访问

资源长期保存与元数据：支持用户进行资源长期保存、支持用户收割元数据

资源统计：由图书馆自行查询资源使用统计、支持counter标准统计数据

使用（试用）过的单位：吉林大学、中国人民大学、中国科学院心理研究所、天津师范大学、北京师范大学、中国人民解放军海军军医大学等。

用户评论：该库内容质量高，具有权威性。该库检索数据库平台功能强大，使用方便。希望该库提供存档功能。

American Society for Microbiology(美国微生物学会)

American Society for Microbiology(美国微生物学会全文电子期刊数据库)

简称:ASM

数据库平台:ASM

数据库网址:http://journals.asm.org/

数据库类型:全文数据库

文献类型:期刊

语种:英文

学科分类:理学

用户权限:使用权(一旦停购则不能使用)

数据库概况:该库所属的美国微生物学会(American Society for Microbiology, ASM)是生命科学领域中最大且历史最悠久的会员组织之一。会员人数从1899年的59名已发展到超过43 000名,其中超过1/3的会员来自美国以外的国家和地区。这些会员涵盖了微生物学专业的26个学科以及微生物学教育学。ASM的期刊是微生物学领域最杰出的出版物之一,全面促进了基础和临床微生物学领域的各项研究。ASM出版文章数量超过微生物学领域全部论文量的1/4,文章引用量几乎占所有微生物学论文引用数量的42%。ASM出版的期刊中,有4本期刊的影响因子在所有期刊中排名前20,有4本期刊是微生物学领域被引用最多的期刊。

资源访问模式:远程访问

资源长期保存与元数据:支持用户进行资源长期保存、支持用户收割元数据

资源统计:由图书馆自行查询资源使用统计、支持counter标准统计数据

使用(试用)过的单位:中山大学、中国农业大学、内蒙古大学、武汉大学、深圳大学、广西大学、吉林大学、青岛农业大学、广东工业大学、中国人民解放军陆军军医大学、西南大学、同济大学、浙江大学、华南理工大学、厦门大学、复旦大学、南方科技大学、中南大学、中国人民解放军空军军医大学等。

用户评论:该库的期刊是微生物学领域最杰出的出版物之一,其收录的期刊内容权威,用户推荐度高。该库价格有点贵。

Beijing Wolters Kluwer Asia Pacific Information（北京威科亚太信息技术有限公司）

1. Accounting Research Manager（威科财务、会计与审计管理专家）

简称：ARM

数据库平台：威科 ARM 数据库平台

数据库网址：http://www.accountingresearchmanager.com/

数据库类型：全文数据库、参考工具数据库

文献类型：标准、法律法规、其他（会计、审计规则、准则、解读、指南等）

语种：英文

学科分类：经济学

用户权限：使用权（一旦停购则不能使用）

数据库概况：该库主要用于查找会计、审计、政府和美国证券交易委员会的相关信息，以及专家解读和实务指导、准则、财务报表等。该库覆盖人群为经管院系的财会专业师生、会计师、公司财务会计等人士，是集中提供大量文献和分析内容的知名财务报表在线数据库。该库收集整理了丰富的会计文献和资料，受到财务、会计、审计专业研究人员和实务人士的欢迎。

资源访问模式：远程访问

资源长期保存与元数据：不支持用户进行资源长期保存、支持用户收割元数据

资源统计：定期主动提供资源使用统计

使用（试用）过的单位：北京国家会计学院、毕马威会计师事务所等。

用户评论：该库收录的资源丰富实用，检索功能简单方便，可查到美国 GAAP（一般公认会计原则）和 IFRS（国际财务报告准则）所有原文和解读以及对比，内容详尽，对于收入准则和租赁准则等最新内容，有专门的智能图表和解读，示例说明清晰。该库太过专业，希望其能提供系统的专业培训。

2. Asia Pacific Employment Law（威科亚太劳动法信息库）

简称：威科亚太劳动法库

数据库平台：威科亚太 IC 数据库平台

数据库网址:http://intelliconnect.wkasiapacific.com/

数据库类型:全文数据库、参考工具数据库

文献类型:法律法规、其他

语种:英文

学科分类:法学

用户权限:使用权(一旦停购则不能使用)

数据库概况:该库主要服务于人力资源专业等需要查找亚太地区劳动法资料的管理类专业。该库收录的资源内容丰富,覆盖多个亚太国家和地区;资料为英文,便于用户了解亚太不同国家和地区的劳动法情况;检索简单方便,用户可订阅感兴趣的内容,并对浏览的文件进行备注和文档归类。该库收录了新加坡、马来西亚、中国、泰国、澳大利亚、印度尼西亚、印度、日本、韩国、越南、新西兰、菲律宾等亚太14个国家和地区的劳动法资料,资源类型包括法律法规、案例、解读、评论、问答、新闻、模板、智能图表等。用户可以方便、快捷地查找相关内容。

资源访问模式:远程访问

资源长期保存与元数据:不支持用户进行资源长期保存、支持用户收割元数据

资源统计:定期主动提供资源使用统计

使用(试用)过的单位:吉林财经大学等。

用户评论:该库含14个国家或地区劳动法的解读、法规原文、人力资源模板、各国多主题的比对等功能,这为中资企业在国际市场开展业务提供了有力的劳动用工风险管理支持。该库内容更新非常及时,涉及面较广。希望其能提供更深入的相关内容。

3. Asia Tax Planning & Compliance(威科亚太税务研究信息库)

简称:威科亚太税法库

数据库平台:威科亚太IC数据库平台

数据库网址:http://intelliconnect.wkasiapacific.com/

数据库类型:全文数据库、参考工具数据库

文献类型:法律法规、其他

语种:英文

学科分类:经济学、法学

用户权限:使用权(一旦停购则不能使用)

数据库概况：该库主要面向法学院系的税法专业和经管院系的财税专业师生以及律师、会计师、公司法务和财务税务等人士。该库资源内容丰富，收录了包括日本、韩国、中国、印度、新加坡、马来西亚、泰国、菲律宾、印度尼西亚、越南、柬埔寨等亚太14个国家和地区的税法资料；资源类型包括法律法规、案例、条约、解读、评论、新闻、智能图表、实务指南等；资料均以英文提供，便于用户了解亚太不同国家、地区和语言环境下的税法情况；检索功能简单方便，用户可订阅感兴趣的内容，并在浏览文件时进行备注和文档归类。

资源访问模式：远程访问

资源长期保存与元数据：不支持用户进行资源长期保存、支持用户收割元数据

资源统计：定期主动提供资源使用统计

使用(试用)过的单位：深圳大学、宁波诺丁汉大学等。

用户评论：该库对中资企业“走出去”的前期调研、中期经营以及利润汇回等方面有较大帮助，内容更新及时，涉及面较广。希望该库未来有更加深入的相关内容。

4. Aspen Digital Library（威科 Aspen 电子书数据库平台）

简称：Aspen Digital Library

数据库平台：Aspen Digital Library

数据库网址：http://www.aspendigitallibrary.com/

数据库类型：全文数据库

文献类型：图书

语种：英文

学科分类：法学

用户权限：买断(永久使用)

数据库概况：该库主要用于法学各专业学科以及对美国法感兴趣的老师、学生和研究人员学习和研究美国法，由荷兰威科集团旗下的美国Aspen出版社出品。Aspen是美国最主要的教科书和学习辅助工具书提供商之一，拥有近50年历史，其出版的红皮教科书是美国法学院普遍使用的法学教材。2017年Aspen推出该库，将其旗下广受好评的畅销教学参考书上线销售。该库收录美国广受欢迎和使用的法学教材；具有强大便捷的全库搜索功能；拥有良好的阅读体验，在学校IP登录的条件下，个人可以注册个人账号，添加书签和笔记。该库收录有67本美国法专业教材，其中涉

及的领域包括商业组织、民事诉讼、宪法、合同法、刑法、刑事诉讼、证据法、法律研究与写作、职业责任、财产法、税法、侵权法、遗嘱信托与不动产。

资源访问模式：远程访问

资源长期保存与元数据：支持用户进行资源长期保存、支持用户收割元数据

资源统计：定期主动提供资源使用统计

使用(试用)过的单位：清华大学、浙江大学等。

用户评论：该库可以一次性购买图书使用权，无需按年续费，订阅方便、该库拥有独家法律电子书，诸多美国法学院选择的参考及学习研究资料。由于该库专业性极高，使用者需要专业培训才能充分利用其资源。

5. Global Tax Research Integrator（威科全球税务研究信息库）

简称：GTRI

数据库平台：威科美国IC数据库平台

数据库网址：http://intelliconnect.cch.com/

数据库类型：全文数据库、参考工具数据库

文献类型：法律法规、其他(案例、法律解读)

语种：英文

学科分类：经济学、法学

用户权限：使用权(一旦停购则不能使用)

数据库概况：该库主要用于法学领域的税法专业和经管领域的税务专业师生、税务律师、会计师、企业法务和财务等人士查找美国联邦、各州、世界各国的税法和税务资料。除美国联邦税和州税的大量内容外，该库还提供全球各国8 000多个税收协定、30多个国家的税法和商法法律法规的英文全文、120多个国家的营业税环境解读、37个国家的转让定价法规和解读及100多个国家和地区的全球税率解读等。

资源访问模式：远程访问

资源长期保存与元数据：不支持用户进行资源长期保存、支持用户收割元数据

资源统计：定期主动提供资源使用统计

使用(试用)过的单位：北京国家会计学院、立信会计师事务所、国际会计师公会等。

用户评论：该库内容覆盖面广，其便利的智能图表可以进行不同地区

间的对比。库中能查到法规原文,包含详尽的美国联邦和各州税法规定,检索过程简便易行。鉴于该库太专业,需要专业培训以更好地利用其功能。

6. Intelliconnect(威科美国法律信息库)

简称:威科美国IC数据库平台
数据库平台:威科美国IC数据库平台
数据库网址:http://intelliconnect.cch.com/
数据库类型:全文数据库、参考工具数据库
文献类型:法律法规、其他(案例、法律解读)
语种:英文
学科分类:经济学、法学
用户权限:使用权(一旦停购则不能使用)

数据库概况:该库主要用于查找美国法律领域的资料,尤其是合同、诉讼、投资、证券、知识产权、公司法、劳动法、反垄断、产品责任、医疗、保险法、建筑法等30多个领域。该库拥有30多个子库,提供了大量的独家研究文献,便于用户更深入地了解美国联邦和各州的复杂法律信息,其资源类型包括法律法规、案例分析、新闻、智能图表等。

资源访问模式:远程访问

资源长期保存与元数据:不支持用户进行资源长期保存、支持用户收割元数据

资源统计:定期主动提供资源使用统计

使用(试用)过的单位:中山大学、华东政法大学、北京大学等。

用户评论:该库资源内容丰富,检索便利。但首次使用该库时,检索速度较慢。

7. Kluwer Arbitration(威科国际商事仲裁数据库)

简称: Kluwer Arbitration
数据库平台: Kluwer Arbitration
数据库网址:http://www.kluwerarbitration.com/
数据库类型:全文数据库、索引(文摘)数据库、参考工具数据库
文献类型:期刊、图书、法律法规、其他
语种:英文
学科分类:法学
用户权限:使用权(一旦停购则不能使用)

数据库概况：该库主要用于国际商事仲裁专业领域，提供双边投资协定、文章评论、公约、法庭判决、制定法、示范法、仲裁庭规则等内容，覆盖209个国家、地区、国际组织和309个仲裁机构。该库目标用户包括国际商事仲裁专业领域的学者、学生和律师等专业人士。该库是国际知名数据库商Wolters Kluwer（荷兰威科集团）旗下Kluwer Law International出版社的旗舰产品，由国际商事仲裁委员会、常设仲裁法院、国际仲裁学会和Kluwer Law International联合推出，是目前市场上非常权威和专业的商事仲裁数据库。该数据库提供了大量一手资源和评论讨论，已收录2万多篇评论文章、1.1万多篇法庭判决、3 000多篇仲裁裁决、2 300多篇双边投资协定、1 300多篇仲裁机构仲裁规则、600多篇示范法、500多部制定法和近80部国际公约。此外，该数据库还拥有7个智能图表，可帮助用户快速查找关键信息；两类专家博客，分别关注仲裁、调解两个领域，用户可以持续跟踪仲裁法和调解方面的专家最前沿的讨论。

资源访问模式：远程访问

资源长期保存与元数据：不支持用户进行资源长期保存、支持用户收割元数据

资源统计：定期主动提供资源使用统计

使用（试用）过的单位：北京大学、外交学院、中国人民大学、清华大学等。

用户评论：该库书籍权威，资料独家，来源可靠。用户特别赞赏智能图表的国别对比功能，该功能对进行比较法研究的用户很有帮助。首次使用该库时，检索速度较慢。

8. Kluwer Competition Law（威科国际竞争法数据库）

简称：Kluwer Competition Law

数据库平台：Kluwer Competition Law

数据库网址：http://www.kluwercompetitionlaw.com/

数据库类型：全文数据库、索引（文摘）数据库、参考工具数据库

文献类型：期刊、图书、法律法规、其他

语种：英文

学科分类：法学

用户权限：使用权（一旦停购则不能使用）

数据库概况：该库主要用于查询各国反垄断、卡特尔、并购、政府补贴、私有化等方面的评论，委员会裁决、法庭判决和制定法等信息，是目前市场

上非常权威专业的竞争法数据库。该库还拥有大量一手资源和评论讨论，收录1.6万多篇评论文章、1万多篇委员会裁决、2 800多篇法庭判决以及1 200多部成文法规与通知，涵盖74个国家和地区。此外，该库还提供新闻和博客，供用户追踪实时更新的法律动态和专家见解。

资源访问模式：远程访问

资源长期保存与元数据：不支持用户进行资源长期保存、支持用户收割元数据

资源统计：定期主动提供资源使用统计

使用（试用）过的单位：华东政法大学、江苏汇天元律师事务所等。

用户评论：该库收录的电子书数量众多，拥有独家资料；每年更新，来源可靠；独家的卡特尔查找智能图表以及地区对比功能，有助于用户进行比较研究。首次使用该库时，检索速度较慢。

9. Kluwer IP Law（威科国际知识产权信息库）

简称：Kluwer IP Law

数据库平台：Kluwer IP Law

数据库网址：http://www.kluweriplaw.com/

数据库类型：全文数据库、索引（文摘）数据库、参考工具数据库

文献类型：图书、法律法规、其他

语种：英文

学科分类：法学

用户权限：使用权（一旦停购则不能使用）

数据库概况：该库主要用于查询知识产权方面的判例、评论、动态、制定法、公约和规则等，覆盖了262个国家、地区和国际组织。作为业内专业的知识产权信息库，该库已收录了超过3.4万篇判例，其中包括欧洲专利局案例、典型欧洲著作权案例、典型欧洲专利案例、精选美国知识产权案例以及精选美国商业秘密案例。该库还有超过1万篇评论文章、4 300篇发展动态、180多部制定法和37部公约等内容。此外，该库还提供14个智能图表，以及专注于专利、著作权和商标3个领域的博客和新闻模块。

资源访问模式：远程访问

资源长期保存与元数据：不支持用户进行资源长期保存、支持用户收割元数据

资源统计：定期主动提供资源使用统计

使用（试用）过的单位：中国人民大学、南开大学、西安交通大学等。

用户评论：该库汇集了丰富的权威书籍，收录的电子书数量多，且每年保持更新。该库提供的多项独家智能图表以及地区对比功能，有助于用户进行比较研究。不过，首次使用该库时检索速度较慢。

10. Kluwer Law Journals（威科国际法律期刊数据库）

简称：Kluwer Law Journals

数据库平台：Kluwer Law Online

数据库网址：http://www.kluwerlawonline.com/index.php/

数据库类型：全文数据库

文献类型：期刊

语种：英文

学科分类：法学

用户权限：使用权（一旦停购则不能使用）

数据库概况：该库收录了25种由Kluwer Law International出版社出版的独家法学学术期刊，涵盖的领域包括航空航天法、仲裁法、商业法、欧洲一体化、欧洲税法、欧洲公司法、欧洲能源与环境法、欧洲公法、外交关系、欧洲私法、贸易与海关法、劳动法、欧洲消费者保护与市场法、竞争法等。该库以涵盖众多新兴学科、商事和仲裁类期刊以及偏重欧洲法为特点。所有期刊都从创刊号起收录至今，共数十万篇同行评审的期刊论文，提供原版PDF格式下载。

资源访问模式：远程访问

资源长期保存与元数据：不支持用户进行资源长期保存、支持用户收割元数据

资源统计：定期主动提供资源使用统计

使用(试用)过的单位：南开大学、中国人民大学、清华大学等。

用户评论：该库便于查找期刊资料，特别是涉及欧洲的期刊。内容来源权威，每种期刊收录了创刊至本年度的所有期刊内容，支持用户进行脉络式学习和研究。不过，首次使用该库时检索速度较慢。此外，希望该库收录的期刊数量能进一步增加。

11. Kluwer Manuals/IEL（威科国际法律百科全书信息库）

简称：Kluwer Manuals/IEL

数据库平台：Kluwer Law Online

数据库网址：http://www.kluwerlawonline.com/index.php/

数据库类型：全文数据库

文献类型：法律法规、其他（百科全书）

语种：英文

学科分类：法学

用户权限：使用权（一旦停购则不能使用）

数据库概况：该库涵盖多个法律领域，包括但不限于公司并购、国际商事诉讼、外国法院判决执行、欧洲航空法、民事诉讼法、商法与经济法、竞争法、宪法、合同法、公司法与合伙企业法、刑法、网络法、能源法、环境法、家庭法与继承法、保险法、知识产权法、政府间组织法、劳动法、媒体法、医疗法、移民法、国际私法、财产法与信托法、法律与宗教、社会保障法、体育法、侵权法、交通法、国际商事交易、代理分销协定、海事法等。

资源访问模式：远程访问

资源长期保存与元数据：不支持用户进行资源长期保存、支持用户收割元数据

资源统计：定期主动提供资源使用统计

使用（试用）过的单位：中国人民大学、北京大学、清华大学等。

用户评论：该库按部门法进行分类，内含多国国家专栏，方便用户进行不同国家间的对比研究，为论文写作提供了很好的支持，同时也方便学生深入学习感兴趣的部门法，培养国际视野。不过，该库部分国别的更新速度略慢于法条出台。

12. Prime Law（威科香港法律信息库）

简称：威科香港库/Prime Law

数据库平台：Prime Law

数据库网址：http://wkprime.com/home/index/

数据库类型：全文数据库

文献类型：法律法规、其他（案例、法律解读等）

语种：中文、英文

学科分类：法学

用户权限：使用权（一旦停购则不能使用）

数据库概况：该库主要收录了内地和香港现行法律、条例，总计15 000多部。库内包含了香港地区自1877年以来的超过59万多篇报告案例和23卷香港公司法案例。该库还涉及英国1709年以来的12万多篇案例，澳大利亚1986年以来的6 000多个运输、劳动法、工业、税法和侵权法案例。

除此之外,威科香港库还收录有80多部法律、税务和替代性争端解决的实务指南,覆盖区域包括中国和亚洲其他国家。

资源访问模式:远程访问

资源长期保存与元数据:不支持用户进行资源长期保存、支持用户收割元数据

资源统计:定期主动提供资源使用统计

使用(试用)过的单位:NBA体育文化发展(北京)有限责任公司、海南航空控股股份有限公司等。

用户评论:该库收录的资源内容丰富,分类清晰细致,使用简单方便;部分内容支持英文、中文繁体字、中文简体字检索。希望该库能够增加收录数量。

13. Wolters Kluwer Tax Information(威科先行财税信息库)

简称:威科先行财税库

数据库平台:威科先行财税信息库

数据库网址:http://taa.wkinfo.com.cn/

数据库类型:全文数据库、数值文本数据库

文献类型:法律法规、数值数据、其他(案例、工具模板、法律解读等)

语种:中文、英文

学科分类:经济学

用户权限:使用权(一旦停购则不能使用)

数据库概况:该库主要涉及财税法学专业和经贸管理类财务、税务、会计专业领域,为财税研究和实务提供相关的法律法规、法律政策动态、税收协定、司法案例、行政处罚案例、案例评析、实务指南、专题、专业文章和智能图表等信息的查询与使用服务。

资源访问模式:远程访问

资源长期保存与元数据:不支持用户进行资源长期保存,支持用户收割元数据

资源统计:定期主动提供资源使用统计

使用(试用)过的单位:中国人民大学、武汉大学等。

用户评论:该库内容独具特色,涵盖了独家财税指南、特色专题和专家文章。此外,该库还包含了中文翻译的国际税制内容,以及诸多智能图表,方便用户直接查找所需资料。不过,该库的学术文章较少,并且由于它主要面向国内财税领域,所以国际税相关资料相对有限。

14. Wolters Kluwer Legal Information（威科先行法律信息库）

简称：威科先行法律库

数据库平台：威科先行法律信息库

数据库网址：http://law.wkinfo.com.cn/

数据库类型：全文数据库

文献类型：法律法规、其他（案例、工具模板、法律解读等）

语种：中文、英文

学科分类：法学

用户权限：使用权（一旦停购则不能使用）

数据库概况：该数据库主要适用于法学专业领域，同时也适用于需要查询法律法规的专业（如财务税务、经贸管理类专业）。该库提供法律法规、法律资讯、国际条约、司法案例、行政处罚案例、实务指南、专题、专业文章、文书模板和智能图表等信息资源，满足了用户学习、研究法学学术和法律实务的需求。

资源访问模式：远程访问

资源长期保存与元数据：不支持用户进行资源长期保存、支持用户收割元数据

资源统计：定期主动提供资源使用统计

使用（试用）过的单位：中国人民大学、北京大学、中国政法大学等。

用户评论：该库独家提供证明力检索功能，能够帮助用户快速查找诉讼案例、裁判文书和行政处罚；同时支持可视化呈现，便于用户快速获取分析数据。库内的多角度实务模块，为用户的实操提供了指导；各栏目之间深度打通，支持一站式检索。不过，其中文库不包含期刊检索，希望把期刊纳入其中。希望该库价格能够更优惠。

15. Wolters Kluwer Human Resources Information（威科先行人力资源信息库）

简称：威科先行人力资源库

数据库平台：威科先行人力资源信息库

数据库网址：http://hr.wkinfo.com.cn/

数据库类型：全文数据库、数值文本数据库

文献类型：法律法规、数值数据、其他（案例、工具模板、法律解读等）

语种：中文、英文

学科分:法学

用户权限:使用权(一旦停购则不能使用)

数据库概况:该库主要面向于劳动法学专业、人力资源专业或其他对劳动法资源有查找需要的专业,为劳动法和人力资源研究和实务提供相关的法律法规、法律政策动态、裁判文书、案例分析、专题、专业文章、实务指南、文书模板和智能图表的信息查询与使用服务。该库收录了1949年以来中央和全国31个省(自治区、直辖市)颁布的19万多部劳动法方面的法律法规、各级人民法院审理的290万余篇裁判文书、2 600多篇案例评析、17部独家实务指南、109个专题、4 700多篇专业文章、670篇文书模板和7个智能图表,另外还有2 100多篇专家问答。

资源访问模式:远程访问

资源长期保存与元数据:不支持用户进行资源长期保存、支持用户收割元数据

资源统计:定期主动提供资源使用统计

使用(试用)过的单位:中国人民大学、北京大学、清华大学等。

用户评论:该库资源较独特,有特色专题及专家文章;更新及时,支持向专家提问;劳动法方向的智能图表多样且实用。该库版本略旧,页面时尚度有待提高。

Beijing Yilian Botu Information Technology (北京易联博图信息技术有限公司)

Book Knowledge Search(博图外文电子书)

简称:BKS

数据库平台:博图外文电子书

数据库网址:http://www.cnbooksearch.com/

数据库类型:全文数据库

文献类型:图书

语种:英文、日文、俄文

学科分类:多学科

用户权限:买断(永久使用)

数据库概况:该库涉及知识面十分广泛,覆盖学科包括医学、地理、法

律、历史、科技、科学、军事、教育、美术、农业、图书馆学、政治、语言、哲学、心理学等,为广大高校师生开阔视野、提高外文阅读能力、进行专业学习提供了专业的、全面的外文素材。

资源访问模式:镜像站与远程访问

资源长期保存与元数据:支持用户进行资源长期保存、支持用户收割元数据

资源统计:定期主动提供资源使用统计

使用(试用)过的单位:吉林大学、哈尔滨工业大学、东北农业大学、中国石油大学、河海大学、浙江工业大学、中南民族大学、西南大学、中南大学、西南政法大学等。

用户评论:该库资源丰富,文本格式的阅读体验佳,资源提供商售后服务到位。不过,该库的下载阅读功能不是很方便。

Bloomsbury Publishing Plc(布鲁姆斯伯里出版公司)

1. Bloomsbury Arcadian Library Online(阿卡迪亚图书馆)

简称: Bloomsbury Arcadian Library

数据库平台: Bloomsbury Arcadian Library Online

数据库网址:http://www.arcadianlibraryonline.com/

数据库类型:全文数据库

文献类型:图书

语种:英文 、其他(阿拉伯语)

学科分类:多学科

用户权限:买断(永久使用)

数据库概况:该库是一个东西方文化碰撞和交融的在线图书馆,拥有1万册左右的原始文卷,记录了几百年来中东文化和欧洲文化的相互影响,呈现了完整的历史画面。这些第一手资料展示了阿拉伯和伊斯兰世界的文明,以及它们与西方文化的交流和融合。该库的馆藏亮点包括中东科学和医学史、旅游写作、奥斯曼帝国历史等。其特色收藏包括手稿、古版书,以及早期印刷的书籍、文件、信件、地图、报告和作品,这些文献历史悠久,其中最早的原始文卷撰写于1 000多年前。

资源访问模式：远程访问

资源长期保存与元数据：支持用户进行资源长期保存、支持用户收割元数据

资源统计：定期返回数字资源的使用统计、支持counter标准统计数据

使用（试用）过的单位：北京大学、四川大学、清华大学、中山大学等。

用户评论：该库的资料较稀缺和珍贵，有的资料此前从未公开面世，早期仅供特定的学者和贵宾使用。该库支持英文和阿拉伯文，同时支持阿拉伯文的键盘输入。不过，使用该库需要相对高速的网络。

2. Bloomsbury Cultural History（Bloomsbury文化历史库）

简称：Bloomsbury文化历史库

数据库平台：Bloomsbury Collections

数据库网址：http://www.bloomsburyculturalhistory.com/

数据库类型：参考工具数据库

文献类型：图书、图片

语种：英文

学科分类：历史学

用户权限：买断（永久使用）

数据库概况：该库为交互式资源，属于Bloomsbury的突破性文化历史系列，是一项权威的数字参考工具。该库能在同一个数据库平台上为学生和研究人员提供一套精心组织的、全面的、带有插图的参考工具书，同时附带大量电子书和图片藏品。Bloomsbury文化历史系列涵盖整个历史时期，包括古代、中世纪、文艺复兴、启蒙运动、帝国时代和现代时期的各学科领域，帮助用户跟踪整个历史中的某一主题，并获得特定时期的全面概述。

资源访问模式：远程访问

资源长期保存与元数据：支持用户进行资源长期保存、支持用户收割元数据

资源统计：定期主动提供资源使用统计、支持counter标准统计数据

使用（试用）过的单位：首都图书馆、南开大学等。

用户评论：用户普遍对该库表示满意，特别赞赏其丰富的电子书和图片藏品，以及交互式时间轴功能，能够提供从古代到现代的背景信息。不过，由于该库内容涵盖的领域比较广，希望进一步提高其专业专注度。

3. Bloomsbury Design Library（Bloomsbury 工艺设计图书馆）

简称：BDL

数据库平台：Bloomsbury Design Library

数据库网址：http://www.bloomsburydesignlibrary.com/

数据库类型：全文数据库

文献类型：图书、图片

语种：英文

用户权限：买断（永久使用）

学科分类：艺术学、工学

数据库概况：该库所属出版社是全球最大的视觉艺术领域的独立出版社之一，为设计和工艺研究领域的学者和工作人员提供了独特丰富的资源。该库提供包含全文本和图像内容的全搜索功能。该库的内容包括同行评审的参考作品，覆盖了从史前时代到现代的全球设计和工艺领域，结合了前沿的学术研究和丰富的图像素材，为学者和学生提供高品质、直观和实用的研究工具。无论是视觉艺术与设计的学生、学者还是研究人员，都能受益于其学术价值。

资源访问模式：远程访问

资源长期保存与元数据：支持用户进行资源长期保存、支持用户收割元数据

资源统计：定期主动提供资源使用统计、支持 counter 标准统计数据

使用（试用）过的单位：华南农业大学、东南大学、清华大学、北京林业大学等。

用户评论：该库的综合分类法提高了资源的可发现性，使其成为不同级别学习者理想的跨学科研究工具之一。库内的历史时间轴和插图丰富了用户体验，提高了用户友好性。不过，该库每年仅更新两次，希望其更新频率能够提高。

4. Bloomsbury Drama Online（Bloomsbury 戏剧在线）

简称：Bloomsbury Drama Online

数据库网址：http://www.dramaonlinelibrary.com/

数据库类型：多媒体数据库

文献类型：图书、音视频

语种：英文

学科分类：艺术学

用户权限：使用权（一旦停购则不能使用）

数据库概况：该库收藏了全球众多杰出的戏剧作品，汇集了 Methuen Drama、Arden Shakespeare 和 Faber and Faber Ltd 的戏剧资源。通过“戏剧在线”，用户可以轻松访问来自全球各大主要戏剧出版商的超过 1 500 多部戏剧和 350 多个录音作品。其不断增加的收藏资源能够满足戏剧研究、文学课程和戏剧学校的全方位教学需求。此外，库内还包括来自著名出版商的学生注释版本、学术著作以及实用指南，还为用户提供了关于这些剧作的创作环境及批判背景，有助于用户理解这些剧作。

资源访问模式：远程访问

资源长期保存与元数据：支持用户进行资源长期保存、支持用户收割元数据

资源统计：定期主动提供资源使用统计、支持 counter 标准统计数据

使用（试用）过的单位：东南大学、南京特殊教育师范学院、中央戏剧学院、浙江传媒学院等。

用户评论：该库收藏的戏剧作品丰富，互动性强。该库视频资源对网速的要求比较高，希望能解决播放卡顿的问题。

5. Bloomsbury Ebook（Bloomsbury 电子书）

简称：Bloomsbury Ebook

数据库平台：Bloomsbury Collections

数据库网址：http://www.bloomsburycollections.com/

数据库类型：全文数据库

文献类型：图书

语种：英文

学科分类：多学科

用户权限：买断（永久使用）

数据库概况：该库所属出版社在人文学术出版领域具有领先地位，在伦敦、纽约、悉尼和新德里有 4 个分公司。Bloomsbury 以灵活的方式来建立人文社会科学的电子书集合，为图书馆提供即时的高质量的研究成果。Bloomsbury 的学术出版主要聚焦于人文和社会科学，每年出版 1 200 多本新书。其知名的出版物有温斯顿·丘吉尔研究数据库、莎士比亚研究数据库，包含文学研究、语言学研究、哲学宗教等领域。Bloomsbury 旗下拥有多个子品牌，包括 Continuum、Berg、Bristol Classical Press and AVA、Methuen

Drama、The Arden Shakespeare、T&T Clark、Fairchild Books and Hart Publishing等。

资源访问模式：远程访问

资源长期保存与元数据：支持用户进行资源长期保存、支持用户收割元数据

资源统计：定期主动提供资源使用统计、支持counter标准统计数据

使用(试用)过的单位：中山大学、北京师范大学、北京大学、首都图书馆等。

用户评论：该库内容丰富，资源独特，覆盖学科广泛，用户反馈良好。一些用户希望能够在按学科包购买的情况下，即使未购买其他相关内容，也能够查看相应信息。

6. Bloomsbury Encyclopedia of Philosophers（Bloomsbury哲学家百科全书）

简称：Bloomsbury哲学家百科

数据库平台：Bloomsbury Philosophers

数据库网址：http://www.bloomsburyphilosophers.com/

数据库类型：全文数据库

文献类型：图书、古籍

语种：英文

学科分类：哲学

用户权限：使用权(一旦停购则不能使用)

数据库概况：该库汇聚了来自各个学科、思想流派、地点、时期和传统的数千名哲学家，为学生和研究人员提供了广泛的全球知性思维史的获取途径，涵盖了人类思想史中杰出哲学家和知名思想家的作品，超过6 500篇深度文章；该库收录地域包括美洲、欧洲、亚洲等，内容不仅仅是经典的哲学阐述，还拓展到古典主义者、诗人、政治学家、文学批评家、法学家、经济学家、科学家和宗教作家等的哲学史研究。

资源访问模式：远程访问

资源长期保存与元数据：支持用户进行资源长期保存、支持用户收割元数据

资源统计：定期主动提供资源使用统计、支持counter标准统计数据

使用(试用)过的单位：北京大学、中山大学、四川大学、重庆大学、西南大学等。

用户评论：该库内容丰富、广泛、全面，用户可按照地点、思想流派、学术主题来分类检索，用户体验良好。作为新上线的数据库，希望其资源量能进一步增加。

7. Bloomsbury Fashion Central（Bloomsbury时尚中心）

简称：Bloomsbury时尚中心

数据库平台：Bloomsbury Fashion Central

数据库网址：http://www.bloomsburyfashioncentral.com/

数据库类型：全文数据库

文献类型：图书、图片、音视频、会议论文

语种：英文

学科分类：艺术学

用户权限：使用权（一旦停购则不能使用）

数据库概况：该库是全球权威的时尚与服装设计类数据库，提供在线教师课程教案。该库全文收录了《Berg世界服饰和时尚百科全书》并在线更新；收录了时尚界专家的专业观点与评论；收录了Berg时尚类图书并定期更新；与全球艺术博物馆及研究所合作，可链接至牛津格罗夫艺术在线数据库；收录了时尚领域的经典文章，提供全球著名博物馆名录；收录了约130本仙童图书电子教材，以及超过60万张时尚照片。

资源访问模式：远程访问

资源长期保存与元数据：支持用户进行资源长期保存、支持用户收割元数据

资源统计：定期主动提供资源使用统计、支持counter标准统计数据

使用（试用）过的单位：常州纺织服装职业技术学院、杭州图书馆、湖南工艺美术职业学院等。

用户评论：该库内容丰富且权威，其创新性的特殊分类法方便用户查找内容。不过，使用该库需要较高的网速。

8. Churchill Archive（丘吉尔档案馆）

简称：丘吉尔档案馆

数据库平台：Bloomsbury Collections

数据库网址：http://www.churchillarchive.com/

数据库类型：全文数据库

文献类型：图片、古籍

语种：英文

学科分类：历史学

用户权限：使用权（一旦停购则不能使用）

数据库概况：该库是一个包含现代国际历史的数字图书馆，包括超过80万页1874年至1965年之间的原始文档。这些文档记录了丘吉尔与19世纪和20世纪的领袖们之间的书信交流，涵盖了从布尔战争到冷战的重要历史事件。此外，该库还有专门针对高等教育的教学援助，包括原始课程模板和相关延伸论文。库中还有一个“聚焦”板块，提供了对核心议题的概述，这些议题与档案馆中的海量文档可相互链接。综合而言，该库为研究19世纪和20世纪的国际历史、重要事件以及相关历史人物提供了重要资源。

资源访问模式：远程访问

资源长期保存与元数据：支持用户进行资源长期保存、支持用户收割元数据

资源统计：定期主动提供资源使用统计、支持counter标准统计数据

使用（试用）过的单位：东北师范大学、南开大学、武汉大学、北京外国语大学等。

用户评论：该库的资源量丰富，内容珍贵，包括许多原始手稿。不过，若用户要打开高清版，则需要较好的网络条件。

Bureau van Dijk［毕威迪信息咨询服务（北京）有限公司］

1. EIU Countrydata（国家数据）

简称：EIU

数据库平台：bvdinfo

数据库网址：http://eiu.bvdinfo.com/countrydata/ip/

数据库类型：数值文本数据库

文献类型：数值数据

语种：英文

学科分类：经济学、管理学

用户权限：使用权（一旦停购则不能使用）

数据库概况:该库是全面获取全球各国宏观数据的分析工具,提供来自全球201个国家与地区的宏观经济历史与预测数据。每个国家的数据都包含320个指标系列,含年度、季度、月度数值,时间跨度从1980到2035年(提供5到25年预测值)。同时,该库还提供全球45个地区的经济总量数据,以及各国的近期经济展望综述报告。其数据内容分为7大类,包括人口统计和收入、国内生产总值、财政及货币指标、国际支付、外部债务存量、外贸与外债偿还等。此外,该库还提供全球28种大宗商品的分析数据、价格预测以及影响价格因素的预测分析。

资源访问模式:远程访问

资源长期保存与元数据:不支持用户进行资源长期保存、支持用户收割元数据

资源统计:定期主动提供资源使用统计

使用(试用)过的单位:吉林大学、北京大学、清华大学、中国人民大学、中央财经大学、中央民族大学、复旦大学、同济大学、上海交通大学、浙江大学、中山大学、武汉大学、华中科技大学、西安交通大学、四川大学、西南交通大学等。

用户评论:该库是能够提供国家数量最多的宏观数据库之一,除历史宏观数据外,数据库还提供未来25年的预测数据。该数据库本身的稳定性强、易用性较高。但该库无中文界面,不提供永久使用权。

2. ORBIS Bank Focus(全球银行与金融机构分析库)

简称:OBF

数据库平台:bvdinfo

数据库网址:http://orbisbanks.bvdinfo.com/ip/

数据库类型:数值文本数据库

文献类型:数值数据

语种:中文、英文

学科分类:经济学、管理学

用户权限:使用权(一旦停购则不能使用)

数据库概况:该库由欧洲金融信息服务商Bureau van Dijk(BvD)开发,是一家专注于银行业信息的数据库。它提供了全球4万多家主要银行以及世界重要金融机构和组织的经营与信用分析数据,是当今全球银行业最具权威性的分析工具之一,也是国际金融研究领域的学术论文中参考、引用率最高的银行专业分析库之一。库内每家银行的分析报告包含历年财

务分层数据、各银行全球及本国排名、银行个体评级、国家主权与风险评级、各银行详细股东与分支机构信息、高管信息、评级报告、财务报表、新闻与并购等内容。

资源访问模式：远程访问

资源长期保存与元数据：不支持用户进行资源长期保存、支持用户收割元数据

资源统计：定期主动提供资源使用统计

使用(试用)过的单位：吉林大学、大连理工大学、北京大学、清华大学、中国人民大学、中央财经大学、南开大学、复旦大学、浙江大学、中山大学、暨南大学、厦门大学、武汉大学、华中科技大学、中南财经政法大学、安徽大学、西安交通大学、四川大学、西南交通大学等。

用户评论：该库的数据较权威，在银行领域使用率高，其银行研究与实证研究内容结合紧密。不过，该库无中文界面，不提供永久使用权，部分银行的历史数据相对较少。

3. Osiris(全球上市公司分析库)

简称：OSIRIS

数据库平台：Bvdinfo

数据库网址：http://osiris.bvdinfo.com/ip/

数据库类型：数值文本数据库

文献类型：数值数据

语种：中文、英文

学科分类：经济学、管理学

用户权限：使用权(一旦停购则不能使用)

数据库概况：该库是包含全球各国证券交易所内155个国家超过8万家上市公司数据的大型专业财务分析库(含中国深、沪及海外上市公司数据)，为专业用户提供了深入分析各国上市公司所需的详细财务经营报表、分析比率、股权结构、企业评级数据、历年股价系列、企业行业分析报告等信息。该库是欧美各国广泛使用的知名实证分析数据库，用于上市公司证券投资分析、企业战略经营分析、跨国企业转让定价以及公司财务分析等多个研究领域。此外，为满足不同用户的需求，该库将各上市公司的财务数据按不同财务格式进行了分层呈现。

资源访问模式：远程访问

资源长期保存与元数据：不支持用户进行资源长期保存、支持用户收

割元数据

资源统计:定期主动提供资源使用统计

使用(试用)过的单位:吉林大学、大连理工大学、北京大学、清华大学、中国人民大学、中央财经大学、南开大学、复旦大学、同济大学、上海交通大学、上海对外经贸大学、浙江大学、中南财经政法大学、安徽大学、中国科学技术大学、西安交通大学、四川大学、西南交通大学等。

用户评论:该库数据量大,提供简体中文版本,检索界面清晰易用。用户可以将数据导出为Excel等格式,友好性较高。希望该库增加实时行情数据和高频数据。

4. Oriana(亚太企业分析库)

简称:ORIANA

数据库平台: Oriana

数据库网址: http://tinyurl.com/orianacn/

数据库类型:数值文本数据库

文献类型:数值数据

语种:中文、英文

学科分类:经济学、管理学

用户权限:使用权(一旦停购则不能使用)

数据库概况:该库是提供亚太和中东地区60多个国家和地区共计5 000多万家公司的企业财务、经营信息以及各行业发展情况的大型企业分析库,是全球最具权威性的亚太地区企业贸易投资信息检索库之一,该库1998年面向国内用户销售。通过该库,用户可按亚太地区各国家、所在城市、所在行业、产品类别、雇员人数、企业资产规模、企业盈利状况、企业在行业排名等指标快速查询、筛选出符合开展贸易与合作条件的亚太目标企业,并详细了解目标企业的当前与历史经营状况、公司组织结构及背后的控股公司等重要商业信息,因此该库为中国企业了解亚太市场、开展投资与贸易合作经营提供了不可缺少的商业情报。同时,该库也可作为中国企业与各地政府部门开展针对亚太地区进出口商的资信背景调查、跨国企业并购战略分析、竞争对手行业分析的重要信息依据。该库在提供企业经营信息的基础上,还提供了亚太地区各国各行业最新的整体发展分析报告(Industrial Report),使用户可及时了解所关注行业的整体发展动态,可有力提升中国企业的国际竞争力与风险回避能力,使其快速、稳健地开拓国际市场。

资源访问模式:远程访问

资源长期保存与元数据:不支持用户进行资源长期保存、支持用户收割元数据

资源统计:定期主动提供资源使用统计

使用(试用)过的单位:吉林大学、北京大学、清华大学、中国人民大学、中央财经大学、复旦大学、同济大学、上海交通大学、浙江大学、中山大学、暨南大学、武汉大学、华中科技大学、中南财经政法大学、西安交通大学、四川大学、西南交通大学等。

用户评论:该库数据量大,数据库包括中文版本,检索界面清晰合理;数据能导出为Excel等格式;数据库本身的稳定性、易用性好,符合用户的使用习惯。但该库数据涵盖的范围只包含亚太地区,并且在数据量过大时,数据导出较慢。

5. Zephyr(全球并购交易分析库)

简称:ZEPHYR

数据库平台:Bvdinfo

数据库网址:http://zephyr.bvdinfo.com/ip/

数据库类型:数值文本数据库

文献类型:数值数据

语种:英文

学科分类:经济学、管理学

用户权限:使用权(一旦停购则不能使用)

数据库概况:该库是国际并购研究领域知名的并购分析库,每天在线向用户发布全球并购(M&A)、首发(IPO)、计划首发、机构投资者收购(IBO)、管理层收购(MBO)、股票回购(Share Buyback)、杠杆收购(LBO)、反向收购(Reverse Takeover)、风险投资(VC)、合资(JV)等交易的最新信息。其快速更新的全球数据来自欧洲著名并购信息专业提供商Zephus公司,并集成了BvD的增值软件。该库收录了全球各行业150万笔并购记录,每年新增约15万笔。其数据可追溯至1997年,涵盖亚太地区多个国家和地区的交易记录。

资源访问模式:远程访问

资源长期保存与元数据:不支持用户进行资源长期保存、支持用户收割元数据

资源统计:定期主动提供资源使用统计

使用(试用)过的单位:吉林大学、北京大学、清华大学、中国人民大学、中央财经大学、南开大学、复旦大学、同济大学、上海交通大学、上海财经大学、浙江大学、中山大学、武汉大学、华中科技大学、中南财经政法大学、西安交通大学、四川大学、西南交通大学等。

用户评论:该库提供1997年至今的并购交易数据,数据量大,范围覆盖广,数据库本身的稳定性、易用性好。该库无中文界面,无永久使用权。

Cambridge University Press(剑桥大学出版社)

1. Cambridge Books Online(剑桥图书在线)

简称:CBO

数据库平台: Cambridge Core

数据库网址:http://www.cambridge.org/core/

数据库类型:全文数据库

文献类型:图书

语种:英文

学科分类:多学科

用户权限:买断(永久使用)

数据库概况:该库由剑桥大学出版社出版。剑桥大学出版社成立于1534年,为英国剑桥大学的分支机构,是世界上历史最悠久、规模最大的出版社之一。剑桥大学出版社自1584年印制了第一本书籍以来,一直在为全球读者持续不断地提供各类高品质图书,其作者队伍及业务范围遍及全世界。如今,剑桥大学出版社每年有2 000多种印刷版和电子版出版物面世,是世界上最大的教育和学术出版社之一。

资源访问模式:远程访问

资源长期保存与元数据:支持用户进行资源长期保存、支持用户收割元数据

资源统计:由图书馆自行查询资源使用统计、支持counter标准统计数据

使用(试用)过的单位:辽宁省图书馆、中国科学院、清华大学、北京大学、中国科学技术大学、复旦大学、上海交通大学、山东大学、中山大学、广东外语外贸大学、云南大学、武汉大学、西安交通大学、陕西师范大学、四川大学、西南交通大学、成都理工大学等。

用户评论：该库内容质量高，权威性强；数据库平台使用稳定。不过，该库数据库商的培训力度较小，远程访问速度比较慢，希望数据库平台的检索功能可以更人性化。

2. Cambridge Journals Online（剑桥期刊在线）

简称：CJO

数据库平台：Cambridge Core

数据库网址：http://www.cambridge.org/core/

数据库类型：全文数据库

文献类型：期刊

语种：英文

学科分类：多学科

用户权限：使用权（一旦停购则不能使用）

数据库概况：该库分为科学技术类、人文社科类、医学类3个学科包。科学技术类包含121种期刊，97种被SCI、SSCI或AHCI（艺术人文引文索引）收录，收录比例为80.2%；人文社科类包含253种期刊，174种被SCI、SSCI或AHCI收录，收录比例为68.8%；医学类包含77种期刊，51种被SCI、SSCI或AHCI收录，收录比例为66.2%。2018年其期刊总数达388种，其中281种期刊被SCI、SSCI、AHCI收录，占比约为72.4%。期刊文理比例约为6∶4，根据2016年期刊引证报告（Journal Citation Reports，JCR），35种期刊在各自学科排名前10位，其中17种排名前5位。

资源访问模式：远程访问

资源长期保存与元数据：不支持用户进行资源长期保存、不支持用户收割元数据

资源统计：由图书馆自行查询资源使用统计、支持counter标准统计数据

使用（试用）过的单位：北京大学、清华大学、北京师范大学、北京理工大学、上海交通大学、南京大学、厦门大学、山东大学、广州大学、广州外国语大学、华南农业大学、香港中文大学（深圳）、武汉大学、四川大学、重庆大学、西南交通大学、西南财经大学等。

用户评论：该库期刊质量高、权威；系统本身的稳定性、易用性好。该库界面显示缺乏全文权限的标记；使用成本相对较高，希望加强培训，提高用户对数据库的利用率；远程访问速度略慢。

CINFO(现代信息)

Project MUSE e-Journal (Project MUSE期刊数据库)

简称:MUSE 期刊

数据库平台:MUSE

数据库网址:http://muse.jhu.edu/

数据库类型:全文数据库

文献类型:期刊

语种:英文

学科分类:多学科

用户权限:使用权(一旦停购则不能使用)

数据库概况:该库全面应用于艺术与人文社会科学研究领域及其分支方向的研究与探讨,适用于英语学术论文写作、相关学术成果类资料的收集、学术研究参考等方面,可助力学生学习与教师教学。该库收录685种高品质学术期刊,文献量超过50万篇,每年增加了期刊20种左右。其所收录的刊物由欧美260多家学术出版社和专业学术团体主办,经过专业领域内资深学者与专家的同行评审,一半以上的期刊被AHCI、SSCI和SCI收录,是高品质的人文社科期刊全文库。

资源访问模式:远程访问

资源长期保存与元数据:不支持用户进行资源长期保存、支持用户收割元数据

资源统计:定期主动提供资源使用统计、支持counter标准统计数据

使用(试用)过的单位:东北师范大学、哈尔滨工业大学、北京大学、清华大学、中国人民大学、北京外国语大学、首都师范大学、复旦大学、南京大学、杭州师范大学、浙江大学、上海交通大学、中山大学、深圳大学、广东外语外贸大学、武汉大学、华中科技大学、西南财经大学等。

用户评论:该库内容丰富,影响力强。不过,该库访问系统速度较慢,检索功能还可以进一步强化。

Clarivate Analytics[科睿唯安信息服务(北京)有限公司]

1. Arts & Humanities Citation Index(艺术人文引文索引)

简称:AHCI

数据库平台: Web of Science

数据库网址:http://www.webofscience.com/

数据库类型:索引(文摘)数据库

文献类型:期刊

语种:中文、英文、日文、俄文、其他(韩文、葡萄牙文、西班牙文)

学科分类:多学科

用户权限:买断(永久使用)

数据库概况:该库是全球著名的科技文献检索工具SCI的姊妹篇,是全球知名的专门针对人文艺术领域的文献引文数据库,包含语言、历史、艺术、哲学等28个学科领域的1 700多种国际性、高影响力的学术期刊。在全球化一体化的今天,在东西方文化渴望进一步交流的今天,ACHI能够帮助广大艺术与人文的科研人员获得一个更广阔的研究视角,是从事人文艺术研究的重要工具。

资源访问模式:远程访问

资源长期保存与元数据:支持用户进行资源长期保存、支持用户收割元数据

资源统计:定期主动提供资源使用统计

使用(试用)过的单位:吉林大学、哈尔滨工业大学、北京大学、清华大学、上海交通大学、复旦大学、中山大学、香港大学、武汉大学、华中科技大学、西安交通大学、兰州大学、四川大学、重庆大学等。

用户评论:该库检索功能强大,内容丰富,具有高的权威性。用户希望该库加强易用性,加强与遨游、360等浏览器的兼容性。另外,数据库平台系统还需要优化。

2. Book Citation Index(图书引文索引)

简称: BkCI

数据库平台: Web of Science

数据库网址:http://www.webofscience.com/

数据库类型：索引（文摘）数据库

文献类型：图书

语种：中文、英文、日文、俄文、其他（韩文、葡萄牙文、西班牙文）

学科分类：多学科

用户权限：买断（永久使用）

数据库概况：该库是科睿唯安公司推出的，专门针对学术图书及专著的引文索引数据库。该库可完整索引自然科学、社会科学和人文科学领域超过99 000种由编辑选择的图书，其中社会科学与人文艺术占比为61%，自然科学占比为39%。BkCI数据库包含BkCI-Science和BkCI-Social Science & Humanities两部分。

资源访问模式：远程访问

资源长期保存与元数据：支持用户进行资源长期保存、支持用户收割元数据

资源统计：定期主动提供资源使用统计

使用（试用）过的单位：吉林大学、哈尔滨工业大学、北京大学、清华大学、上海交通大学、复旦大学、中山大学、厦门大学、武汉大学、西安交通大学、兰州大学、重庆大学等。

用户评论：该库检索功能强大，内容丰富，具有较高的权威性。希望该库加强易用性，加强与遨游、360等浏览器的兼容性。此外，数据库平台系统还需要优化。

3. Conference Proceedings Citation Index（科学技术会议录索引网络版）

简称：CPCI

数据库平台：Web of Science

数据库网址：http://www.webofscience.com/

数据库类型：索引（文摘）数据库

文献类型：会议论文

语种：中文、英文、日文、俄文、其他（韩文、葡萄牙文、西班牙文）

学科分类：多学科

用户权限：买断（永久使用）

数据库概况：该库汇集了世界上著名的会议、座谈、研究会和专题讨论会的会议资料，文献来源包括专著、期刊、报告、学会协会或出版商的系列出版物以及预印本等。作为文摘索引型数据库，该库提供1990年以后出

版的会议文献，收录了来自14万多个会议的810多万条记录。该库每年增加近40万条记录，与其他数据库重复较少，每周更新。其科学与技术版本（CPCI-S）涵盖了所有科学与技术领域，社会科学与人文科学版本（CPCI-SSH）包含了社会科学、艺术与人文领域的所有学科。

资源访问模式：远程访问

资源长期保存与元数据：支持用户进行资源长期保存、支持用户收割元数据

资源统计：定期主动提供资源使用统计

使用（试用）过的单位：吉林大学、哈尔滨工业大学、北京大学、清华大学、上海交通大学、复旦大学、中山大学、厦门大学、武汉大学、华中科技大学、西安交通大学、兰州大学、四川大学、重庆大学等。

用户评论：该库资源质量高，价格优惠，数据库平台性能稳定；数据库内容丰富，实用性强。不过，该库有时打开速度较慢，偶尔有无法访问的情况发生；存在与SCI的数据有重合、揭示模糊的情况。

4. Data Citation Index（数据引文索引）

简称：DCI

数据库平台：Web of Science

数据库网址：http://www.webofscience.com/

数据库类型：索引（文摘）数据库

文献类型：其他（数据）

语种：中文、英文、日文、俄文、其他（韩文、葡萄牙文、西班牙）

学科分类：多学科

用户权限：使用权（一旦停购则不能使用）

数据库概况：该库为科睿唯安公司于2012年在Web of Science数据库平台中新加入的数据库，方便用户检索和发现科研数据，同时能链接至已出版的相关文献以便用户了解其引文指标。该库有助于研究可发现的、可引用的并且可链接至原始研究文献的数据。该库汇集了来自全球高质量数据知识库的570多万条记录，这些记录基于描述性元数据，可用于创建关于数据研究的书目记录和被引用的参考文献，旨在为学术界提供促进研究数据标准引用格式的支持。

资源访问模式：远程访问

资源长期保存与元数据：支持用户进行资源长期保存、支持用户收割元数据

资源统计：定期主动提供资源使用统计

使用(试用)过的单位：吉林大学、哈尔滨工业大学、北京大学、清华大学、上海交通大学、复旦大学、中山大学、厦门大学、武汉大学、华中科技大学、西安交通大学、兰州大学、四川大学、重庆大学等。

用户评论：该库广泛收录了研究数据信息，内容质量高，有助于机构研究整合数据资源，实用性强。部分用户反馈该库偶尔存在打开速度较慢的情况。

5. Derwent Data Analyzer(德温特数据分析工具)

简称：DDA

数据库平台：DDA 单机版软件

数据库网址：单机版软件(账号密码)

数据库类型：数值文本数据库

文献类型：其他(单机版软件)

语种：中文、英文、日文、俄文、其他(韩文、葡萄牙文、西班牙文)

学科分类：多学科

用户权限：使用权(一旦停购则不能使用)

数据库概况：该库是一个具有强大分析功能的文本挖掘软件，可以对文本数据进行多角度的挖掘和可视化的全景分析。该库能够帮助研究人员从大量的科技文献或专利文献中发现竞争情报和技术情报，为处理海量数据、洞察科学技术的发展趋势、发现新兴技术、寻找合作伙伴、确定研究战略和发展方向提供有价值的信息。

资源长期保存与元数据：支持用户进行资源长期保存、支持用户收割元数据

资源统计：定期主动提供资源使用统计

使用(试用)过的单位：吉林大学、哈尔滨工业大学、北京大学、清华大学、上海交通大学、复旦大学、中山大学、厦门大学、武汉大学、华中科技大学、西安交通大学、兰州大学、四川大学、重庆大学等。

用户评论：该库内容质量出色，系统和数据库平台稳定。用户希望该库数据商能更主动地提供培训，并加快问题反馈的处理速度。

6. Derwent Innovation(德温特创新数据库平台)

简称：DI

数据库平台：Derwent Innovation

数据库网址:http://www.derwentinnovation.com/login/

数据库类型:索引(文摘)数据库

文献类型:专利

语种:中文、英文、日文、俄文、其他(韩文、葡萄牙文、西班牙文)

学科分类:多学科

用户权限:使用权(一旦停购则不能使用)

数据库概况:该库是科睿唯安公司在应用创新领域拥有的全球知名的专利科技文献检索数据库平台,专利数据来源于DWPI(德温特世界专利索引)数据,包含了全球100余个国家和地区的专利文献。该库共包括超过2 300万个DWPI专利家族,涵盖超过11 000万件专利。该库的专利由800多名各领域的专家仔细阅读全球47个专利授权机构发行的各种不同语言的专利文件后,对每一条专利进行重新标引、错误信息改正、专利家族归并,以英文进行简明扼要的改写而成,并建立了侧重于专利用途的德温特分类和德温特手工代码。

资源长期保存与元数据:支持用户进行资源长期保存、支持用户收割元数据

资源统计:定期主动提供资源使用统计

使用(试用)过的单位:哈尔滨工业大学、清华大学、同济大学、中山大学、华中科技大学、西安交通大学、电子科技大学等。

用户评论:该库的系统性能稳定,平台的操作方式人性化,数据权威,质量高。不过,该库部分内容与DII(德温特创新索引)数据库的内容重叠,而且数据库的采购成本稍微偏高。

7. Derwent Innovations Index(德温特创新索引)

简称:DII

数据库平台: Web of Science

数据库网址:http://www.webofknowledge.com/

数据库类型:索引(文摘)数据库

文献类型:专利

语种:中文、英文、日文、俄文、其他(韩文、葡萄牙文、西班牙文)

学科分类:多学科

用户权限:使用权(一旦停购则不能使用)

数据库概况:该库由汤森路透知识产权与科技集团出版,隶属于Thomson Reuters(汤森路透集团)。该库基于Web of Science数据库平台,

由 DWPI 和 Patents Citation Index（专利引文索引，简称 PCI）两部分组成。该库收录了来自全球47个专利机构（涵盖100多个国家）的专利信息，数据可回溯到1963年，每周更新。该库提供了专利全文电子版的链接，点击记录中专利号旁的“Original Document”按钮，用户可以获取绝大多数专利全文的 PDF 版。此外，库内还包括了 DII 专利家族的标引，基本上解决了专利全文的获取问题。

资源访问模式：远程访问

资源长期保存与元数据：支持用户进行资源长期保存、支持用户收割元数据

资源统计：定期主动提供资源使用统计

使用（试用）过的单位：吉林大学、哈尔滨工业大学、北京大学、清华大学、上海交通大学、复旦大学、中山大学、厦门大学、武汉大学、华中科技大学、西安交通大学、兰州大学、四川大学、重庆大学等。

用户评论：该库内容质量好，检索系统不错，涉猎范围广泛。不过，该库的专利名称是经过改写的，不利于用户搜索，希望改写过的专利名称和原专利名称能同时呈现。

8. EndNote（文献管理工具）

简称：EndNote

数据库平台：EndNote 单机版软件

数据库网址：单机版软件（账号密码）

数据库类型：索引（文摘）数据库

文献类型：其他（单机版软件）

语种：中文、英文

学科分类：多学科

用户权限：使用权（一旦停购则不能使用）

数据库概况：该库是科睿唯安公司开发的旗舰型文献管理系统，至今已有20余年历史，最新版本为X9（第19版）。世界各地的研究人员、学生以及图书馆馆员都在利用 Web of Science 检索和分析研究文献，并且使用该库来查找、组织和格式化他们的参考数据。该库可以极大地提高学者的科研效率，减少重复劳动。该库综合的写作解决方案，可以让用户在输入和按出版物要求编排格式方面节省大量的时间，因此，该库成为数百万研究人员、学术作者、学生以及图书管理员广泛使用的研究、写作和发表的工具。

资源访问模式:远程访问

资源长期保存与元数据:支持用户进行资源长期保存、支持用户收割元数据

资源统计:定期主动提供资源使用统计

使用(试用)过的单位:哈尔滨工业大学、清华大学、同济大学、中山大学、华中科技大学、西安交通大学、电子科技大学等。

用户评论:该库数据内容与质量都很出色,用户反馈适用性强、满意度高。不过,一些用户认为该库检索界面不够简洁,操作方式不太人性化。同时,希望该库数据商能够进一步提高其服务和培训的质量。

9. Essential Science Indicators(基本科学指标)

简称:ESI

数据库平台: InCites

数据库网址:http://esi.incites.thomsonreuters.com/

数据库类型:索引(文摘)数据库

文献类型:期刊

语种:中文、英文

学科分类:多学科

用户权限:使用权(一旦停购则不能使用)

数据库概况:该库是一个基于Web of Science核心合集数据库的深度分析型研究工具,涵盖全球12 000多种期刊的1 200万余篇文献资源,可以揭示在某个研究领域有影响力的国家、机构、期刊和论文以及研究前沿。通过该库,科研人员可以分析机构、国家和期刊的论文产出和影响力,发现自然科学和社会科学领域中的重大发展趋势,可以按研究领域对国家、机构、期刊和论文进行排名,评估潜在的合作单位和具有潜力的人才。这种独特而全面的基于论文产出、引文与影响力深入分析的数据是政府机构、大学、企业、实验室、出版公司和基金会的决策者、管理者、情报分析人员和信息专家理想的分析资料来源。

资源访问模式:远程访问

资源长期保存与元数据:支持用户进行资源长期保存、支持用户收割元数据

资源统计:定期主动提供资源使用统计

使用(试用)过的单位:吉林大学、哈尔滨工业大学、北京大学、清华大学、上海交通大学、复旦大学、中山大学、厦门大学、武汉大学、华中科技大

学、西安交通大学、兰州大学、四川大学、重庆大学等。

用户评论：该库的资源内容权威，平台使用稳定；数据更新及时且准确。希望该库检索更加灵活，并增加按篇名搜索的功能；希望数据更新时间更固定，访问速度能够更快。

10. InCites Benchmarking（综合索引库）

简称：InCites

数据库平台：InCites

数据库网址：http://incites.clarivate.com/

数据库类型：索引（文摘）数据库

文献类型：期刊、图书

语种：中文、英文

学科分类：多学科

用户权限：使用权（一旦停购则不能使用）

数据库概况：该库集合了近30年来Web of Science核心7大索引数据库的数据，拥有多元化的指标和丰富的可视化效果，可以辅助科研管理人员更高效地制定战略决策。利用该库，科研管理人员能够实现如下功能：定位重点学科，发展潜力学科，优化学科布局；跟踪和评估机构的科研绩效；与同行机构开展对标分析，明确机构全球定位；分析本机构科研合作的开展情况，识别高效的合作伙伴；挖掘机构内高影响力和高潜力的研究人员，吸引外部优秀人才。

资源访问模式：远程访问

资源长期保存与元数据：支持用户进行资源长期保存、支持用户收割元数据

资源统计：定期主动提供资源使用统计

使用（试用）过的单位：吉林大学、哈尔滨工业大学、北京大学、清华大学、上海交通大学、复旦大学、中山大学、厦门大学、武汉大学、华中科技大学、西安交通大学、兰州大学、四川大学、重庆大学等。

用户评论：该库系统功能强大，售后服务和培训指导到位；数据分析专业。由于该库的一些指标相对复杂，不容易理解和掌握，用户上手有一定难度，因此希望其能提供更加全面的培训。此外，希望该库的系统登录更稳定，使用成本更低。

11. Journal Citation Reports(期刊引证报告)

简称:JCR

数据库平台: InCites

数据库网址:http://jcr.incites.thomsonreuters.com/

数据库类型:索引(文摘)数据库

文献类型:期刊

语种:中文、英文

学科分类:多学科

用户权限:使用权(一旦停购则不能使用)

数据库概况:该库是提供基于引文数据统计信息的期刊评价资源,涵盖了来自81个国家和地区的11 000多种期刊,覆盖近250个学科领域。通过对Web of Science的引文数据进行分析,该库可以揭示期刊层面的研究影响力,并展示相互引用期刊之间的关系。此外,该库还提供定量工具,协助用户了解出版活动,评估在推动研究发展中起到重要作用的期刊。该库还可智能地利用期刊影响因子,为图书馆馆员、信息专家、出版机构编辑人员、研究人员、研究管理人员和情报分析人员等提供有力的数据支持,助力其进行顶尖的研究成果和研究前沿的深入分析。

资源访问模式:远程访问

资源长期保存与元数据:支持用户进行资源长期保存、支持用户收割元数据

资源统计:定期主动提供资源使用统计

使用(试用)过的单位:吉林大学、哈尔滨工业大学、北京大学、清华大学、上海交通大学、复旦大学、中山大学、厦门大学、武汉大学、华中科技大学、西安交通大学、兰州大学、四川大学、重庆大学等。

用户评论:该库是国际公认的期刊评价工具,包含较长时间跨度内的数据,并能以可视化的方式直观呈现影响因子。该库检索界面友好,符合用户使用习惯;用户使用率持续增长;服务器运行基本正常。

12. Science Citation Index Expanded(科学引文索引)

简称:SCI-E

数据库平台: Web of Science

数据库网址:http://www.webofscience.com/

数据库类型:索引(文摘)数据库

文献类型:期刊

语种:中文、英文、日文、俄文、其他(韩文、葡萄牙文、西班牙文)

学科分类:多学科

用户权限:买断(永久使用)

数据库概况:该库是全球知名的专门针对自然科学领域的文献引文数据库,是全球著名的科技文献检索工具Science Citation Index的较大版本,涉及工程学、临床医学、物理学等170多个学科领域,9 000多种国际性、高影响力的学术期刊。由于这些期刊采用严格的筛选过程,因此被公认为世界最权威的顶尖科学技术类期刊之一,能够提供科学领域中最重要的研究成果,在人类文明发展进程中有着相当大的贡献和影响力。

资源访问模式:远程访问

资源长期保存与元数据:支持用户进行资源长期保存、支持用户收割元数据

资源统计:定期主动提供资源使用统计

使用(试用)过的单位:吉林大学、哈尔滨工业大学、北京大学、清华大学、上海交通大学、复旦大学、中山大学、厦门大学、武汉大学、华中科技大学、西安交通大学、兰州大学、四川大学、重庆大学等。

用户评论:该库资源内容质量高,是科技研究不可或缺的文献资源,具备连接其他学术信息资源的能力,可以跟踪学术文献的被引用信息。该库检索界面友好,检索结果可以多种方式排序;用户使用率持续增长,服务器运行基本正常。

13. Science Social Citation Index(社会科学引文索引)

简称:SSCI

数据库平台: Web of Science

数据库网址:http://www.webofscience.com/

数据库类型:索引(文摘)数据库

文献类型:期刊

语种:中文、英文、日文、俄文、其他(韩文、葡萄牙文、西班牙文)

学科分类:多学科

用户权限:买断(永久使用)

数据库概况:该库是全球著名的科技文献检索工具SCI的姊妹篇,是全球知名的专门针对社会科学领域的文献引文数据库,涉及商业、经济学、心理学、精神病学等56个学科领域,3 200多种国际性、高影响力的学术期

刊。该库能够帮助广大社会科学或聚焦在交叉学科的科研人员获得一个全新的研究视角。在全球化一体化的今天,该库是用户从事社会研究的重要工具。

资源访问模式:远程访问

资源长期保存与元数据:支持用户进行资源长期保存、支持用户收割元数据

资源统计:定期主动提供资源使用统计

使用(试用)过的单位:吉林大学、哈尔滨工业大学、北京大学、清华大学、上海交通大学、复旦大学、中山大学、厦门大学、武汉大学、华中科技大学、西安交通大学、兰州大学、四川大学、重庆大学等。

用户评论:该库资源内容质量高,是社会科学研究不可或缺的文献资源。该库检索界面友好,检索结果可以多种方式排序;用户使用率持续增长,服务器运行基本正常。

14. Web of Science Core Collection(Web of Science核心合集)

简称: WoS CC

数据库平台: Web of Science

数据库网址:http://www.webofknowledge.com/

数据库类型:索引(文摘)数据库

文献类型:期刊、图书

语种:中文、英文、日文、俄文、其他(韩文、葡萄牙文、西班牙文)

学科分类:多学科

用户权限:买断(永久使用)

数据库概况:该库是全球权威的引文数据库,广泛收录了世界一流的学术研究成果,涵盖了自然科学、社会科学以及艺术与人文科学领域的约256个学科。该库分析功能强大且全面,能够帮助科研人员快速锁定高影响力论文,发现国内外同行和权威机构所关注的研究方向,跟踪课题的发展趋势,选择合适的期刊进行投稿,以及更好地把握相关课题,寻求研究突破点与创新点。作为引文索引数据库,该库揭示了不同学科领域的引证关系,帮助科研人员发现在其科研成果撰写和发表过程中所建立起来的相互关联。通过引文检索,科研人员能够从该库的近13亿被引文献中找到被引文献之间的联系,回溯某一项研究文献的起源与历史,或追踪其最新的研究进展,既可以越查越深,也可以越查越新。

资源访问模式:远程访问

资源长期保存与元数据:支持用户进行资源长期保存、支持用户收割元数据

资源统计:定期主动提供资源使用统计

使用(试用)过的单位:吉林大学、哈尔滨工业大学、北京大学、清华大学、上海交通大学、复旦大学、中山大学、厦门大学、武汉大学、华中科技大学、西安交通大学、兰州大学、四川大学、重庆大学等。

用户评论:该库检索功能强大。不过,该库后台的使用统计略微复杂,网络访问会出现速度慢等问题,其中社会科学SSCI收录的数量有待提高。

EBSCO[艾博思科印刷出版咨询(北京)有限公司]

1. Academic Search Complete & Business Source Complete(综合学术参考类全文数据库与商管财经类全文数据库)

简称:ASC&BSC

数据库平台:EHOST

数据库网址:http://search.ebscohost.com/

数据库类型:全文数据库

文献类型:期刊、图书、报纸、图片、音视频

语种:英文

学科分类:多学科

用户权限:使用权(一旦停购则不能使用)

数据库概况:该库为EBSCO于2009年推出的全文数据库,该库是综合学术参考类全文数据库和商管财经类全文数据库(Academic Source Premier & Business Source Premior, ASP & BSP)的升级版本。除了完全覆盖原ASP & BSP的所有收录内容外,该库还在全文文献收录种类和内容上做了大幅地升级与扩展。它涵盖了多个学术研究领域,包括数学、物理、教育、法律、医学、语言学、人文、工程技术、工商经济、信息科技、通信传播、生物科学、公共管理、历史学、计算机科学、传播学、法律、军事、文化、健康卫生医疗、生物科学、艺术、视觉传达、表演艺术、心理学、哲学、妇女研究、各国文学等,覆盖了自然科学和社会科学的各个学科。该库使用EBSCO host2.0检索平台,界面简洁、功能丰富,数据库检索支持基本检索和高级检索,提供出版物名称、题名、作者、全文等17个字段的检索功能,检索结果可以按照相关度、出版时间、来源、作者进行排序。EBSCO host2.0还提供

了功能强大的图像检索工具，将大量图片显示在检索结果底部，向用户直观呈现来自期刊文章的图片。该库适合本科、研究生和科研学者使用。

资源访问模式：远程访问

资源长期保存与元数据：不支持用户进行资源长期保存、不支持用户收割元数据

资源统计：由图书馆自行查询资源使用统计、支持counter标准统计数据

使用（试用）过的单位：哈尔滨工业大学、北京大学、清华大学、南开大学、复旦大学、上海交通大学、浙江大学、南京大学、中国科技大学、中山大学、厦门大学、暨南大学、华中科技大学、华中师范大学、湖南大学、西安交通大学、西北大学、四川大学、电子科技大学、西南大学等。

用户评论：该库运行稳定，数据质量比较高，检索界面人性化。该系统的论文页面提供了自动翻译和语音朗诵等功能，非常人性化。不过，数据库平台访问速度比较慢，对问题反馈的响应有时不够及时。

2. Academic Search Ultimate（综合学科全文数据库）

简称：Academic Search Ultimate

数据库平台：EHOST

数据库网址：http://search.ebscohost.com/

数据库类型：全文数据库、索引（文摘）数据库

文献类型：期刊、图书、报纸、会议论文、图片、音视频

语种：英文、中文

学科分类：多学科

用户权限：使用权（一旦停购则不能使用）

数据库概况：该库为综合性学科全文数据库，收录了数千种英文期刊以及来自亚洲、大洋洲、欧洲和美洲等本地语言的全文期刊，为学生在研究过程中提供了更广泛、更具国际视野的资源，覆盖了众多学科，包括但不限于动物科学、人类学、天文学、生物学、化学、工程、种族和多元文化研究、一般科学、地理、地质学、法律、数学、音乐、医药科学、物理、心理学、宗教和哲学、科学和技术、兽医学、女性研究、动物学等。该库收录了超过12 400种全文期刊，超过10 900种同行评审的全文期刊，还有近7 000种全文期刊来自主要学科主题索引。

资源访问模式：远程访问

资源长期保存与元数据：不支持用户进行资源长期保存、不支持用户收割元数据

资源统计：由图书馆自行查询资源使用统计、支持counter标准统计数据

使用(试用)过的单位：中山大学、厦门大学、北京大学、清华大学、北京师范大学、南京大学、四川大学、浙江大学、南开大学等。

用户评论：该库平台很稳定，内容质量比较高；对问题的回复和反馈效率很高。升级后，希望能加强对新内容的培训。此外，用户反馈称管理员账号在进行使用统计时不太好用。

3. America History and Life(美加历史及生活全文数据库)

简称：America History and Life

数据库平台：EHOST

数据库网址：http://search.ebscohost.com/

数据库类型：全文数据库

文献类型：期刊、图书

语种：英文

学科分类：多学科

用户权限：使用权(一旦停购则不能使用)

数据库概况：该库由ABC-CLIO出版公司与EBSCO共同制作，提供关于美国及加拿大文化及历史主题的内容。该库收录数百种全文期刊和书籍，是了解美国与加拿大历史文化不可或缺的权威参考资源，适合历史相关专业的师生使用。

资源访问模式：远程访问

资源长期保存与元数据：不支持用户进行资源长期保存、不支持用户收割元数据

资源统计：由图书馆自行查询资源使用统计、支持counter标准统计数据

使用(试用)过的单位：北京大学、四川大学、重庆大学等。

用户评论：该库内容丰富，涵盖的时间跨度大。该库收录了两百种全文期刊和书籍，是了解美国与加拿大历史文化的权威资料。

4. Applied Science & Technology Source Ultimate（应用科学与技术专题旗舰库）

简称：ASTSU

数据库平台：EHOST

数据库网址：http://search.ebscohost.com/

数据库类型：全文数据库

文献类型：期刊、图书

语种：英文

学科分类：多学科

用户权限：使用权（一旦停购则不能使用）

数据库概况：该库包含上百种来自顶尖引文索引数据库的全文期刊，还涵盖超过百种被引用于重要的科学、科技与工程主题索引中的学术全文期刊，以传达STEM（科学、技术、工程、数学的统称）学科最新趋势与创新的信息。该库资源横跨美洲、非洲、亚洲、大洋洲、欧洲，拥有上百种英语与当地语言的全文期刊，为STEM学科研究者带来全球性的视角。结合来自世界各地出版内容与特定地域的权威性数据，该库提供了范围广泛的地域性消息，给予用户全球性观点。

资源访问模式：远程访问

资源长期保存与元数据：不支持用户进行资源长期保存、不支持用户收割元数据

资源统计：由图书馆自行查询资源使用统计、支持counter标准统计数据

使用（试用）过的单位：四川大学、国防科技大学、湖南工业大学等。

用户评论：该库内容前沿且丰富，用户友好性高。不过，有用户反馈其使用统计账号的体验不太好。

5. Art & Architecture Source（艺术与建筑专题大库）

简称：AAS

数据库平台：EHOST

数据库网址：http://search.ebscohost.com/

数据库类型：全文数据库

文献类型：期刊、图书、图片

语种：英文、其他（法文、意大利文、西班牙文、德文及荷兰文）

学科分类：艺术学、工学

用户权限：使用权（一旦停购则不能使用）

数据库概况：该库是将 Art & Architecture Complete（艺术与建筑学数据库）和 Art Full Text（艺术全文数据库）整合去重后加入许多新增全文资源的新产品，拥有艺术和建筑研究中无与伦比的资源，库内包括了许多独特的资源。该库涵盖了范围广泛的主题，从装饰艺术和商业艺术，到建筑和建筑设计的各个领域。该库还包含了来自 Picture Desk 等出版社的 63 000 多幅图片，适合艺术与建筑相关专业的师生使用。

资源访问模式：远程访问

资源长期保存与元数据：不支持用户进行资源长期保存、不支持用户收割元数据

资源统计：由图书馆自行查询资源使用统计、支持 counter 标准统计数据

使用（试用）过的单位：清华大学、北京建筑大学、北京电影学院、北京舞蹈学院、上海交通大学、东华大学、四川大学、华中科技大学等。

用户评论：该库内容丰富，包含了美术、装饰艺术、商业艺术、建筑学、建筑设计、民俗艺术、平面设计、工业设计、雕刻、绘画、摄影、版画等领域，用户体验好。不过，该库统计账号的使用体验不太好。

6. EBSCO Faculty Select（学术电子书荐购资源数据库平台）

简称：EBSCO Faculty Select

数据库平台：EHOST

数据库网址：http://search.ebscohost.com/

数据库类型：全文数据库、参考工具数据库

文献类型：图书

语种：英文、其他

学科分类：多学科

用户权限：使用权（一旦停购则不能使用）

数据库概况：该库使学术图书馆能够直接支持其机构从而降低教材采购负担，适合师生和图书馆馆员使用。通过一个简单易用的界面，教师们可以轻松查找和访问高质量的 Open Educational Resources（开放教育资源，简称 OER）来支持他们的课程，同时也能检索和请求访问来自顶尖学术出版社的相关电子书，利用免费的开源材料和低成本的图书馆授权资源，图书馆馆员可以通过师生的偏好来制定采购工作流程 ECM（EBSCO host Collection Manager)或订购所需要的电子书。

资源访问模式:远程访问

资源长期保存与元数据:不支持用户进行资源长期保存、不支持用户收割元数据

资源统计:由图书馆自行查询资源使用统计、支持counter标准统计数据、支持SUSHI协议、按照最新评估指南提供图书统计信息

使用(试用)过的单位:华南理工大学、重庆大学等。

用户评论:该库提供了在一个数据库平台免费访问和下载许多开放获取的外文教科书的服务其提供的电子书摘要及索引信息数量较多,价格比较实惠。不过,未购买电子书的用户只能看到摘要与索引,不能预览。

7. Business Book Summaries(商业书籍的评论及精华概述资料库)

简称:BBS

数据库平台:EHOST

数据库网址:http://search.ebscohost.com/

数据库类型:索引(文摘)数据库

文献类型:图书、会议论文、音视频

语种:英文

学科分类:经济学、管理学

用户权限:使用权(一旦停购则不能使用)

数据库概况:该库收录了近20年内出版的超过850种全球顶尖商业书籍的评论(Review)及重点概述(Summary)。该库独家收录哈佛商业评价出版社(Harvard Business Review Press)的书评,适合商学和经济学相关专业的师生使用。库内每篇书籍评论文章以300字、600字或4 500字的篇幅呈现,包括完整的PDF格式的评论内容,能够较为完整地介绍每本书的主要内容,为全球各商学院及MBA课程必备的电子文献。每年,该库都从近6 000种出版的商业书籍中,精选出1%的优质著作,供用户参考。

资源访问模式:远程访问

资源长期保存与元数据:不支持用户进行资源长期保存、不支持用户收割元数据

资源统计:由图书馆自行查询资源使用统计、支持counter标准统计数据

使用(试用)过的单位:上海交通大学、东华大学、上海财经大学、上海立信会计金融学院、宁波诺丁汉大学等。

用户评论:该库内容质量较高,评论文章能够详细呈现每本书籍的主要内容,使用方便。不过,该库的统计账号不太好用。

8. CINAHL COMPLETE(护理学全文数据库)

简称: CINAHL COMPLETE

数据库平台:EHOST

数据库网址:http://search.ebscohost.com/

数据库类型:全文数据库

文献类型:期刊、图书

语种:英文

学科分类:医学

用户权限:使用权(一旦停购则不能使用)

数据库概况:该库是世界上具备最全面的护理医疗全文期刊数据库之一,收录超过1 300种全文期刊,完整收录了来自Open Educational Resources(美国职能治疗协会)及American Diabetes Association(美国糖尿病协会)的出版物及期刊,同时包含了许多常常被CINAHL(护理学数据库)索引的重要期刊,多数期刊无延迟。该库收录了逾5 000种护理相关的期刊、论文、研讨会论文的索引摘要,是护理医疗研究领域不可或缺的研究工具。

资源访问模式:远程访问

资源长期保存与元数据:不支持用户进行资源长期保存、不支持用户收割元数据

资源统计:由图书馆自行查询资源使用统计、支持counter标准统计数据

使用(试用)过的单位:武汉大学、复旦大学、电子科技大学、中国人民解放军海军军医大学、浙江大学、厦门大学、华中科技大学等。

用户评论:该库收录的资源全面,包括护理与综合保健期刊的索引摘要、参考文献、数据记录和期刊全文,文献的时间最早可回溯至1937年。此外,该库还提供独特的CINAHL Heading主题词表及护理学量表。希望该库数据商强化使用培训。

9. Communication Source(传播及应用外语全文数据库)

简称:CS

数据库平台:EHOST

数据库网址:http://search.ebscohost.com/

数据库类型:全文数据库

文献类型:期刊、会议论文

语种:英文

学科分类:文学

用户权限:使用权(一旦停购则不能使用)

数据库概况:该库是EBSCO高质量数据库的一部分,包含Communication & Mass Media Complete(传播与语言沟通研究全文期刊数据库)以及Communications Abstracts(传播研究文献数据库)、Communication Source(传播应用外语全文数据库)。该库内容涵盖美国和全球出版的学术期刊、会议论文、会议记录、商业性出版物、杂志等。

资源访问模式:远程访问

资源长期保存与元数据:不支持用户进行资源长期保存、不支持用户收割元数据

资源统计:由图书馆自行查询资源使用统计、支持counter标准统计数据

使用(试用)过的单位:东北师范大学、大连外国语大学、大连海事大学、中国传媒大学、北京外国语大学、清华大学、复旦大学、华东政法大学、浙江大学、中南财经政法大学、华中科技大学、华中师范大学、武汉大学、中国人民大学等。

用户评论:该库内容完整,质量高,覆盖面广;界面友好且功能强大,适合于传媒和英语相关专业的用户。部分用户认为该库的统计账号使用体验不太理想。

10. DynaMed Plus(实证医学数据库进阶版)

简称: DynaMed Plus

数据库平台:EHOST

数据库网址:http://search.ebscohost.com/

数据库类型:参考工具数据库

文献类型:其他(Overviews & Recommendations概要与建议等级、Drug Content更新的药物内容信息等)

语种：英文

学科分类：医学

用户权限：使用权（一旦停购则不能使用）

数据库概况：该库每日更新，使用方便，为临床医疗和实证医学领域的从业人员提供了较好的参考和检索体验。临床研究人员可以通过查看位于每个主题顶部的"Overviews & Recommendations"信息，迅速了解该主题的最佳"证据"，并查看总结和建议；同时还可以查看每一项建议背后的"证据等级"和"指南"。此外，该库还提供了与Micromedex® Standard Drug合作的药物信息，包括用药的安全性、静脉注射兼容性以及实验建议等信息；同时还可以与Micromedex DRUGDEX数据库链接（需要订购此数据库）。该库提供了适用于各种移动设备的免费APP，安装简便，并会根据用户的设备自动调整以呈现最佳的界面，用户可以通过计算机浏览器或移动设备浏览内容；只要用户所在的机构订购了该库，其APP可以供数量无限制的用户在移动设备上使用。

资源访问模式：远程访问

资源长期保存与元数据：不支持用户进行资源长期保存、不支持用户收割元数据

资源统计：由图书馆自行查询资源使用统计、支持counter标准统计数据

使用（试用）过的单位：上海交通大学、浙江大学、南京中医药大学等。

用户评论：该库可帮助临床医护从业人员和学生快速查找问题的答案，提供明确的诊疗建议和证据等级；涵盖来自全球的2万余份临床诊疗指南，内容丰富。不过，部分用户反馈称该库的统计账号使用体验不太理想。

11. eBook Academic Collection（学术型电子书专辑）

简称：eBook Academic Collection

数据库平台：EHOST

数据库网址：http://search.ebscohost.com/

数据库类型：全文数据库

文献类型：图书、会议论文

语种：英文

学科分类：多学科

用户权限：使用权（一旦停购则不能使用）

数据库概况：该库的订阅型电子书涵盖了16万种，其中55 000多种来自超过110所大学出版社，1 300多种为Choice杰出学术图书。用户可随着时间的推移访问更多的电子书，但不必为订购期内更新的内容支付额外费用，同时没有并发用户数限制。该库提供在线阅读和离线下载两种模式。库内电子书的专业分类覆盖了学术研究的各个领域，为图书馆提供了一种简单、低成本、便捷的馆藏扩充方式。

资源访问模式：远程访问

资源长期保存与元数据：不支持用户进行资源长期保存、不支持用户收割元数据

资源统计：由图书馆自行查询资源使用统计、支持counter标准统计数据

使用(试用)过的单位：北京师范大学、云南师范大学、复旦大学、北京农学院等。

用户评论：该库收录了大量精选的多学科电子书，包括广泛的专辑资源，用户可以查找到与其研究主题相关的数据，而价格也相对较低。该库采取非买断(永久使用)型订阅方式，需按年付费。

12. eBooks-University Press Collection(知名大学出版社电子书专辑)

简称：eBooks-University Press Collection

数据库平台：EHOST

数据库网址：http://search.ebscohost.com/

数据库类型：全文数据库

文献类型：图书

语种：英文

学科分类：多学科

用户权限：使用权(一旦停购则不能使用)

数据库概况：该库收录了来自全球100多所知名大学出版社的超过34 000多种多领域学科书籍。无论用户是入门或是资深研究人员，该电子书专辑都能够提供适当的研究资源，因此成为提供图书馆研究性馆藏的重要来源。该库适合商学和经济学相关专业的师生使用。

资源访问模式：远程访问

资源长期保存与元数据：不支持用户进行资源长期保存、不支持用户收割元数据

资源统计: 由图书馆自行查询资源使用统计、支持 counter 标准统计数据

使用(试用)过的单位: 复旦大学、四川大学、重庆大学等。

用户评论: 该库覆盖面广泛,涉及全球100多所知名大学出版社的书籍,涵盖科学以及人文等多个学科,而且价格较低。该库采取非买断(永久使用)型订阅方式,需按年付费。

13. Econlit with Full Text(美国经济协会全文数据库)

简称: Econlit

数据库平台: EHOST

数据库网址: http://search.ebscohost.com/

数据库类型: 全文数据库

文献类型: 期刊、图书、会议论文

语种: 英文

学科分类: 经济学

用户权限: 使用权(一旦停购则不能使用)

数据库概况: 该库由 EBSCO Publishing 与 American Economics Association(美国经济学会,简称 AEA)共同制作。该库提供经济领域权威、全面的全文内容,包括理论经济学和应用经济学。该库收录1886年至今600多种国际性经济学期刊文章、书籍、研究报告、会议论文及博硕士论文等相关文献,收录的数据逾130万笔,每年以约26 000笔的速度持续增加。该数据库致力于为全球各类行业和科研单位提供相关的经济信息,适用于研究人员、学者、管理者及公共政策专家。该库可作为用户现有经济商业类资源的重要补充。

资源访问模式: 远程访问

资源长期保存与元数据: 不支持用户进行资源长期保存、不支持用户收割元数据

资源统计: 由图书馆自行查询资源使用统计、支持counter标准统计数据

使用(试用)过的单位: 上海对外经贸大学、上海财经大学、厦门大学、复旦大学、南京农业大学、中国人民大学、首都经济贸易大学、西南财经大学等。

用户评论: 该库内容更新迅速,大部分无时滞,覆盖经济学领域广泛,如经济理论、历史、货币理论、财政制度、劳工经济、国际性经济、区域性经济和城市经济等主题。部分用户反馈该库的后台使用体验不佳。

14. Education Source（教育专题文献数据库）

简称：ES

数据库平台：EHOST

数据库网址：http://search.ebscohost.com/

数据库类型：全文数据库

文献类型：期刊、图书、年鉴

语种：英文

学科分类：教育学

用户权限：使用权（一旦停购则不能使用）

数据库概况：该库为结合EBSCO及H.W.Wilson公司相关教育资源的在线数据库，包含众多从未在其他数据库内收录的独特资源。该库收录范围广泛，可满足研究生、老师及教育政策执行者学术研究的需要，是全球最大及最完整的教育资源全文数据库之一。全文出版物包含教育学期刊、英语出版的期刊、专著、年鉴等。该库收录的出版物主题涉及不同层次的教育资源，从幼儿教育到高等教育均有收录，还包括专科教育领域，如多语教育、健康教育及相关测验。在教育主题方面，该库包括了目前备受关注的课题，如多语教育、健康教育及评估、成人教育、持续教育、远程教育、多元文化教育、道德教育，以及政府拨款、社会问题、学生辅导、职业教育等。

资源访问模式：远程访问

资源长期保存与元数据：不支持用户进行资源长期保存、不支持用户收割元数据

资源统计：由图书馆自行查询资源使用统计、支持counter标准统计数据

使用（试用）过的单位：清华大学、南京师范大学、上海师范大学、北京师范大学等。

用户评论：该库内容独特、珍贵、丰富，涵盖不同层次的教育资源，能够满足各种使用者的研究需求。希望其后台统计功能能够更人性化。

15. Energy & Power Source（国际能源与动力全文数据库）

简称：EPS

数据库平台：EHOST

数据库网址：http://search.ebscohost.com/

数据库类型：全文数据库

文献类型:图书、期刊、科技报告

语种:英文

学科分类:工学、农学

用户权限:使用权(一旦停购则不能使用)

数据库概况:该库是为满足动力与能源领域各层面需求而设计的电子全文数据库。通过该库,用户能检索并访问顶尖的学术期刊、专业书籍、商业杂志以及其他宝贵资源。该库的主题着重于能源和动力相关领域,包括但不限于煤矿、电力、天然气、核能、石化、替代能源(水力发电、风力发电、太阳能、替代性燃料);涵盖关于动力及能源的各个方面,如运输、通路、配送、探采、营销、制程、生产、研究与销售;收录逾1 000种出版物;提供来自全球顶尖能源及动力产业代表的程序准则、实务指南与范例资源。用户可快速存取完整的全文内容与表格、流程图等内容。

资源访问模式:远程访问

资源长期保存与元数据:不支持用户进行资源长期保存、不支持用户收割元数据

资源统计:由图书馆自行查询资源使用统计、支持counter标准统计数据

使用(试用)过的单位:上海交通大学、东华大学、上海财经大学、中国科学技术大学、郑州大学、河南大学等。

用户评论:该库内容丰富完整,能够满足动力与能源领域各层面的需求。希望该库在培训方面能进一步强化。

16. Environment Complete(环境科学全文库)

简称:EC

数据库平台:EHOST

数据库网址:http://search.ebscohost.com/

数据库类型:全文数据库

文献类型:图书、期刊、会议论文

语种:英文

学科分类:工学、农学、理学

用户权限:使用权(一旦停购则不能使用)

数据库概况:该库深度覆盖了农学、生态系统学、能源、自然资源、海事与淡水科学、地理学、污染与浪费控制、环境技术、环境规律、公共政策、社会效应、城市规划等领域。适合环境与农学相关专业的师生使用。

资源访问模式:远程访问

资源长期保存与元数据:不支持用户进行资源长期保存、不支持用户收割元数据

资源统计:由图书馆自行查询资源使用统计、支持counter标准统计数据

使用(试用)过的单位:中国农业大学、北京林业大学、华中农业大学、四川农业大学等。

用户评论:该库的系统和平台非常稳定,内容比较丰富,用户使用率较高。该库的高级检索界面程式固定,希望能够更灵活。

17. Harvard Business Review Press eBook Collection(哈佛商业评论出版社电子书专辑)

简称: Harvard Business Review Press

数据库平台:EHOST

数据库网址:http://search.ebscohost.com/

数据库类型:全文数据库

文献类型:图书

语种:英文、中文

学科分类:经济学、管理学

用户权限:使用权(一旦停购则不能使用)

数据库概况:该库是哈佛商业评论出版社首次推出的电子书租赁专辑,涵盖该出版社完整的电子书目录,提供600多部现有书目,每年1月还会新增全新的电子书书目。

资源访问模式:远程访问

资源长期保存与元数据:不支持用户进行资源长期保存、不支持用户收割元数据

资源统计:由图书馆自行查询资源使用统计、支持counter标准统计数据

使用(试用)过的单位:天津财经大学等。

用户评论:该库提供完整的电子书目录,使用方便,更新比较及时,并且采用年租赁模式,性价比高。

18. Historical Abstracts with Full Text(世界历史全文数据库)

简称:HAFT

数据库平台:EHOST

数据库网址:http://search.ebscohost.com/

数据库类型:全文数据库

文献类型:期刊、图书

语种:英文、其他(法文、意大利文、西班牙文、德文等)

学科分类:历史学

用户权限:使用权(一旦停购则不能使用)

数据库概况:该库是由著名历史文献出版社 ABC-CLIO 与 EBSCO Publishing共同制作的全球历史文献数据库。ABC-CLIO是历史领域首屈一指的出版公司,成立于1953年,分别在1955年和1964年出版了第一期的历史文摘(*History Abstracts*)和美加历史与生活(*America: History and Life*),这是两大里程碑式的历史出版物,也是ABC-CLIO最负盛名的出版物。ABC-CLIO专注于历史和社会科学研究领域,其研究的时间跨度从史前时代一直延伸至当代社会。该库收录逾300种全文期刊与130种全文书籍,收录的期刊索引逾1 800种,以及涵盖40种语言文字的自1955年至今的相关文献。该库旨在为研究人员、学生、教师和图书馆馆员提供专业的研究工具,还包括各种教育性和参考性读物。

资源访问模式:远程访问

资源长期保存与元数据:不支持用户进行资源长期保存、不支持用户收割元数据

资源统计:由图书馆自行查询资源使用统计、支持counter标准统计数据

使用(试用)过的单位:上海交通大学、东华大学、上海财经大学、上海大学等。

用户评论:该库的内容范围广泛,时间跨度长,覆盖了从15世纪50年代至今的世界历史;主题多样且有特色,包含世界史、军事史、女性史、教育史等。

19. Humanities Source Ultimate(人文学专题旗舰库)

简称:HSU

数据库平台:EHOST

数据库网址:http://search.ebscohost.com/

数据库类型：全文数据库

文献类型：期刊、其他

语种：英文、其他（法文、意大利文、西班牙文、德文及荷兰文）

学科分类：多学科

用户权限：使用权（一旦停购则不能使用）

数据库概况：该库为语言、文学、宗教、哲学、历史、视觉与表演艺术领域的研究者提供了丰富多样的资源，包括专题文献、访谈、讣闻、参考书目、书评，以及小说、音乐剧、歌剧的原稿。该库提供覆盖横跨美洲、非洲、亚洲、大洋洲、欧洲的英语与上百种当地语言的全文期刊，为用户提供重要的全球性视角。该库结合了来自世界各地出版的内容与特定地域的权威性数据，提供了与人文学高度相关且范围广泛的地域性信息，适合人文学相关专业的师生使用。

资源访问模式：远程访问

资源长期保存与元数据：不支持用户进行资源长期保存、不支持用户收割元数据

资源统计：由图书馆自行查询资源使用统计、支持counter标准统计数据

使用（试用）过的单位：湖南大学、国防科技大学等。

用户评论：该库内容质量高，具有权威性，包含了不同类型资源的珍贵原稿。

20. Legal Source（法学专题数据库）

简称：LS

数据库平台：EHOST

数据库网址：http://search.ebscohost.com/

数据库类型：全文数据库

文献类型：期刊、图书、其他（法律评论）

语种：英文

学科分类：法学

用户权限：使用权（一旦停购则不能使用）

数据库概况：该库是在Legal Collection（法律专辑全文数据库）与Index to Legal Periodicals（法律期刊索引）的高品质法学文献基础上，新增了许多之前未曾涵盖的独特资源，再结合用户需求而设计和开发的。该库收录了世界上重要的法律学术期刊的全文，是针对法律领域的热点问题、研究、观

点及趋势极具权威性的文献资源。该库收录超过1 100种全文期刊，完美补充了Academic Search Complete（综合学术参考类全文数据库）未收录的660种全文期刊，其中包括哈佛法学院的15本刊。用户可以全面获取这些法律领域的重要国际资源。

资源访问模式：远程访问

资源长期保存与元数据：不支持用户进行资源长期保存、不支持用户收割元数据

资源统计：由图书馆自行查询资源使用统计、支持counter标准统计数据

使用（试用）过的单位：中共中央党校（国家行政学院）、上海公安学院、四川大学等。

用户评论：该库内容具有权威性，提供了最新、最前沿的研究成果，更新速度较快。

21. Literary Reference Center Plus（英美文学参考资源中心增强版）

简称：LRC Plus

数据库平台：EHOST

数据库网址：http://search.ebscohost.com/

数据库类型：全文数据库、参考工具数据库

文献类型：期刊、图书、图片、音视频、其他（诗选、传记、书评、小说）

语种：英文

学科分类：文学

用户权限：使用权（一旦停购则不能使用）

数据库概况：该库是一个综合性的文学参考数据库，能够为用户提供从古代到现代的广泛的文学参考信息。该库能够为用户提供在不同的文学主题下，或是特定时代里的信息。数据库平台检索设计人性化，可以满足不同文献需求层次的用户需要。此外，该库还包含了许多重要的研究评论、文章、专业的文学期刊、书籍，以及部分莎士比亚戏剧视频。

资源访问模式：远程访问

资源长期保存与元数据：不支持用户进行资源长期保存、不支持用户收割元数据

资源统计：由图书馆自行查询资源使用统计、支持counter标准统计数据

使用（试用）过的单位：大连外国语大学、大连海事大学、北京第二外国

语学院、上海交通大学、东华大学、上海财经大学、厦门大学等。

用户评论：该库内容丰富，资源的时间跨度较长。数据库平台检索设计人性化，符合用户的使用习惯。

22. MEDLINE Complete（生物医学期刊全文数据库完整版）

简称：MC

数据库平台：EHOST

数据库网址：http://search.ebscohost.com/

数据库类型：参考工具数据库、全文数据库

文献类型：期刊、图书

语种：英文

学科分类：医学

用户权限：使用权（一旦停购则不能使用）

数据库概况：该库为单一数据库中能够提供最多MEDLINE全文期刊的在线数据库。MEDLINE文献数据库持续收录了5 600多种期刊，因此，该库能够覆盖近31%PubMed文献检索工具中的期刊内容，其内容广泛，包括生物医药、医药科学、行为科学、生物科学、健康卫生政策发展、生命科学等。该库的全文期刊100%被MEDLINE索引所收录，许多核心期刊都提供深度的全文期刊回溯；可通过MeSH（医学主题词或医学主题词表）引文索引，其检索支持树状结构显示、副标题和扩展功能。

资源访问模式：远程访问

资源长期保存与元数据：不支持用户进行资源长期保存、不支持用户收割元数据

资源统计：由图书馆自行查询资源使用统计、支持counter标准统计数据

使用（试用）过的单位：中国中医科学院、广州医科大学、南华大学、湖南中医药大学、广州医科大学、广东省人民医院等。

用户评论：该库品质优越，界面简洁且使用方便，用户使用率较高。一些用户反馈数据库平台的检索速度慢，检索界面不够友好和个性化，并且缺少主动培训等售后服务。

23. MLA International Bibliography with Full Text（美国现代语言学会国际书目全文数据库）

简称：MLA

数据库平台：EHOST

数据库网址：http://search.ebscohost.com/

数据库类型：全文数据库、索引(文摘)数据库

文献类型：期刊、图书、音视频

语种：英文、中文、日文、其他

学科分类：文学、艺术学

用户权限：使用权(一旦停购则不能使用)

数据库概况：该库是美国现代语言学会(MLA)和EBSCO推出的全新数据库,集合了文学、语言学、修辞与写作、民俗学、戏剧与影视学等研究与教学的大量全文期刊与权威索引,收录了1 000多种全文期刊,其中包括使用广泛的多数期刊,以及常用的300种期刊中的167种期刊全文。这些期刊内容来自50多个国家,资源语种主要为英文,也涉及德文、日文、西班文等。

资源访问模式：远程访问

资源长期保存与元数据：不支持用户进行资源长期保存、不支持用户收割元数据

资源统计：由图书馆自行查询资源使用统计、支持counter标准统计数据

使用(试用)过的单位：对外经济贸易大学、香港中文大学(深圳)、北京师范大学-香港浸会大学联合国际学院等。

用户评论：该库内容权威性强,用户体验良好,界面友好、易于使用。希望该库增加期刊数量。

24. Nursing Reference Center Plus（实证护理主题评论数据库进阶版）

简称： Nursing Reference Center Plus

数据库平台：EHOST

数据库网址：http://search.ebscohost.com/

数据库类型：参考工具数据库、多媒体数据库

文献类型：音视频、图片、其他(CINAHL数据库护理指南、护理教学视

频与图片参考、临床照护的药品信息等）

语种：英文、其他

学科分类：医学

用户权限：使用权（一旦停购则不能使用）

数据库概况：该库是由CINAHL的编辑针对临床护理相关人员等用户，所制作符合实证护理研究流程的参考资源，其主要内容包括：护理人员须了解的实时治疗及临床照护的药品信息、护理临床应用的实验分析、疾病与生理失调的临床护理诊疗手册等。针对“病患教育”主题，该库收录了逾6 770种以病患教育为题材的英文和西班牙文的医学图书馆数据；针对“护理新闻”主题，该库每日更新美国食品和药物管理署法规信息与药品信息。

资源访问模式：远程访问

资源长期保存与元数据：不支持用户进行资源长期保存、不支持用户收割元数据

资源统计：由图书馆自行查询资源使用统计、支持counter标准统计数据

使用（试用）过的单位：浙江大学、宁波大学、华中科技大学等。

用户评论：该库是基于循证医学的护理主题评论数据库，专为护理人员设计，收录了循证护理案例、用药指南、患者教育资料、循证量表及操作视频与图片，内容形式多样，更新比较及时。

25. Psychology & Behavioral Sciences Collection（心理与行为科学全文数据库）

简称：PBSC

数据库平台：EHOST

数据库网址：http://search.ebscohost.com/

数据库类型：全文数据库

文献类型：期刊、图书、会议论文、其他

语种：英文

学科分类：多学科

用户权限：使用权（一旦停购则不能使用）

数据库概况：该库是综合性的心理学和教育学的数据库，包含临床心理学、精神病学以及神经科学领域的顶尖期刊，其中部分期刊与出版社全文同步出刊。该库同时也收录相关全文杂志、健康报告、全文书籍和书评，

适合心理学和教育学相关专业的师生使用。用户可以单独使用该数据库进行检索，如果用户的机构也订阅了Psyc INFO（心理学文摘数据库），还可以从Psyc INFO的引用信息中链接至该文献全文。

资源访问模式：远程访问

资源长期保存与元数据：不支持用户进行资源长期保存、不支持用户收割元数据

资源统计：由图书馆自行查询资源使用统计、支持counter标准统计数据

使用（试用）过的单位：北京大学、中国科学院心理研究所、复旦大学、华东政法大学、浙江大学、华中师范大学、郑州大学等。

用户评论：该库提供了超过500种全文期刊，涵盖了心理学、行为科学和相关学科，侧重于收录与儿童和青少年心理学相关的资源。

26. RILM Abstracts of Music Literature with Full Text（RILM音乐全文数据库）

简称： RILM

数据库平台：EHOST

数据库网址：http://search.ebscohost.com/

数据库类型：全文数据库

文献类型：期刊、其他（讣闻、社论、信函、广告、新闻）

语种：英文

学科分类：艺术学

用户权限：使用权（一旦停购则不能使用）

数据库概况：该库是涵盖全球音乐的全文数据库，为音乐学术研究者提供了丰富且全面的全文资源，不仅有由RILM全球专家团队共同策划及编纂的诠释资料与摘要，还有广泛的索引和全文内容。该库共包括200多种全文期刊，其中许多内容无法在其他在线数据库平台获得；内容横跨50个国家、40种语言文字，时间跨度为从20世纪初至今。研究者可以在数据库平台上搜寻全文，同时还能全面浏览数百种全文期刊。

资源访问模式：远程访问

资源长期保存与元数据：不支持用户进行资源长期保存、不支持用户收割元数据

资源统计：由图书馆自行查询资源使用统计、支持counter标准统计数据

使用(试用)过的单位:中国音乐学院、苏州大学、上海音乐学院、浙江音乐学院等。

用户评论:该库为音乐领域的研究者提供了全球性的、多方面的资源,内容兼具深度与广度,适合音乐和艺术相关专业的师生使用,而且更新速度快。用户希望其资源量能够进一步增加。

27. RILM Music Encyclopedias(RILM音乐资源百科)

简称:RILM Music

数据库平台:EHOST

数据库网址:http://search.ebscohost.com/

数据库类型:全文数据库

文献类型:期刊、会议论文

语种:英文、其他(法文、意大利文、西班牙文、德文及荷兰文等)

学科分类:艺术学

用户权限:使用权(一旦停购则不能使用)

数据库概况:该库不仅具备国际化视野和多种语言内容,还收录了两个世纪以上的音乐研究内容,旨在为学科研究提供进一步的支持。该库是全球音乐百科全书和辞典的权威数据库,覆盖了音乐学历史以及民族音乐学等主题,包括但不限于流行音乐、歌剧、乐器、蓝调与福音、音乐录制以及女性音乐家等。该库收录了45种全文工具书,共8万多页内容,出版的时间跨度从1775年至2015年;提供在音乐学研究中重要的文献语言类型,如英文、德文、法文、意大利文、荷兰文以及希腊文等。该库是RILM旗下备受好评的音乐数据库专辑系列之一,适合音乐和艺术相关专业的师生使用。

资源访问模式:远程访问

资源长期保存与元数据:不支持用户进行资源长期保存、不支持用户收割元数据

资源统计:由图书馆自行查询资源使用统计、支持counter标准统计数据

使用(试用)过的单位:苏州大学、东北师范大学、天津音乐学院等。

用户评论:该库内容全面,具有权威性;覆盖面广,素材丰富,提供多种语种文献。

28. Sociology Source Ultimate(社会学专题旗舰库)

简称:SSU

数据库平台:EHOST

数据库网址:http://search.ebscohost.com/

数据库类型:全文数据库

文献类型:期刊、图书、会议论文

语种:英文

学科分类:多学科

用户权限:使用权(一旦停购则不能使用)

数据库概况:该库结合了来自世界各地的出版内容与特定地域的权威数据,提供了直接相关且广泛的地域性消息,使学者能够研究人类的行为与互动等各个方面。该库收录范围横跨美洲、非洲、亚洲、大洋洲、欧洲,收录了上百种英语与当地语言的全文期刊,为用户提供重要的全球性视角。该库收录超过1 200种全文期刊和1 100种同行评审全文期刊,提供丰富的书籍、专论、会议论文等的索引数据;同时收录超过26 000篇作者简历,涵盖高度引用与极具影响力的学科领域专家。其主题涵盖行为偏差、歧视、经济发展、种族研究、家庭关系、移民、人口成长、贫富研究、宗教信仰、社会运动、药物滥用、性别认同等。该库非常适合社会学和人文学相关专业的师生使用。

资源访问模式:远程访问

资源长期保存与元数据:不支持用户进行资源长期保存、不支持用户收割元数据

资源统计:由图书馆自行查询资源使用统计、支持counter标准统计数据

使用(试用)过的单位:清华大学等。

用户评论:该库内容丰富,数据权威,覆盖主题较广。

29. SPORTDiscus with Full Text(运动科学全文数据库)

简称:SPORTDiscus

数据库平台:EHOST

数据库网址:http://search.ebscohost.com/

数据库类型:全文数据库

文献类型:期刊、图书、学位论文、其他

学科分类:教育学

语种:英文、其他(法文、意大利文、西班牙文、德文及荷兰文等)

用户权限:使用权(一旦停购则不能使用)

数据库概况:该库是一个收录全球运动信息的数据库,其资料来自加拿大的Sport Information Resource Center(体育信息资源中心,简称SIRC),收录了国际上与运动、健康有关的各类期刊文献、会议记录、研究报告、专书、学位论文,以及美国奥瑞冈大学所收藏的7 000多种微缩数据,这些数据涵盖了该校40多年来在健康、体能教育、休闲与娱乐、运动科学方面的研究。该库整合了SIRLS Sports & Leisure、HERACLES两个知名数据库。前者是涵盖20 000多笔有关休闲、娱乐及舞蹈文献记录的数据库;后者是涵盖超过70 000多条全世界运动、体能训练与体能调适的法语数据库。

资源访问模式:远程访问

资源长期保存与元数据:不支持用户进行资源长期保存、不支持用户收割元数据

资源统计:由图书馆自行查询资源使用统计、支持counter标准统计数据

使用(试用)过的单位:清华大学、北京体育大学、首都体育学院、天津体育学院、中北大学、华东师范大学、华中师范大学等。

用户评论:该库内容丰富,覆盖语种多,收录的内容细微。

30. Textile Technology Complete(纺织科学与技术全文数据库)

简称:TTC

数据库平台:EHOST

数据库网址:http://search.ebscohost.com/

数据库类型:全文数据库

文献类型:期刊、图书、其他

语种:英文

学科分类:工学

用户权限:使用权(一旦停购则不能使用)、其他地区联采(东华大学牵头纺织科学与技术全文数据库全国团)

数据库概况:该库收录了大量关于纺织科学与技术的相关信息,其前身为Institute of Textile Technology公司制作发行的*Textile Technology Digest*(《纺织技术文摘》),记录了20世纪初期至今纺织科学与技术的重要文献。该库提供470多种期刊的索引文摘,其中包括70多种全文期刊。该库还包括数千种非期刊类出版物,如书籍、会议录、学术论文、技术报告与商业文

章；主题涵盖生产技术、纺织产品、化学物质与染剂、合成与天然布料与纱线特性、环境污染议题、生物技术等领域；收录国际上重要的纺织技术出版物，同时提供流行时尚、家居纺织品、地毯与聚合物工业相关的出版物。

资源访问模式：远程访问

资源长期保存与元数据：不支持用户进行资源长期保存、不支持用户收割元数据

资源统计：由图书馆自行查询资源使用统计、支持counter标准统计数据

使用（试用）过的单位：东华大学、苏州大学、大连工业大学等。

用户评论：该库内容专业，较为集中地收录了纺织科学与技术研究相关的资源，覆盖的文献种类丰富，内容兼备深度和广度。

31. The Belt and Road Initiative Reference Center（“一带一路”资源中心数据库）

简称：BRIRS

数据库平台：EHOST

数据库网址：http://search.ebscohost.com/

数据库类型：全文数据库

文献类型：期刊、图书、会议论文、报纸

语种：英文、中文、俄文、其他（德文、法文等）

学科分类：管理学、经济学

用户权限：使用权（一旦停购则不能使用）、其他地区联采（CASHL联采）

数据库概况：该库由EBSCO公司出品，切合“一带一路”倡议，收录沿线65个国家的文献，包括贸易、商业、经营、投资、文学、艺术、地理、军事、历史、政治等学科，还包括许多难以获得的部分国家在该地区所发行的期刊和区域性研究报告等珍贵资源。该库为全文数据库，收录约5 042种全文期刊（其中同行评审期刊达到4 679种），120种报纸及新闻电讯，以及超过500种各类报告和会议记录，收录全文最早可回溯至1975年。

资源访问模式：远程访问

资源长期保存与元数据：不支持用户进行资源长期保存、不支持用户收割元数据

资源统计：由图书馆自行查询资源使用统计、支持counter标准统计数据

使用(试用)过的单位:中山大学、厦门大学、北京大学、清华大学、北京师范大学、南京大学、四川大学、浙江大学、南开大学等。

用户评论:该库内容覆盖广泛,数据库的质量高。一些用户希望数据库商可以加强与图书馆的沟通,也希望数据库商能够更及时地通报内容的变更情况。

Edward Elgar(爱德华埃尔加出版公司)

Elgaronline-Edward Elgar(电子书数据库平台)

简称: Elgaronline

数据库平台: Elgaronline

数据库网址:http://china.elgaronline.com/

数据库类型:全文数据库

文献类型:图书

语种:英文

学科分类:多学科

用户权限:买断(永久使用)

数据库概况:该库所属的Edward Elgar,是一家专业的国际学术出版社,专注于经济、管理、社会、政治学和法律等多个学科领域。Edward Elgar的年出版量大约为400种,其出版物获得众多国际名校以及社会组织的认可,包括美国的常青藤盟校、牛津大学、剑桥大学、世界银行、国际货币基金组织、欧洲议会、欧洲基金会、欧洲大学研究院等。Edward Elgar的出版物在部分学科领域的被引率甚至超过世界最著名的几家商业出版社出版物的被引率。

资源访问模式:远程访问

资源长期保存与元数据:支持用户进行资源长期保存、支持用户收割元数据

资源统计:定期主动提供资源使用统计

使用(试用)过的单位:中南财经政法大学、复旦大学、厦门大学、中国政法大学等。

用户评论:该库资源比较专业;试用客户反馈良好;价格折扣设置合理;提供永久使用选项。希望该库除了按章节下载,还能提供其他的下载方式。

Elsevier[励德爱思唯尔信息技术(北京)有限公司]

1. Chimica(爱思唯尔全化学数据库)

简称: Chimica

数据库平台: Engineering Village

数据库网址:http://www.engineeringvillage.com/

数据库类型:索引(文摘)数据库

文献类型:期刊

语种:英文

学科分类:工学

用户权限:使用权(一旦停购则不能使用)

数据库概况:该库涵盖了专门为化学和化工研究创建的工程文献摘要,编制了极具影响力的化学期刊索引,为工程人员提供了相关领域最新的发展信息。该库汇总了来自全球500多本国际化学期刊中的近300万篇资料,更新频率为每周一次。该库涵盖的学科领域包括无机化学、有机化学、应用化学、分析化学和化学工程等。

资源访问模式:远程访问

资源长期保存与元数据:支持用户进行资源长期保存、支持用户收割元数据

资源统计:由图书馆自行查询资源使用统计、支持counter标准统计数据

使用(试用)过的单位:吉林化工学院、天津大学、华南理工大学等。

用户评论:该库内容质量高,收录了化学和工程领域的文章摘要信息,学科全面;数据库平台运行较为稳定;检索功能全面,可以帮助用户有效地筛选和分析信息,实现高效的科技检索。其统计数据库平台速度较慢,并且培训形式不够丰富。

2. ClinicalKey(爱思唯尔全医学数据库)

简称:CK

数据库平台: Engineering Village

数据库网址:http://www.clinicalkey.com/

数据库类型:全文数据库、多媒体数据库、参考工具数据库

文献类型:期刊、图书、图片、音视频、其他(医学循证、临床指南、药物

专论、临床试验等）

语种：英文

学科分类：医学

用户权限：使用权（一旦停购则不能使用）

数据库概况：该库是Elsevier公司在2012年全新推出的医学数据库平台，集爱思唯尔医学内容于一体，覆盖医学领域的全部专业，是全球范围内后台设计最先进、数据容量最大的医学数据库平台之一。该库包含全文期刊（含北美临床系列）、电子图书（含原版教材）、MEDLINE摘要、医疗操作视频、医学循证、诊疗指南、临床试验、图片等12大类丰富资源。该库采用自主知识产权的全新医学分类法EMMeT（Elsevier′s Marged Medical Taxonomy，译为爱思唯尔合并医学分类法）进行标引，并运用先进的语义检索技术，使用户可以用自然语言快速检索到最相关的答案，其检索内容可包括研究主题、疾病、手术操作、药物、症状、检查等。此外，用户可以下载全部全文期刊、图书的PDF版本。该库的图片、患者教育、药物专论等内容也具有导出功能，可供用户用于制作教学课件及教案。

资源访问模式：远程访问

资源长期保存与元数据：不支持用户进行资源长期保存、不支持用户收割元数据

资源统计：定期主动返回查询数字资源的使用统计、支持counter标准统计数据

使用（试用）过的单位：北京大学、首都医科大学、天津医科大学、中国医科大学、上海交通大学、南京鼓楼医院、四川大学华西医院等。

用户评论：该库界面操作流畅，各功能板块设置合理且全面，资源类型丰富；可用中文检索让用户感觉非常便利；性价比高。

3. Ei Compendex（美国工程索引）

简称：Ei

数据库平台：Engineering Village

数据库网址：http://www.engineeringvillage.com/

数据库类型：索引（文摘）数据库

文献类型：期刊、会议论文、标准、数值数据、科技报告

语种：英文

学科分类：工学

用户权限：使用权（一旦停购则不能使用）

数据库概况：该库由一群立志于科研进展共享和科研成果共享的工程师于1884年创办，名为Engineering Information，简称Ei。作为全球领先的应用科学和工程学在线信息服务提供者，Ei是爱思唯尔公司的重要成员，一直致力于为广大工程师和科学研究者提供最专业、最丰富的工程科学数据库，以及相应的检索数据库平台，提供全球卓越工程科学期刊的全文在线访问服务。Engineering Village数据库平台上提供了12个数据库的内容，覆盖了工程和应用科学相关的广泛领域，其内容来源包括学术文献、商业出版物、发明专利、会议论文和技术报告等。该库就是广为人知的美国工程索引Ei数据库，也是全世界最早的工程文摘来源之一。该库的文献收录始于1969年，涵盖190种专业工程学科，包含2 200多万条记录，每年新增的150万条文摘索引信息来自4 734种工程期刊和超过80 000个会议文集。此外，Ei从1992年开始收录约200种中文期刊和329种OA期刊。

资源访问模式：远程访问

资源长期保存与元数据：不支持用户进行资源长期保存、不支持用户收割元数据

资源统计：由图书馆自行查询资源使用统计、支持counter标准统计数据

使用(试用)过的单位：哈尔滨工业大学、吉林大学、大连理工大学、东北大学、东北师范大学、北京大学、清华大学、天津大学、南开大学、河北工业大学、上海交通大学、复旦大学、浙江大学、南京大学、东南大学等。

用户评论：该库内容质量高，其收录工程领域的文章摘要信息相当全面。数据库平台运行较为稳定，检索功能全面，具备独特的Ei Thesaurus叙词检索功能，可以帮助用户有效筛选和分析信息，实现高效的科技检索。数据库平台的速度较慢，同时培训形式不够丰富。

4. Ei Compendex Backfile(工程索引回溯库)

简称：Ei回溯文档

数据库平台：Engineering Village

数据库网址：http://www.engineeringvillage.com/

数据库类型：索引(文摘)数据库

文献类型：期刊、会议论文、标准、数值数据、科技报告

语种：英文

学科分类：工学

用户权限：使用权(一旦停购则不能使用)

数据库概况：该库提供了关于工程开发和创新方面的综合历史视角，涵盖了从1884年至1969年，包括来自原始工程索引印记的170万条记录的数字化处理。Ei Compendex 与该库的联合检索功能可提供超过131年的、任何地点可用的工程资源。

资源访问模式：远程访问

资源长期保存与元数据：不支持用户进行资源长期保存、不支持用户收割元数据

资源统计：由图书馆自行查询资源使用统计、支持counter标准统计数据

使用(试用)过的单位：华南理工大学、中山大学、广东工业大学、广东海洋大学、武汉大学、华中科技大学、湖南大学、国防科技大学、武汉理工大学、西安交通大学、西北工业大学、兰州大学、西安电子科技大学、西北农林科技大学、四川大学、西南交通大学等。

用户评论：该库内容质量高，收录了工程领域广泛的文章摘要信息，资源涵盖面广。数据库平台运行较为稳定；检索功能全面，具备独特的Ei Thesaurus叙词检索功能，可以帮助用户有效筛选和分析信息，实现高效的科技检索。该库数据库平台速度较慢，并且培训形式不够丰富。

5. Embase(综合性生物医学文献数据库)

简称：Embase

数据库平台：Embase

数据库网址：http://www.embase.com/

数据库类型：索引(文摘)数据库

文献类型：期刊、学位论文、会议论文

语种：英文

学科分类：医学

用户权限：使用权(一旦停购则不能使用)

数据库概况：该库是全球最大、最具权威的生物医学与药理学文摘数据库之一，其前身是著名的荷兰医学文摘数据库，涵盖期刊以及学术会议摘要索引。该库每年新增来自7 000多个会议的超过295万条的会议摘要(自2009年开始收录)。该库覆盖各种疾病和药物信息，特别包含了大量北美洲以外(欧洲和亚洲)的医学刊物，是其他同类型数据库所无法匹敌的，满足了生物医学领域的用户对信息全面性的需求。该库每天增加超过6 000条记录，内容的年增长率超过6%。

资源访问模式:远程访问

资源长期保存与元数据:不支持用户进行资源长期保存、不支持用户收割元数据

资源统计:定期主动提供资源使用统计

使用(试用)过的单位:北京大学、天津医科大学、中国医学科学院北京协和医学院、河北中医大学、济宁医学院、上海交通大学、中国人民解放军海军军医大学、中国科学院上海药物研究所、中国科学院上海营养与健康研究所、复旦大学、中山大学、广州中医药大学、武汉大学、中南大学、华中科技大学、西安交通大学、中国人民解放军陆军军医大学、四川大学等。

用户评论:该库数据全面,拥有全球较大的生物医药词表,提供三级索引深度,能够帮助用户快速定位相关文献。该库资源无永久保存选项,且不能导出引文信息。

6. EnCompass LIT & PAT

简称: EnCompass LIT & PAT

数据库平台: Engineering Village

数据库网址:http://www.engineeringvillage.com/

数据库类型:索引(文摘)数据库

文献类型:期刊、会议论文、专利、科技报告、产品资料

语种:英文

学科分类:工学

用户权限:使用权(一旦停购则不能使用)

数据库概况:该库由美国石油学会发起,是相关科技文献和专利摘录的首要来源,涵盖下游石油、石化和天然气行业,其摘录索引根据EnCompass词表编制。该库收录超过210万篇文献资料,涵盖建筑工业技术、化学、能源与能量、环境保护与控制、工业与机械工程、材料科学、自然资源、动力与燃料等学科。

资源访问模式:远程访问

资源长期保存与元数据:不支持用户进行资源长期保存、不支持用户收割元数据

资源统计:由图书馆自行查询资源使用统计、支持counter标准统计数据

使用(试用)过的单位:中国石油大学、西南石油大学、西安石油大学等。

用户评论：该库内容质量高，更新迅速，收录了美国石油学会在石油化工领域的文章摘要信息。数据库平台运行相对稳定，检索功能全面，拥有特有的Thesaurus叙词检索功能，有助于用户筛选和分析信息，实现高效的科技检索。该库的平台速度较慢，且培训形式不够丰富。

7. GEOBASE（地理数据库网络版）

简称：GEOBASE

数据库平台：Engineering Village

数据库网址：http://www.engineeringvillage.com/

数据库类型：索引（文摘）数据库

文献类型：期刊、会议论文

语种：英文

学科分类：理学

用户权限：使用权（一旦停购则不能使用）

数据库概况：该库提供地理、地球和生态学的文献信息和摘录，由Engineering Information公司出版，该公司是Elsevier的子公司。该库的主题包括地球科学、生态学、地质力学、人文地理学、社会地理学和海洋学等，其记录索引根据GEOBASE词表编制。该库收录超过50个国家的出版物，收录超过2 000种期刊、190多万篇数据，包括同行审查期刊、商业出版物、丛书和会议论文集。该库是国际上在此领域收录文献最广的数据库之一，涵盖领域包括：地质学、人文地理学、环境学、海洋学和地质力学，每年增加约10万条新纪录。

资源访问模式：远程访问

资源长期保存与元数据：不支持用户进行资源长期保存、不支持用户收割元数据

资源统计：由图书馆自行查询资源使用统计、支持counter标准统计数据

使用（试用）过的单位：中国地质大学、安徽新华学院、中国矿业大学等。

用户评论：该库内容质量高，收录了地理、地球和生态领域的文章摘要信息；数据库平台运行较为稳定；检索功能全面，具有独特的Thesaurus叙词检索功能，可以有效筛选和分析信息，实现高效的科技检索。部分用户反馈数据库平台速度较慢，且培训形式不够丰富。

8. Geofacets(地质数据库)

简称: Geofacets

数据库平台: Engineering Village

数据库网址:http://www.engineeringvillage.com/

数据库类型:全文数据库

文献类型:期刊、图片、数值数据

语种:英文

学科分类:理学

用户权限:使用权(一旦停购则不能使用)

数据库概况:该库是一个为地质学家设计的基于Web的应用,其在基于地图的界面上结合了先进的搜索能力。库内含有学界普遍认可的地图,另有同行评审内容,库内可下载带地理坐标的地图等,可以被集成到GIS软件和演示文稿中。该库为用户提供更科学的见解、更深入的分析,为用户提供一个值得信赖的、精心编排的内容库,包括成千上万来自优秀科技出版物的带同行评审的地质地图。该库总共包含约175万份地图,其中有70万张地质地形图,40万张点线分析图,24万张数据表格,14万张照片,8万份地层列、井、核信息图,10万份坐标定位图和约7 200份其他地图数据信息,更新频率为每周一次。

资源访问模式:远程访问

资源长期保存与元数据:不支持用户进行资源长期保存、不支持用户收割元数据

资源统计:由图书馆自行查询资源使用统计

使用(试用)过的单位:中国地质图书馆、中国地质大学等。

用户评论:该库内容质量高,是来自各大出版商和地理地质学会的权威资源;检索功能强大,除文本检索外可实现地图检索和定位;地图数据可下载,检索结果可本地编辑;数据库专业性较高,地理、地质、地球、海洋等多个学科可用。

9. GeoRef(地学数据库)

简称: GeoRef

数据库平台: Engineering Village

数据库网址:http://www.engineeringvillage.com/

数据库类型:索引(文摘)数据库

文献类型:期刊、图书、会议论文、图片、数值数据、科技报告

语种:英文

学科分类:理学

用户权限:使用权(一旦停购则不能使用)

数据库概况:该库由美国地质学会(AGI)出版,包含地区数据库,涵盖全球地质科学。库内包括书籍、地图、会议论文、InProcess数据库、CanGeoRef数据库、AusGeoRef数据库、深海钻探项目和摘要记录。此外,一些地质学家将当前的地质术语和经纬度定位数据、个人记录录入了该数据库,使数据库的内容得到了极大地充实。数据库的记录索引是根据GeoRef词表编制的。该库每年新增约9万篇资料,特别收录了自1785年以来的北美地区信息,自1933年以来的全球地区信息,包括美国地质调查局所有的出版物,以及在美加地区各大学发表的博士和硕士学位论文。

资源访问模式:远程访问

资源长期保存与元数据:不支持用户进行资源长期保存、不支持用户收割元数据

资源统计:由图书馆自行查询资源使用统计、支持counter标准统计数据

使用(试用)过的单位:中国地质图书馆、中国地质大学等。

用户评论:该库内容质量高,收录了地质领域的文章摘要信息,资源全面;数据库平台运行较为稳定;检索功能全面,具有独特的Thesaurus叙词检索功能,可帮助用户有效筛选和分析信息,实现高效的科技检索。但统计数据库平台速度较慢,且培训形式不够丰富。

10. Inspec(科技文摘数据库)

简称: Inspec

数据库平台: Engineering Village

数据库网址:http://www.engineeringvillage.com/

数据库类型:索引(文摘)数据库

文献类型:期刊、会议论文、标准、数值数据、科技报告

语种:英文

学科分类:工学

用户权限:使用权(一旦停购则不能使用)

数据库概况:该库由英国工程技术学会(IET)创建,是世界上最权威的科学文献数据库之一,包含近1 500万条摘录和索引记录。该库涵盖了自1969年至今的出版物,其中的Inspec Archive还包括了1898年至1968年的

出版物。该库收录了全球电子工程、电子学、物理学、控制工程、信息科技、通信学等相关科学文献；其内容来自4 000多种科学和技术性期刊、2 000多篇会议记录，提供超过1 100万篇书目摘要数据。该库每年增加约60万篇新纪录，收录的出版物来自80多个国家。

资源访问模式：远程访问

资源长期保存与元数据：不支持用户进行资源长期保存、不支持用户收割元数据

资源统计：由图书馆自行查询资源使用统计、支持counter标准统计数据

使用（试用）过的单位：东北大学、北京交通大学、北京理工大学、天津大学、苏州大学、广东工业大学、华中科技大学、电子科技大学等。

用户评论：该库平台和界面的设计非常人性化；内容质量很高。一些用户希望数据库商加强培训，并认为数据库的购买成本偏高。

11. Knovel（交互式工程数据分析数据库）

简称：Knovel

数据库平台：Knovel

数据库网址：http://app.knovel.com/web/

数据库类型：全文数据库

文献类型：图书

语种：英文

学科分类：工学、理学

用户权限：使用权（一旦停购则不能使用）、其他地区联采

数据库概况：该库提供工程决策支持的解决方案，旨在帮助工程师更快地解决问题。借助该库强大的搜索和交互式分析工具，工程师可以获取来自120多家提供商的最佳实践见解、验证公式、材料和物质数据，便捷地找到技术问题的答案。该库与100多家出版商和学会进行了合作，其中包括美国航空航天学会（AIAA），美国化学工程师协会（AIChE），美国采暖、制冷与空调工程师学会（ASHRAE）和美国土木工程师协会（ASCE）。该库致力于持续扩展所覆盖的内容与学科领域，提供10万多种互动表格、图表和方程。该库的易用工具能够协助用户完成初步计算和信息验证，可根据具体问题定制数据，并轻松导出结果至Excel或其他程序。该库根据工程师的思维方式以及搜索需求而设计，用户可以搜索数字类型的关键词或数据。该库还能够以图表和方程式的形式反映搜索结果。

资源访问模式：远程访问

资源长期保存与元数据：不支持用户进行资源长期保存、不支持用户收割元数据

资源统计：由图书馆自行查询资源使用统计、支持counter标准统计数据

使用（试用）过的单位：哈尔滨工程大学、清华大学、天津大学、中国科学院、上海交通大学、同济大学、浙江大学等。

用户评论：该库内容质量高，收录了工程领域书籍、会议录及期刊的全文，资源全面；数据库平台运行较为稳定。该库为互动式数据库，提供约2 000个方程式云计算和在线绘图描点等功能；其检索功能全面，特有的数值检索功能，可以有效筛选和分析信息，实现高效的科技检索。不过，其统计数据库平台速度较慢，并且培训形式不够丰富。

12. Methods in Enzymology（酶学方法）

简称：MIE

数据库平台：Sciencedirect

数据库网址：http://www.sciencedirect.com/

数据库类型：全文数据库

文献类型：图书

语种：英文

学科分类：理学、医学

用户权限：买断（永久使用）

数据库概况：该库包含的“酶学方法”这套丛书第一卷出版于1955年，最初的卷册主要介绍了蛋白质和酶的分离纯化方法。但是经过半个多世纪的发展，该套丛书逐渐扩展到生命科学的各个领域，为生命科学研究提供了系统详尽的研究背景和研究方法。该套丛书已经成为越来越多生命科学实验室的权威参考工具书，同时也受到教授学者的认可和推荐。该套丛书以其全面、权威、一流的质量成为SD数据库平台上下载量最多的丛书之一。丛书每年新增出版17卷左右，截至2018年4月22日，共出版了600余卷。

资源访问模式：远程访问

资源长期保存与元数据：不支持用户进行资源长期保存、不支持用户收割元数据

资源统计：定期返回数字资源的使用统计、支持counter标准统计数据

使用（试用）过的单位：哈尔滨工业大学、大连理工大学、北京大学、清

华大学、上海交通大学、东华大学、深圳大学、中国人民解放军陆军军医大学、四川大学等。

用户评论：该库内容比较丰富，数据质量比较高。用户反馈售后服务不太主动，数据库更新后没有及时通报。此外，数据库的培训还有待加强。

13. National Technical Information Service Database（美国国家技术情报局数据库）

简称：NTIS

数据库平台：Engineering Village

数据库网址：http://www.engineeringvillage.com/

数据库类型：索引（文摘）数据库

文献类型：数值数据、科技报告、科技成果

语种：英文

学科分类：工学、理学

用户权限：使用权（一旦停购则不能使用）

数据库概况：该库是由240多个美国和国际政府机构的联邦所资助的科学、技术和工程的首要信息来源。该库的历史可追溯至1899年，涵盖超过350个主题，是评判美国和选定外国政府资助的最新研究项目的首选渠道。该库收录了1899年至今的信息，内容选自美国国家资助的研究发展计划的研究报告，包含美国航空航天局（NASA）、美国能源部（DOE）及其他政府部门提供的各类研究报告，收录超过210万篇文献资料。该库涵盖建筑工业技术、化学、能源与能量、环境保护与控制、工业与机械工程、材料科学、自然资源、动力与燃料等学科，并且每周更新。

资源访问模式：远程访问

资源长期保存与元数据：不支持用户进行资源长期保存、不支持用户收割元数据

资源统计：由图书馆自行查询资源使用统计、支持counter标准统计数据

使用（试用）过的单位：上海交通大学、兰州大学等。

用户评论：该库内容质量高，涵盖了美国航空航天局、美国能源部、日本国际贸易和工业部以及英国贸易工业部等机构进行的研究。其索引编制和分类功能，使用户能够便捷地检索相关结果，为用户了解最新的政府发展情况和研究趋势提供重要资源。不过，该数据库商的培训形式不够丰富，并且统计速度较慢。

14. PaperChem(纸浆与造纸工业)

简称: PaperChem

数据库平台: Engineering Village

数据库网址:http://www.engineeringvillage.com/

数据库类型:索引(文摘)数据库

文献类型:期刊

语种:英文

学科分类:工学

用户权限:使用权(一旦停购则不能使用)

数据库概况:该库是纸浆和造纸行业最重要的新闻和信息来源之一,涵盖15个主题,收录自1967年起超过60万篇摘要资料,涵盖学科范围为纸浆与造纸工业。该库每年增加约1.5万条数据。

资源访问模式:远程访问

资源长期保存与元数据:不支持用户进行资源长期保存、不支持用户收割元数据

资源统计:由图书馆自行查询资源使用统计、支持counter标准统计数据

使用(试用)过的单位:武汉轻工大学、郑州轻工业大学等。

用户评论:该库内容质量高,收录了造纸化学领域的文章摘要信息,资源全面;数据库平台运行较为稳定;检索功能全面,可以帮助用户有效筛选和分析信息,实现高效的科技检索。其统计数据库平台速度较慢,并且培训形式不够丰富。

15. PharmaPendium(药物安全信息数据库)

简称:PP

数据库平台: PharmaPendium

数据库网址:http://www.pharmapendium.com/

数据库类型:全文数据库、索引(文摘)数据库、参考工具数据库

文献类型:期刊、会议论文

语种:英文

学科分类:医学

用户权限:使用权(一旦停购则不能使用)

数据库概况:该库汇集了来自美国食品药品监督管理局(FDA)、欧洲药品管理局(EMA)与药品相关的注册审批文档内容,以及相关的期刊、会议记录中与药品相关的临床前、临床、上市后的代谢酶、转运体、药代动力

学和药物安全性的数据，以在线检索的方式供研究人员检索，为药物研发决策、上市后不良反应监控等提供全面的参考信息。截至2017年12月，该库收录了238万篇FDA药物审批记录、21.9万篇EMA药物审批记录、10万篇不良事件报告和69万篇来自FDA专家委员会会议记录的内容。

资源访问模式：远程访问

资源长期保存与元数据：不支持用户进行资源长期保存、不支持用户收割元数据

资源统计：定期自行返回数字资源的使用统计

使用(试用)过的单位：重庆大学、四川大学等。

用户评论：该库包含了FDA、EMA中所有获批药物的数据，并对其进行了标准化处理，以便于用户对整体数据的查询与比较。希望该库增加临床失败案例的数据及未披露的数据。

16. Reaxys(物质理化性质和事实反应数据库)

简称：Reaxys

数据库平台：Reaxys

数据库网址：http://www.reaxys.com/

数据库类型：索引(文摘)数据库、数值文本数据库

文献类型：期刊、图书、学位论文、会议论文、专利、数值数据

语种：英文

学科分类：理学、医学

用户权限：使用权(一旦停购则不能使用)

数据库概况：该库是由Elsevier的专家们在充分考虑到化学以及相关学科工作者的研发流程和使用习惯后开发设计出的面对大化学研发领域的在线信息解决方案(文献及其核心数据摘录)数据库。该库能帮助用户快速全面地查询化合物的理化数据，设计经济、高效的合成路线，从而最大程度地节省用户的时间和成本。该库的前身包括德国久负盛名的Beilstein数据库和Gmelin数据库，整合之后又收录摘取了全球各大出版社出版的约16 000本化学相关核心期刊，世界知识产权组织、欧洲专利局、美国专利商标局、中国国家知识产权局、日本专利局等7大专利局的化学和药学相关专利，以及约10 000本相关著作的核心内容。该库覆盖有机、无机、金属、材料化学、电化学、药物化学、药理学、环境、农药等16大化学相关学科领域。该库最大的特点是能通过“结构式”“关键词”等碎片信息快速查询到具体数据、实验操作步骤、原文出处等核心科研信息，从而节省用户阅

读全文的时间;甚至还能通过该库本身提供的工具,进行数据分析、整理和导出,加快科研速度。截至2017年12月,该库包含4 626万条反应数据、10 600万条物质信息、5 629万条文献以及超过5亿条实验性质数据。

资源访问模式:远程访问

资源长期保存与元数据:不支持用户进行资源长期保存、不支持用户收割元数据

资源统计:由图书馆自行查询资源使用统计

使用(试用)过的单位:大连理工大学、北京大学、清华大学、北京师范大学、南开大学、天津大学、上海交通大学、上海大学、复旦大学、浙江大学、南京大学、中山大学、南方科技大学、深圳大学、武汉大学、四川大学、中国人民解放军空军军医大学、云南大学等。

用户评论:该库平台稳定性比较好,更新频率比较固定。该库不能永久使用与存档;数据库商的相关培训比较少;问题的解决反馈速度比较慢。

17. Reaxys Medicinal Chemistry(药物化学数据库)

简称:RMC

数据库平台: Reaxys

数据库网址:http://www.reaxys.com/

数据库类型:索引(文摘)数据库、数值文本数据库

文献类型:期刊、图书、学位论文、会议论文、专利、数值数据

语种:英文

学科分类:医学

用户权限:使用权(一旦停购则不能使用)

数据库概况:该库是由Elsevier的专家们在充分考虑到药物化学家的研发流程和使用习惯后开发设计出的在线信息解决方案(小分子化合物生物活性数据)数据库,专门提供药物研究中的信息查询。该库能帮助用户在短时间内完成药物活性数据的查询和分类,快速构建与药物设计相关的构效关系、毒效关系,最大程度地节省时间和成本。该库药物化学模块建立在Reaxys数据库之上,充分利用了Reaxys数据库的功能。截至2017年12月,该库包含678万条物质数据、3 486万条生物活性数据以及50万条文献记录。

资源访问模式:远程访问

资源长期保存与元数据:不支持用户进行资源长期保存、不支持用户收割元数据

资源统计:由图书馆自行查询资源使用统计

使用(试用)过的单位:中国医学科学院药物研究所、中国科学院上海药物研究所、中国科学院上海有机化学研究所、中山大学等。

用户评论:该库对文献和专利中报道的生物活性数据进行了全面的抽提与整理,使得药物化学领域的构效关系制作更加高效,因此节约了用户的大量时间。

18. ScienceDirect(SD数据库)

简称:SD

数据库平台: ScienceDirect

数据库网址:http://www.sciencedirect.com/

数据库类型:全文数据库、多媒体数据库

文献类型:期刊、图书、图片、音视频、数值数据

语种:英文、其他(西班牙文)

学科分类:多学科

用户权限:买断(永久使用)、使用权(一旦停购则不能使用)

数据库概况:该库是全球最著名的科技、医学全文数据库之一,其直观友好的使用界面,使研究人员可以迅速链接到Elsevier出版社丰富的电子资源。用户可以在线访问23个不同学科超过2 500多种期刊和33 000种图书,查看1 300万多篇同行评审的全文文献,这些内容约占科学、技术与医学全球同行评审论文总数的25%。用户拥有对这些内容的访问权限,可有力地支持科研流程中的各个环节,同时更容易发现热门主题、阅读最新国际科研发现,进而进行研究创作。中国已有330多所高校及机构购买该库。截至2018年1月22日,该库收录期刊约28 000册,数据量达10.6 TB,其中OA资源占比为12.3%。此外,该库的资源被SCI收录的占比达到65%。该库每周更新。

资源访问模式:远程访问

资源长期保存与元数据:不支持用户进行资源长期保存、不支持用户收割元数据

资源统计:由图书馆自行查询资源使用统计、支持counter标准统计数据

使用(试用)过的单位:哈尔滨工程大学、吉林大学、北京大学、清华大学、复旦大学、上海交通大学、中山大学、华中科技大学、新疆大学、四川大学等。

用户评论：该库内容质量比较高，检索界面清晰明了，全文下载速度快。一些用户表示，在使用中遇到问题时，联系销售后处理不够及时，并且该库价格偏贵，年涨幅也比较高。

19. ScienceDirect Book Series and HandBook（SD 丛书和手册）

简称：SD 丛书和手册

数据库平台：ScienceDirect

数据库网址：http://www.sciencedirect.com/

数据库类型：全文数据库、多媒体数据库

文献类型：图书

语种：英文、其他(西班牙文)

学科分类：多学科

用户权限：买断(永久使用)

数据库概况：该库包括丛书和手册。到2018年为止，该库拥有丛书65套、手册7套，共出版超16 000卷，其中2000年之前的卷册有7 000余册。库内著名的丛书有“酶学方法”，著名的手册有《经济学手册》，该库还收录了大部分经济学诺贝尔奖得主的著作。该库每年都会更新，以满足科研人员对各个领域最新研究进展的需求。其系列书篇幅比期刊长，提供的信息比期刊详细，通常都是一个领域的领军人物对一个领域或者一个话题的全面总结，这对科研人员来说是宝贵的资源。最新推出的主题页(topic page)功能，可以满足科研人员在阅读期刊时对电子书内容的需求，大大节省科研人员检索的时间，提高检索效率。

资源访问模式：远程访问

资源长期保存与元数据：支持用户进行资源长期保存、支持用户收割元数据

资源统计：由图书馆自行查询资源使用统计、支持 counter 标准统计数据

使用(试用)过的单位：大连理工大学、北京大学、北京师范大学、清华大学、上海交通大学、东华大学、中国科技大学、四川大学等。

用户评论：该库数据导向的出版战略保证了图书的质量；图书与期刊相结合，增加了内容的可发现性；规律的出版节奏和与时俱进的内容基本与期刊无异，大部分的丛书系列都具有影响因子。数据库平台的速度较慢，并且培训内容不够丰富。

20. Cell Press(细胞出版社)

简称: Cell Press

数据库平台: ScienceDirect

数据库网址:http://www.sciencedirect.com/

数据库类型:全文数据库、多媒体数据库

文献类型:期刊

语种:英文、其他(西班牙文)

学科分类:医学、理学

用户权限:买断(永久使用)

数据库概况:该库是全球领先的前沿生物医学研究及评论出版社 Cell Press 的旗舰期刊 *Cell*,该刊由本杰明·列文先生于1974年创办,最初隶属于麻省理工学院出版社。Cell 出版社的编辑、生产队伍与全球的作者、审稿人持续合作,已经创造了15种主要的标志性基础研究类期刊、4种学术团体的研究会刊以及15种研究进展评述类期刊。其中,*Cell systems* 与 *Trends in Cancer* 为2015年推出的新刊。2016年6月,Cell 出版社首次推出面向化学学科的崭新期刊 *Chem*。Cell 出版社的期刊中,还包含开放获取期刊,如 *Cell Reports* 和 *Stem Cell Reports*。而且,Cell 出版社出版的内容都将在期刊出版12个月后,在 ScienceDirect 平台上开放获取权限。该库共收录18册期刊,两周至每月更新一次,所有期刊一年后会供用户开放获取,SCI 收录率近90%。

资源访问模式:远程访问

资源长期保存与元数据:支持用户进行资源长期保存、支持用户收割元数据

资源统计:由图书馆自行查询资源使用统计、支持 counter 标准统计数据

使用(试用)过的单位:大连医科大学、中国医科大学、北京大学、北京师范大学、清华大学、上海交通大学、复旦大学、中山大学、华南师范大学、武汉大学、华中科技大学、兰州大学、四川大学等。

用户评论:该库收录的文献具有高水平和高质量,学术价值高。该数据库平台采用 CDN(内容分发网络)机制,因 IP 动态变化,有时可能导致教育网用户无法正常访问。此外,该库没有独立的使用统计功能。

21. ScienceDirect Major Reference Works（SD大型参考工具书）

简称：SD MRW

数据库平台：ScienceDirect

数据库网址：http://www.sciencedirect.com/

数据库类型：全文数据库、多媒体数据库

文献类型：图书

语种：英文、其他（西班牙文）

学科分类：多学科

用户权限：买断（永久使用）

数据库概况：该库为爱思唯尔旗下的大型参考工具书数据库，到2018年为止，该库收录丛书174种，包含理工类以及社科、心理类的大部头参考工具书，其中有著名的《社会行为国际大百科》等。其最新推出的主题页（topic page）功能，可以满足科研人员在阅读时对电子书内容的需求，大大节省科研人员检索的时间，提高检索效率，同时提高电子书的可发现性。

资源访问模式：远程访问

资源长期保存与元数据：支持用户进行资源长期保存、支持用户收割元数据

资源统计：由图书馆自行查询资源使用统计、支持counter标准统计数据

使用（试用）过的单位：中国人民大学、上海交通大学、复旦大学、中山大学、中国科技大学、四川大学等。

用户评论：该库的出版战略保证了图书的质量；图书与期刊相结合，增加了内容的可发现性；全面的内容更适合学生学习使用。不过，该库统计报告速度较慢，并且培训形式不够丰富。

22. ScienceDirect Reference Module（SD学科参考模块数据库）

简称：SD Ref.mod

数据库平台：ScienceDirect

数据库网址：http://www.sciencedirect.com/

数据库类型：全文数据库、多媒体数据库

文献类型：图书

语种：英文、其他（西班牙文）

学科分类：多学科

用户权限：使用权（一旦停购则不能使用）

数据库概况:该库是以学科为中心,整合了爱思唯尔相关的百科全书、参考图书中的篇章以及最新的专为“参考模块”撰写的文章,并按照学科内在架构进行整理,创造出的一个在线的权威信息数据库平台。该库具有4大特色。第一,当前性,内容持续审读、更新、创作,并标注时间;第二,权威性,每个“参考模块”都由专家编审团队定期对该模块内容进行评审和更新,并标注更新日期时间;第三,清晰的组织架构,通过时间标签,用户可以得知该文章最后被审阅的时间,点击左侧的学科目录,进入学科涵盖的各个主题,一站式获取大量信息;第四,依托Science Direct数据库平台,提供平台上相关期刊论文和图书章节的链接,以满足用户更加深入和广泛的阅读和研究需求。

资源访问模式:远程访问

资源长期保存与元数据:支持用户进行资源长期保存、支持用户收割元数据

资源统计:由图书馆自行查询资源使用统计、支持counter标准统计数据

使用(试用)过的单位:中国人民大学等。

用户评论:该库数据导向的出版战略保证了图书的质量;图书与期刊相结合,增加了内容的可发现性;界面灵活易查找,适宜教学使用。一些用户指出,该库统计报告的生成速度较慢,并且培训的形式、内容不够丰富。

23. ScienceDirect Society Journal(SD学术协会期刊)

简称:SD Society Journal

数据库平台:ScienceDirect

数据库网址:http://www.sciencedirect.com/

数据库类型:全文数据库、多媒体数据库

文献类型:期刊

语种:英文、其他(西班牙文)

学科分类:多学科

用户权限:买断(永久使用)、使用权(一旦停购则不能使用)

数据库概况:该库是学术协会与Elsevier合作出版的期刊合集,其中大部分期刊是医学类期刊,旨在促进医学知识的发展,以提高人类生活的质量。该库将科学家和实践者联系起来,促进知识的共享和应用。其期刊目标包括:一是关注深入探讨特定领域的研究;二是推动非特定领域的研究,产生重大影响;三是促进顶尖的研究人员和编辑与社会组织合作。该库收

录了70种健康医学相关的期刊,其中约1/3位居该领域的前十名,19%的期刊影响因子大于5。

资源访问模式:远程访问

资源长期保存与元数据:支持用户进行资源长期保存、支持用户收割元数据

资源统计:由图书馆自行查询资源使用统计、支持counter标准统计数据

使用(试用)过的单位:大连医科大学、北京大学、上海交通大学、复旦大学、中山大学、中南大学、宁夏大学、四川大学等。

用户评论:该库为著名学术协会期刊库,期刊质量高;提供访问服务,数据库平台稳定高效;检索方便,全文易获取。该库统计报告的生成速度较慢,并且培训的形式、内容不够丰富。

24. ScienceDirect(SD电子书)

简称:SD eBooks

数据库平台: ScienceDirect

数据库网址:http://www.sciencedirect.com/

数据库类型:全文数据库、多媒体数据库

文献类型:图书

语种:英文、其他

学科分类:多学科

用户权限:买断(永久使用)

数据库概况:该库为用户提供全面、权威、可靠、易于发现、容易搜索并容易获得的高质量内容。截至2018年,爱思唯尔公司共出版图书约38 000种,涵盖工程学、材料科学、化学、化学工程、数学、物理与天文、环境科学、能源、地球与行星科学、计算机科学、免疫学与微生物学、生物化学、遗传学、分子生物学、生物医学与医学、社会科学、经济与金融等共24个学科,此外还有7种参考工具书模块。爱思唯尔只选择高质量的编辑与作者,且每一本书的出版都须经过严格的同行评审和编辑。该库具有多个优点:强大、完整的图书与期刊交叉搜索功能,可迅速提供最相关的搜索结果;全书内容可以PDF或HTML模式直接浏览;功能操作直观、简单,有利于修改、精确搜索、保存和追踪研究,同时支持内容类型和章节浏览。该库支持图片搜索、相关资源链接、个性化设置、XML文件格式,提供音频、视频和多媒体资源的下载与打印,以及全天候访问,没有并发用户数量限制。最新

推出的主题页功能，可以满足科研人员在阅读时对电子书内容的需求，大大节省科研人员检索的时间，提高检索效率，同时提高电子书的可发现性。

资源访问模式：远程访问

资源长期保存与元数据：支持用户进行资源长期保存、支持用户收割元数据

资源统计：由图书馆自行查询资源使用统计、支持counter标准统计数据

使用（试用）过的单位：大连理工大学、东北大学、北京大学、北京师范大学、清华大学、上海交通大学、复旦大学、中山大学、南方科技大学、武汉大学、华中科技大学、西北工业大学、四川大学等。

用户评论：该库数据导向的出版战略保证了图书的质量；图书与期刊在数据库平台上的同步，增加了内容的易发现性；与时俱进地更新内容更适用于教学、科研。该库统计报告的生成速度较慢，并且培训的形式、内容不够丰富。

25. ScienceDirect（SD回溯期刊库）

简称：SD BF

数据库平台：ScienceDirect

数据库网址：http://www.sciencedirect.com/

数据库类型：全文数据库、多媒体数据库

文献类型：期刊、图书、图片、音视频、数值数据

语种：英文、其他（西班牙文）

学科分类：多学科

用户权限：买断（永久使用）

数据库概况：该库是爱思唯尔公司推出的全文数据库平台，是全球最著名的科技医学全文数据库之一，其直观友好的使用界面，使研究人员可以迅速链接到爱思唯尔出版社丰富的电子资源。该库含有自1995年以来出版的400万篇文献，分布在24个学科。中国已有50多所高校及机构购买了ScienceDirect回溯期刊数据库。

资源访问模式：远程访问

资源长期保存与元数据：支持用户进行资源长期保存、支持用户收割元数据

资源统计：由图书馆自行查询资源使用统计、支持counter标准统计数据

使用(试用)过的单位：吉林大学、北京大学、上海交通大学、中山大学、武汉大学、宁夏大学、四川大学等。

用户评论：该库收录了高质量的早期珍贵文献，内容回溯至第一卷第一期，让以往难以查询到的文献易于获取。其数据库平台稳定高效、检索方便、全文易获取。该库统计报告的生成速度较慢，并且培训的形式、内容不够丰富。

26. SciVal(科研管理分析工具)

简称：SciVal数据库

数据库平台：SciVal 数据库

数据库网址：http://www.SciVal.com/

数据库类型：索引(文摘)数据库

文献类型：期刊、图书、报纸、会议论文、专利、标准、古籍、数值数据、科技报告、科技成果

语种：英文、其他

学科分类：理学

用户权限：使用权(一旦停购则不能使用)

数据库概况：该库是由Overview(概述)、Benchmarking(标杆管理)、Collaboration(分作)及Trend(趋势)4个模块集成于一体的数据库平台，可分别从不同的方面对科研绩效进行评估。依托该库，用户可在分析某一对象时在4个维度间快速切换，无须重复操作。该库将大量业界认可且易用的衡量指标嵌入上述的4个模块中，用于分析评估，其中还包含了国际上非常知名的Snowball Metrics。在数据深度和广度方面，SciVal预制了全球7 700余家机构以及220余个国家和地区的全部深度的数据，用户可以自由选择所有院校的数十个文献计量学数据进行院校间的对比分析。在分析团队和科研人员方面，SciVal预制了全球数千万科研人员的文献计量学信息，支持人名重名清理和分析。在分析学科交叉和前沿方面，其在交叉学科竞争优势分析方法上是由专利保护的，具有唯一性。该库内置的FingerPrint(指纹识别)是利用了各学科内专业词表的文本挖掘工具。相比竞争对手归类式的探索方法，该库更加灵活且更容易发现特定领域内新的研究方向。

资源访问模式：远程访问

资源长期保存与元数据：支持用户进行资源长期保存、支持用户收割元数据

资源统计：由图书馆自行查询资源使用统计、支持counter标准统计数据

使用（试用）过的单位：清华大学、北京师范大学、北京工商大学、天津大学、同济大学、复旦大学、上海交通大学、浙江大学、汕头大学、中国科学技术大学、湖南大学、西南交通大学等。

用户评论：该库是一套高效易用的科研管理工具，可全面支持科研绩效分析、院校之间的横向比较，以及拓展国际合作。该数据库平台将科研数据、信息技术、衡量指标及高度可视化整合至一起，为科研决策提供循证依据。其灵活的操作方式，多种自定义设置及信息的导出格式，可以满足不同用户的需求和偏好。不过，建议数据库平台使用IP段接入，远程接入可能影响速度。

27. Scopus（文献摘要与科研信息引用数据库）

简称：Scopus 数据库

数据库平台：Scopus

数据库网址：http://www.scopus.com/

数据库类型：索引（文摘）数据库

文献类型：期刊、图书、报纸、会议论文、专利、标准、古籍、数值数据、科技报告、科技成果

语种：英文、其他

学科分类：多学科

用户权限：使用权（一旦停购则不能使用）

数据库概况：该库是全球最大的文献摘要与科研信息引用数据库之一，拥有6 900多万条文献记录，每日更新来自5 000多家国际出版商的约22 245份期刊。库内含约21 500多种同行评审期刊、4 200份开放获取期刊、3 750种在编期刊（先于发表1—4个月获取）、138 000多本图书（2003年至今）、超过770万篇会议论文、超过500套丛书以及3 800多万条国际专利信息。其刊物超过40种语言，含近600种中文同行评审的核心期刊，远多于其他国际同行。新增针对文献的社交影响指标集PlumX，通过usage、captures、mentions、social media、citations全方位捕捉文献社交影响力。该库界面做了进一步优化，提高了用户体验。此外，该库正式推出期刊指标集，以便用户更加客观便捷地了解期刊的影响力。

资源访问模式：远程访问

资源长期保存与元数据：支持用户进行资源长期保存、支持用户收割元数据

资源统计：由图书馆自行查询资源使用统计、支持 counter 标准统计数据

使用(试用)过的单位：东北师范大学、吉林大学、大连理工大学、北京大学、北京工业大学、北京师范大学、北京航空航天大学、同济大学、复旦大学、上海交通大学、浙江大学、华南理工大学、汕头大学、武汉大学、南京大学、中国科学院大学、西安交通大学、西交利物浦大学、兰州大学、西南交通大学、云南大学等。

用户评论：该库内容相当丰富，功能齐全。不过，该库的检索功能有待完善，且使用成本略高，数据库商的宣传力度比较弱，利用率比较低。

28. USPTO and EPO(美国专利商标局和欧洲专利局数据库)

简称：USPTO and EPO

数据库平台：Engineering Village

数据库网址：http://www.engineeringvillage.com/

数据库类型：索引(文摘)数据库

文献类型：专利

语种：英文

学科分类：多学科

用户权限：使用权(一旦停购则不能使用)

数据库概况：该库涵盖数百万条专利信息，为科研人员提供了一个在美国和欧洲专利记录中检索科技信息的工具。无论是编制专利申请书、跟踪某项技术、识别潜在合作者或竞争对手，还是仅仅了解某个领域的科技进展，专利文档都是进行深入研究的重要信息来源。该库收录了美国专利商标局提供的从 1970 年至今的专利全文数据；其中 1970 至 1975 年间的专利数据仅能以专利号码、US 分类号进行检索。当用户输入检索词汇时，系统会开启新链接至美国专利局标局网站显示检索结果。该库每周更新，需另购。

资源访问模式：远程访问

资源长期保存与元数据：不支持用户进行资源长期保存、不支持用户收割元数据

资源统计：由图书馆自行查询资源使用统计、支持 counter 标准统计数据

使用(试用)过的单位:重庆大学、北京大学等。

用户评论:该库内容质量高,收录了美国专利商标局和欧洲专利局的专利信息;数据库平台运行较为稳定;检索功能全面,可以帮助用户有效筛选和分析信息,实现高效的科技检索。其统计数据库平台速度较慢,且培训形式不够丰富。

29. ClinicalKey Student(Elsevier医学教育数据库平台)

简称:CK Student

数据库平台: ClinicalKey Student

数据库网址:http://www.clinicalkey.com/student

数据库类型:全文数据库、多媒体数据库

文献类型:图书、图片、音视频

语种:英文

学科分类:医学

用户权限:使用权(一旦停购则不能使用)

数据库概况:该库是爱思唯尔于2018年上线的最新医学教育数据库平台,提供了最新版的权威的医学教材、视频、图片、学习工具等,旨在帮助学生提高学习效率。该库涵盖了从基础医学到临床医学的绝大部分专业,并突破专业边界,助力学生系统了解从器官组织的解剖、生理、生化、组胚等,到疾病,再到遗传、病理、影像、临床诊治等系统性内容。该库的学习工具(study tools)提供笔记、复习卡片等功能,方便学生随时查找标注过的知识点和重点知识问答,提高学习效率。同时该库还提供离线访问功能,只要在学习工具下载图书即可离线访问,不限于机构的IP地址,随时为学习提供助力。

资源访问模式:远程访问、IP范围内访问

资源长期保存与元数据:不支持用户进行资源长期保存、不支持用户收割元数据

资源统计:定期主动提供资源使用统计

使用(试用)过的单位:南开大学、天津大学、北京大学、河北医科大学、东南大学、南京医科大学、香港大学、中山大学、广州中医药大学、汕头大学医学院、中南大学、湖南省儿童医院、西安交通大学、新疆医科大学、川北医学院等。

用户评论:该库界面简洁,课程专业性很强,提供的内容全面而丰富;其图书是对现有中文教材的一个极大补充,视频部分能很好地和所学课本

结合起来，实际的案例教学很有用；题库按照系统器官和科目来分类，并可将知识点链接到相关书目章节。该库是个非常不错的信息获取和学习的平台，能够培养学生的临床思维。

30. Lexis Advance（法律数据库）

简称：LA

数据库平台：Lexis Advance

数据库网址：http://advance.lexis.com/

数据库类型：全文数据库、参考工具数据库

文献类型：期刊、报纸、法律法规、其他

语种：英文

学科分类：法学

用户权限：使用权（一旦停购则不能使用）

数据库概况：该库专门为法律专业的研究人员和律师、法官量身打造，它最大限度整合了世界范围内的法律、新闻、商业和政治学科下的信息资源，并保证持续无滞后更新，其强大的专业搜索引擎支持多种检索模式。库内收录了1 500多种法学评论和期刊、230多个国家和地区知识产权法律法规及实务指南。该库独家提供旗下品牌出版的涉及23个法学领域的学术专著，给用户的工作、学习和研究带来极大的便利。

资源访问模式：远程访问

资源长期保存与元数据：不支持用户进行资源长期保存、不支持用户收割元数据

资源统计：定期主动提供资源使用统计

使用（试用）过的单位：哈尔滨工业大学、东北大学、大连海事大学、东北师范大学、北京大学、清华大学、中国政法大学、复旦大学、同济大学、华东师范大学、上海对外经贸大学、上海交通大学、中山大学、深圳大学城图书馆、武汉大学、湖南大学、中南财经政法大学、中南大学、湖南师范大学、西北大学、西北政法大学、甘肃政法大学、石河子大学、西南政法大学等。

用户评论：该库可检索的范围广；数据量庞大，拥有超1.8亿份联邦和州法院的摘要和文件；有注解的联邦和州的成文法，比较细致；更新速度快。

Emerald[爱墨瑞得(北京)信息科技有限公司]

1. Emerald(案例库)

简称: Emerald(案例库)

数据库平台:emeraldinsight

数据库网址:http://emeraldinsight.com/

数据库类型:全文数据库

文献类型:其他

语种:英文

学科分类:管理学、经济学

用户权限:买断(永久使用)、使用权(一旦停购则不能使用)

数据库概况:该库所属的Emerald出版社于1967年在英国成立,是世界知名的管理学出版社,目前已出版280多种管理学期刊、26种工程学期刊、近3 000种管理与社科类图书等。该库得到中国300多家用户的认可。由于越来越多的商学院关注案例教学,Emerald于2011年推出了全新资源——Emerald新兴市场案例集。2016年Emerald和两所顶尖商学院、协会合作,推出了Emerald案例集(ECC),其包括两所顶级商学院(美国西北大学凯洛格商学院、弗吉尼亚大学达顿商学院)的案例研究;Emerald新兴市场的案例(EMCS);美国案例协会会刊(*The Case Journal*)的案例。该库覆盖财务会计、金融、市场营销、战略、创业、管理、运营与物流、国际贸易、人力资源、组织行为等学科;跨越商务和管理、新兴和成熟市场经济。2017年该库有1 600多个案例,且每年新增100多个案例,其中案例数量为北美770余例、亚洲470余例、欧洲120余例、拉美60余例、非洲60余例等;包括Amazon、Google、Starbucks、Nike、Disney、Lego、Groupon、Netflix、Ikea、Sony、7-Eleven、Toyota、360、九阳、创维、吉利、娃哈哈等公司案例,所有案例均经过同行评审,由主编和区域主编及来自53个国家的成员组成的区域评审委员会执行。

资源访问模式:远程访问

资源长期保存与元数据:支持用户进行资源长期保存、支持用户收割元数据

资源统计:定期主动提供资源使用统计、支持counter标准统计数据

使用(试用)过的单位:中央财经大学、北京科技大学、中国人民大学、北京物资学院、首都经济贸易大学、广东财经大学、广东金融学院、广东外

语外贸大学、江西财经大学等。

用户评论：该库数据资源很多，很丰富；检索方式很简单，检索结果比较准确。数据更新速度有点慢，数据商的宣传力度可以加强。

2. Emerald（电子书）

简称：Emerald（电子书）

数据库平台：emeraldinsight

数据库网址：http://emeraldinsight.com/

数据库类型：全文数据库

文献类型：图书

语种：英文

学科分类：多学科

用户权限：买断（永久使用）

数据库概况：该库收录超过3 000册人文社会科学图书，其中1 900多卷图书包含电子版本，并且约80%被BKCI（图书引文索引）数据库收录，90%被Scopus数据库收录。用户可通过Emerald数据库平台对每个章节进行方便快捷地检索和浏览。该库分为“工商管理与经济学”和“社会科学”两个专辑，涉及150多个领域。“工商管理与经济学”专辑涵盖经济学、国际商务、管理学、领导科学、市场营销学、战略、组织行为学等领域。“社会科学”专辑涵盖社会学、政治学、心理学、教育学、图书馆科学等领域。该库的数据总量约60 GB，每年更新约12 GB。

资源访问模式：远程访问

资源长期保存与元数据：支持用户进行资源长期保存、支持用户收割元数据

资源统计：定期主动提供资源使用统计、支持counter标准统计数据

使用（试用）过的单位：中国人民大学、北京科技大学、首都经济贸易大学、清华大学、中南财经政法大学、华中科技大学、武汉大学、上海交通大学、浙江大学、浙江财经大学、中国石油大学（北京）、上海财经大学、中山大学等。

用户评论：该库系统性能稳定，检索快捷方便；界面简洁，使用方便。该库系统更新速度较慢，服务略滞后；用户的线上活动比较少，需加强宣传。

3. Emerald（全文期刊数据库）

简称：Emerald（期刊库）

数据库平台：emeraldinsight

数据库网址：http://emeraldinsight.com/

数据库类型：全文数据库

文献类型：期刊

语种：英文

学科分类：管理学

用户权限：买断（永久使用）、使用权（一旦停购则不能使用）

数据库概况：该库所属的英国Emerald出版社成立于1967年，共计出版管理学期刊281种，是管理学领域出版期刊数量最多的出版社之一；出版工程学期刊26种，其中21种被SCI或EI收录；电子书近2 000卷，支持HTML、PDF、EPUB等多种格式下载；电子案例集包含1 700多个案例，多数附有教学注释。该库秉承简洁、一站式、人性化的设计理念，将Emerald出版的全文期刊资源整合为一体，为用户提供便利快捷的服务。为了让用户更好地了解和使用这一数据库平台，针对数据库平台的三大功能区（个性化服务、检索和浏览、辅助资源），该库制作了PDF和视频版的使用指南，并对用户的常见问题进行了归纳。该库数据总量约210 GB，每年更新约30 GB，有近180种期刊、11万篇文章，约超过1/3的期刊被SCI、SSCI、EI收录，所有期刊均可回溯至第一卷第一期，全国高校、机构均可免费申请试用。

资源访问模式：远程访问

资源长期保存与元数据：支持用户进行资源长期保存、支持用户收割元数据

资源统计：定期主动提供资源使用统计、支持counter标准统计数据

使用（试用）过的单位：东北大学、哈尔滨工业大学、清华大学、中国人民大学、中央财经大学、北京理工大学、北京航空航天大学、复旦大学、南京大学、同济大学、上海理工大学、西交利物浦大学、浙江大学、安徽工业大学、武汉大学、重庆大学、四川大学、西南大学、西安交通大学、河南大学、西安电子科技大学、西北民族大学、中山大学、湘潭大学、海南大学等。

用户评论：该库检索界面比较简洁，检索速度很快。由于受众面有限，该库访问量一般，且其服务商提供的培训比较少，解决问题和反馈的速度较慢。

Encyclopaedia Britannica Australia Ltd（大英百科全书澳大利亚有限公司）

Encyclopaedia Britannica Academic Online Version（大英百科学术版）

简称：EB

数据库平台：Encyclopaedia Britannica Academic Online Version

数据库网址：http://academic.eb.com/

数据库类型：全文数据库、多媒体数据库、参考工具数据库

文献类型：期刊、图书、图片、学位论文、会议论文、科技报告、法律法规、音视频、数值数据、其他（百科全文）

语种：英文

学科分类：多学科

用户权限：使用权（一旦停购则不能使用）

数据库概况：该库所属的大英百科公司250年来一直是全球教育出版行业的领航者，现在致力于为图书馆和各类学校提供高质量的数字资源，其资源覆盖各年龄段和不同学习能力的学生。作为自20世纪80年代初以来的数字出版先驱，大英百科公司创造性及有目的地利用技术，设计出与电脑、笔记本、智能白板、电子阅读器、智能手机、平板电脑和学习者反应设备等兼容的数字化内容，以支持教学和学习。该库是用户检索权威参考资料的首选工具之一，不但包括*Encyclopaedia Britannica*（《大英百科全书》）本身的内容，还整合了*Merriam-Webster's Dictionary*（《韦氏大词典》）、EBSCO数据库的报章杂志以及其他众多研究工具提供的可靠资源。除文字条目外，库内还有丰富的图片以及音视频资料。

资源访问模式：远程访问

资源长期保存与元数据：不支持用户进行资源长期保存、支持用户收割元数据

资源统计：定期主动提供资源使用统计、支持counter标准统计数据

使用（试用）过的单位：天津商业大学、厦门大学、中国水产科学研究院南海水产研究所等。

用户评论：该库资源内容不错，性价比很高。该库在使用统计功能时偶尔有错误；数据库商在培训宣传方面有待加强；由于使用率较低，单篇成本比较高。

Euromonitor［欧睿信息咨询(上海)有限公司］

Global Market Information Database(全球市场信息数据库)

简称:Passport GMID数据库

数据库平台:euromonitor

数据库网址:http://www.portal.euromonitor.com/portal/

数据库类型:数值文本数据库

文献类型:数值数据、图书、图片

语种:英文

学科分类:经济学

用户权限:使用权(一旦停购则不能使用)

数据库概况:该库的数据商Euromonitor International(欧睿国际)1972年创建于英国,是国际领先的独立战略市场信息提供商,为全球的教育研究机构、政府机构、金融投资机构、跨国企业、咨询机构等的专业人士提供商务信息和战略咨询服务。该公司拥有遍布全球的1 000多名驻地分析师,可以针对所在的100个国家进行本土化调研。40多年的研究让该公司形成了庞大的专家网络,并积累了全球研究经验,同时其独特的研究方法将市场上所有销售渠道和产业链数据都涵盖在内,为用户研究并解析各个市场的趋势变化和背后的驱动力因素提供帮助。

资源访问模式:远程访问

资源长期保存与元数据:不支持用户进行资源长期保存、支持用户收割元数据

资源统计:定期主动提供资源使用统计

使用(试用)过的单位:西南财经大学、河南大学等。

用户评论:该库是专业的外文库,其将市场上所有销售渠道和产业链数据都涵盖在内,可以帮助用户研究并解析各个市场的趋势变化和背后的驱动力因素。

European Books LTD（欧洲图书有限公司）

1. EduDonor Index（全球教育机构补助金检索）

简称：EduDonor Index

数据库平台：EduDonor

数据库网址：http://www.EduDonorIndex.com/

数据库类型：索引（文摘）数据库

文献类型：数值数据

语种：英文

学科分类：多学科

用户权限：使用权（一旦停购则不能使用）

数据库概况：该库是欧洲图书有限公司发布的在线数据库之一，对各类图书馆和教学机构来说是一个知名且重要的数据库。该库有6个分组，涵盖各阶段教育，包括私人教育机构、职业教育与培训机构、研究所、市政府、政府部门及其他各种预算有限的教育机构。世界上有近35 000个组织提供此类补助金用于教育，而该库涵盖了其中的20 000多个。该库中的20 000多个组织每年向全球和本地范围内提供的补助金总价值近1 500亿美元。该库包含高校院、系、部、中心、单位、图书馆、实验室等教育机构的资助信息，其主管和行政人员资助信息以及大学教学人员项目资助信息。

资源长期保存与元数据：不支持用户进行资源长期保存、不支持用户收割元数据

资源访问模式：远程访问

资源统计：定期主动提供资源使用统计、支持counter标准统计数据

使用（试用）过的单位：广西民族大学、东北师范大学、哈尔滨工业大学等。

用户评论：该库基金信息覆盖范围广，受益人群多，数据库平台使用方便，用户反馈满意度高。

2. EduScholarships Index（全球学生奖学金检索）

简称：EduScholarships Index

数据库平台：EduScholarships Index

数据库网址：http://www.EduScholarshipsIndex.com/

数据库类型：索引（文摘）数据库、数值文本数据库

文献类型:数值数据

语种:英文

学科分类:多学科

用户权限:使用权(一旦停购则不能使用)

数据库概况:该库是欧洲图书有限公司发布的在线数据库之一,对各类图书馆和教学机构来说是一个知名且重要的数据库。世界上有近22 000个组织向各级学生提供此类奖学金,而该库涵盖了其中的18 000多个,这些组织向全球各地区和限定范围内的高等教育学生(学士、硕士、博士)和从幼儿至高中各阶段学生提供200万项奖学金。每年奖学金的总价值近1 000亿美元。该库在全球范围内没有竞争对手,是获取全球奖学金信息的唯一且全面的来源。

资源访问模式:远程访问

资源长期保存与元数据:不支持用户进行资源长期保存、不支持用户收割元数据

资源统计:定期主动提供资源使用统计

使用(试用)过的单位:广西师范大学、桂林电子科技大学等。

用户评论:该库信息覆盖面广,使用方便,无用户并发数限制。

European Mathematical Society(欧洲数学学会)

1. European Mathematical Society-EBOOK(欧洲数学学会电子书)

简称:EMS-EBOOK

数据库平台:EMS

数据库网址:http://www.ems-ph.org/books/title_index.php/

数据库类型:全文数据库

文献类型:图书

语种:英文

学科分类:理学

用户权限:买断(永久使用)

数据库概况:该库所属的European Mathematical Society(欧洲数学学会,简称EMS)于1990年创立,总部设在瑞士,旨在促进纯粹与应用数学之

研究,对数学教育的课题提供协助与建议,关心数学与社会的广泛关系,促进各国数学家互动,建立欧洲数学家的价值认同感。EMS的个人会员超过3 000人,由来自欧洲60多个国家的应用与计算数学家、计算机科学家、工程师、统计学家和数学教育者组成。EMS在欧洲有着非常重要的学术地位,同时也是德国《数学文摘》的主要编委。

资源访问模式:远程访问

资源长期保存与元数据:不支持用户进行资源长期保存、不支持用户收割元数据

资源统计:由图书馆自行查询资源使用统计

使用(试用)过的单位:大连理工大学、北京大学、复旦大学等。

用户评论:该库来源权威,专业性强,专业领域内的研究方向全面,但出版物数量较少。

2. European Mathematical Society-journal(欧洲数学学会电子刊)

简称:EMS-journal

数据库平台:EMS

数据库网址:http://www.ems-ph.org/journals/journals.php/

数据库类型:全文数据库

文献类型:期刊

语种:英文

学科分类:理学

用户权限:买断(永久使用)

数据库概况:该库的研究期刊涵盖了整个数学领域,既有基础理论研究,也有应用研究,内容丰富、全面、权威,在高等研究领域非常著名。在2013年已出版的15种学术型期刊中,80%被SCI收录为核心期刊。根据期刊引用报告(JCR)统计,其中*Journal of the European Mathematical Society*(JEMS)、*Journal of NonCommutative Geometry*(JNCG)的影响因子分别高达1.736和1.296。

资源访问模式:远程访问

资源长期保存与元数据:不支持用户进行资源长期保存、不支持用户收割元数据

资源统计:由图书馆自行查询资源使用统计

使用(试用)过的单位:北京大学、清华大学等。

用户评论:该库涵盖了整个数学领域,既有基础理论研究,又有应用研究,内容丰富而全面,在高等研究领域较著名。不过,该库只能提供下载数据使用报告。

Ex Libris[艾利贝斯软件科技发展(北京)有限公司]

Summon(图书馆资源发现系统)

简称: Summon

数据库平台: Summon学术发现数据库平台

数据库网址:http://cqu.summon.serialssolutions.com/

数据库类型:参考工具数据库、索引(文摘)数据库

文献类型:期刊、图书、报纸、学位论文、会议论文、专利、标准、古籍、图片、音视频、法律法规、年鉴、数值数据、科技报告、科技成果、产品资料

语种:中文、英文、日文、俄文、其他

学科分类:多学科

用户权限:使用权(一旦停购则不能使用)

数据库概况:该库收录超30亿条元数据,跨领域整合馆藏资源,包括电子资源、纸本资源、数字资源。该库适合初级研究人员,针对大范围的馆藏资源进行统一检索。在国内已有超过50个正式用户,其中14所双一流大学图书馆选用该库。该库提供如谷歌一样的单一检索框,用户可用最简易的方式一次性检索馆内的纸本资源、订购的电子资源、免费的电子资源等。

资源访问模式:远程访问

资源长期保存与元数据:不支持用户进行资源长期保存、不支持用户收割元数据

资源统计:由图书馆自行查询资源使用统计、支持counter标准统计数据

使用(试用)过的单位:吉林大学、中国科学院文献情报中心、北京大学、同济大学、华东师范大学、山东大学、浙江大学、中国海洋大学、华南理工大学、中南大学、华中科技大学、兰州大学、西北农林科技大学、重庆大学、西南大学等。

用户评论:该库系统很稳定,平台检索比较准确;资源很多,性价比较高。不过,该库数据资源的质量参差不齐,并且数据库相关的培训比较少。

GeoScienceWorld(地球科学世界出版社)

GeoScienceWorld(地球科学世界出版社电子书数据库)

简称:GSW

数据库平台: GeoScienceWorld

数据库网址:http://www.ebooks.geoscienceworld.org/

数据库类型:全文数据库

文献类型:图书

语种:英文

学科分类:理学

用户权限:由NSTL机构购买并供免费使用

数据库概况:该库是由10家地球科学领域的顶尖协会共同建立的非营利性组织,旨在为研究人员提供最新的地球科学电子信息资源。该库最大的特点是可以在一个链接的集合中检索全文,同时同世界上该领域最主要的文摘和索引库GeoRef集成在一起。该库包含多家出版社书籍的地球科学类电子书数据库平台,旗下图书可回溯至1926年。该库具有以下特点:收录了10家专业学会出版社超过2 000种地球科学电子书;提供建议和分享工具以帮助用户发现相关内容;提供灵活的选择访问方式;可与电子书阅读器兼容;每本书都有MARC记录;图书馆馆员管理账户界面可以管理账户信息、查询使用量和IP地址;持续更新新书和新的合作出版社的资源;可以按篇章下载PDF格式资源;可按主题浏览书籍;可按全文、出版社、系列、主题、地质年代和出版时间搜索资源;图书馆员可以下载所购数据库的记录;提供counter使用量报告。

资源访问模式:远程访问

资源长期保存与元数据:支持用户进行资源长期保存、支持用户收割元数据

资源统计:定期主动提供资源使用统计、支持counter标准统计数据

使用(试用)过的单位:东北大学、哈尔滨工业大学、山东大学、长安大学、清华大学、中国人民大学、中央财经大学、北京理工大学、复旦大学、南京大学、西交利物浦大学、浙江大学、温州大学、安徽农业大学、武汉大学、重庆大学、西南大学、西安交通大学、华北水利水电大学、河南大学、中山大学、广东外语外贸大学、湘潭大学、湖南工业大学、海南大学等。

用户评论:该库由NSTL机构购买并供用户免费使用,其地球科学领域覆盖面广,平台友好性强,内容形式多样,使用方便,用户反馈满意度高。

Guangzhou Qianwen Information Technology(广州乾文信息科技有限公司)

Emerging Markets Information Service(全球新兴市场商业资讯数据库)

简称:EMIS

数据库平台:EMIS

数据库网址:http://www.emis.com/

数据库类型:全文数据库、数值文本数据库、参考工具数据库

文献类型:期刊、报纸、会议论文、法律法规、标准、年鉴、数值数据、科技报告、科技成果

语种:英文

学科分类:经济学

用户权限:使用权(一旦停购则不能使用)

数据库概况:该库提供基于互联网数据库平台的遍布全球125个国家和地区的全方位的市场动态和商务信息,整合了9 000多种国内外信息资源、2万多份刊物,所有信息内容均由当地信息供应商直接提供并以英语和当地语言同时呈现。该库以国家和地区为子库,每个子库的结构一样。该库内容涵盖纯文本格式的时事新闻、上市公司的分析报告、财务报表、行业深度分析报告和统计数据、金融证券市场分析、宏观经济统计数据及法律法规等。其信息来源包括咨询公司、投资银行、券商、政府部门、行业协会以及The Economist Intelligence Unit(经济学人智库,简称EIU)等全球知名的资讯机构等。

资源访问模式:远程访问

资源长期保存与元数据:不支持用户进行资源长期保存、支持用户收割元数据

资源统计:定期主动提供资源使用统计

使用(试用)过的单位:北京大学、南开大学、对外经济贸易大学、中国石油大学、上海交通大学、上海财经大学、上海科技大学、长江商学院、中山大学、广东外语外贸大学、暨南大学、广东金融学院、中南大学、湘潭大学、内蒙古大学、云南财经大学等、南京财经大学等。

用户评论:该库提供多个国家和地区的市场动态和商务信息,特别是

企业层面的微观数据。该库在整合一些分散数据库信息方面尤为突出，对企业研究的帮助较突出，用户满意度高。希望其收录的数据信息更加完整。

Guangzhou Okay Information Consulting（广州奥凯信息咨询有限公司）

1. Innography（国际高端专利检索分析数据库）

简称：Innography

数据库平台：Innography

数据库网址：http://app.innography.com/

数据库类型：全文数据库、索引（文摘）数据库

文献类型：专利、标准

语种：英文

学科分类：多学科

用户权限：使用权（一旦停购则不能使用）

数据库概况：该库主要为用户提供简单、方便、高效的专利检索、阅读和分析工具。该库包括专利、公司、财务、市场、诉讼、商标、科技文献、标准等数据和信息，并进行关联分析；可以快速筛选核心专利，评价专利价值；快速分析专利技术分布，挖掘技术热点和趋势；可以分析与竞争对手在专利、技术和市场上的差距，促进产学研合作；可以基于语义检索和引证自动进行专利侵权分析、专利诉讼分析以及对美国专利原告、被告、涉诉专利、审理过程等的深入分析。

资源访问模式：远程访问

资源长期保存与元数据：支持用户进行资源长期保存、支持用户收割元数据

资源统计：定期主动提供资源使用统计

使用（试用）过的单位：吉林大学、哈尔滨工业大学、东北师范大学、大连理工大学、北京大学、北京理工大学、清华大学、天津大学、北京交通大学、华东理工大学、南京工业大学、同济大学、上海交通大学、南京大学、华南理工大学、华南农业大学、广西大学等。

用户评论：该库具有自定义专利强度功能，可以进行灵活的、可调整的

专利评估;虽然需要用英文进行检索,但是有原语言切换功能,中国专利还是能显示中文,便于用户阅读。由于部分图示标签颜色比较相近,希望该库图表可以增加颜色自定义功能。

2. Patyee(壹专利检索分析数据库)

简称:壹专利

数据库平台:奥凯大数据中心

数据库网址:http://www.patyee.com/

数据库类型:全文数据库、索引(文摘)数据库

文献类型:专利

语种:中文、英文

学科分类:多学科

用户权限:使用权(一旦停购则不能使用)

数据库概况:该库推出时间为2018年,主要为用户提供简单、方便、高效的专利检索、阅读和分析工具。该库囊括了全球约105个国家的1亿多件专利数据。该库以周为单位进行专利数据更新;检索功能操作简单,提供助手式的检索式编写功能,并支持对检索结果进行二次检索和筛选;检索响应时间可达到毫秒级别,搜索引擎稳定,检索结果精准;提供列表视图、图文视图、首图视图、全图视图等多种形式展现检索结果,针对专利详情展示,提供高亮标识、双屏对比等人性化功能;提供专利收藏、检索历史管理、预警管理、下载管理、专利共享等辅助工具;从多个维度进行专利数据的统计分析,并提供各类图形化的统计结果;提供中国专利地图展示,提供地区专利分布、国民经济专利情况、高校榜单、企业榜单等内容。

资源访问模式:远程访问

资源长期保存与元数据:支持用户进行资源长期保存、支持用户收割元数据

资源统计:定期主动提供资源使用统计

使用(试用)过的单位:长春中医药大学、宁波大学、福建农林大学、深圳大学城图书馆、广州生产力促进中心、河南工业大学、武汉科技大学、宁夏回族自治区科学技术发展战略和信息研究所、中国科学院水利部成都山地灾害与环境研究所等。

用户评论:该库操作简单,基本能满足日常的检索分析需求,有一些特色分析图表,例如申请人合作分析图、发明人合作分析图。目前该库“申请人地域分析”功能只能按国家进行分析,希望将来可以按省市进行分析。

Human Kinetics(人体运动出版社)

Human Kinetics Journal(人体运动出版社电子期刊库)

简称: Human Kinetics Journal
数据库平台: Human Kinetics Publisher
数据库网址:http://journals.humankinetics.com/
数据库类型:全文数据库
文献类型:期刊
语种:英文
学科分类:教育学
用户权限:使用权(一旦停购则不能使用)

数据库概况:该库所属的人体运动出版社出版了近30种运动相关的期刊,涵盖了体育相关领域,既有基础理论研究,也有应用研究,内容丰富而全面,在高等研究领域非常著名。其在2016年已出版的29种学术型期刊中,50%被SCI收录为核心期刊。

资源访问模式:远程访问
资源统计:定期主动提供资源使用统计
使用(试用)过的单位:中南大学、清华大学等。

用户评论:该库资源的质量比较高。但受众群体有限,使用率一般;检索功能不是那么精准;单篇价格比较高。

iGroup[长煦信息技术咨询(上海)有限公司]

1. BMJ Best Practice(循证医学数据库)

简称:BP
数据库平台:BP自有服务器
数据库网址:http://bestpractice.bmj.com/info/
数据库类型:参考工具数据库
文献类型:图片、音视频、标准、其他(临床实践)
语种:英文
学科分类:医学

用户权限：使用权（一旦停购则不能使用）

数据库概况：该库基于临床证据，是于2009年推出的循证医学临床决策支持系统（CDS）和临床教学工具，旨在提供循证的权威诊疗知识，优化诊疗决策，减少临床诊疗失误。该库对全球5 000多项可信数据源进行实时监测，进行证据的收集和评级；其内容由1 000多位全球专家独立撰写，专业团队负责更新，及时向用户提供诊疗知识。该库内容涵盖80%的常见疾病、10 000多种诊断方法、1 000多个专题、3 000多项诊断性检测、3 500多张医学图像、6 800多篇指南、250多个医学计算器等。该库结构按照基础、预防、诊断和鉴别诊断、治疗和随访的标准诊疗流程设计，适用于全科医师、住院医师、专科培训生、专科医师和医学生。该库还加入了循证医学指南工具包、临床操作视频、医学计算器等。巴西、挪威和沙特阿拉伯的卫生部采购了该库的国际版给其全国医生使用；中国有20余家一流医学院校和附属医院已采购该库。

资源访问模式：远程访问

资源长期保存与元数据：不支持用户进行资源长期保存、支持用户收割元数据

资源统计：定期主动提供资源使用统计

使用（试用）过的单位：北京大学、清华大学、首都医科大学、天津医科大学等。

用户评论：该库内容丰富，可覆盖80%以上疾病的相关资料；内容权威，是基于经过评价的权威的结构化临床证据；可在线进行疾病和症状的检索，结合临床计算器功能，方便使用。该库对浏览器的要求比较高，建议用户使用IE（9版本以上）或者谷歌浏览器进行浏览。

2. BMJ Journals（英国医学杂志）

简称：BMJ

数据库平台：BMJ

数据库网址：http://journals.bmj.com/

数据库类型：全文数据库

文献类型：期刊、图片

语种：英文

学科分类：医学

用户权限：使用权（一旦停购则不能使用）

数据库概况：该库所属的出版社成立于1840年，有170多年历史，直属

于英国医学会，多年来一直致力于为医疗、保健专业人员以及科研团体和公众出版权威的出版物。该库影响全球160多个国家和地区的读者和用户，仅在我国就有40多所医科大学、医院、医疗机构、卫生保健机构、综合类大学使用该库。该库涵盖综合医学、临床专科、流行病学、医学教育、健康等领域，及时为用户提供医学知识、专家研究成果。

资源访问模式：远程访问

资源长期保存与元数据：支持用户进行资源长期保存、支持用户收割元数据

资源统计：定期主动提供资源使用统计、支持counter标准统计数据

使用(试用)过的单位：吉林大学、北京大学、上海交通大学、中山大学、国防科技大学、重庆大学等。

用户评论：该库内容权威，其中80%以上期刊都被SCI收录；涵盖面广，涉及医药卫生学的各个学科领域；访问回溯长，可访问至创刊年。但该库访问速度有点慢，建议用户使用IE(9版本以上)或者谷歌浏览器进行浏览；仅能通过IP地址登录访问，访问方式单一。

3. Science of Synthesis(有机化学合成方法全文在线参考工具)

简称：SoS

数据库平台：SoS

数据库网址：http://sos.thieme.com/

数据库类型：全文数据库、参考工具数据库

文献类型：图书、产品资料、数值数据

语种：英文

学科分类：理学

用户权限：使用权(一旦停购则不能使用)

数据库概况：该库是德国Thieme出版社于2000年推出的有机化学合成方法全文在线参考工具，其全部内容由全球1 800多名化学合成领域特邀专家遴选、审核和更新，几乎涵盖了有机化学和有机金属化学整个领域从19世纪早期发展至今的所有合成方法。该库是全球少有的同时包含合成方法、专家评论、实验过程以及精准化学反应路线的全文电子资源。

资源访问模式：远程访问

资源长期保存与元数据：支持用户进行资源长期保存

资源统计：定期主动提供资源使用统计

使用(试用)过的单位：中国人民大学、厦门大学、兰州大学、青岛科技

大学、中国科学院上海有机化学研究所、中国医学科学院医学信息研究所等。

用户评论:该库内容经特邀专家删选、审核、更新;合成信息可靠、重现性好;全文内容可以直接浏览下载;连续订购3年,可永久免费获得存档内容。不过,该库需要通过培训使用户掌握基本的检索技巧;订购流程严格,需要签订协议。

4. The JAMA Network(美国医学会)

简称:JAMA

数据库平台:jamanetwork

数据库网址:http://jamanetwork.com/journals/jama/

数据库类型:全文数据库

文献类型:期刊、图片、音视频

语种:英文

学科分类:医学

用户权限:使用权(一旦停购则不能使用)

数据库概况:该库的*JAMA*是由美国医学会出版的官方刊物。美国医学会是世界上三大医学会之一,创建于1847年,拥有会员30多万名,始终致力于促进医疗技术、科学的发展和更好地改善公共健康,在医学领域有很高的地位。美国医学会学术出版数据库平台致力于对医学成果进行最快最好的宣传,出版了众多高影响力的期刊用于学术交流,是一个汇集各种医学专业观点的数据库平台,在推动医学发展方面起到了重要作用。该库是一站式的文献检索数据库平台,内容覆盖医学全领域,可专刊或跨刊检索,支持语义概念检索,支持多种设备检索,可分屏浏览图片和视频。

资源访问模式:远程访问

资源长期保存与元数据:支持用户进行资源长期保存、支持用户收割元数据

资源统计:定期主动提供资源使用统计、支持counter标准统计数据

使用(试用)过的单位:吉林大学、大连医科大学、中国医科大学、北京大学医学部、首都医科大学、浙江大学、南京中医药大学、上海交通大学医学院、复旦大学、厦门大学、中山大学、中南大学、中国人民解放军陆军军医大学等。

用户评论:该库内容权威,11本期刊全部被SCI收录,且多数期刊影响因子超过10;数据库平台功能丰富,使用便捷,提供校外访问、分屏浏览等

功能；订购内容可永久访问。不过，该库仅提供一次试用；订购流程严格，需要签订协议。

5. World eBook Library（世界 e 书馆）

简称：WEL
数据库平台：ebooklibrary
数据库网址：http://community.ebooklibrary.org/
数据库类型：全文数据库
文献类型：期刊、图书、报纸、音视频
语种：英文
学科分类：多学科

数据库概况：该库是由 World Library Foundation 创建的电子图书数据库产品，该库是世界上收录电子图书资源最多的数据库之一，其收录的资源最早可追溯至11世纪，收录了人类文明史上1 000年来各学科历史上伟大的思想家的作品。该库收录的文献资源主要来自美洲、亚洲、非洲和欧洲，语种以英文为主，全库覆盖200余种语言。该库收录了近400万册电子资源，几乎覆盖所有学科领域，特别关注教育、自然科学、社会学及科技领域，拥有海量经典文献资源；收录的资源形式多样，包括电子图书、期刊、报纸、音频、视频等，满足用户多维度的使用需求。该库资源实时更新，平均每月更新5 000余种。

资源访问模式：镜像站
资源长期保存与元数据：支持用户收割元数据
资源统计：由图书馆自行查询资源使用统计

使用（试用）过的单位：辽宁科技大学、清华大学、上海海关学院、广西大学、武汉理工大学、内蒙古大学、西南科技大学等。

用户评论：该库图书内容丰富，适合各类用户群体，系统和数据库平台的使用情况良好。不过，该库部分图书制作质量较差，并且缺少相关培训。

Independent Scholarly Publishers Group（独立学术出版集团）

Independent Scholarly Publishers Group（独立学术出版集团全文电子期刊数据库）

简称：ISPG

数据库平台：HighWire

数据库网址：http://highwire.stanford.edu/lists/allsites.dtl/

数据库类型：全文数据库

文献类型：期刊

语种：英文

学科分类：医学、理学

用户权限：使用权（一旦停购则不能使用）

数据库概况：该库收录的文献来自全球，均为英文文献，涵盖33种期刊，其中22种被SCI收录，其中2012年影响因子在2.0以上的期刊共19种，近80%被*Chemical Abstract*《化学文摘》收录。该库涵盖药物化学、药物分析、药理学、药剂学、天然药物化学、药物代谢、临床药学、毒理学、药物治疗、药用有机化学、无机化学和分析化学、组合化学、化学生物学、生物活性和基因疗法、临床合理用药、光（色）谱学、药靶及筛选、药物安全以及各类药物的研发、设计、合成药学等相关学科，以及分子医学、免疫学、生物化学、生物技术、生物信息和涉及心血管系统、呼吸系统、内分泌系统、肿瘤系统、感染疾病、老年疾病、变态反应等全身性疾病的药物治疗、干细胞治疗等医学相关学科。该库还包含药物研发、设计、发明、配方、生物标记、生物工程、基因序列等专利。

资源访问模式：远程访问

资源长期保存与元数据：支持用户进行资源长期保存、支持用户收割元数据

资源统计：由图书馆自行查询资源使用统计、支持counter标准统计数据

使用（试用）过的单位：中山大学、武汉大学、中南大学、浙江大学、复旦大学、上海交通大学等。

用户评论：该库稳定性比较好。不过，由于期刊来自不同的出版社，分布在不同的数据库平台，所以不方便管理。此外，存在期刊合同期转出，但服务商未主动通报，导致重复订购期刊的情况。

Informa[英富曼会展(北京)有限公司]

1. Informa I-law(法律报告库)

简称: Informa I-law

数据库平台: Informa

数据库网址:http://i-law.com/

数据库类型:全文数据库

文献类型:图书、法律法规、其他

语种:英文

学科分类:法学

用户权限:买断(永久使用)

数据库概况:该库提供法律和商业领域的专业信息。早在1919年,已有用户利用该库提供的法律信息服务赢得诉讼。如今,越来越多的用户通过该库来保护自己权益。该库横跨8个商业法领域,由资深法律从业者和学者编写,为专业法务人士提供准确可靠的信息。该库不仅提供新闻、政策和立法信息,还提供案例报告存档、专家点评、研讨和实战分析。该库所有的服务均提供在线访问,让用户随时随地可以获取最新的信息或查阅以往的资料。该库直观的法律数据库平台,易用的研究工具,方便用户随时随地可以通过电脑、平板电脑或手机迅速查询准确信息。数据库平台不仅提供相关资讯,还会分析这些资讯可能产生的影响。数据库平台上的内容相互关联,搜索功能强大,为用户的法律研究提供了更为广阔的视角。

资源访问模式:远程访问

资源长期保存与元数据:不支持用户进行资源长期保存、不支持用户收割元数据

资源统计:定期返回数字资源的使用统计

使用(试用)过的单位:浙江大学、清华大学、上海海事大学、深圳图书馆、华东政法大学等。

用户评论:该库是商业法律知识在线数据库,涵盖海运商业法、保险与再保险、建筑法、争端解决与仲裁、金融犯罪、税收与金融法、知识产权和医疗事故法等8大商业法领域。数据库平台上的内容相互关联,搜索功能强大;案例报告包括逐字判决,可在法庭上直接引用。该库开通试用只能以账号形式开通,正式购买后才可以在IP范围内全面使用。

2. Informa Pharmaprojects(药品信息库)

简称: Pharmaprojects

数据库平台: Informa

数据库网址:http://pharmaintelligence.informa.com/products-and-services/data-and-analysis/pharmaprojects/

数据库类型:索引(文摘)数据库、数值文本数据库、参考工具数据库

文献类型:数值数据、专利、标准

语种:英文

学科分类:医学

用户权限:使用权(一旦停购则不能使用)

数据库概况:该库隶属于Informa集团BI部门,是一项关键的商业智能资源,专注于国际药物的研制开发。它监控着国际上处于开发过程中的重要新药,跟踪着国际上处于研究发展活跃阶段的候选药物,为医药界的研究人员提供全面的新产品开发数据。不论是高等院校、科研机构还是企业,在审议研究课题、评估新药开发及新药生产的可行性报告时,该库都有着重要的参考价值。该库涵盖从临床试验到批准上市各个研发阶段的药品信息,以及自1980年以来包括停产药物在内的所有药品信息;包含1 400多种疾病分析、3 400多家公司分析以及12 615种正在研发中的药物信息。其每种药品信息还包括罕用药状态、快速审查状态和警告等。该库总共拥有61 000多种药物信息,每年都有增加和更新;提供历史研发数据分析,是业内少数几个提供从1995年至今研发数据及趋势的数据库之一。用户还可以通过该库享受免费的在线专家咨询服务。

资源访问模式:远程访问

资源长期保存与元数据:不支持用户进行资源长期保存、不支持用户收割元数据

资源统计:定期主动提供资源使用统计

使用(试用)过的单位:广州中医药大学、浙江中医药大学等。

用户评论:该库是一款优秀且受众群体广泛的药物数据库,使用便捷,用户满意度高。不过,该库对网络的要求比较高,网络信号差时打开的速度比较慢。

Institution of Civil Engineers（英国土木工程师协会）

Institution of Civil Engineers（英国土木工程师协会全文电子期刊数据库）

简称：ICE

数据库平台：ATYPON

数据库网址：http://www.icevirtuallibrary.com/

数据库类型：全文数据库

文献类型：期刊

语种：英文

学科分类：工学

用户权限：订购年永久访问权

数据库概况：该库所属的Institution of Civil Engineers（英国土木工程师协会，简称ICE）成立于1818年，它是世界上历史最悠久的专业工程机构之一，有近200年的历史。现在该协会仍是一个非营利性的行业学术组织，是世界上最大的代表个体土木工程师的独立团体之一，会员遍及100多个国家，达8万余人。该协会也是国际土木工程界具有学术交流和专业资质认证两重功能的学术机构，其颁发的ICE国际执业资格证书是土木工程领域认可的国际证书。该库期刊共34种，涉及土木工程及相关领域，如岩土工程、建筑材料、水工程、环境工程等。

资源访问模式：远程访问

资源长期保存与元数据：不支持用户进行资源长期保存、支持用户收割元数据

资源统计：由图书馆自行查询资源使用统计、支持counter标准统计数据、按照最新评估指南提供图书统计信息

使用（试用）过的单位：清华大学、上海交通大学、同济大学、东南大学、浙江大学、重庆大学、西南交通大学、大连理工大学等。

用户评论：该库期刊质量较高，几乎涵盖了土木工程研究和实践的所有关键领域。

Institution of Engineering and Technology（英国工程技术学会）

Institution of Engineering and Technology eBooks（英国工程技术学会电子书）

简称：IET电子书

数据库平台：IET

数据库网址：http://www.ietdl.org/

数据库类型：全文数据库

文献类型：图书

语种：英文

学科分类：工学

用户权限：买断（永久使用）

数据库概况：该库是Institution of Engineering and Technology（英国工程技术学会，简称IET，全球知名学会组织）出版的电子书数据库。该库包括IET出版的所有超过500种工程技术领域学术图书，最早可回溯到1979年。其图书涵盖12个专业系列，覆盖工程技术关键领域，如电路、设备与系统、控制工程、电气技术、电磁场与波、技术史、制造、技术管理、电力与能源、计算专业应用、雷达、声呐、导航和航空电子学、再生能源、通信等。这些技术和研究学术专著为工程技术人员提供了工程科技领域新兴课题的新视角和新发展思路。2012年IET并购了美国知名出版社SciTech（SciTech在电子工程领域，特别是雷达及控制领域具有广泛的影响力）。

资源访问模式：远程访问

资源长期保存与元数据：不支持用户进行资源长期保存、不支持用户收割元数据

资源统计：定期返回数字资源的使用统计、支持counter标准统计数据

使用（试用）过的单位：哈尔滨工业大学、华北电力大学、中国科学技术大学、西安交通大学、电子科技大学、北京交通大学、西北工业大学、东北大学、南京航空航天大学、南京理工大学、大连理工大学等。

用户评论：该库有12个专业系列，覆盖工程技术关键领域；价格比较实惠，一次购买，可永久使用，无数据库平台服务费。其电子书可整本下载，方便用户使用。由于IET是学会而非商业出版社，因此出版量较小。该库资源仅可通过数据库平台获取，无本地存档或镜像服务。

International Centre for Diffraction Data（国际衍射数据中心）

International Centre for Diffraction Data（国际衍射数据中心）

简称：ICDD

数据库平台：国际衍射数据中心

数据库网址：http://www.icdd.com/

数据库类型：多媒体数据库

文献类型：其他（衍射数据）

语种：英文

学科分类：理学

用户权限：使用权（一旦停购则不能使用）

数据库概况：该库隶属于非营利的科学研究组织，致力于收集、编辑、出版和分发用于结晶材料物相鉴定的粉末衍射数据。旗下产品粉末衍射数据库是USB、DVD版的，主要包括PDF-2、PDF-4+以及支持软件SIeve。该库专门为一般物相设计了交叉条目信息，这样有助于物相的鉴定。该库不断更新物相条目信息，这些信息的来源主要有原有的粉末衍射数据资源、该库的资助计划、投稿以及文献搜集等。

资源访问模式：远程访问

资源长期保存与元数据：不支持用户进行资源长期保存、不支持用户收割元数据

资源统计：资源由用户通过设备使用，不涉及使用统计

使用（试用）过的单位：中国科学院大连化学物理研究所、清华大学、南京林业大学、吉林大学、西南科技大学等。

用户评论：该库衍射数据多，检索结果准确。不过，该库不能进行使用统计，并且数据的更新速度较慢、较滞后，有时远程访问速度也比较慢。

International Press of Boston（波士顿国际出版社）

International Press of Boston（波士顿国际出版社电子期刊）

简称：international press e-journal

数据库平台：波士顿国际出版社数据库平台

数据库网址：http://www.intlpress.com/site/frontpages/cs_orderingjournal-subscrs /index.html/

数据库类型：全文数据库

文献类型：期刊

语种：英文

学科分类：理学

用户权限：使用权（一旦停购则不能使用）

数据库概况：该库所属的International Press of Boston（波士顿国际出版社）是一家成立于1992年的学术出版公司。该出版社毗邻哈佛大学，出版范围包括高水平的学术著作、期刊、教学参考书、国际学术会议论文集，以及科学与人文普及读物等。二十多年来，该出版社尤其重视华人学者取得的杰出成果，并积极地为其搭建面向国际的出版数据库平台。凭借与华人学界的紧密联系，该出版社与中国的高等教育出版社、清华大学出版社、浙江大学出版社、湖南科学技术出版社等合作出版了多种科学及文化教育方面的中文图书，并成功在海外发行合作出版的英文学术专著和论文集。该库目前包含23种英文数学期刊，其中有数学四大牛刊之一的*Acta Mathematica*，研究微分几何领域最著名的期刊*Journal of Differential Geometry*等，期刊的编委包括著名数学家丘成桐博士。

资源访问模式：远程访问

资源长期保存与元数据：不支持用户进行资源长期保存、不支持用户收割元数据

资源统计：支持counter标准统计数据

使用（试用）过的单位：中国科学技术大学、清华大学、武汉大学等。

用户评论：该库期刊研究范围涉及数学、应用数学、物理学、统计学等相关学科，覆盖范围广泛。

IOP Publishing(英国物理学会出版社)

1. Institute of Physics eBooks(英国物理学会电子书数据库)

简称:IOP eBooks

数据库平台:IOP Science数据库平台

数据库网址:http://iopscience.iop.org/bookList/10/1/

数据库类型:全文数据库

文献类型:图书、音视频

语种:英文

学科分类:理学

用户权限:买断(永久使用)

数据库概况:该库是英国物理学会出版社在2013年推出的电子图书项目,这也是首次由物理学会出版的电子书库。该库提供物理学及相关领域的权威性的跨学科内容,学科范围十分广泛,包括半导体研究、原子物理、分子物理、理论物理、电子结构、材料科学、网络科学、可再生能源、气象物理、工程学、数学和光物理等。

资源访问模式:远程访问

资源长期保存与元数据:向使用单位提供数字资源的元数据、与主流的资源发现系统(Summon、EDS、Primo)商家有元数据合作协议、数字资源能通过主流发现系统(Summon、EDS、Primo)进行检索与发现

资源统计:定期主动提供资源使用统计、支持counter标准统计数据、支持SUSHI协议

使用(试用)过的单位:东北师范大学、清华大学、北京大学、天津大学、北京科技大学、北京航空航天大学、上海交通大学、浙江大学、中国科学技术大学、南京大学、东南大学、中南大学、湘潭大学、兰州大学、西北工业大学、西安工程大学、电子科技大学等。

用户评论:该库内容丰富,包括视频、音频等多媒体内容;提供物理学科及相关领域权威的跨学科的研究内容,质量较高;没有并发用户数限制;提供永久使用权和存档;检索界面美观,使用方便,用户体验很棒。不过该库的更新频率不定。

2. Institute of Physics - Science Journals（英国物理学会电子期刊数据库）

简称：IOP Science

数据库平台：IOP Science

数据库网址：http://iopscience.iop.org/journalList/

数据库类型：全文数据库

文献类型：期刊、会议论文

语种：英文

学科分类：理学

用户权限：使用权（一旦停购则不能使用）

数据库概况：该库所属的英国物理学会成立于1874年，是国际性的学术协会和专业机构，其使命是促进物理学的发展和物理学在全世界的传播。英国物理学会出版社是全球领先的专注于物理学及相关学科的科技出版社，是英国物理学会的重要组成部分。全国已有120多家高校客户以及几十家科研院所使用该库，覆盖全国各个省份。该库期刊不仅包括物理学，还包括材料学、生物医学、天文学、地质科学、物理学教育等多个领域，适合不同院校及研究院所购买使用。

资源访问模式：镜像站与远程访问

资源长期保存与元数据：支持用户进行资源长期保存、支持用户收割元数据（由DRAA长期保存）、向使用单位提供数字资源的元数据、与主流的资源发现系统（Summon、EDS、Primo）商家有元数据合作协议、数字资源能通过主流发现系统（Summon、EDS、Primo）进行检索与发现

资源统计：定期主动提供资源使用统计、支持counter标准统计数据

使用（试用）过的单位：哈尔滨工业大学、吉林大学、大连理工大学、哈尔滨工程大学、北京大学、清华大学、北京航空航天大学、北京理工大学、上海交通大学、复旦大学、南京大学、浙江大学、中山大学、华南理工大学、华南师范大学、武汉大学、华中科技大学、中南大学、湖南大学、国防科技大学、兰州大学、西安交通大学、重庆大学、四川大学、电子科技大学等。

用户评论：该库的内容质量较高；拥有订购年限内的使用权；可以免费访问过往年度的回溯数据；反馈问题的解决速度较快；检索界面简单友好。

John Benjamins Publishing Company（约翰·本杰明出版公司）

John Benjamins（语言学在线资源）

简称：John Benjamins Databases

数据库平台：John Benjamins platform

数据库网址：http://www.jbe-platform.com/

数据库类型：全文数据库

文献类型：期刊、图书

语种：英文、其他（法文）

学科分类：文学

用户权限：买断（永久使用）、使用权（一旦停购则不能使用）

数据库概况：该库所属的John Benjamins出版社是一家独立学术出版商，成立于1960年，总部位于荷兰阿姆斯特丹，并在美国费城设有分支机构，以出版人文社科出版物著名，特别是在语言和逻辑科学等领域颇有声望。John Benjamins在线期刊数据库2018年共出版77本期刊，包含很多语言学领域的知名期刊，比如*Target*、*Babel*、*International Journal of Corpus Linguistics*等。其中最著名的两本期刊：*Target*提供文章内容的多语种翻译，*Babel*为英法双语刊，并接受多语种投稿。*John Benjamins*还出版一系列在线手册及参考书资源，包括*Handbook of Terminology Online*、*Bibliography of Metaphor and Metonymy*、*Bibliography of Pragmatics Online*、*Translation Studies Bibliography*、*Handbook of Translation Studies Online*、*Handbook of Pragmatics Online*等。该库共出版3 000多本电子书，在出版社数据库平台jbe-platform提供访问。电子书学科包括语言学、文学研究、哲学、符号学、翻译研究、术语学等。

资源访问模式：远程访问

资源长期保存与元数据：支持用户进行资源长期保存、支持用户收割元数据

资源统计：由图书馆自行查询资源使用统计、支持counter标准统计数据

使用（试用）过的单位：广东外语外贸大学、香港中文大学（深圳）等。

用户评论：该库内容质量高，是语言学学科教与学的必备资源。不过，该库不提供存档功能。

John Wiley & Sons, Inc.(约翰威立父子出版集团)

1. The Cochrane Library(考克兰图书馆)

简称: The Cochrane Library

数据库平台: Wiley Online Library

数据库网址:http://www.cochranelibrary.com/

数据库类型:全文数据库、数值文本数据库

文献类型:标准、图片、科技报告、科技成果

语种:英文

学科分类:医学

用户权限:使用权(一旦停购则不能使用)

数据库概况:该库是国际Cochrane协作网的主要产品,由美国Wiley公司出版发行。该库汇集了全球范围内医学研究的综合性成果,被公认为循证医疗健康领域的“金标准”,是一个提供高质量证据的数据库,是临床研究证据的主要来源。该库主要包括以下三部分内容:Cochrane Database of Systematic Review(CDSR)(Cochrane协作网系统评价资料库),包含超过1万篇系统评价及计划书;Cochrane Controlled Trials Register & CENTRAL(Cochrane临床对照试验资料库和CENTRAL管理资料库),其中包含超过110万个临床试验;Cochrane Clinical Answers(CCA)(Cochrane临床答案),其中包含超过3 000篇临床答案。目前,该库系统评价被Web of Science及PubMed等检索数据库平台收录。

资源访问模式:远程访问

资源长期保存与元数据:不支持用户进行资源长期保存、支持用户收割元数据

资源统计:由图书馆自行查询资源使用统计

使用(试用)过的单位:中国医科大学、首都医科大学、同济大学、南方医科大学、中山大学、中南大学、兰州大学、中国人民解放军陆军军医大学等。

用户评论:该库医学数据量大;其期刊*Cochrone Database of Systematic Reviews*影响因子达7;购买价格较低;医学专业性较强。不过,该库无中文界面。

2. Wiley Current Protocols/Wiley（实验室指南）

简称：CP

数据库平台：Wiley Online Library

数据库网址：http://currentprotocols.onlinelibrary.wiley.com/

数据库类型：参考工具数据库、数值文本数据库

文献类型：期刊、标准、图片、音视频、数值数据

语种：英文

学科分类：农学、医学

用户权限：使用权（一旦停购则不能使用）

数据库概况：该库共出版18册实验室指南，包含18 000多篇经同行评审、定期更新的分步式实验流程。自1987年首次出版《分子生物学实验室指南》以来，每册实验室指南每年更新4次，提供至少500页内容。该库还包括了由杰出科学家编写的顶级实验室科学报告，以及在线研讨会、视频指南等资源。其终端用户为在校生，以及寻求标准化实验方法的人员。该库评审严谨，每一册都设有编辑委员会，由相关领域的知名专家进行严格检查和编辑，每个指南均经过同行评审。该库的资源权威性极高，大多资源由非常杰出的一线科研工作者提供（其中有很多是诺贝尔奖获得者）。每一种研究方案都是经过一流的实验室验证，同时也被PubMed和Scopus收录。2014年该库编辑委员会审阅更新了大部分内容。指南每年都会更新，与时俱进，以确保各册指南都能反映各自领域的最新发展情况。

资源访问模式：远程访问

资源长期保存与元数据：不支持用户进行资源长期保存、支持用户收割元数据

资源统计：由图书馆自行查询资源使用统计

使用（试用）过的单位：清华大学、上海交通大学、内蒙古大学等。

用户评论：该库的系统与平台比较稳定。不过，培训方面的资源比较薄弱，且该库无法实现永久使用与存档。

3. Wiley Digital Archives（Wiley数字档案）

简称：Wiley Digital Archives

数据库平台：Wiley Online Library

数据库网址：http://wileydigitalarchives.com/

数据库类型：全文数据库、数值文本数据库

文献类型：期刊、学位论文、图片、数值数据、科技报告、其他（手稿、地图、行政记录、专著、田野调查、信件、照片、图表、手册、灰色文献、史料）

语种：英文

学科分类：多学科

用户权限：买断（永久使用）

数据库概况：该库是Wiley与世界各大学会领导者、图书馆以及档案馆持续合作的项目，旨在将珍贵而罕见的资料数字化，以帮助用户深入了解当代研究的来龙去脉。通过将这些珍贵的资料转化为易于访问的数字格式，研究人员可以轻松获取关键的参考来源，从而更好地理解和深入解读已发表的作品。与众多世界著名学会、协会的密切合作是该库最大的优势。该库首次推出的内容以合作学会的优势学科为主，包括来自New York Academy of Sciences（美国纽约科学院）、Royal Anthropological Institute of Great Britain and Ireland（英国皇家人类学学会）、Royal College of Physicians of London（伦敦皇家内科医师学会）的数字化原始资料。

资源访问模式：镜像站与远程访问

资源长期保存与元数据：支持用户进行资源长期保存、支持用户收割元数据

资源统计：定期主动提供资源使用统计

使用（试用）过的单位：复旦大学、上海交通大学等。

用户评论：该库首次公开问世的电子档案资源，包含了医学、地理学、自然科学、人文学等多个领域。该库支持中文界面，支持一次性买断和永久使用，可按照每个学会单独订购，专业性强。

4. Wiley Spectra Lab（使用经验谱数据库）

简称：Wiley Spectra Lab

数据库平台：Wiley Online Library

数据库网址：http://wileyspectralab.com/

数据库类型：数值文本数据库、参考工具数据库

文献类型：标准、图片、数值数据、其他（四大光谱图）

语种：英文

学科分类：理学、工学、农学、医学

用户权限：使用权（一旦停购则不能使用）

数据库概况：该库是世界上最大的医药化学光谱数据在线资源库之一，能提供具有可靠来源的光谱数据，从而帮助医药相关学科学生完成实

验项目，而不用浪费时间在互联网上搜索可信度低的资源。该库通过Wiley和Bio-Rad验证和编辑，为科研人员和学生节省时间；定期更新，与SciFinder和Reaxys数据库互补。该库提供了鉴定化合物和监测化学反应所需的光谱数据；覆盖化学、环境科学、材料科学、制造、食品科学、采矿、工程等相关专业。

资源访问模式：远程访问

资源长期保存与元数据：支持用户进行资源长期保存、支持用户收割元数据

资源统计：定期主动提供资源使用统计

使用（试用）过的单位：首都师范大学等。

用户评论：该库为全球较大且独特的谱图数据库，具有无替代性，其资源涵盖了质谱、红外、核磁等谱图数据。但该库无中文界面。

5. Wiley（电子书数据库）

简称：Wiley 电子书

数据库平台：Wiley Online Library

数据库网址：http://onlinelibrary.wiley.com/

数据库类型：全文数据库

文献类型：图书

语种：英文、其他（德文）

学科分类：多学科

用户权限：买断（永久使用）

数据库概况：该库所属的Wiley公司，是一个全球性的内容解决方案提供商，致力于提供科研、教育和专业实践的支持。其核心业务是出版科学、技术、医学的学术期刊、参考工具书、专著，提供数据库服务和广告，还提供专业书籍、订阅产品、认证和培训服务和在线应用。Wiley创建于1807年，总部位于美国，是一个具有超过200年悠久历史的公司，其面向专业人士、科研人员、教育工作者、学生、终身学习者提供知识和服务。Wiley及旗下的子品牌出版了超过350位诺贝尔奖获得者的作品。作为全球最大的学会出版社之一，Wiley与全球超过830家专业学协会进行合作，出版的图书品质高，广受学术界认可，涵盖各个学科领域，每年出版学术图书超过4 000种。Wiley Online Library，简称WOL，是Wiley出版社在线资源的数据库平台，包含1 500多种同行评审期刊、930多种回溯期刊、20 000多种在线图书和丛书、160多种在线参考工具书、17种实验室指南以及15种化学、光

谱、循证医学数据库。

资源访问模式：远程访问

资源长期保存与元数据：支持用户进行资源长期保存、支持用户收割元数据

资源统计：由图书馆自行查询资源使用统计

使用(试用)过的单位：哈尔滨工业大学、北京大学、清华大学、上海交通大学、中山大学、华南理工大学、中南大学、武汉大学、西安交通大学、四川大学、电子科技大学、西南大学等。

用户评论：该库供应商回应速度快，解决问题的速度快；该库的数字资源质量高。不过，该库采购成本上升较快，单篇成本较高。

6. Wiley(期刊数据库)

简称：Wiley 期刊

数据库平台：Wiley Online Library

数据库网址：http://onlinelibrary.wiley.com/

数据库类型：全文数据库

文献类型：期刊、会议论文、图片、年鉴、数值数据

语种：英文、其他(德文)

学科分类：多学科

用户权限：买断(永久使用)

数据库概况：该库所属的Wiley公司，自1807年创建至今已拥有超过200年历史。Wiley作为一家国际性公司，始终致力于帮助机构与个人获取所需的知识与技能，提供科学、技术、医学和人文社科期刊，提供在线学习、评估与认证相结合的解决方案，旨在协助高校、研究机构、学术团体、企业、政府以及个人提高学术和专业影响力。作为全球最大的学会出版商之一，Wiley拥有超过850家学会、协会合作伙伴。其期刊涵盖学科范围广泛，包括化学、材料科学、地球与环境科学、信息技术及计算机、工程学、数学与统计、物理与天文学、商业、人文及社会科学、生命科学、医学、护理学、兽医学等。Wiley出版的期刊学术质量高，很多是相关学科的核心刊物。Wiley Online Library是涵盖学科最广泛的在线资源数据库平台之一，采用全新的设计和架构，确保了传输的稳定性和强大的检索功能，同时具备增强的结果筛选功能，提供免费的内容及访问，具备增强的出版物功能和可发现性的工具。该库大多数期刊都提供PDF格式的全文下载或HTML格式的全文在线阅读，提供HTML格式全文支持放大图片、表格和图表的超链接，其

部分文章可在全文中查看动态图片和3D互动模型。Wiley出版了累计超过1 600多种期刊,其中包括大约100种开放获取期刊。在JCR的234个学科类别中,有219个收录了Wiley期刊。截至2019年,该库资源量约9 685 GB,并不断有新资源上线。

资源访问模式:远程访问

资源长期保存与元数据:不支持用户进行资源长期保存、不支持用户收割元数据

资源统计:由图书馆自行查询资源使用统计

使用(试用)过的单位:哈尔滨工业大学、北京大学、清华大学、上海交通大学、中山大学、华南理工大学、中南大学、武汉大学、西安交通大学、四川大学、电子科技大学、西南大学等。

用户评论:该库SCI期刊占比高,品质好,权威性强;覆盖学科广泛。不过,该库不提供中文界面。

7. Wiley(在线参考工具书)

简称:eMRW

数据库平台: Wiley Online Library

数据库网址:http://onlinelibrary.wiley.com/

数据库类型:全文数据库

文献类型:图书

语种:英文

学科分类:多学科

用户权限:买断(永久使用)

数据库概况:该库涵盖了多卷本百科全书、综合性辞典和手册等压线参考工具书,每一种在线参考工具书都可视为一个小型数据库。该库与Wiley在线图书及在线期刊通过统一数据库平台Wiley Online Library访问。该库为一次性买断(永久使用)产品,其中包含131种后续无更新的参考工具书和34种年度更新的参考工具书。图书馆用户可根据实际情况选择更新频率,即使不选择逐年更新,对之前购买的内容也依然享有永久使用权。

资源访问模式:远程访问

资源长期保存与元数据:支持用户进行资源长期保存、支持用户收割元数据

资源统计:由图书馆自行查询资源使用统计

使用(试用)过的单位: 哈尔滨工业大学、中国人民大学、上海交通大学、中山大学、华南理工大学、中南大学、武汉大学、西安交通大学、四川大学、电子科技大学、西南大学等。

用户评论: 该库内容丰富,几乎涵盖了全部的学科领域。数字资源质量高;平台功能先进,系统稳定,访问速度快,检索方便。供应商回应速度快,解决问题的速度也快。

Mathematical Sciences Publisher(数学科学出版社)

Mathematical Sciences Publisher(数学科学出版社电子期刊)

简称: MSP-Journals

数据库平台: 数学科学出版社

数据库网址: http://msp.org/publications/journals/

数据库类型: 全文数据库

文献类型: 期刊

语种: 英文

学科分类: 理学

用户权限: 使用权(一旦停购则不能使用)

数据库概况: 该库的期刊从为人所熟知的 *Geometry & Topology*、*Algebraic and Geometric Topology*,到 *Algebra & Number Theory*、*Analysis & Pde* 等后起之秀,再到 *Mathematics and Mechanics of Complex Systems*,研究范围涉及数学和广泛的相关学科。通过 *Involve* 期刊帮助学生在早期进行高质量的数学研究,通过 *Communications in Applied Mathematics and Computational Science* 帮助学生和研究人员进行更深入的应用数学研究。即使在工程与材料科学方面,也有 *Journal of Mechanics of Materials and Structures* 为研究提供帮助。该库既拥有 *Annals of Mathematics* 和 *Communications in Applied MathEmatics and Computational Science* 等高影响因子的核心期刊,也拥有 *Pacific Journal of Mathematics* 等影响广泛的期刊。该库仅在中国就有超过40家机构用户。

资源访问模式: 远程访问

资源统计: 定期主动提供资源使用统计

使用(试用)过的单位: 北京大学、清华大学、中国科学技术大学、上海交通大学、西安交通大学、武汉大学、四川大学等。

用户评论:该库期刊的内容和品质较高,受到数学专业师生的喜爱和关注。但用户向数据库商反馈的问题,不能得到及时解决。

MyJoVE Corporation

JoVE(实验视频期刊数据库)

简称: JoVE

数据库平台: JoVE

数据库网址:http://www.jove.com/

数据库类型:全文数据库、多媒体数据库

文献类型:期刊、音视频

语种:英文

学科分类:医学、理学

用户权限:使用权(一旦停购则不能使用)

数据库概况:该库是实验视频期刊数据库,于2006年10月正式创刊,是致力于以视频方式展现生物学、医学、化学、物理等学科领域研究过程与成果的期刊;同时也是100%经同行评审,并被PubMed(搜索引擎)、美国国立医学图书馆(MEDLINE)、Scopus(导航工具)、科学引文索引(SCI)、《化学文摘》(*Chemical Abstracts*)、SciFinder(检索平台)收录索引的视频数据库。该库最大的特色在于综合多种媒体的优势,利用视频技术使知识的传递更加生动直观。该库旨在解决当今科学研究中的两大难题:一是复杂实验的低复制性;二是学习新实验技术需耗费大量时间与精力的问题。与传统只承载文本和静态图片的纸质期刊相比,该库利用视频技术清晰而直观地展现生命科学实验的多方面和复杂细节,在很大程度上解决了这两大难题,促进了科学实验成果的被引及传播。该库已发表来自生物、医学、化学和物理学领域超过1.6万名作者的7 000多个实验视频,截至2017年底,实验视频资源总容量达到650 GB,总时长约1 500小时。该库实验视频来源于哈佛大学、麻省理工学院、斯坦福大学、耶鲁大学、加利福尼亚大学伯克利分校、哥伦比亚大学等世界著名高校及学术研究机构的实验室。该库每月出版一期,每期约80个视频(每个视频配有一篇文章),最早可回溯至2006年。

资源访问模式：远程访问

资源长期保存与元数据：支持用户进行资源长期保存、支持用户收割元数据

资源统计：由图书馆自行查询资源使用统计

使用(试用)过的单位：吉林大学、中国医科大学、东北师范大学、辽宁中医药大学、北京大学、清华大学、北京协和医学院、中国农业大学、天津医科大学、同济大学、复旦大学、中山大学、南方医科大学、南方科技大学、深圳大学、华南农业大学、华中科技大学、武汉大学、西安交通大学、中国人民解放军空军军医大学、重庆大学、西南大学、西南医科大学、四川大学、中国人民解放军陆军军医大学等。

用户评论：该库资源质量高,配套文档全面,性价比较高。但网站打开速度、视频加载速度较慢;没有提供使用统计;数据库的使用率偏低。

Okura Info(大仓信息)

TKC Law Library(TKC日本法律数据库)

简称：TKC

数据库平台：TKC Law Library

数据库网址：http://ipos.lawlibrary.jp/

数据库类型：全文数据库

文献类型：期刊、法律法规

语种：日文

学科分类：法学

用户权限：使用权(一旦停购则不能使用)

数据库概况：该库是日本规模最大的提供法律信息和服务的数据库之一,是法学教育研究和法务专门人士必备的信息源。其LEX/DB判例综合数据库模块网罗了从明治八年至今的公开判例、重要判例解说、法律书刊等资源,是日本规模最大的全文本数据库之一。

资源访问模式：远程访问

资源长期保存与元数据：不支持用户进行资源长期保存、不支持用户收割元数据

资源统计：定期主动提供资源使用统计

使用(试用)过的单位：重庆大学、福建农林大学、中国政法大学等。

用户评论：该库内容质量高；检索平台稳定、检索功能丰富。该库不能存档；对用户的日语要求较高。

Ovid Technologies（奥唯德科技）

Lippincott Williams & Wilkins（医学全文期刊数据库）+ New England Journal of Medicine（新英格兰医学期刊）

简称：LWW 期刊库+NEJM

数据库平台：Ovid

数据库网址：http://ovidsp.ovid.com/

数据库类型：全文数据库

文献类型：期刊

语种：英文

学科分类：医学

用户权限：买断（永久使用）

数据库概况：该库为全球众多医师、专业临床医生、护理人员和医科学生提供高质量的医学文献资源，助力其学习和研究。Lippincott Williams & Wilkins 是全球大型的医学出版社，国内约 60 家高校订购其出版物；*New England Journal of Medicine* 为全球 4 大顶级医学期刊之一。该库提供基本检索、常用字段检索、字段检索、高级检索、多个字段检索 5 种检索方式。高级检索页面提供关键词、作者、标题、期刊 4 方面特定内容的检索。用户注册后，该库可进行自动推送管理。

资源访问模式：远程访问

资源长期保存与元数据：支持用户进行资源长期保存、支持用户收割元数据

资源统计：由图书馆自行查询资源使用统计

使用（试用）过的单位：吉林大学、中国医科大学、大连医科大学、北京大学、中国医学科学院、首都医科大学、北京师范大学、山东大学、东南大学、复旦大学、上海交通大学、深圳大学、南方医科大学、中山大学、厦门大学、中南大学、华中科技大学、四川大学等。

用户评论：该库期刊涵盖范围广，临床医学及护理学方面的期刊尤为突出，是医科类院校或有医学院的院校必备的医学期刊库之一。该库性价比高且订购当年的内容拥有永久访问权。希望该库取消并发用户数限制。

Oxford University Press(牛津大学出版社)

1. American Medical Association Manual of Style(美国医学会格式手册)

简称:AMA Manual of Style

数据库平台: Oxford Clinical Psychology

数据库网址:http://www.amamanualofstyle.com/

数据库类型:全文数据库

文献类型:图书

语种:英文

学科分类:医学

用户权限:买断(永久使用)

数据库概况:该库不仅是一本行文规范的手册,还提供了相关指导以帮助作者、研究人员、医学编辑、出版社和负责报道科学研究事务的新闻媒体从业者有效处理各种日常问题。美国医学会(American Medical Association,AMA)是世界三大医学会之一,创建于1847年,拥有会员30多万名,在医学领域拥有很高的地位。AMA通过不懈努力,始终致力于促进医疗科学的发展和更好地改善公共健康。AMA拥有众多顶尖的、具备高超技能和丰富知识的医学人才,通过他们良好的协调合作,并利用金融资源和有影响力的政府资源引领改革和转型,促进医学的创新与变革。AMA学术出版数据库平台能对医学成果进行又快又好的宣传,出版了众多高影响力的期刊用于学术交流,是一个汇集各种医学专业观点的数据库平台,在推进医学发展方面起到重要作用。

资源访问模式:远程访问

资源长期保存与元数据:支持用户进行资源长期保存、支持用户收割元数据

资源统计:定期主动提供资源使用统计

使用(试用)过的单位:浙江大学、南方医科大学、广东医科大学、深圳大学等。

用户评论:该库内容具有权威性,质量高,实用性较强,并定期更新。但该库资源内容的体量较小,使用率较低。

2. American National Biography Online(美国国家人物传记在线)

简称: American National Biography Online

数据库平台: American National Biography Online

数据库网址:http://www.anb.org/

数据库类型:全文数据库、参考工具数据库

文献类型:图书、年鉴

语种:英文

学科分类:文学、历史学

用户权限:使用权(一旦停购则不能使用)

数据库概况:该库介绍了18 000多位各个时期、各行各业的人物生平,这些人物都影响了美国的历史和文化。该库以享誉盛名的24卷纸质出版物为基础,向学生与研究人员提供可用的简明人物传记,其中的人物既有名人也有普通人。通过与史密森尼学会合作,该库用户可专享美国国家肖像馆提供的几百幅肖像画。

资源访问模式:远程访问

资源长期保存与元数据:不支持用户进行资源长期保存、不支持用户收割元数据

资源统计:定期主动提供资源使用统计

使用(试用)过的单位:中国人民大学、兰州大学等。

用户评论:该库内容的形式丰富。但该库专业覆盖面不够广泛。

3. Electronic Enlightenment(牛津电子启蒙数据库)

简称: Electronic Enlightenment

数据库平台: Enlightenment

数据库网址:http://e-enlightenment.com/

数据库类型:全文数据库、参考工具数据库

文献类型:图书、年鉴、其他

语种:英文

学科分类:多学科

用户权限:使用权(一旦停购则不能使用)

数据库概况:该库作为牛津大学博德利图书馆的一个研究项目,收录了8 000多位书信往来者在17世纪至20世纪期间书写的数万封信件。该库是少有的学者和学生获取各类丰富文档的在线资源,其所涵盖的学科多种多样,从哲学到音乐、从自然科学到医学均有涉及。

资源访问模式:远程访问

资源长期保存与元数据:不支持用户进行资源长期保存、支持用户收割元数据

资源统计:定期主动提供资源使用统计

使用(试用)过的单位:武汉大学、重庆大学等。

用户评论:该库资源的内容独特稀有。但该库内容的体量较小,使用率较低。

4. Oxford African American Studies Center(牛津非洲裔美国人研究中心)

简称: African American Studies Center

数据库平台: Oxford AASC

数据库网址:http://www.oxfordaasc.com/

数据库类型:全文数据库、参考工具数据库

文献类型:图书

语种:英文

学科分类:文学、历史学

用户权限:使用权(一旦停购则不能使用)

数据库概况:该库是有关非洲裔美国人和非洲历史及文化最全面的数字指南之一,包括12 000多篇传记和主题条目,可帮助用户深入探索具有影响力的非洲人和非洲裔美国人的生活。

资源访问模式:远程访问

资源长期保存与元数据:不支持用户进行资源长期保存、支持用户收割元数据

资源统计:定期主动提供资源使用统计

使用(试用)过的单位:四川大学、北京大学、南京大学等。

用户评论:该库内容的形式丰富,覆盖全面,但该库受众面较小,使用率较低。

5. Oxford Art Online(牛津格罗夫艺术在线)

简称:OAO

数据库平台: Oxford Art Online

数据库网址:http://www.oxfordartonline.com/

数据库类型:全文数据库

文献类型:图书、图片、音视频

语种:英文

学科分类:艺术学

用户权限:使用权(一旦停购则不能使用)

数据库概况:该库涵盖了几乎所有的艺术领域和形式,是艺术研究方面的权威。该库涵盖了34卷的纸本艺术巨著《牛津艺术辞典》的全部内容,同时独家呈现了只有访问在线数据库才能浏览到的大量艺术文章。该库特别收录了*The Oxford Companion to Western Art*(《牛津西方艺术大典》)、*Concise Oxford Dictionary of Art Terms*(《简明牛津艺术术语辞典》)、*The Encyclopedia of Aesthetics*(《牛津美学百科全书》),为复杂的术语和概念提供简明的介绍。该库有超过5 000幅图片和简笔画,提供世界著名艺术博物馆网站的作品图片的链接;参考文献提供多种链接可与牛津大学出版社其他的在线资源互链,包括牛津国家人物传记大辞典在线版(Oxford Dictionary of National Biography);超过45 000篇涵盖多种艺术主题的全文文章;超过2 600万个关键词,包含了美术艺术(绘画、雕刻与建筑)及装饰艺术(制陶艺术、纺织艺术、珠宝设计、室内设计、家具设计、金属工艺等);超过21 000篇人物传记。

资源访问模式:远程访问

资源长期保存与元数据:不支持用户进行资源长期保存、不支持用户收割元数据

资源统计:定期主动提供资源使用统计

使用(试用)过的单位:沈阳音乐学院、中央音乐学院、中国音乐学院、中国美术学院、广西艺术学院、华中科技大学、西安音乐学院、四川音乐学院等。

用户评论:该库内容丰富,公司服务很好。但该库检索界面有待改进;该库的价格涨幅比较高;该库更新频率较低,每年仅更新3次。

6. Oxford Biblical Studies Online(牛津圣经研究在线)

简称:OBSO

数据库平台: Oxford Biblical Stuolies Online

数据库网址:http://biblicalstudiesonline.wordpress.com/

数据库类型:全文数据库

文献类型:图书、图片、音视频、其他

语种:英文

学科分类:文学、历史学

用户权限:使用权(一旦停购则不能使用)

数据库概况:该库是研究《圣经》及其历史的数字资源,包含《圣经》经文、学术参考著作以及便于对背景、情境等相关问题进行研究的工具,是学生、学者、神职人员和探求基督教最新信息的用户的资源宝库。

资源访问模式:远程访问

资源长期保存与元数据:不支持用户进行资源长期保存、支持用户收割元数据

资源统计:定期主动提供资源使用统计

使用(试用)过的单位:宁夏大学、北京大学等。

用户评论:该库包含圣经研究的综合资源;检索界面友好,使用便捷。该库受众面较小,使用率较低。

7. Oxford Bibliographies Online(牛津在线参考书目)

简称:OBO

数据库平台: Oxford Bibliographies

数据库网址:http://www.oxfordbibliographies.com/

数据库类型:参考工具数据库

文献类型:图书

语种:英文

学科分类:多学科

用户权限:使用权(一旦停购则不能使用)

数据库概况:该库为教职人员和学生提供了获取众多学术主题的可靠资源的路径。该库中的文章都可作为某一学术主题的最新指南,这些文章由学术专家撰写和审阅,并附有顶级学者的原创评论和注释。

资源访问模式:远程访问

资源长期保存与元数据:支持用户进行资源长期保存、支持用户收割元数据

资源统计:定期主动提供资源使用统计

使用(试用)过的单位:北京大学、武汉大学、东南大学等。

用户评论:该库学术内容准确、权威以及客观,质量较高。该库覆盖学科以人文社科为主,其他方面涵盖较少。

8. Oxford Clinical Psychology（牛津临床心理学）

简称：Oxford Clinical Psychology

数据库平台：Oxford Clinical Psychology

数据库网址：http://www.oxfordclinicalpsych.com/

数据库类型：全文数据库

文献类型：图书

语种：英文

学科分类：医学、理学

用户权限：买断（永久使用）

数据库概况：该库提供牛津全球临床心理学出版项目中300多部书籍的全文内容。书籍由经验丰富的作者和编辑所编著，覆盖广泛的专业领域、病症和治疗方式，提供了高质量的研究和实践信息。该库收录了专业参考书、重要学术和研究著作以及著名系列丛书*Treatments That Work*。

资源访问模式：远程访问

资源长期保存与元数据：支持用户进行资源长期保存、支持用户收割元数据

资源统计：定期主动提供资源使用统计

使用（试用）过的单位：四川大学、北京协和医学院等。

用户评论：该库属于新兴交叉学科的在线资源，有比较前沿的研究信息。但该库专业面较小，读者群体少，使用率低。

9. Oxford Dictionaries Premium（牛津多语种在线大词典）

简称：ODP

数据库平台：Oxford Dictionaries Premium

数据库网址：http://premium.oxforddictionaries.com/

数据库类型：全文数据库

文献类型：其他

语种：英文

学科分类：文学

用户权限：使用权（一旦停购则不能使用）

数据库概况：该库给予用户语言指引，成为用户的良师益友，是用户了解当今语言的重要参考资源和指南。该库还汇集了不断增加的双语词典，资源涵盖顶级词典的最新及增强版内容；每种语言均可完成搜索，还可根据用户的语言需求定制内容组合。

资源访问模式：远程访问

资源长期保存与元数据：不支持用户进行资源长期保存、不支持用户收割元数据

资源统计：定期主动提供资源使用统计

使用(试用)过的单位：北京大学、北京外国语大学、上海对外经贸大学、浙江工业大学、广东外语外贸大学、华中科技大学、四川大学等。

用户评论：该库的内容质量比较高，性价比高。但该库供应商的培训不太及时；解决问题的速度比较慢，反馈速度需要提高。

10. Oxford Dictionary of National Biography（牛津英国历史人物辞典）

简称：Oxford DNB

数据库平台：Oxford Dictionary of National Biography

数据库网址：http://www.oxforddnb.com/

数据库类型：全文数据库、参考工具数据库

文献类型：图书、年鉴

语种：英文

学科分类：文学、历史学

用户权限：使用权(一旦停购则不能使用)

数据库概况：该库记录了从古罗马时期至今，世界各地曾经影响过英国历史和文化的人物和生平。该库提供了近60 000份由著名专业作家撰写的言简意赅的最新人物传记以及逾500篇的主题文章。

资源访问模式：远程访问

资源长期保存与元数据：不支持用户进行资源长期保存、支持用户收割元数据

资源统计：定期主动提供资源使用统计

使用(试用)过的单位：中国人民大学等。

用户评论：该库为经典的人物传记在线资源，内容主要以英国的历史为主。

11. Oxford English Dictionary（牛津在线英语大词典）

简称：OED

数据库平台：Oxford English Dictionary

数据库网址：http://www.oed.com/

数据库类型:全文数据库

文献类型:其他

语种:英文

学科分类:文学

用户权限:使用权(一旦停购则不能使用)

数据库概况:该库是世界公认的最权威、最全面的英语词典之一,被誉为英语语言研究和学习领域的“圣经”。该库内容来自20卷的《牛津英语词典》,在最新发行的纸本词典内容的基础上每3个月更新1次在线数据库的内容。该库记录了英语语言的发展,记录了超过60万英语单词自公元1050年至今的发展沿革和250万条引文。该库的功能包括对词条、意义、语境、引文、词源的搜索,这对语言学家、英语文学家和语言爱好者意义非凡。

资源访问模式:远程访问

资源长期保存与元数据:支持用户进行资源长期保存、不支持用户收割元数据

资源统计:定期主动提供资源使用统计

使用(试用)过的单位:北京大学、北京外国语大学、上海对外经贸大学、广东外语外贸大学、华中科技大学、西北工业大学、四川大学等。

用户评论:该库资源内容权威,数据库平台使用相对稳定,受到相关学科方向教师的高度关注。供应商能及时解决反映的问题,但该库的使用情况一般。

12. Oxford Handbook Online(牛津学术研究评论手册)

简称:OHO

数据库平台: Oxford Handbook Online

数据库网址:http://www.oxfordhandbooks.com/

数据库类型:全文数据库

文献类型:图书

语种:英文

学科分类:多学科

用户权限:买断(永久使用)、使用权(一旦停购则不能使用)

数据库概况:该库囊括了14个学科领域的手册等杰出资源。作为牛津学术出版久负盛名和最成功的系列之一,牛津手册系列收录了各领域顶级学者著述的深入透彻的高水平文章。

资源访问模式：远程访问

资源长期保存与元数据：支持用户进行资源长期保存、支持用户收割元数据

资源统计：定期主动提供资源使用统计

使用（试用）过的单位：北京市海淀国际学校、广东外语外贸大学等。

用户评论：该库是牛津最负盛名的学术出版物之一，内容权威，其人文社科内容占比较高。该库缺乏其他学科资料。

13. Oxford Historical Treaties（牛津历史条约文库）

简称：Oxford Historical Treaties

数据库平台：Oxford Historical Treaties

数据库网址：http://opil.ouplaw.com/

数据库类型：全文数据库

文献类型：期刊、图书、法律法规、其他

语种：英文

学科分类：历史学

用户权限：使用权（一旦停购则不能使用）

数据库概况：该库是研究历史条约的重要资源，提供*The Consolidated Treaty Series*的全文，是少有的收录所有国家在1648年至1919年间订立的所有条约的资源库。该库中的各条约均可通过PDF格式呈现，与印刷版完全一致，还可按照条约缔约方、*The Consolidated Treaty Series*的引用、时间范围、条约名称和描述对其进行检索。

资源访问模式：远程访问

资源长期保存与元数据：不支持用户进行资源长期保存、支持用户收割元数据

资源统计：定期主动提供资源使用统计

使用（试用）过的单位：武汉大学、浙江大学等。

用户评论：该库资源内容的收录范围较广。但该库资源内容体量较小，使用率较低。

14. Oxford International Organizations（牛津国际组织在线）

简称：Oxford International Organizations

数据库平台：Oxford International Organizations

数据库网址：http://opil.ouplaw.com/

数据库类型：全文数据库

文献类型：期刊、图书、法律法规

语种：英文

学科分类：管理学、法学

用户权限：使用权（一旦停购则不能使用）

数据库概况：该库收集和分析与国际组织相关的第一手材料，从组织构成、决议、与东道国的协议到国内法庭和国际法庭的决议、判决以及政策陈述等均有涉及。该库收录的材料既涵盖一些鲜为人知的地区性组织，也包括了诸如联合国、世界卫生组织、国际货币基金组织和世界银行等著名组织。该库注释里包含了各文档的专家分析，阐明其对有关组织机构内部工作的影响，以及国际组织法的发展。受益于Oxford Law Citator（牛津法律引证），研究人员可以通过该资源进行内容间的互相引用和链接。该库汇集了一些业界领先著作，为研究金融法、银行法、企业破产法、税法和资本市场法律的从业者和学者提供了宝贵资源。

资源访问模式：远程访问

资源长期保存与元数据：不支持用户进行资源长期保存、支持用户收割元数据

资源统计：定期主动提供资源使用统计

使用（试用）过的单位：武汉大学、浙江大学等。

用户评论：该库资源内容的收录范围较广。但该库资源内容体量较小，使用率较低。

15. Oxford Islamic Studies Online（牛津伊斯兰研究在线）

简称：OISO

数据库平台：Oxford Islamic Studies Online

数据库网址：http://oxfordislamicstudies.com/

数据库类型：全文数据库

文献类型：期刊、图书、图片、年鉴、其他

语种：英文

学科分类：文学

用户权限：使用权（一旦停购则不能使用）

数据库概况：该库是一个动态的数字资源，将最前沿的学术著作汇集到一起，帮助学生、学者、政府官员和地方组织等更准确和透彻地了解伊斯兰世界。该库包括11 000多件第一手文件、传记、章节作品、地图和图片、

《古兰经》的两个翻译版本以及 Hanna E.Kassis 所著 *A Concordance to the Qur'an* 的唯一在线版。

资源访问模式:远程访问

资源长期保存与元数据:不支持用户进行资源长期保存、支持用户收割元数据

资源统计:定期主动提供资源使用统计

使用(试用)过的单位:宁夏大学阿拉伯学院、北京大学等。

用户评论:该库专业性较强,检索界面友好,使用便捷。但该库更新内容较少,更新频率较低。

16. Oxford Journals Collections(牛津大学出版社全文期刊库)

简称:牛津期刊

数据库平台: Oxford Journals Collections

数据库网址:http://academic.oup.com/journals/

数据库类型:全文数据库

文献类型:期刊

语种:英文

学科分类:多学科

用户权限:使用权(一旦停购则不能使用)

数据库概况:该库(2018年)由342种期刊组成,这些期刊主要来自全球知名的学会、协会,并具有较高的影响因子。该库涵盖社会科学、艺术、文学、法律、医学、生命科学、数学、科学技术以及人文等领域。根据公布的2016年ISI(美国科学信息研究所)影响因子排名统计,该库80%的期刊被SCI、SSCI和AHCI收录,其中25%的刊物在各自领域内排名前10%,而超过80%的期刊排名前50%,在全球主要的学术出版社中名列前茅。该库通过集团采购的方式购买,保证用户可以最大限度地感受到物有所值。仅在亚太地区,排名前100名的大学中超过80%都购买了该库。用户订购该库,除获得所订购的期刊库当年出版内容的全文访问权之外,还可获得牛津大学出版社赋予的这些期刊回溯到1996年的全文内容的访问权。

资源访问模式:远程访问

资源长期保存与元数据:支持用户进行资源长期保存、支持用户收割元数据

资源统计:由图书馆自行查询资源使用统计

使用(试用)过的单位:大连理工大学、吉林大学、东北师范大学、北京

大学、清华大学、中国人民大学、北京师范大学、北京理工大学、上海交通大学、同济大学、浙江大学、中山大学、厦门大学、华南农业大学、深圳大学、武汉大学、湖南大学、郑州大学、西安交通大学、兰州大学、中国人民解放军空军军医大学、陕西师范大学、西北大学、电子科技大学、西南财经大学、西南交通大学等。

用户评论：该库资源内容权威，数据库平台使用相对稳定。但该库的宣传培训缺乏针对性；该库访问速度有点慢，使用率不太高。

17. Oxford Law（牛津国际法系列数据库）

简称：Oxford Law

数据库平台：Oxford Law

数据库网址：http://opil.ouplaw.com/

数据库类型：全文数据库

文献类型：期刊、图书

语种：英文

学科分类：法学

用户权限：使用权（一旦停购则不能使用）

数据库概况：该库包括马克思普朗克国际公法百科全书在线版（MPEPIL）、牛津国际法数据库（ORIL）、牛津国际投资仲裁数据库（IC）、牛津国际法权威学术著作数据库（OSAIL）、牛津竞争法数据库（OCL）、牛津世界宪法数据库（OCW）等6个法律数据库产品。

资源访问模式：远程访问

资源长期保存与元数据：不支持用户进行资源长期保存、支持用户收割元数据

资源统计：定期主动提供资源使用统计

使用（试用）过的单位：北京大学、浙江大学、中山大学、武汉大学、西安交通大学等。

用户评论：该库资源收录以国际法为特色，可靠性、综合性较高。但该库子数据库平台较多，资源较分散。

18. Oxford Legal Research Library（牛津法律研究文库）

简称：Oxford Legal Research Library

数据库平台：Oxford Legal Research Library

数据库网址：http://olrl.ouplaw.com/

数据库类型：全文数据库

文献类型：期刊、图书

语种：英文

学科分类：法学

用户权限：使用权（一旦停购则不能使用）

数据库概况：该库是一个整合的统一数据库平台，提供了4个专题领域的重要法律书籍。其一，国际商业仲裁（International Commercial Arbitration，ICMA），收录了重要仲裁机构和司法机构的文本内容，以及一些经过官方认可和批准的关于特定仲裁机构规则的文本。其二，国际商法（International Commercial Law，ICML），收录了交易法和相关学科的内容，并首次提供了在线版本。其三，金融和银行法（Financial and Banking Law，FBL），汇集了一些业界领先著作，为研究金融法、银行法、企业破产法、税法和资本市场法律的从业者和学者提供了宝贵资源。其四，国际私法（Private International Law，PRIL），为国际私法领域的从业者和学者提供了优秀资源。

资源访问模式：远程访问

资源长期保存与元数据：不支持用户进行资源长期保存、支持用户收割元数据

资源统计：定期主动提供资源使用统计

使用（试用）过的单位：西安交通大学、武汉大学、北京大学等。

用户评论：该库包含众多实际案例，实用性与研究性兼备。但该库资源内容体量较小，使用率较低。

19. Oxford Medicine Online（牛津医学在线）

简称：Oxford Medicine Online

数据库平台：Oxford Medicine Online

数据库网址：http://oxfordmedicine.com/

数据库类型：全文数据库

文献类型：图书

语种：英文

学科分类：医学

用户权限：买断（永久使用）

数据库概况：该库是牛津大学出版社享誉盛名的医学出版物之家，汇集由世界知名作者撰写和更新的近1 000部权威著作。该库内容涵盖超过85个专业领域和二级专业领域，涉及医学职业生涯的各个阶段，专业领域

包括：综合医学、急诊医学、肿瘤学、麻醉学、临床医学、临床神经科学、重症监护、牙科学、血液学、口腔医学、神经科学、护理学、妇产科学、眼科学、耳鼻喉科学、儿科学、病理学、药物学、基础医学、公共卫生与流行病学、生殖医学、外科学等。

资源访问模式：远程访问

资源长期保存与元数据：支持用户进行资源长期保存、支持用户收割元数据

资源统计：定期主动提供资源使用统计

使用（试用）过的单位：大连医科大学、中国医学科学院、上海交通大学、南方医科大学、中南大学、中国人民解放军陆军军医大学等。

用户评论：该库的著作权威，涵盖了基础医学与临床医学，适用于各个医学职业阶段的用户群。库内既有教科书也有临床操作指导手册。该库专业领域以英美专业实践为主。

20. Oxford Music Online（牛津格罗夫音乐在线）

简称：OMO

数据库平台：Oxford Music Online

数据库网址：http://www.oxfordmusiconline.com/

数据库类型：全文数据库

文献类型：图书、图片、音视频

语种：英文

学科分类：艺术学

用户权限：使用权（一旦停购则不能使用）

数据库概况：该库是呈现世界各种音乐的权威资源。该库支持与牛津音乐在线门户下的流行音乐百科全书的交叉检索。该库完整收录 *New Grove Dictionary of Music and Musicians*（2nd edition）（《新格罗夫音乐与音乐家辞典》第二版）29卷、*New Grove Dictionary of Opera*（《新格罗夫歌剧辞典》）4卷、*New Grove Dictionary of Jazz*（2nd edition）（《新格罗夫爵士乐辞典》第二版）3卷，更增加了只有在在线数据库中才能浏览的大量专业音乐研究全文；同时免费收录 *The Oxford Companion to Music*（《牛津音乐指南》）和 *The Oxford Dictionary of Music*（《牛津音乐辞典》），为复杂的术语和概念提供简明的介绍；新增了《格罗夫美洲音乐辞典》第二版，提供全新的和修订过的美洲音乐方面的词条；可以全文链接到 Classical Music Library（古典音乐图书馆）以及国际音乐文献资料大全（RILM）书目数据库。该库包含超

过55 000篇文章的全文，包含几乎所有的音乐形式与音乐家的信息，包含全球各地的音乐形式与音乐传统。该库拥有多文化的研究视角，库中文章由6 000多位国际知名专家撰写；拥有完整的作品列表，并提供每位音乐家完整的作品列表；包括超过500个音频范例，超过33 000篇人物传记。

资源访问模式：远程访问

资源长期保存与元数据：不支持用户进行资源长期保存、支持用户收割元数据

资源统计：定期主动提供资源使用统计

使用（试用）过的单位：沈阳音乐学院、中央音乐学院、中国音乐学院、上海音乐学院、浙江音乐学院、广西艺术学院、华中科技大学、西安音乐学院、四川音乐学院等。

用户评论：该库是音乐研究领域权威的学术百科全书，质量较高。但该库更新频率较低，每年仅更新3次。

21. Oxford Reference（牛津参考资源在线）

简称：Oxford Reference

数据库平台：Oxford Reference

数据库网址：http://www.oxfordreference.com/

数据库类型：全文数据库、索引（文摘）数据库、参考工具数据库

文献类型：图书、图片

语种：英文

学科分类：多学科

用户权限：买断（永久使用）、使用权（一旦停购则不能使用）

数据库概况：该库是牛津出版社高质量的参考出版物之家，囊括了两个值得信赖的数据库的200万个条目和16 000幅图片。

资源访问模式：远程访问

资源长期保存与元数据：支持用户进行资源长期保存、支持用户收割元数据

资源统计：定期主动提供资源使用统计

使用（试用）过的单位：天津外国语大学、上海师范大学等。

用户评论：该库内容质量高，具有权威性；检索界面友好，使用方便；数据库平台稳定，检索速度较快；提供牛津索引链接，可连接至牛津其他线上资源；提供个人化设定，可储存查询记录、偏好书籍与主题。

22. Oxford Research Encyclopedias(牛津科研百科)

简称:ORE

数据库平台: Oxford Research Encyclopedias

数据库网址:http://oxfordre.com/

数据库类型:全文数据库、索引(文摘)数据库、数值文本数据库、参考工具数据库

文献类型:图书、学位论文、会议论文、专利、标准、数值数据、科技报告、科技成果

语种:英文

学科分类:多学科

用户权限:使用权(一旦停购则不能使用)

数据库概况:该库收录的长篇综述论文均由来自各专业学科领域的顶尖学者撰写、评审和编辑。该库被美国*Library Journal*(《图书馆杂志》)评为2017年度最佳数据库资源之一。同时该库涵盖基础和前沿专题,旨在不断发展人文科学、社会科学和自然科学主要研究领域的基础性知识。该库具有独立性,且内容经同行评审,定期更新,将数字出版的灵活性和速度与学术出版的高标准集于一身。该库涵盖国际研究、语言学、经济学、环境科学等25个学科。

资源访问模式:远程访问

资源长期保存与元数据:支持用户进行资源长期保存、支持用户收割元数据

资源统计:定期主动提供资源使用统计、支持counter标准统计数据

使用(试用)过的单位:北京大学、广东外语外贸大学等。

用户评论:该库内容形式新颖,同行评审保证了其内容的权威性。但该库资源体量较小,使用率较低。

23. Oxford Scholarly Editions Online(牛津人文经典在线)

简称:OSEO

数据库平台: Oxford Scholarly Editions Online

数据库网址:http://www.oxfordscholarlyeditions.com/

数据库类型:全文数据库

文献类型:图书

语种:英文

学科分类:文学

用户权限:使用权(一旦停购则不能使用)

数据库概况:该库汇集了众多经典人文作品的几百个学术版本,在正文内容旁边同时展示注释内容,并允许用户在版本内和不同版本间进行进阶检索。其印刷版学术著作现已成为各大学及学术图书馆必备的稀缺资源。这些学术版本的在线出版使得多位用户可以同时访问(无论是在校内使用还是远程使用),为各图书馆提供了辅助研究的重要工具。随着内容的不断更新,该库将逐步发展成为一个庞大的虚拟图书馆,它按照时间先后增加内容,最后将包含牛津所有版本的权威学术著作。

资源访问模式:远程访问

资源长期保存与元数据:支持用户进行资源长期保存、支持用户收割元数据

资源统计:定期主动提供资源使用统计

使用(试用)过的单位:四川外国语大学、北京外国语大学等。

用户评论:该库内容包含独特的全文注解,使用感较好;检索界面友好。但该库专业覆盖面较小,使用率较低。

24. Oxford Scholarship Online(牛津学术专著在线)

简称:OSO/UPSO

数据库平台: Oxford Scholarship Online

数据库网址:http://www.universitypressscholarship.com/

数据库类型:全文数据库

文献类型:图书

语种:英文

学科分类:多学科

用户权限:买断(永久使用)

数据库概况:该库是牛津大学出版社研发的功能强大的数字图书馆,专门收录牛津大学出版社出版的优秀的学术专著图书,其收录的图书包括由诺贝尔奖获得者在内的世界一流学者所撰写的学术专著,并且经过牛津大学学术委员会20位成员审核通过,拥有值得信赖的高学术水准。2012年牛津大学出版社与全球各大著名大学出版社合作开发出大学出版社学术专著在线数据库平台,其中包括麻省理工学院、耶鲁大学、芝加哥大学、斯坦福大学、佛罗里达大学等,收录这些出版社最优秀的学术专著。截至2018年1月,该库共收录31个学科超过28 000种学术专著,覆盖数学、物

理、计算机科学、环境科学、信息科学、生物学、医学、建筑学、地球科学、商业与管理、经济与金融、语言学、政治学、心理学、教育学、社会工作、社会学、社会与文化、电影电视、古典研究、历史、法律、文学、音乐、哲学、宗教、考古学、人类学、艺术学等学科领域。该库主要收录了2003年至今牛津大学出版社出版的学术专著，同时也收录部分20世纪60年代以来的经典作品，约93%为2000年以后出版的专著。

资源访问模式：远程访问

资源长期保存与元数据：支持用户进行资源长期保存、支持用户收割元数据

资源统计：定期主动提供资源使用统计

使用（试用）过的单位：东北师范大学、北京大学、清华大学、中国人民大学、北京师范大学、北京航空航天大学、上海交通大学、复旦大学、华东师范大学、同济大学、浙江大学、中山大学、厦门大学、华南师范大学、深圳大学、武汉大学、华中科技大学、西安交通大学、陕西师范大学、四川大学、电子科技大学、西南财经大学、西南交通大学、西南政法大学等。

用户评论：该库不同于其他优秀学术专著数据库的地方在于，其同时提供PDF与XML两种格式的全文，可交叉检索海量在线资源；界面统一、友好。该库涉及工程学内容较少，内容不够全面。

25. SIPRI Yearbook Online（SIPRI军事年鉴）

简称：SIPRI

数据库平台：SIPRI Yearbook Online

数据库网址：http://sipriyearbook.org/

数据库类型：全文数据库

文献类型：年鉴、其他

语种：英文

学科分类：工学

用户权限：使用权（一旦停购则不能使用）

数据库概况：该库提供有关冲突、和平条约、人道主义危机、世界核武器储备等大事件的专家分析和资料。该库资源由各领域的国际顶尖研究专家组成的专门小组负责编写，是学生、学者、当代历史学家、新闻记者和外交人员不可或缺的高质量研究资源。该库通过统一的在线资源提供自2010年起的年鉴内容。

资源访问模式：远程访问

资源长期保存与元数据：不支持用户进行资源长期保存、支持用户收割元数据

资源统计：定期主动提供资源使用统计

使用(试用)过的单位：西北工业大学、武汉大学等。

用户评论：该库系统稳定不卡顿，资料更新频率较高。但该库资源体量较小，学科范围小，受众面小，使用率低。

26. Social Explorer(牛津社会普查数据库)

简称：Social Explorer

数据库平台：Social Explorer

数据库网址：http://socialexplorer.com/

数据库类型：全文数据库、参考工具数据库

文献类型：图书、年鉴、其他

语种：英文

学科分类：法学

用户权限：使用权(一旦停购则不能使用)

数据库概况：该库提供了获取当前和历史人口普查数据及人口统计信息的便捷方式。用户可以通过该库生成地图和报告，用以演示、分析和理解人口及社会变化。除了全面的资料外，该库还提供各种特色功能和工具，可满足人口统计学专家以及初学者的需求，帮助用户更好地了解社会，了解科学。除1790年至今完整的美国人口普查数据和美国社区调查外，该库还包括美国选举和健康数据、英国和加拿大人口普查数据在内的丰富信息。用户可在库内利用简单易用的定制地图呈现可视化数据，或选择喜欢的统计模式导出完整的数据报告。

资源访问模式：远程访问

资源长期保存与元数据：不支持用户进行资源长期保存、支持用户收割元数据

资源统计：定期主动提供资源使用统计

使用(试用)过的单位：中山大学等。

用户评论：该库内容的专业性较强；检索界面简单，使用便捷；系统稳定，检索速度快。但该库资源体量较小，使用率较低。

27. The New Oxford Shakespeare Online（牛津莎士比亚研究在线）

简称：NOS

数据库平台：The New Oxford Shakespeare Online

数据库网址：http://newoxfordshakespeare.com/

数据库类型：全文数据库

文献类型：图书、其他

语种：英文

学科分类：文学、艺术学

用户权限：使用权（一旦停购则不能使用）

数据库概况：该库是一个动态交互式的资源，旨在立足基础文本，借鉴最新的文本和戏剧研究，为研究者提供有关莎士比亚作品的全新思路。该库具有广度、深度和新的视野，将为未来各层级莎士比亚研究提供一个很好的数据库平台。该库由3个相互关联的出版物组成：*The Modern Critical Edition*（《莎士比亚全集》现代评述版），面向学生和教师的莎士比亚全集，为现代英文拼写版本，供阅读和研习使用；*The Critical Reference Edition*（《莎士比亚全集》评述参考版），源自对开本和四开本的古语版本，其细致的评论功能，支持选读和校勘；*The Authorship Companion*（《著述指南》），它为学者阐述版本的编辑原则，将成为莎士比亚研究争鸣中的重要参考。

资源访问模式：远程访问

资源长期保存与元数据：不支持用户进行资源长期保存、支持用户收割元数据

资源统计：定期主动提供资源使用统计

使用（试用）过的单位：四川外国语大学、上海外国语大学等。

用户评论：该库内容的专业性较强；检索界面简单，使用便捷。但该库资源体量较小，使用率较低。

28. US Constitutional Law（牛津美国宪法研究文库）

简称：US Constitutional Law

数据库平台：US Constitutional Law

数据库网址：http://oxcon.ouplaw.com/

数据库类型：全文数据库

文献类型：期刊、图书、法律法规、其他

语种：英文

学科分类:法学

用户权限:使用权(一旦停购则不能使用)

数据库概况:该库提供美国联邦和州级法律、政治和宪法历史的综合研究资源。该库资源包括大量第一手资料及来自 Oxford Commentaries on the State Constitutions of the United States 系列的专业评论,为研究人员提供了前所未有的良机,使其得以深入研究美国联邦和各州立宪主义的发展历程。

资源访问模式:远程访问

资源长期保存与元数据:不支持用户进行资源长期保存、支持用户收割元数据

资源统计:定期主动提供资源使用统计

使用(试用)过的单位:西南政法大学、武汉大学等。

用户评论:该库内容的专业性较强,检索界面简单,使用便捷。但该库资源的体量较小,使用率较低。

29. Very Short Introductions(牛津通识读本系列)

简称:VSI

数据库平台:Very Short Introductions

数据库网址:http://www.veryshortintroductions.com/

数据库类型:全文数据库

文献类型:图书、图片

语种:英文

学科分类:多学科

用户权限:买断(永久使用)

数据库概况:该库也称为 VSI 系列,是由牛津大学出版社自 1995 年开始陆续出版的一套系列丛书。该系列丛书涵盖几乎所有的主要学科,为所有读者提供了一个可读性强且包罗万千的工具书图书馆。这套书的每一本都对一个特定的主题进行了简洁而精练的介绍,所有的读本都是由公认的专家撰写的,篇幅主要为 120—180 页,并包括了进一步深度阅读的建议。作者们往往提供了个人的见解,但每个读本都力图做到中立和完整。至 2017 年,该系列丛书已出版超过 500 本,并计划每年出版 40—45 本新书,在中国可提供给用户访问的内容约 250 本。该库目前涵盖的内容包括:艺术与人文(涉及历史、文学、哲学等专业)、科学(目前包括物理和心理学专业)、社会科学、医学及健康。牛津通识读本系列上市以来已经得到了

广泛的认可,其中许多读本被作为全球许多知名大学的入门教材。该库于2013年末推出,通过容易查找且可完全跨库检索的数据库平台功能为使用者带来愉快的阅读体验,库内还包含了大量的图片和列表,内容丰富。

资源访问模式:远程访问

资源长期保存与元数据:支持用户进行资源长期保存、支持用户收割元数据

资源统计:定期主动提供资源使用统计

使用(试用)过的单位:中南财经政法大学、北京市海淀国际学校、电子科技大学等。

用户评论:该库资源经典,学科覆盖全面;在线版可一次性买断(永久使用)。但该库资源体量较小,使用率较低。

30. Who´s Who and Who Was Who(牛津历史名人传记)

简称: Who′s Who and Who Was Who

数据库平台:ukwhoswho

数据库网址:http://ukwhoswho.com/

数据库类型:全文数据库、参考工具数据库

文献类型:图书、年鉴

语种:英文

学科分类:历史学、文学

用户权限:使用权(一旦停购则不能使用)

数据库概况:该库提供了全球超过139 000位各行各业极具影响力的人物的最新信息,收录了曾经影响英国人生活的全球知名人物的自传体文章,如资深政治家、法官、公务员以及来自艺术界、学术界和其他领域的知名人物,被视作全球公认的权威参考著作。

资源访问模式:远程访问

资源长期保存与元数据:不支持用户进行资源长期保存、支持用户收割元数据

资源统计:定期主动提供资源使用统计

使用(试用)过的单位:中国人民大学、西安交通大学等。

用户评论:该库内容的专业性较强,检索界面简单,使用便捷。但该库更新频率较低。

Proceedings of the National Academy of Sciences of the United States of America（美国科学院院报）

Proceedings of the National Academy of Sciences of the United States of America（美国科学院院报）

简称：PNAS

数据库平台：Highwire

数据库网址：http://www.pnas.org/

数据库类型：全文数据库

文献类型：期刊

语种：英文

学科分类：多学科

用户权限：使用权（一旦停购则不能使用）

数据库概况：该库所含的《美国科学院院报》于1914年创立，是世界上被引最多的综合性、跨学科连续出版物之一。该库主要刊载世界尖端的研究报告、学术评论、学科回顾及前瞻、观点展示、学术论文以及美国科学院学术动态报道等，所涵盖学科领域主要为自然科学和社会科学。其期刊在线全文可回溯至1915年，印本每周出版。该库提供文章预印本在线服务，即已确定发表的文章，一旦作者完成最后的修改，将先于印刷版在网络版上发表。2014年其影响因子（Impact Factor）为9.674，特征因子（Eigen Factor）为1.418。该库期刊可访问年代均从创刊年开始，数据量约900 GB，年更新量约20 GB。

资源访问模式：远程访问

资源长期保存与元数据：支持用户进行资源长期保存、支持用户收割元数据

资源统计：由图书馆自行查询资源使用统计、支持counter标准统计数据

使用（试用）过的单位：中山大学、中国农业大学、内蒙古大学、武汉大学、深圳大学城图书馆、广西大学、浙江大学、青岛农业大学、中国人民解放军陆军军医大学、西南大学、同济大学、华南理工大学、厦门大学、复旦大学、清华大学、南方科技大学、中南大学、中国人民解放军空军军医大学、上

海交通大学、华中农业大学、北京大学等。

用户评论：该库内容权威，覆盖多学科，深受科研人员欢迎，使用量较高；数据库平台性能稳定。但该库平台访问速度较慢；供应商需要加强用户培训。

ProQuest（英国普若凯斯特资讯有限公司北京代表处）

1. ABI/INFORM Collection（ABI商业信息全文数据库）

简称：ABI

数据库平台：ProQuest

数据库网址：http://www.proquest.com/products-services/abi_inform_complete.html/

数据库类型：全文数据库

文献类型：期刊、图书、报纸、学位论文、会议论文、音视频、其他

语种：英文

学科分类：经济学、管理学

数据库概况：该库即原ABI/INFORM complete（简称ABI）商业信息数据库，是世界著名的商业、经济管理资源的全文数据库。该库收录了1971年至今全球1 000多家著名出版机构的8 600多种商业经济与管理性学术期刊（含7 200多种全文刊）、行业杂志、学位论文、市场报告、产业报告、国家报告、商业案例、公司资料与财经报纸的内容，还包含有29本电子图书和46 000多篇学位论文，是商业学术理论与实践领域的顶级资源。该库包含ABI/INFORM Global（全文期刊数据库）、ABI Archive Complete（回溯期刊数据库）、ABI Trade and Industry（行业与贸易信息数据库）、ABI Dateline（北美地区中小型企业与公司贸易信息数据库）4个子库，覆盖商业、经济状况、企业战略、管理理论、管理技巧、商业趋势、竞争态势、产品信息、会计及金融等主题。该库每月更新，产品内容有900种被SCI或SSCI收录期刊、3 100种同行评审期刊，数据量约91 611 GB。

资源访问模式：远程访问

资源长期保存与元数据：不支持用户进行资源长期保存、支持用户收割元数据

资源统计:定期主动提供资源使用统计、支持counter标准统计数据

使用(试用)过的单位:吉林大学、北京大学、中国人民大学、清华大学、首都经济贸易大学、中国科学院、中欧国际工商学院、复旦大学、上海交通大学、上海财经大学、上海外国语大学、中山大学、深圳大学城图书馆、华南师范大学、厦门大学、浙江大学、中南大学,华中科技大学、中南政法大学、西安交通大学、重庆工商大学、西南大学、西南财经大学、电子科技大学等。

用户评论:该库使用方便,性能稳定,反馈信息较快。该数据库被本科生广泛应用。但该库减少了很多期刊资源,有些期刊以前能看,现在却无法查看。

2. Academic Video Online(学术视频在线)

简称:AVO

数据库平台: ProQuest

数据库网址:http://video.alexanderstreet.com/channel/academic-video-online/

数据库类型:全文数据库

文献类型:期刊、图书、图片、音视频

语种:英文

学科分类:多学科

数据库概况:该库整合了来自BBC(英国广播公司)、PBS(美国公共电视网)、Arthaus、CBS(哥伦比亚广播公司)、Kino International、Documentary Educational Resources、California Newsreel、Opus Arte、The Cinema Guild、Pennabaker Hegedus Films、Psychotherapy等数百家出版社的视频内容。该库包含获奖纪录片、考察纪实、访谈、讲座、培训视频以及独家原始影像等3万余部完整视频,其中包括大量从未出版的珍贵影像。该库主要涉及建筑与艺术、医疗与卫生、咨询与心理疗法、护理学教育、心理学、科学、人文科学、犯罪与法律、商业与经济、教育学、语言与文学、美国历史、世界历史、歌剧、戏剧、舞蹈、区域和领域研究、民族志学、女性和性别研究等学科。

资源访问模式:远程访问

资源长期保存与元数据:不支持用户进行资源长期保存、支持用户收割元数据

资源统计:定期主动提供资源使用统计、支持counter标准统计数据

使用(试用)过的单位:东北师范大学、哈尔滨音乐学院、沈阳音乐学院、星海音乐学院、清华大学、首都师范大学、中共中央编译局、北京舞蹈学

院、中央音乐学院、中国音乐学院、中国民航大学、南开大学、北京大学、华东师范大学、南京艺术学院、上海外国语大学、上海图书馆、上海大学、中山大学、武汉音乐学院、西北民族大学、四川音乐学院、四川外国语大学等。

用户评论:该库内容来源丰富,学科范围广。该库既有独立的检索平台,又可通过PQP数据库平台合并检索,且提供本地化服务。该库没有本地镜像服务,视频文件较大。

3. ACCOUNTING,TAX & BANKING Collection(会计、税务、银行信息专辑数据库)

简称:ACCOUNTING,TAX & BANKING Collection

数据库平台: ProQuest

数据库网址:http://www.proquest.com/products-services/abi_inform_complete.html/

数据库类型:全文数据库

文献类型:期刊、图书、报纸、学位论文、会议论文、音视频、其他

语种:英文

学科分类:经济学、管理学

数据库概况:该库收录了1971年至今全球著名出版机构出版的超过1 300种出版物,全文出版物900多种,文献内容涵盖涉及会计、审计、税务、银行业、金融、保险、财务管理、风险管理等学科领域。该库收录的文献类型丰富,包括学术期刊、行业出版物、报纸、市场研究报告、学位论文、研究手稿等。

资源访问模式:远程访问

资源长期保存与元数据:不支持用户进行资源长期保存、支持用户收割元数据

资源统计:定期主动提供资源使用统计、支持counter标准统计数据

使用(试用)过的单位:北京师范大学、香港浸会大学、西南财经大学等。

用户评论:该库学科属性强,集成了大量高质量期刊;该库可通过PQP数据库平台合并检索,提供本地化服务。但该库没有本地镜像服务,需要借助第三方软件才能进行可视化分析。

4. Advanced Technologies & Aerospace Database（高科技与航空航天期刊全文数据库）

简称：Advanced Technologies & Aerospace Database

数据库平台：ProQuest

数据库网址：http://www. proquest. com/products-services/abi_inform_complete.html/

数据库类型：全文数据库

文献类型：期刊、图书、报纸、学位论文、会议论文、音视频

语种：英文

学科分类：工学

数据库概况：该库提供1962年以来世界范围内出版的高科技与航空航天领域的全文文献与题录信息，收录4 100多种出版物，包括2 200多种全文刊、1 900多种同行评审期刊、390种被SCI收录期刊。该库文献内容涵盖航空航天、计算机与信息技术、电子、通信、固态元件和空间科学等领域的相关科研、新技术、应用及企业信息，囊括从理论研究到实践应用领域的文献。它是目前世界上高科技与航空航天领域最全面的书目数据库之一。该库核心期刊包含：*Nature Nanotechnology*、*Nature Photonics*、*Nature*、*Nature Methods*、*International Journal of Computer Vision*、*Nature Physics*、*Acta Numerica*、*Astronomy and Astrophysics Review*、*The Bulletin of the American Meteorological Society*、*Biotechnology for Biofuels*、*Atmospheric Chemistry and Physics*、*Journal of Cardiovascular Magnetic Resonance*、*Quarterly Reviews of Biophysics*、*Journal of Climate*、*User Modeling and User-Adapted Interaction*、*GigaScience*、*European Journal of Nuclear Medicine and Molecular Imaging*、*PLoS Computational Biology*、*Journal of the Association for Information Systems*等。该库内容每月更新，数据量达238 GB。

资源访问模式：远程访问

资源长期保存与元数据：不支持用户进行资源长期保存、支持用户收割元数据

资源统计：定期主动提供资源使用统计、支持counter标准统计数据

使用（试用）过的单位：北京工业大学、中国科学院、上海交通大学、上海图书馆、深圳大学、深圳图书馆、华南理工大学、南方科技大学、中南大学、西北大学、西安交通大学、西安建筑科技大学、西南大学等。

用户评论：该库学科属性强，集成了大量高质量期刊；该库可通过PQP

数据库平台合并检索，提供本地化服务。但该库没有本地镜像服务，需要借助第三方软件才能进行可视化分析。

5. Alexander Street Drama-Package Alexander Street（戏剧专题数据库）

简称：Alexander Street Drama-Package Alexander Street

数据库平台：ProQuest

数据库网址：http://www.proquest.com/products-services/abi_inform_complete.html/

数据库类型：多媒体数据库

文献类型：音视频、其他

语种：英文

学科分类：艺术学

数据库概况：该库收录全球近1 000部著名歌剧、戏剧与舞蹈视频，6 000多个剧本全文，1.5万个剧目信息等。其文库“歌剧视频”精选了从巴洛克时期到20世纪世界上最主要的250部歌剧，总时长超过500小时，剧目包括《卡门》《阿依达》等，艺术家有帕瓦罗蒂、多明戈、Maria Ewing（艾雯）等顶级歌唱家与Zubin Mehta（梅塔）等著名指挥家。该库还允许用户标记具体场景、动作、咏叹调，甚至一个简单的吟诵片段，提供多种方式的检索，是一个深受欢迎的数据库平台。“戏剧视频”收录了超过250个世界上重要的剧本，共有超过100个视频文件与在线流式传输视频，总时长超过500小时。这些重要演出均由著名导演与演员完成，版权来之不易。

资源访问模式：远程访问

资源长期保存与元数据：不支持用户进行资源长期保存、支持用户收割元数据

资源统计：定期主动提供资源使用统计、支持counter标准统计数据

使用（试用）过的单位：东北师范大学、哈尔滨音乐学院、沈阳音乐学院、星海音乐学院、北京舞蹈学院、中央音乐学院、中国音乐学院、华东师范大学、南京艺术学院、上海外国语大学、上海图书馆、上海大学、中山大学、河南大学、武汉音乐学院、四川音乐学院等。

用户评论：该库内容更新及时，平台检索方便。但该库的统计标准不太清晰；学术视频的使用功能需要进一步加强。

6. American Periodicals（1740—1940）（美国期刊全文数据库）

简称：American Periodicals（1740—1940）

数据库平台：ProQuest

数据库网址：http://www.proquest.com/products-services/abi_inform_complete.html/

数据库类型：全文数据库

文献类型：期刊、图书、报纸、学位论文、会议论文、音视频

语种：英文

学科分类：多学科

数据库概况：该库是一个多学科的全文期刊数据库，包含American Periodicals Series Online（美国连续出版物数据库，APS）和American Periodicals from the Center for Research Libraries（美国研究图书馆中心保存的美国期刊数据库）2个子库，收录1740至1940年美国出版的1 800多种全文期刊与杂志，这些文献记录了美国200年间的重大历史事件、美国社会生活的方方面面。该库内容覆盖美国研究、历史、经济、贸易、文学、科学史、医学史、法律、新闻与杂志、政治学、宗教、教育、女性研究、劳工研究、艺术等领域。该库收录本杰明·富兰克林创办的*General Magazine*（《综合杂志》）、美国首份科学刊物*Medical Repository*、流行杂志*Vanity Fair*及*Ladies' Home Journal*等著名期刊；收录*The Dial*，*Puck*，*McClure's*、*American Annual of Photography*、*The Craftsman*等特定研究领域的出版物；收录反映美国著名设计师*Gustav Stickley*（古斯塔夫·斯托利）“工匠”风格的美国艺术与手工艺的出版物，政治研究出版物*Free Russia*，文学杂志*Hampton's Magazine*等重要刊物。这些重要的历史文献是研究美国史的绝佳资源。

资源访问模式：远程访问

资源长期保存与元数据：不支持用户进行资源长期保存、支持用户收割元数据

资源统计：定期主动提供资源使用统计、支持counter标准统计数据

使用（试用）过的单位：南京大学、上海外国语大学、兰州大学、清华大学、北京大学等。

用户评论：该库提供丰富的美国早期杂志集，可通过PQP数据库平台合并检索，提供本地化服务。但该库没有本地镜像服务，需要借助第三方软件才能进行可视化分析。

7. Applied Social Sciences Index and Abstracts（应用社会科学索引与文摘数据库）

简称：ASSIA

数据库平台：ProQuest

数据库网址：http://www.proquest.com/products-services/abi_inform_complete.html/

数据库类型：索引（文摘）数据库

文献类型：期刊、图书

语种：英文

学科分类：多学科

数据库概况：该库收录1987年以来世界范围内应用社会科学领域超过500种以英文出版的文献，其中大部分是学术期刊，主题覆盖健康、社会服务、心理学、社会学、经济学、政治学、种族关系与教育等领域。该库每月更新。

资源访问模式：远程访问

资源长期保存与元数据：不支持用户进行资源长期保存、支持用户收割元数据

资源统计：定期主动提供资源使用统计、支持counter标准统计数据

使用(试用)过的单位：北京大学、新疆大学等。

用户评论：该库学科属性强，可通过PQP数据库平台合并检索，标引深入，提供本地化服务。但该库没有本地镜像服务，需要借助第三方软件才能进行可视化分析。

8. Aquatic Sciences & Fisheries Abstracts Database（水产科学与渔业文摘数据库）

简称：ASFA

数据库平台：ProQuest

数据库网址：http://www.proquest.com/products-services/abi_inform_complete.html/

数据库类型：索引（文摘）数据库

文献类型：期刊、图书

语种：英文

学科分类：农学、理学

数据库概况：该库是水产科学和渔业情报系统（ASFIS）的主要产品，收录自1971年以来世界范围内水产科学领域的超过370万条文献记录，其主题覆盖水产业、水生物、水污染、盐水环境、环境质量、渔业、淡水环境、湖沼学、海产生物技术、海产环境、气象学、海洋学、政策与立法、野生生物管理等领域。该库是目前世界上海洋和水产领域最权威、最重要的文献数据库之一，包含Biological Sciences & Living Resources（生物科学和生物文献文摘）、Ocean Technology，Policy & Non-Living Resources（海洋技术和政策及非生物文献）、Aquatic Pollution & Environmental Quality（水污染和环境质量）、Aquaculture Abstracts（水产养殖文摘）、Marine Biotechnology Abstracts（海洋生物技术文摘）、Oceanic Abstracts（海洋文献文摘）等6个研究子库。该库每月更新一次。

资源访问模式：远程访问

资源长期保存与元数据：不支持用户进行资源长期保存、支持用户收割元数据

资源统计：定期主动提供资源使用统计、支持counter标准统计数据

使用（试用）过的单位：中国农业科学院、南京信息工程大学、哈尔滨工程大学等。

用户评论：该库学科属性强，可通过PQP数据库平台合并检索，标引深入，提供本地化服务。但该库没有本地镜像服务，需要借助第三方软件才能进行可视化分析。

9. Art, Design & Architecture Collection（艺术、设计与建筑学学科专辑数据库）

简称：Art, Design & Architecture Collection

数据库平台：ProQuest

数据库网址：http://www.proquest.com/products-services/abi_inform_complete.html/

数据库类型：全文数据库

文献类型：期刊、图书、报纸、学位论文、会议论文、音视频

语种：英文

学科分类：艺术学

数据库概况：该库集成了世界著名的艺术、设计与建筑学等相关领域重要出版物的全文文献与题录信息，包括ARTbibliographies Modern（现代艺术书目数据库，简称ABM）、Arts & Humanities Database（艺术与人文科学

期刊文摘索引数据库)、Design & Applied Arts Index(设计及实用艺术文摘数据库,简称DAAI)及International Bibliography of Art(国际艺术学书目数据库,简称IBA)4个核心子库。该库收录1973年以来超过700种出版物(含500多种全文期刊)、超过260万条文献记录;收录的文献类型丰富,包括学术期刊、行业杂志、书籍/专著、会议论文、报告、新闻、视频资料等;文献内容涵盖艺术史、建筑史、工艺品、陶瓷、玻璃和珠宝、装饰艺术与古董、服装、纺织品和服装、家具与室内设计、工业设计、现代艺术和当代艺术等研究领域。该库内容每月更新,数据量约788 GB。

资源访问模式:远程访问

资源长期保存与元数据:不支持用户进行资源长期保存、支持用户收割元数据

资源统计:定期主动提供资源使用统计、支持counter标准统计数据

使用(试用)过的单位:西安建筑科技大学、同济大学、吉林大学等。

用户评论:该库学科属性强,集成了大量高质量期刊,可通过PQP数据库平台合并检索,提供本地化服务。但该库没有本地镜像服务,需要借助第三方软件才能进行可视化分析。

10. ARTbibliographies Modern(现代艺术书目数据库)

简称:ABM

数据库平台: ProQuest

数据库网址:http://www.proquest.com/products-services/abi_inform_complete.html/

数据库类型:索引(文摘)数据库

文献类型:期刊、图书、学位论文、会议论文、音视频

语种:英文

学科分类:艺术学

数据库概况:该库提供了19世纪晚期以来有关当代艺术与现代艺术研究信息的绝佳资源,包含摄影技术发明以来的有关当代艺术研究与现代艺术研究专业的书目记录,涵盖诸如世界知名的艺术家、重要的艺术运动以及艺术发展趋势等方面的信息,共计约138万条记录。该库收录的文献范围广泛,包括学术期刊、图书、会议论文、学位论文等;其主题覆盖表演艺术、装置艺术、影像艺术、计算机艺术和电子艺术、人体艺术、涂鸦艺术、戏剧艺术、艺术作品保护、手工艺、陶瓷艺术、玻璃艺术、民族艺术、艺术设计和博物馆设计、时尚、书法,以及插图、油画、版画、雕塑、素描等艺术形式领

域。该库拥有全面的分类体系、完整的文摘信息，是获取全球范围内艺术家、艺术运动、艺术史、艺术理论、设计、摄影以及手工艺等相关信息的理想资源库。该库每月更新，年增逾1.3万条记录。

资源访问模式：远程访问

资源长期保存与元数据：不支持用户进行资源长期保存、支持用户收割元数据

资源统计：定期主动提供资源使用统计、支持counter标准统计数据

使用（试用）过的单位：中央美术学院、吉林大学等。

用户评论：该库学科属性强，可通过PQP数据库平台合并检索，提供本地化服务。但该库没有本地镜像服务，需要借助第三方软件才能进行可视化分析。

11. Bibliografia de la Literatura Espanola（西班牙文学书目索引与文摘数据库）

简称：Bibliografia de la Literatura Espanola

数据库平台：ProQuest

数据库网址：http://www.proquest.com/products-services/abi_inform_complete.html/

数据库类型：索引（文摘）数据库

文献类型：期刊、图书、会议论文

语种：英语

学科分类：文学

数据库概况：该库收录了1980年至今西班牙文学领域所有语言版本的书目信息资源，文献类型包含专著、期刊文献、文学著作重要版本内容、书评、书目信息、会议论文等，广泛覆盖文学理论、文学流派、大众文学、西班牙文明等研究领域，还包含书目及作者信息等。该库内容反映了当今国际学术界西班牙语文学的研究现状、最新成果、学术热点和发展趋势，对国内学者研究西语有重要参考价值。

资源访问模式：远程访问

资源长期保存与元数据：不支持用户进行资源长期保存、支持用户收割元数据

资源统计：定期主动提供资源使用统计、支持counter标准统计数据

使用（试用）过的单位：北京大学等。

用户评论：该库学科属性强，可通过PQP数据库平台合并检索，提供本

地化服务。但该库没有本地镜像服务，需要借助第三方软件才能进行可视化分析。

12. Biological Science Database（生物学期刊全文数据库）

简称：Biological Science Database

数据库平台：ProQuest

数据库网址：http://www.proquest.com/products-services/abi_inform_complete.html/

数据库类型：全文数据库

文献类型：期刊、图书、报纸、学位论文、会议论文、音视频

语种：英文

学科分类：理学、农学

数据库概况：该库集成了1946年至今世界著名的生物学领域出版物的全文文献以及世界著名的MEDLINE数据库（1946年至今）及毒理学文摘数据库（TOXLINE，1999年至今）的题录信息；收录了1946年以来超过3 100种出版物，其中1 300多种全文刊，1 800多种同行评审期刊，600多种SCI期刊。该库收录的文献类型广泛，包括学术期刊、行业杂志、技术报告、书籍、会议论文及政府出版物的文献记录；文献内容涵盖病毒学、动物行为、毒理学、分子生物学、海洋生物学、昆虫学、免疫学、人类基因组研究、神经科学、生态学、生物工程、生物技术、水生生物、微生物学、细菌学、养殖、遗传学、原生动物学、藻类学及真菌学等学科领域。该库内容每月更新，数据量约847 GB。

资源访问模式：远程访问

资源长期保存与元数据：不支持用户进行资源长期保存、支持用户收割元数据

资源统计：定期主动提供资源使用统计、支持counter标准统计数据

使用（试用）过的单位：吉林农业大学、东北农业大学、东北师范大学、沈阳农业大学、北京林业大学、北京工业大学、中国农业大学、中国农业科学院、中国林业科学院、上海农业科学院、广西大学、海南大学、华南农业大学、浙江农业科学院、华南师范大学、华中农业大学、湖南农业大学、贵州大学、甘肃农业大学、内蒙古农业大学、西北农林科技大学、石河子大学等。

用户评论：该库供应商会及时通报年度收录期刊。但该库数据量相对较小；服务商组织培训不是很积极，有待加强。希望数据库平台检索功能设计得更人性化。

13. British Periodicals(1681—2005)(英国期刊全文数据库)

简称: British Periodicals

数据库平台: ProQuest

数据库网址:http://www. proquest. com/products-services/abi_inform_complete.html/

数据库类型:全文数据库

文献类型:期刊

语种:英文

学科分类:多学科

数据库概况:该库收录了1681年至2005年出版的490多种英国全文期刊的文献,涵盖了英国两个多世纪以来的历史与文化,覆盖文学、哲学、历史、科学、社会科学、美术、戏剧、考古以及建筑等学科。该库分为4个部分。BRITISH PERIODICALS COLLECTION I:收录源自ProQuest缩微平片资料库Early British Periodicals中超过160种期刊,共计5 238卷、约310页的内容,主题覆盖文学、哲学、历史、科学、美术与社会科学等领域。BRITISH PERIODICALS COLLECTION II:汇集ProQuest缩微平片资料库English Literary Periodicals与British Periodicals in the Creative Arts中超过300种期刊以及其他部分出版物,共计约300万页的内容,主题覆盖文学、艺术、音乐、戏剧、考古学与建筑学等领域。BRITISH PERIODICALS COLLECTION III:汇集了20世纪上叶英国出版史上有“Great Eight”之称的著名插画期刊,这些知名刊物的文献对这一时期英国史上的众多社会人文研究具有深远的影响,例如:新闻报纸、政治学、炼金术、艺术、摄影、文学、喜剧等。这一时期,涌现出大量著名艺术家、具有卓越才华的插画师。BRITISH PERIODICALS COLLECTION IV:这一部分对第三部分的内容进行了进一步扩充,提供20世纪上叶著名的插画期刊,包含:*The Field*(1853—2005)、*Tribune*(1937—2005)、*The Highway*(1903—1959)、*War Weekly*(1939—1941)等。

资源访问模式:远程访问

资源长期保存与元数据:不支持用户进行资源长期保存、支持用户收割元数据

资源统计:定期主动提供资源使用统计、支持counter标准统计数据

使用(试用)过的单位:中国人民大学、中国国家图书馆、南京大学、深圳图书馆等。

用户评论：该库提供丰富的英国早期杂志集，可通过PQP数据库平台合并检索，提供本地化服务。但该库没有本地镜像服务，需要借助第三方软件才能进行可视化分析。

14. Counseling and Therapy in Video（心理咨询与疗法视频）

简称： Counseling and Therapy in Video

数据库平台：ProQuest

数据库网址： http://www.proquest.com/products-services/abi_inform_complete.html/

数据库类型：多媒体数据库

文献类型：音视频

语种：英文

学科分类：医学

数据库概况：该库分为5个专辑。第一辑收录超过400小时的视频内容，包括医疗培训视频、角色互换以及来自著名精神病医生、心理学家和社会学家的实际治疗影片。第二辑共收录超过300小时的视频内容，是对第一辑的扩充和更新，尤其强调了一些当前话题，如神经科学、辅导、家庭治疗、老年疗法、游戏治疗、体重控制与饮食失调等。第三辑收录超过300小时的视频内容，是对第一、二辑内容的补充，其中70%的内容出版于2012年以后，其内容涵盖了诸多新兴领域，如社交媒体、退伍军人、网络欺凌、正念及神经科学。第四辑是对前三个专辑内容的补充，涵盖超过300小时的视频内容，其中大部分内容出版于2012年以后；涵盖超过400份源自实际心理治疗环节的笔录，约1 200小时源自众多世界著名心理咨询师、心理学家及专业人士的演讲报告、研讨会记录的视频，约4.5万页电子书、期刊文献内容，例如：《美国心理治疗网络》及美国咨询学会的 *Counseling Today*。第五辑几乎涵盖了《精神障碍诊断与统计手册》第五版（DSM-5）及《国际疾病分类》（ICD-10）中的全部内容，收录约400部精神医学研究视频，有助于学生更好地认知心理健康障碍，获取精确的诊断信息；其内容涉及多动症、暴力行为、进食障碍、创伤后应激障碍、物质相关和成瘾障碍及儿童与青少年心理研究等领域。

资源访问模式：远程访问

资源长期保存与元数据：不支持用户进行资源长期保存、支持用户收割元数据

资源统计：定期主动提供资源使用统计、支持counter标准统计数据

使用(试用)过的单位:北京师范大学、北京体育大学等。

用户评论:该库内容来源丰富,学科属性强,既有独立检索平台,又可通过PQP数据库平台合并检索,并提供本地化服务。但该库没有本地镜像服务,视频文件大。

15. Dance Online: Dance in Video, Volume I(舞蹈视频数据库:第一辑)

简称: Dance in Video

数据库平台: ProQuest

数据库网址:http://www.proquest.com/products-services/abi_inform_complete.html/

数据库类型:多媒体数据库

文献类型:音视频

语种:英文

学科分类:艺术学

数据库概况:该库收录了1950年至今全球极具影响力的舞蹈家与演出公司的250余部舞蹈作品,总时长超过500小时,舞蹈形式包括芭蕾、轻拍、爵士乐等,内容为顶级芭蕾公司、著名舞蹈剧团与舞美设计者的演出纪录片、舞蹈训练录像等。主要作品有:*Points in Space*、*Strange Fish*、*Silence is the End of our Song*、*Intimate Pages*、*Swansong*、*Peter and the Wolf*、*Rainbow Round My Shoulder*等。

资源访问模式:远程访问

资源长期保存与元数据:不支持用户进行资源长期保存、支持用户收割元数据

资源统计:定期主动提供资源使用统计、支持counter标准统计数据

使用(试用)过的单位:哈尔滨音乐学院、星海音乐学院、北京舞蹈学院、中央音乐学院、南开大学、南京艺术学院、上海外国语大学、上海图书馆、上海大学、中山大学、河南大学、武汉音乐学院、四川音乐学院等。

用户评论:该库内容来源丰富,学科属性强,既有独立检索平台,又可通过PQP数据库平台合并检索,并提供本地化服务。但该库没有本地镜像服务,视频文件较大。

16. Design and Applied Arts Index(设计与应用艺术索引数据库)

简称:DAAI

数据库平台: ProQuest

数据库网址:http://www.proquest.com/products-services/abi_inform_complete.html/

数据库类型:索引(文摘)数据库

文献类型:期刊、图书、报纸、学位论文、会议论文、音视频

语种:英文

学科分类:艺术学

数据库概况:该库收录了1973年以来世界范围内设计与应用艺术领域的索引记录,源自600多种出版物,共计逾46万条文献记录,包括设计与应用艺术领域的发展趋势等。该库主题覆盖陶瓷、玻璃、珠宝、木材、金属加工、平面设计、时尚、服装、纺织品、家具、室内设计、建筑学、计算机辅助设计、网页设计、计算机图形、动画、产品设计、工业设计、园林设计等领域。

资源访问模式:远程访问

资源长期保存与元数据:不支持用户进行资源长期保存、支持用户收割元数据

资源统计:定期主动提供资源使用统计、支持counter标准统计数据

使用(试用)过的单位:北京工业大学、清华大学等。

用户评论:该库学科属性强,可通过PQP数据库平台合并检索,提供本地化服务。但该库没有本地镜像服务,需要借助第三方软件才能进行可视化分析。

17. Digital National Security Archive(解密后的美国国家安全档案)

简称:DNSA

数据库平台: ProQuest

数据库网址:http://www.proquest.com/products-services/abi_inform_complete.html/

数据库类型:全文数据库

文献类型:报纸、图片、其他

语种:英文

学科分类:法学

数据库概况:该库收录了源自美国国家保密档案馆超过75万页的内

容、11万个索引条目解密后的档案，涵盖亚洲研究、冷战研究、情报与政策研究、拉丁美洲研究及中东地区研究等学科领域。该库是针对20世纪以及21世纪之后美国外交政策、情报和安全问题最有效的研究和教学工具之一。

资源访问模式：远程访问

资源长期保存与元数据：不支持用户进行资源长期保存、支持用户收割元数据

资源统计：定期主动提供资源使用统计、支持counter标准统计数据

使用（试用）过的单位：北京联合大学、中国国防科技信息中心、中国国家图书馆、外交学院、国际关系学院、南京大学、复旦大学、上海外国语大学、中山大学、武汉大学、西北大学等。

用户评论：该库为高质量的一手资料，按专辑出版，有详细的标引；可通过PQP数据库平台合并检索，提供本地化服务。但该库没有本地镜像服务，需要借助第三方软件才能进行可视化分析。

18. DKV：Digitale Bibliothek Deutscher Klassiker（德国人文社科文献全文数据库）

简称：DNSA

数据库平台：ProQuest

数据库网址：http://www.proquest.com/products-services/abi_inform_complete.html/

数据库类型：全文数据库

文献类型：期刊、图书、音视频、其他

语种：其他（德语）

学科分类：多学科

数据库概况：该库为ProQuest与Klassiker Verlag in Frankfurt am Main出版社合作创建的全文数据库，收录了自中世纪早期至19世纪德国人文社科领域34位知名作家的经典著作，以及散文、演讲稿等文献，它们有助于研究者充分了解上述作品的创作背景。其文献内容覆盖历史、哲学、神学、政治学及艺术史等研究领域。该库具有代表性的作品包含*Lancelot und Ginover*、各版本*Wolfram von Eschenbach*文集、德国著名哲学家*Meister Eckhart*（埃克哈特）的作品、中古时期的德国诗歌与小说专辑、*Carmina Burana*（《布兰诗歌》）以及德国著名作家的作品集，例如：莱辛、Eichendorff

（艾兴多夫）、Kleist（克莱斯特）、Keller（凯勒）、霍夫曼、Storm（施托姆）、Seume（索伊默）等。该库收录的专辑有 Bibliothek der Frühen Neuzeit（近代史选集）、Sammelwerke zur Geschichte und Politik（历史政治合集）、Bibliothek des Mittelalters（中古世纪选集）、Sammelwerke zur Kunstliteratur（艺术文学合集）、Bibliothek der Philosophie（哲学选集）等。

资源访问模式：远程访问

资源长期保存与元数据：不支持用户进行资源长期保存、支持用户收割元数据

资源统计：定期主动提供资源使用统计、支持 counter 标准统计数据

使用（试用）过的单位：上海外国语大学、同济大学等。

用户评论：该库学科属性强，可通过 PQP 数据库平台合并检索，提供本地化服务。该库没有本地镜像服务，需要借助第三方软件才能进行可视化分析。

19. Documents on British Policy Overseas（英国海外政策文件数据库）

简称：DBPO

数据库平台：ProQuest

数据库网址：http://www.proquest.com/products-services/abi_inform_complete.html/

数据库类型：全文数据库

文献类型：期刊

语种：英文

学科分类：法学

数据库概况：该库由 ProQuest 与英国外交部合作创建，收录 1898—1990 年英国外交部有关英国外交政策、海外政策及相关领域的重要原始档案，总计逾 5.6 万份，包含外国政策指导、信件、备忘录、商业报告等，内容覆盖英国的历史、政治、外交与情报等研究领域。这些原始资料由其官方的历史学家甄选，并同时对所选文件做了解密处理。该库的文献可进行全文检索与浏览，为学者提供丰富、全面的英国外交史研究第一手资料。该库收录 British Documents on the Origins of War（一战起源的英国档案，1898—1914）文献 9 879 份，包含有关第一次世界大战爆发前夕英德关系的档案；Documents on British Foreign Policy（英国外交政策档案，1918—1939）文

献40 774份，涉及一战战后和解、军队重建，以及欧洲、非洲与远东地区各国紧张的局势；Documents on British Policy Overseas（英国海外外交政策档案，1946年至今）文献5 991份，涉及核能、朝韩冲突及冷战等主题。

资源访问模式：远程访问

资源长期保存与元数据：不支持用户进行资源长期保存、支持用户收割元数据

资源统计：定期主动提供资源使用统计、支持counter标准统计数据

使用（试用）过的单位：中国国家图书馆、中国社会科学院、南京大学、武汉大学、西北大学等。

用户评论：该库包含高质量的一手资料，按专辑出版，有详细的标引；可通过PQP数据库平台合并检索，提供本地化服务。该库没有本地镜像服务，需要借助第三方软件才能进行可视化分析。

20. Early English Books Online（早期英文图书数据库）

简称：EEBO

数据库平台：ProQuest

数据库网址：http://www.proquest.com/products-services/abi_inform_complete.html/

数据库类型：全文数据库

文献类型：图书

语种：英文

学科分类：多学科

用户权限：使用权（一旦停购则不能使用）

数据库概况：该库是记录从1473年到1700年早期英语出版物最完整、最准确的全文数据库之一。EEBO项目全部完成以后该库将收录超过13万种著作，包含超过2 250万页纸的信息。

资源访问模式：远程访问

资源长期保存与元数据：不支持用户进行资源长期保存、支持用户收割元数据

资源统计：定期主动提供资源使用统计、支持counter标准统计数据

使用（试用）过的单位：吉林大学、东北师范大学、南开大学、北京师范大学、首都师范大学、清华大学、北京大学、中国人民大学、南京大学、复旦大学、上海师范大学、浙江大学、中山大学、厦门大学、河南大学、武汉大学、兰州大学、四川大学等。

用户评论：该库的主要电子书多是欧美200多家图书馆的珍本、善本，数字化后的资源便于利用，可通过PQP数据库平台合并检索，提供本地化服务。该库没有本地镜像服务，需要借助第三方软件才能进行可视化分析。

21. Early European Books（早期欧洲图书数据库）

简称：EEB

数据库平台：ProQuest

数据库网址：http://www.proquest.com/products-services/abi_inform_complete.html/

数据库类型：全文数据库

文献类型：古籍

语种：英文

学科分类：多学科

数据库概况：该库收录了欧洲大陆1450—1700年几乎所有的纸本出版物，覆盖了文学、语言、历史、宗教、神学、哲学及科学史等诸多领域，截至2019年收录了4万多部作品，并定期补充新的内容。该库将法国国家图书馆、佛罗伦萨国立中央图书馆、荷兰皇家图书馆、丹麦皇家图书馆等欧洲图书馆的相关早期图书数字化，方便相关研究人员和学者在线查阅古典和中世纪时期作者的作品。该库为用户提供了一个尽可能接近阅读原书的研究体验，研究人员可以看到通过高分辨率彩色扫描而得到的每个页面以及图像等详细信息，并能将书页放大，细致研究。另外，该库的界面可以切换为英文、丹麦文、法文、意大利文、荷兰文等，方便不同语种的研究人员浏览、检索。

资源访问模式：远程访问

资源长期保存与元数据：不支持用户进行资源长期保存、支持用户收割元数据

资源统计：定期主动提供资源使用统计、支持counter标准统计数据

使用（试用）过的单位：中国科学院自然科学史研究所、北京大学等。

用户评论：该库的图书是来自欧洲著名国家图书馆的珍本、善本，数字化后的资源便于利用，可通过PQP数据库平台合并检索，提供本地化服务。该库没有本地镜像服务，需要借助第三方软件才能进行可视化分析。

22. Ebook Central Arts(人文类书库)

简称:EBC-Arts

数据库平台: ProQuest

数据库网址:http://www.proquest.com/products-services/abi_inform_complete.html/

数据库类型:全文数据库

文献类型:图书

语种:英文、中文、日文、俄文、其他(20种语种)

学科分类:艺术学

数据库概况:该库收录了1761年以来8 500多种人文艺术及相关研究领域的外文电子书。该库内容覆盖文艺理论、音乐舞蹈、戏剧电影、电视艺术、美术、书法、雕塑与摄影等领域。该库出版源包括Amsterdam University Press(阿姆斯特丹大学出版社)、Cambridge University Press(剑桥大学出版社)、Edinburgh University Press(爱丁堡大学出版社)、Hong Kong University Press(香港大学出版社)、Oxford University Press(牛津大学出版社)、Manchester University Press(曼彻斯特大学出版社)等110多家世界知名大学出版社出版的书籍,以及Routledge、Rowman & Littlefield、BRILL Publishers与Cengage Learning等全球知名的学会与商业出版社的书籍。这些书籍中,RESOURCES FOR COLLEGE LIBRARIES(RCL)获奖书目及CHOICE获奖书目约1 200种。此外,该库也持续增加Wiley出版社的书籍。

资源访问模式:远程访问

资源长期保存与元数据:不支持用户进行资源长期保存、支持用户收割元数据

资源统计:定期主动提供资源使用统计、支持counter标准统计数据

使用(试用)过的单位:首都师范大学、国际关系学院等。

用户评论:该库内容来源丰富,学科属性强;既有独立检索平台,又可通过PQP数据库平台合并检索,并提供本地化服务。该库没有本地镜像服务,需要借助第三方软件才能进行可视化分析。

23. Ebook Central Business(商业类书库)

简称:EBC-Business

数据库平台: ProQuest

数据库网址:http://www.proquest.com/products-services/abi_inform_complete.html/

数据库类型:全文数据库

文献类型:图书

语种:中文、英文、日文、俄文、其他(20种语言)

学科分类:经济学、管理学

数据库概况:该库收录了1900年至今21 200多种商学、经济学与管理学及相关学科领域的优质外文电子书。该库内容覆盖市场营销、领导力、经济学、管理学、会计、审计、财政与税收等学科领域。该库出版源包括Oxford University Press(牛津大学出版社)、Copenhagen Business School Press(哥本哈根商学院出版社)、Princeton University Press(普林斯顿大学出版社)、Hong Kong University Press(香港大学出版社)、Amsterdam University Press(阿姆斯特丹大学出版社)、Stanford University Press(斯坦福大学出版社)等100多家世界知名大学出版社,以及Bloomsbury Press、Kogan Page、No Starch Press、AMA、Taylor & Francis、Elsevier Science、Emerald Group Publishing与BRILL Publishers等全球知名的学会、协会、商业出版社的书籍。这些书籍中,RESOURCES FOR COLLEGE LIBRARIES (RCL)获奖书目及CHOICE获奖书目共计约930种。此外,该库持续增加Wiley出版社的商学学科书籍,例如:2016年版 *Hey Whipple Squeeze This! A Classic Guide to Creating Great Ads* 与 *Transportation Planning Handbook*。

资源访问模式:远程访问

资源长期保存与元数据:不支持用户进行资源长期保存、支持用户收割元数据

资源统计:定期主动提供资源使用统计、支持counter标准统计数据

使用(试用)过的单位:中央财经大学、复旦大学、中欧国际工商学院、长江商学院、香港中文大学(深圳)等。

用户评论:该库内容来源丰富,学科属性强;既有独立检索平台,又可通过PQP数据库平台合并检索,并提供本地化服务。但该库没有本地镜像服务,需要借助第三方软件才能进行可视化分析。

24. Ebook Central Education(教育类书库)

简称:EBC-Education

数据库平台: ProQuest

数据库网址:http://www.proquest.com/products-services/abi_inform_complete.html/

数据库类型:全文数据库

文献类型:图书

语种:中文、英文、日文、俄文、其他(20种语种)

学科分类:教育学

数据库概况:该库为教育工作者及各年龄层的学生提供优质的教育内容,收录了1918年以来6 400多种教育学及相关研究领域的外文电子书。该库内容覆盖教学、课程管理、课程规划、高等教育、中小学教育、学前教育、特殊教育及教育心理学等领域。该库出版源包括Johns Hopkins University Press(约翰斯·霍普金斯大学出版社)、Cambridge University Press(剑桥大学出版社)、UBC Press(不列颠哥伦比亚大学出版社)、Oxford University Press、Hong Kong University Press、State University of New York Press(纽约州立大学出版社)与Harvard University Press(哈佛大学出版社)等100多家世界知名大学出版社的书籍,以及Bloomsbury Publishing、ABDO、Association for Supervision & Curriculum Development(ASCD)、Mason Crest Publishers、McGraw-Hill Education、National Science Teachers Association(NSTA)、Jessica Kingsley Publishers、Routledge、Sage、Stenhouse Publishers、Solution Tree与Rowman & Littlefield等全球知名的学会和协会、K12教育出版社、商业出版社的书籍。这些书籍中,RESOURCES FOR COLLEGE LIBRARIES(RCL)获奖书目及CHOICE获奖书目共计410种。此外,该库持续增加Wiley出版社的书籍,例如:2016年版*Student Services: A Handbook for the Profession*、*Maker-Centered Learning: Empowering Young People to Shape Their Worlds*与*Foundations of Adult and Continuing Education*。

资源访问模式:远程访问

资源长期保存与元数据:不支持用户进行资源长期保存、支持用户收割元数据

资源统计:定期主动提供资源使用统计、支持counter标准统计数据

使用(试用)过的单位:首都师范大学、中华女子学院等。

用户评论:该库内容来源丰富,学科属性强;既有独立检索平台,又可通过PQP数据库平台合并检索,并提供本地化服务。但该库没有本地镜像服务,需要借助第三方软件才能进行可视化分析。

25. Ebook Central Health and Medicine(健康与医学类书库)

简称:EBC-Health and Medicine

数据库平台: ProQuest

数据库网址： http://www.proquest.com/products-services/abi_inform_complete.html/

数据库类型： 全文数据库

文献类型： 图书

语种： 中文、英文、日文、俄文、其他（20种语种）

学科分类： 医学

数据库概况： 该库收录了1918年至今12 800多种健康与医学及相关领域的优质外文电子书。该库内容覆盖临床医学、基础医学、外科学、口腔医学、儿科学、肿瘤学、泌尿科学、神经病学、妇产科学、特种医学、药学、护理学、急救医学、预防医学与公共卫生学、内分泌腺及全身性疾病、心血管系统疾病、消化系统疾病、呼吸系统疾病、感染性疾病及传染病、皮肤病与性病、眼科与耳鼻咽喉科、医药卫生方针政策与法律法规研究、医学教育与医学边缘学科、精神病学、心理学等领域。该库出版源包括Oxford University Press、Cambridge University Press、Johns Hopkins University Press、Charles University in Prague Press（布拉格查理大学出版社）、Karolinum Press、McGill-Queen's University Press（麦吉尔皇后大学出版社）、Policy Press（University of Bristol）与Amsterdam University Press等100多家世界知名大学出版社的书籍，以及Springer、Jessica Kingsley Publishers、Thieme Medical Publishers、The National Academies Press、Demos Medical Publishing与Class Publishing等全球知名的商业出版社的书籍。这些书籍中，Doody核心书目、CHOICE获奖书目及RESOURCES FOR COLLEGE LIBRARIES（RCL）获奖书目共计690多种。此外，该库持续增加Wiley出版社的书籍，包括2016年Doody健康与医学核心书目。

资源访问模式： 远程访问

资源长期保存与元数据： 不支持用户进行资源长期保存、支持用户收割元数据

资源统计： 定期主动提供资源使用统计、支持counter标准统计数据

使用（试用）过的单位： 首都医科大学、中日友好医院、中国疾病预防控制中心、中国中医科学院等。

用户评论： 该库内容来源丰富，学科属性强；既有独立检索平台，又可通过PQP数据库平台合并检索，并提供本地化服务。但该库没有本地镜像服务，需要借助第三方软件才能进行可视化分析。

26. Ebook Central History（历史类书库）

简称：EBC-History

数据库平台：ProQuest

数据库网址：http://www.proquest.com/products-services/abi_inform_complete.html/

数据库类型：全文数据库

文献类型：图书

语种：中文、英文、日文、俄文、其他（20种语种）

学科分类：历史学

数据库概况：该库收录了1761年以来36 100多种历史学及相关研究领域的外文电子书。该库内容覆盖史学理论、世界史、军事史、政治学、商学与经济学与艺术等领域。该库出版源包括Edinburgh University Press、Liverpool University Press（利物浦大学出版社）、McGill-Queen's University Press、Harvard University Press、Hong Kong University Press、Oxford University Press、Aarhus University Press（奥胡斯大学出版社）、Amsterdam University Press、Cornell University Press（康奈尔大学出版社）、The University of the West Indies Press（西印度大学出版社）、Wilfrid Laurier University Press（劳里埃大学出版社）、State University of New York Press与University of California Press（加利福尼亚大学出版社）等130多家世界知名大学出版社的书籍，以及Bloomsbury Publishing、Rowman & Littlefield、Ashgate与Brill Publishers等全球知名的学会、协会与商业出版社的书籍。这些书籍中，RESOURCES FOR COLLEGE LIBRARIES（RCL）获奖书目及CHOICE获奖书目共计3 540余种。

资源访问模式：远程访问

资源长期保存与元数据：不支持用户进行资源长期保存、支持用户收割元数据

资源统计：定期主动提供资源使用统计、支持counter标准统计数据

使用（试用）过的单位：首都师范大学、中共中央编译局、中国科学院自然科学史研究所、河南大学、郑州大学等。

用户评论：该库内容来源丰富，学科属性强；既有独立检索平台，又可通过PQP数据库平台合并检索，并提供本地化服务。但该库没有本地镜像服务，需要借助第三方软件才能进行可视化分析。

27. Ebook Central Law(法律类书库)

简称: EBC-Law

数据库平台: ProQuest

数据库网址: http://www.proquest.com/products-services/abi_inform_complete.html/

数据库类型: 全文数据库

文献类型: 图书

语种: 中文、英文、日文、俄文、其他(20种语种)

学科分类: 法学

数据库概况: 该库收录了1953年以来10 300多种法学及相关研究领域的外文电子书。该库内容覆盖法理、法史、行政法、刑事诉讼法、民商法、经济法、刑法、医学法学、环境科学与资源保护法等研究领域,以及政治学、教育学、社会学与军事学等法学相关研究领域。其出版源包括UBC Press、Cornell University Press、Harvard University Press、Edinburgh University Press、United Nations University Press(联合国大学出版社)与Oxford University Press等110多家世界知名大学出版社的书籍,以及Taylor & Francis、the American Bar Association、Greenwood Publishing、Brill Publishers与National Academies Press等全球知名的学会、协会与商业出版社的书籍。这些书籍中,RESOURCES FOR COLLEGE LIBRARIES(RCL)获奖书目及CHOICE获奖书目共计770余种。此外,该书库持续增加Wiley出版社的书籍,例如:*Ethics and Law for School Psychologists*、*Hopkins' Nonprofit Law Dictionary*与*A Companion to European Union Law and International Law*。

资源访问模式: 远程访问

资源长期保存与元数据: 不支持用户进行资源长期保存、支持用户收割元数据

资源统计: 定期主动提供资源使用统计、支持counter标准统计数据

使用(试用)过的单位: 哈尔滨工业大学、华东师范大学、中南大学、复旦大学等。

用户评论: 该库内容来源丰富,学科属性强;既有独立检索平台,又可通过PQP数据库平台合并检索,并提供本地化服务。但该库没有本地镜像服务,需要借助第三方软件才能进行可视化分析。

28. Ebook Central Literature and Language（文学语言类书库）

简称：EBC-Literature and Language

数据库平台：ProQuest

数据库网址：http://www.proquest.com/products-services/abi_inform_complete.html/

数据库类型：全文数据库

文献类型：图书

语种：中文、英文、日文、俄文、其他（20种语种）

学科分类：文学

数据库概况：该库收录了1849年以来21 700多种文学与语言学及相关研究领域的外文电子书。该库内容覆盖文学、语言学、写作、新闻与传媒、图情学等领域。该库出版源包括McGill-Queen's University Press、Edinburgh University Press、Oxford University Press、Central European University Press（中欧大学出版社）、Hong Kong University Press、Leuven University Press（鲁汶大学出版社）、State University of New York Press、University of California Press与Manchester University Press等120多家世界知名大学出版社的书籍，以及Bloomsbury Publishing、Routledge、Gruyter、John Benjamins Publishing Company、Palgrave Macmillan、Sage与Cambridge Scholars Publishing等全球知名的学会、协会与商业出版社的书籍。这些书籍中，RESOURCES FOR COLLEGE LIBRARIES（RCL）获奖书目及CHOICE获奖书目共计2 000余种。例如：哈佛大学出版社出版的*The Dream of the Great American Novel*、密苏里州立大学出版社出版的*Mark Twain on Potholes and Politics: Letters to the Editor*、华盛顿大学出版社出版的*Writing the South Seas: Imagining the Nanyang in Chinese and Southeast Asian Postcolonial Literature*与普林斯顿建筑出版社出版的*Type on Screen: A Guide for Designers, Developers, Writers and Students*。此外，该库持续增加Wiley出版社的书籍。

资源访问模式：远程访问

资源长期保存与元数据：不支持用户进行资源长期保存、支持用户收割元数据

资源统计：定期主动提供资源使用统计、支持counter标准统计数据

使用（试用）过的单位：首都师范大学、安徽工业大学、中华女子学院、西安外国语大学、四川大学等。

用户评论:该库内容来源丰富,学科属性强;既有独立检索平台,又可通过PQP数据库平台合并检索,并提供本地化服务。但该库没有本地镜像服务,需要借助第三方软件才能进行可视化分析。

29. Ebook Central Religion and Philosophy(宗教与哲学类书库)

简称:EBC-Religion and Philosophy

数据库平台:ProQuest

数据库网址:http://www.proquest.com/products-services/abi_inform_complete.html/

数据库类型:全文数据库

文献类型:图书

语种:中文、英文、日文、俄文、其他(20种语种)

学科分类:哲学

数据库概况:该库收录了1786年以来16 000多种宗教与哲学及相关研究领域的外文电子书。该库内容覆盖哲学、基督教、犹太教、佛教、伊斯兰教、《圣经》翻译及批判、宗教史、宗教信仰、伦理学、宗教文化、政治学等领域。该库出版源包括The Catholic University of America Press(美国天主教大学出版社)、McGill-Queen's University Press、University of Notre Dame Press(圣母大学出版社)、Syracuse University Press(锡拉丘兹大学出版社)、Oxford University Press、Marquette University Press(马凯特大学出版社)、Cambridge University Press、State University of New York Press与Princeton University Press等100多家世界知名大学出版社的书籍,以及De Gruyter、Brill Publishers、Society of Biblical Literature、Routledge及The Jewish Publication Society等全球知名的学会、协会与商业出版社的书籍。这些书籍中,RESOURCES FOR COLLEGE LIBRARIES(RCL)获奖书目及CHOICE获奖书目共计950余种。此外,该库持续增加Wiley出版社的书籍,例如:*Thinking Philosophically: An Introduction to the Great Debates*、*Logic as a Tool: A Concise Guide to Logical Reasoning*与*Critical Thinking Toolkit*。

资源访问模式:远程访问

资源长期保存与元数据:不支持用户进行资源长期保存、支持用户收割元数据

资源统计:定期主动提供资源使用统计、支持counter标准统计数据

使用(试用)过的单位:中共中央编译局、中南大学等。

用户评论：该库内容来源丰富，学科属性强；既有独立检索平台，又可通过PQP数据库平台合并检索，并提供本地化服务。但该库没有本地镜像服务，需要借助第三方软件才能进行可视化分析。

30. Ebook Central Science and Technology（科学技术类书库）

简称：EBC-Science and Technology

数据库平台：ProQuest

数据库网址：http://www.proquest.com/products-services/abi_inform_complete.html/

数据库类型：全文数据库

文献类型：图书

语种：中文、英文、日文、俄文、其他（20种语种）

学科分类：多学科

数据库概况：该库收录了1900年至今30 100多种科学与技术及相关领域的优质外文电子书。该库内容覆盖物理、化学、数学、地学、计算机科学、信息技术、游戏、工程学、农学、环境研究、自然史、医学等领域。该库出版源包括Massachusetts Institute of Technology Press（麻省理工学院出版社）、Stanford University Press、Oxford University Press、Cambridge University Press等110多家世界知名大学出版社的书籍，以及American Institute of Aeronautics and Astronautics（美国航空航天学会）、Society for Mining、IGI Global、Taylor & Francis、PennWell Corporation、Elsevier、IEEE Computer Society及No Starch Press等全球知名的学会、协会、商业出版社的书籍。这些书籍中，RESOURCES FOR COLLEGE LIBRARIES（RCL）获奖书目、CHOICE获奖书目及Doody核心书目共计1 600多种。此外，该库持续增加Wiley出版社的书籍，例如：2016年出版的*Introductory Biostatistics*、*Equine Wound Management*、*Internet of Things: Implement New Business Models*、*Disrupt Competitors*、*Transform Your Industry*与*Rocket Propulsion Elements*。

资源访问模式：远程访问

资源长期保存与元数据：不支持用户进行资源长期保存、支持用户收割元数据

资源统计：定期主动提供资源使用统计、支持counter标准统计数据

使用（试用）过的单位：吉林大学、首都师范大学、中国科学院、中国农业科学院、安徽农业大学、中国商飞上海飞机设计研究院等。

用户评论:该库内容来源丰富,学科属性强;既有独立检索平台,又可通过PQP数据库平台合并检索,并提供本地化服务。但该库没有本地镜像服务,需要借助第三方软件才能进行可视化分析。

31. Ebook Central Social Sciences(社会学类书库)

简称:EBC-Social Sciences

数据库平台: ProQuest

数据库网址:http://www.proquest.com/products-services/abi_inform_complete.html/

数据库类型:全文数据库

文献类型:图书

语种:中文、英文、日文、俄文、其他(20种语种)

学科分类:多学科

数据库概况:该库收录了1918年至今23 300多种社会学及相关领域的优质外文电子书。该库内容覆盖哲学、心理学、历史学、政治学、商学与经济学、教育学、法学、逻辑学、伦理学等领域。该库出版源包括Policy Press(University of Bristol)、Oxford University Press、Harvard University Press、Massachusetts Institute of Technology Press、American University in Cairo Press(开罗美国大学出版社)、Amsterdam University Press、Hong Kong University Press、Central European University Press、Columbia University Press(哥伦比亚大学出版社)、Liverpool University Press、Manchester University Press与McGill-Queen's University Press等200多家世界知名大学出版社的书籍,以及Taylor & Francis、Brill Publishers、De Gruyter Inc.、McGraw-Hill Education、SAGE Publishing、Springer、National Academies Press与Rowman & Littlefield等全球知名商业出版社的书籍。这些书籍中,CHOICE获奖书目、Doody核心书目及RESOURCES FOR COLLEGE LIBRARIES(RCL)获奖书目共计2 000多种。此外,该库持续增加Wiley出版社的书籍,例如:*People and Nature: An Introduction to Human Ecological Relations*、*The Handbook of the Criminology of Terrorism*。

资源访问模式:远程访问

资源长期保存与元数据:不支持用户进行资源长期保存、支持用户收割元数据

资源统计:定期主动提供资源使用统计、支持counter标准统计数据

使用(试用)过的单位:中华女子学院、首都师范大学等。

用户评论：该库内容来源丰富，学科属性强；既有独立检索平台，又可通过PQP数据库平台合并检索，并提供本地化服务。但该库没有本地镜像服务，需要借助第三方软件才能进行可视化分析。

32. Ebook Central（电子书）

简称：EBC

数据库平台：ProQuest

数据库网址：http://www.proquest.com/products-services/abi_inform_complete.html/

数据库类型：全文数据库

文献类型：图书

语种：中文、英文、日文、俄文、其他（20种语种）

学科分类：多学科

数据库概况：该库由原EBL及Ebrary电子图书数据库合并而成，是一个综合类的电子书数据库平台，可为图书馆用户提供各个学科、类型的电子书资源以及订购方案。该库收录全球1 000多家著名大学出版社、专业出版商、学术出版机构出版的超过100万种电子书，内容覆盖科学、技术、医学、生命科学、计算机科学、经济、商业、文献、历史、艺术、社会与行为科学、哲学与教育学等学科领域。该库电子书涉及20种语言文字，覆盖英文、德文、法文、西班牙文、葡萄牙文、阿拉伯文、加泰罗尼亚文、意大利文、丹麦文、荷兰文、瑞典文、捷克文、拉丁文、俄文、中文等。Academic Complete（综合学术类书库）是该库的旗舰资源，可为图书馆用户提供各个学科的电子书内容，收录了1761年至今超过1 000多家全球著名出版社逾14.5万种优质的外文电子书；内容覆盖商业经济、管理、社会科学、科学与技术、健康与医学、历史学、法律、文学与语言学、宗教与哲学、教育学及艺术学等各学科领域。这些书籍中，CHOICE获奖书目、Doody核心书目及RESOURCES FOR COLLEGE LIBRARIES（RCL）获奖书目共计12 000余种。

资源访问模式：远程访问

资源长期保存与元数据：不支持用户进行资源长期保存、支持用户收割元数据

资源统计：定期主动提供资源使用统计、支持counter标准统计数据

使用（试用）过的单位：北京交通大学、北京工业大学、华北工业大学、中国社会科学院、清华大学、上海社会科学院、上海外国语大学、上海交通大学、同济大学、中山大学、汕头大学、北京师范大学-香港浸会大学联合国

际学院、深圳大学城图书馆、华中科技大学、三峡大学、西南石油大学、西南大学、四川外国语大学等。

用户评论：该库内容来源丰富，学科属性强；既有独立检索平台，又可通过PQP数据库平台合并检索，并提供本地化服务。但该库没有本地镜像服务，需要借助第三方软件才能进行可视化分析。

33. EconLit（美国经济学会文献数据库）

简称：EconLit

数据库平台：ProQuest

数据库网址：http://www.proquest.com/products-services/abi_inform_complete.html/

数据库类型：索引（文摘）数据库

文献类型：期刊、图书、报纸、学位论文、会议论文、音视频

语种：英文

学科分类：经济学

数据库概况：该库由美国经济协会出版，收录1969年以来世界范围内经济学及相关学科领域文献的书目记录，共计逾158万条，涵盖经济学理论研究与实践方面的全面信息，是*Journal of Economic Literature*的延伸版本。该库收录的资源种类多样、范围广泛，包括学术期刊、图书、书评、学位论文及研究手稿等，其主题覆盖农业经济学和自然资源经济学、企业管理和业务、国家研究、经济发展、技术变革和经济增长、经济史、金融经济学、一般经济学和教学、健康、教育和福利、产业组织、国际经济学、劳工和人口经济学、法律和经济学、宏观经济学和货币经济学、微观经济学、数学和定量方法、经济思想方法和经济思想史、公共经济学、城市经济、农村经济和区域经济等领域。该库每月更新，是获取全球经济学信息的重要资源。

资源访问模式：远程访问

资源长期保存与元数据：不支持用户进行资源长期保存、支持用户收割元数据

资源统计：定期主动提供资源使用统计、支持counter标准统计数据

使用（试用）过的单位：清华大学、北京大学、中欧国际工商学院、上海图书馆、西南财经大学等。

用户评论：该库来自美国经济学会，学科属性强，专业性高，可通过PQP数据库平台合并检索，并提供本地化服务。但该库没有本地镜像服务，需要借助第三方软件才能进行可视化分析。

34. Economist Intelligence Unit Country Reports Archivel(经济学人智库国家报告回溯数据库)

简称: Economist Intelligence Unit Country Reports Archivel

数据库平台: ProQuest

数据库网址:http://www.proquest.com/products-services/abi_inform_complete.html/

数据库类型:全文数据库

文献类型:期刊

语种:英文

学科分类:经济学、历史学

数据库概况:该库提供经济学人智库撰写的针对全球各国报告(原《经济评论季刊》)的回溯内容,时间跨度为从1952年到1995年,内容丰富、全面。该库广泛覆盖政治、经济、商业等学科领域。研究者可通过该库所收录的报告,全面了解全球各国发生的重大历史事件、出台的政策,或者商业发展方面的信息。

资源访问模式:远程访问

资源长期保存与元数据:不支持用户进行资源长期保存、支持用户收割元数据

资源统计:定期主动提供资源使用统计、支持counter标准统计数据

使用(试用)过的单位:西安财经大学、北京工商大学等。

用户评论:该库来自英国经济学人集团,学科属性强,专业性高,可通过PQP数据库平台合并检索,并提供本地化服务。但该库没有本地镜像服务,需要借助第三方软件才能进行可视化分析。

35. Educational Resources Information Center(教育资源中心数据库)

简称:ERIC

数据库平台: ProQuest

数据库网址:http://www.proquest.com/products-services/abi_inform_complete.html/

数据库类型:索引(文摘)数据库

文献类型:期刊、图书、报纸、学位论文、会议论文、音视频

语种:英文

学科分类:教育学

数据库概况：该库是教育学相关领域使用最广泛的文献索引数据库之一，由 Office of Educational Research and Improvement（美国联邦教育部教育研究与改进办公室）与 National Library of Education（美国国家教育图书馆）于1966年共同创建。该库收录了1966年以来世界范围内教育学领域超过1 000种出版物，共计逾140万条记录；其收录的文献种类丰富，包括学术期刊、研究报告、课程指南、教学指南、会议论文、学位论文及图书等；其主题覆盖高等教育信息资源、成人教育和职业教育、中学教育、小学教育和幼儿教育、残疾儿童和天才儿童、教育管理、咨询和人才服务、语言和语言学、阅读和沟通技巧、农村教育和小型学校、科学、数学和环境教育、社会研究和社会科学教育、教师教育、城市教育等领域。该库每月更新。

资源访问模式：远程访问

资源长期保存与元数据：不支持用户进行资源长期保存、支持用户收割元数据

资源统计：定期主动提供资源使用统计、支持counter标准统计数据

使用（试用）过的单位：北京大学、皖西学院、华南师范大学、河南大学等。

用户评论：该库来自美国教育科学研究所，学科属性强，专业性高，可通过PQP数据库平台合并检索，并提供本地化服务。但该库没有本地镜像服务，需要借助第三方软件才能进行可视化分析。

36. GeoRef（地质学书目数据库）

简称：GeoRef

数据库平台：ProQuest

数据库网址：http://www.proquest.com/products-services/abi_inform_complete.html/

数据库类型：索引（文摘）数据库

文献类型：期刊、图书、报纸、学位论文、会议论文、音视频、其他

语种：英文

学科分类：理学

数据库概况：该库是美国地球科学学会（AGI）于1966年创建的地学研究数据库，收录了1669年以来的北美地学文献和1933年以来的国际性地学文献，共计逾410万条记录，年增长量超过8万条。该库收录的文献类型丰富，包括期刊、会议录、图书、地形图和地质图、学位论文、报告、传记等，文献共涉及44种语言文字。该库主题覆盖地质学、地球物理、古生物、地

层学、工程地质、环境地质、水文地质、水文学、矿物岩石学、结晶学、地球化学、海洋学、海洋地质、石油地质，以及行星科学、天体物理学、天体化学、数学地质、遥感地质、电子学和计算机应用、分析化学等领域。订阅该库的用户还可以访问GeoRef In Process数据库，它记录了未来将收录在该库中的书目信息，包含正在编辑与评价的书目信息。

资源访问模式：远程访问

资源长期保存与元数据：不支持用户进行资源长期保存、支持用户收割元数据

资源统计：定期主动提供资源使用统计、支持counter标准统计数据

使用（试用）过的单位：长安大学、中国矿业大学、武汉大学、南京师范大学等。

用户评论：该库学科属性强，专业性高，可通过PQP数据库平台合并检索，并提供本地化服务。但该库没有本地镜像服务，需要借助第三方软件才能进行可视化分析。

37. Harper's Bazaar Archive（1867年至今）（《时尚芭莎》美国版回溯数据库）

简称：Harper's Bazaar Archive

数据库平台：ProQuest

数据库网址：http://www.proquest.com/products-services/abi_inform_complete.html/

数据库类型：全文数据库

文献类型：期刊、图片

语种：英文

学科分类：艺术学

数据库概况：《时尚芭莎》是拥有150年历史的全球最著名时装杂志之一，该库收录了该杂志从1867年创刊以来发行的每一期杂志的原版面内容，包含广告、时尚图片、封面、评论及其他视觉资料等，共计约35万页，是一个可以全文检索的文献数据库。该库涵盖时装、美容、人物、生活、娱乐及品牌活动5大专题，涉及穿搭、鞋包、珠宝、潮流、秀场、街拍、护肤、彩妆、美发、美体、香氛、人物专访、人物榜样、人物态度、明星衣品、人物大片、健康、情感、家居、美食、旅游、汽车、影视 、综艺、音乐、明星及时尚品牌等相关内容。

资源访问模式：远程访问

资源长期保存与元数据:不支持用户进行资源长期保存、支持用户收割元数据

资源统计:定期主动提供资源使用统计、支持counter标准统计数据

使用(试用)过的单位:东华大学等。

用户评论:该库是质量较高的一手资料,可通过PQP数据库平台合并检索,并提供本地化服务。但该库没有本地镜像服务,需要借助第三方软件才能可视化分析。

38. History Vault(原始档案数据库)

简称: History Vault

数据库平台: ProQuest

数据库网址:http://www.proquest.com/products-services/abi_inform_complete.html/

数据库类型:全文数据库

文献类型:期刊、其他

语种:英文

学科分类:法学、历史学

数据库概况:该库是重要的、持续更新的美国史研究全文文献数据库,收录了1775年至1995年涉及美国史研究与美国人文社科研究领域的约33万份重要的原始档案。其文献内容涵盖面极广,涉及国际问题研究、国际关系、政治史、军事史与战争、美国黑人研究、美国南北战争、移民研究、劳工研究、法律与法律史、美洲原住民研究、南方历史、美国西部历史、激进问题研究、科学与人文科学等众多领域。该库收录了美国政治与社会研究(9个模块);国际关系与军事冲突(9个模块);美洲印第安人与美国西部历史(1个模块);美国民权运动及黑人争取自由的斗争(10个模块);美国南部生活、奴隶制与民权运动(5个模块);女性研究(3个模块);劳工与工会研究(2个模块)等7大专题,共计39个模块。

资源访问模式:远程访问

资源长期保存与元数据:不支持用户进行资源长期保存、支持用户收割元数据

资源统计:定期主动提供资源使用统计、支持counter标准统计数据

使用(试用)过的单位:东北师范大学、首都师范大学、中国社会科学院、北京大学、中国人民大学、华东师范大学、南京大学、武汉大学等。

用户评论:该库是质量较高的一手资料,按专辑出版,有详细的标引,

并提供本地化服务。但该库没有本地镜像服务，需要借助第三方软件才能进行可视化分析。

39. Humanities Index（英国人文索引数据库）

简称：Humanities Index

数据库平台：ProQuest

数据库网址：http://www.proquest.com/products-services/abi_inform_complete.html/

数据库类型：索引（文摘）数据库

文献类型：期刊、图书、报纸、学位论文、会议论文、音视频

语种：英文

学科分类：多学科

数据库概况：该库收录了1994年以来世界范围内英国和英语国家人文研究领域的索引记录（源自1 000多种出版物），共计逾120万条文献记录。其主题覆盖建筑学、考古学、艺术、古董、电影、当今事件、教育、经济学、环境、国外事件、性别研究、历史、法律、语言学、文学、音乐、绘画、哲学、诗、政治学、宗教信仰、戏剧等领域。该库每月更新。

资源访问模式：远程访问

资源长期保存与元数据：不支持用户进行资源长期保存、支持用户收割元数据

资源统计：定期主动提供资源使用统计、支持counter标准统计数据

使用（试用）过的单位：安徽师范大学等。

用户评论：该库学科属性强，可通过PQP数据库平台合并检索，标引深入，并提供本地化服务。但该库没有本地镜像服务，需要借助第三方软件才能进行可视化分析。

40. Inspec（科学文摘）

简称：Inspec

数据库平台：ProQuest

数据库网址：http://www.proquest.com/products-services/abi_inform_complete.html/

数据库类型：索引（文摘）数据库

文献类型：期刊、图书、报纸、学位论文、会议论文、专利、标准

语种：英文

学科分类：理学、工学

数据库概况：该库是英国工程技术学会(IET)创建的书目数据库，收录1898年以来世界范围内物理学、电子学与电子工程、通信、计算机科学、控制工程与信息技术领域出版的高质量的、经同行评审的出版物的文摘与索引信息，包含共计4 000多种出版物。该库收录的文献类型丰富，包括学术期刊、会议论文集、图书、技术报告、标准、学位论文等，以及少量英国与美国在1968年至1976年出版的专利文献信息，共计逾1 800万条记录。该库包含物理学、电子工程与电子学、计算机科学与控制工程、商用信息技术、机械工程与制造工程5大主题子文件。

资源访问模式：远程访问

资源长期保存与元数据：不支持用户进行资源长期保存、支持用户收割元数据

资源统计：定期主动提供资源使用统计、支持counter标准统计数据

使用(试用)过的单位：中国科学技术大学、浙江工业大学等。

用户评论：该库学科属性强，可通过PQP数据库平台合并检索，标引深入，并提供本地化服务。但该库没有本地镜像服务，需要借助第三方软件才能进行可视化分析。

41. International Bibliography of Art(国际艺术书目数据库)

简称：IBA

数据库平台：ProQuest

数据库网址：http://www.proquest.com/products-services/abi_inform_complete.html/

数据库类型：索引(文摘)数据库

文献类型：期刊、图书、报纸、学位论文、会议论文、音视频

语种：英文

学科分类：艺术学

数据库概况：该库是ProQuest独家出版的有关西方艺术领域的重要学术资源，继承自Bibliography of the History of Art(艺术史书目数据库，简称BHA)，而BHA曾是世界公认的西方艺术史研究领域最全面的书目数据库之一。该库收录了2008年以来世界范围内艺术研究与艺术史研究领域的索引记录(源自1 000多种出版物)，共计逾36万条文献记录。其主题覆盖从古典时代晚期(公元4世纪)到现代的欧洲艺术研究，从发现新大陆至今的美国艺术研究以及1945年至今的全球性艺术研究、视觉艺术(含油画、

雕塑、素描)、装饰艺术、应用艺术、博物馆研究、艺术作品保护、考古学、民间艺术、物质文化、古典研究、古董以及建筑史等领域。该库每月更新。

资源访问模式:远程访问

资源长期保存与元数据:不支持用户进行资源长期保存、支持用户收割元数据

资源统计:定期主动提供资源使用统计、支持counter标准统计数据

使用(试用)过的单位:重庆大学、厦门大学等。

用户评论:该库学科属性强,可通过PQP数据库平台合并检索,标引深入,并提供本地化服务。但该库没有本地镜像服务,需要借助第三方软件才能进行可视化分析。

42. International Bibliography of the Social Sciences(国际社会科学书目数据库)

简称: International Bibliography of the Social Sciences

数据库平台: ProQuest

数据库网址:http://www.proquest.com/products-services/abi_inform_complete.html/

数据库类型:索引(文摘)数据库

文献类型:期刊、图书

语种:中文、英文、日文、俄文、其他

学科分类:多学科

数据库概况:该库收录了1951年以来世界范围内人类学、经济学、政治学及社会学等社会科学4大核心研究领域的文献,共计约530万条书目记录。该库文献源自100多个国家,涉及60多种语言;50%以上的文献为国际性出版物,25%以上的文献以非英语语言出版。该库收录的文献类型丰富,包括学术期刊、图书、评论等;其主题覆盖人类学、考古研究、区域研究、商业和管理、人口学、发展研究、经济学、教育类、民族学和民族志、性别研究、健康、历史、人文地理与环境、国际关系、法学、媒体和通信、哲学、政策研究、政治学、心理学、宗教研究、社会学等领域。该库是社会科学与跨学科研究不可或缺的数据库之一。该库每周更新,年增长量超过10万条。

资源访问模式:远程访问

资源长期保存与元数据:不支持用户进行资源长期保存、支持用户收割元数据

资源统计:定期主动提供资源使用统计、支持counter标准统计数据

使用(试用)过的单位:安徽财经大学、清华大学、北京大学等。

用户评论:该库学科属性强,可通过PQP数据库平台合并检索,标引深入,并提供本地化服务。但该库没有本地镜像服务,需要借助第三方软件才能进行可视化分析。

43. Library and Information Science Abstracts(图书馆学与信息学文摘数据库)

简称:LISA

数据库平台: ProQuest

数据库网址:http://www.proquest.com/products-services/abi_inform_complete.html/

数据库类型:索引(文摘)数据库

文献类型:期刊、图书、报纸、学位论文、会议论文、音视频

语种:中文、英文、日文、俄文、其他

学科分类:管理学

数据库概况:该库是专为图书馆人士和其他信息专家设计的数据库,收录了1969年以来世界范围内全球图书管理、信息学、在线检索、出版和信息技术领域相关文献的书目记录。该库资源源自全球超过45个国家,涉及20多种语言,超过440多种出版物,共计逾60万条记录。其主题覆盖信息管理、信息技术、互联网技术、图书馆管理、知识管理、图书馆事业、图书馆和档案馆、图书馆技术、图书馆使用与用户、网上信息检索等领域。该库每月更新,月增记录1 000多条。

资源访问模式:远程访问

资源长期保存与元数据:不支持用户进行资源长期保存、支持用户收割元数据

资源统计:定期主动提供资源使用统计、支持counter标准统计数据

使用(试用)过的单位:中国科学技术信息研究所、北京大学、南京大学、上海图书馆、武汉大学等。

用户评论:该库学科属性强,可通过PQP数据库平台合并检索,标引深入,并提供本地化服务。但该库没有本地镜像服务,需要借助第三方软件才能进行可视化分析。

44. Linguistics and Language Behavior Abstracts（语言学与语言行为文摘数据库）

简称:LLBA

数据库平台: ProQuest

数据库网址:http://www.proquest.com/products-services/abi_inform_complete.html/

数据库类型:索引（文摘）数据库

文献类型:期刊、图书、报纸、学位论文、会议论文、音视频

语种:英文

学科分类:文学

数据库概况:该库收录了1973年以来世界范围内语言学与语言科学相关领域的文献文摘与索引记录，收录了超过1 500多种连续出版物，共计逾60万条记录。该库收录的文献类型丰富，包括学术期刊、图书、书评、学位论文等，其主题覆盖语言研究的各方面，包含语音学、音韵学、形态学、句法和语义学，以及描述性语言、比较语言学、语言学理论和语言地理学等领域。该库每月更新，年增约1.4万条记录。

资源访问模式:远程访问

资源长期保存与元数据:不支持用户进行资源长期保存、支持用户收割元数据

资源统计:定期主动提供资源使用统计、支持counter标准统计数据

使用（试用）过的单位:天津外国语大学、中国人民大学、曲阜师范大学、北京大学、广东外语外贸大学、中山大学、南昌大学、四川外国语大学等。

用户评论:该库学科属性强，可通过PQP数据库平台合并检索，标引深入，并提供本地化服务。但该库没有本地镜像服务，需要借助第三方软件才能进行可视化分析。

45. Literature Online（英语文学在线）

简称: Literature Online

数据库平台: ProQuest

数据库网址:http://www.proquest.com/products-services/abi_inform_complete.html/

数据库类型:全文数据库

文献类型：期刊、图书、报纸、学位论文、会议论文、音视频

语种：英文

学科分类：文学

数据库概况：该库是英语文学领域最权威、最全面的学术资源数据库之一，收录了公元8世纪至今的超过35万部英文诗歌、小说和戏剧作品，400多种英语文学全文期刊以及大量文学评论、参考文献和多媒体资源。该库文献内容覆盖中古时期文学（600—1500）、文艺复兴时期文学（1500—1660）、美国殖民地时期文学与新古典主义时期文学（1607—1785）、浪漫主义时期文学与早期美国文学（1765—1837）、维多利亚时期文学与美国浪漫主义文学/现实主义文学（1830—1900）、现代时期文学（1900至今）等英语文学各时期。该库收录内容如下：英文原著，包括公元8世纪以来世界著名诗人的逾34万首诗歌原作、13世纪晚期至20世纪初叶超过6 000出英国戏剧与美国戏剧、1500至20世纪初叶超过3 250篇散文；文学评论与题录，包括20世纪20年代至今逾88万条《英语语言文学参考书目年鉴》的题录信息，英语研究领域的学术书籍、文献与评论，超过200万条美国现代语言协会国际书目数据库的题录信息；全文期刊，共426种约376 294篇文献、6 654位作家传记、1 540位作家生平及其著作、415卷“企鹅经典系列”作品介绍、230篇KnowledgeNotesTM Student Guides学生指南；音视频资源，包括879段诗人诵诗音频、38出收录在《莎士比亚全集》中戏剧的音频以及Poetry Archive中的921首诗歌的音视频。

资源访问模式：远程访问

资源长期保存与元数据：不支持用户进行资源长期保存、支持用户收割元数据

资源统计：定期主动提供资源使用统计、支持counter标准统计数据

使用（试用）过的单位：哈尔滨工业大学、中国民航大学、天津师范大学、北京工商大学、对外经济贸易大学、北京大学、江南大学、上海外国语大学、同济大学、浙江大学、湖南大学、湖南师范大学、四川外国语大学等。

用户评论：该库学科属性强，系统集成了英语文学作品、研究期刊、参考工具书等于一体，可通过PQP数据库平台合并检索，并提供本地化服务。但该库没有本地镜像服务，需要借助第三方软件才能进行可视化分析。

46. Materials Science & Engineering Database(材料学与工程学期刊全文数据库)

简称: Materials Science & Engineering Database

数据库平台: ProQuest

数据库网址:http://www.proquest.com/products-services/abi_inform_complete.html/

数据库类型:全文数据库

文献类型:期刊、图书、报纸、学位论文、会议论文、音视频

语种:英文

学科分类:工学

数据库概况:该库收录了1965年以来世界著名出版商出版的材料学与工程学领域出版物的全文文献,以及世界著名的金属文摘数据库(METADEX)、铜技术参考文献书目数据库(Copper Technical Reference Library)、高分子图书馆(Polymer Library)等材料学与工程学相关领域文献的题录信息;收录了5 600多种出版物,其中3 000多种全文期刊、600多种SCI期刊、2 700多种同行评审期刊。该库收录的文献类型丰富,包含学术期刊、行业杂志、技术报告、书籍、会议论文及政府出版物等;文献内容涵盖地震工程、复合材料、铝、陶瓷、铜、工程材料、焊接、航空航天与飞机工程、化学、环境工程、建筑材料、能源、燃料和推进剂、汽车工程、生物工程、生物技术、土木工程等学科领域;核心期刊包含:*Nature Materials*、*Nature Nanotechnology*、*Nature Chemistry*、*Nature*、*Nature Methods*、*Acta Numerica*、*Nature Chemical Biology*、*Earth System Science Data*、*Nano Research*、*Biotechnology for Biofuels*、*NPG Asia Materials*、*IUCrJ*、*International Journal of Operations & Production Management*、*Biogeosciences*、*Cancer Nanotechnology*、*Archives of Computational Methods in Engineering*、*Polymers*、*Environmental Chemistry Letters*、*Clinical Chemistry*等。该库内容每月更新,数据量达170 GB。

资源访问模式:远程访问

资源长期保存与元数据:不支持用户进行资源长期保存、支持用户收割元数据

资源统计:定期主动提供资源使用统计、支持counter标准统计数据

使用(试用)过的单位:中国科学院、上海交通大学、深圳大学、深圳图书馆、南方科技大学、西北大学、西安交通大学、西安建筑科技大学、西南大学等。

用户评论：该库学科属性强，集成了大量高质量期刊，可通过PQP数据库平台合并检索，并提供本地化服务。但该库没有本地镜像服务，需要借助第三方软件才能进行可视化分析。

47. Meteorological & Geoastrophysical Abstracts（气象学和地球天体物理学文摘数据库）

简称：MGA

数据库平台：ProQuest

数据库网址：http://www.proquest.com/products-services/abi_inform_complete.html/

数据库类型：索引（文摘）数据库

文献类型：期刊、图书、报纸、学位论文、会议论文、音视频

语种：英文

学科分类：理学

数据库概况：该库由美国气象学会（AMS）开发、ProQuest出版，收录了自1950年以来世界范围内气象学和地球天体物理学领域1 400多种出版物的题录信息，共计逾130万条记录。该库收录的文献类型丰富，包括学术期刊、行业杂志、书籍、会议论文、报告等，文献内容涵盖空气污染、天体物理学、大气结构、气候学、地磁学、冰川学、地下水和地表水文学、水文循环、气象观测、物理海洋学、辐射与温度、天气预测等学科领域。该库每条记录都包括了文摘和索引信息、国际十进制分类代码、MGA控词表的主题词，每月更新。

资源访问模式：远程访问

资源长期保存与元数据：不支持用户进行资源长期保存、支持用户收割元数据

资源统计：定期主动提供资源使用统计、支持counter标准统计数据

使用（试用）过的单位：中国气象局、南京市科技信息研究所、西安交通大学、成都信息工程大学等。

用户评论：该库来自美国气象学会，学科属性强，专业性高，可通过PQP数据库平台合并检索，并提供本地化服务。但该库没有本地镜像服务，需要借助第三方软件才能进行可视化分析。

48. Military Database（军事科学期刊全文数据库）

简称：Military Database

数据库平台：ProQuest

数据库网址：http://www.proquest.com/products-services/abi_inform_complete.html/

数据库类型：全文数据库

文献类型：期刊、图书、报纸、学位论文、会议论文、音视频

语种：英文

学科分类：军事学

数据库概况：该库收录了1962年以来世界范围内军事科学领域的全文文献与题录信息，收录了730多种出版物，超过1 600万条文献记录；收录的文献类型丰富，包含学术期刊、行业杂志、技术报告、书籍、会议论文及政府出版物等；文献内容涵盖电信、犯罪学、国际关系、国家安全、国土安全与恐怖主义、航空航天工程、计算机安全、军事和国防、军用飞机、太空飞行、通信、土木工程、外交政策、武装部队、信息系统、战争、政治学等学科领域。该库核心出版物包含：*The Journal of Net-centric Warfare*、*MMWR-Morbidity and Mortality Weekly Report*、*Journal of Climate*、*Climate Dynamics*、*World Politics*、*International Journal of Physical Distribution & Logistics Management*、*International Organization*、*Monthly Weather Review*、*Journal of the Atmospheric Sciences*、*Journal of Physical Oceanography*、*Journal of Applied Meteorology and Climatology*、*Boundary Layer Meteorology*、*British Journal of Political Science*、*International Journal of Information Security*、*European Journal of Population*、*Journal of Atmospheric and Oceanic Technology*、*International Journal of Biometeorology*、*Weather and Forecasting*、*Journal of Democracy*、*Policy Sciences*等。该库数据量约11 378 GB。

资源访问模式：远程访问

资源长期保存与元数据：不支持用户进行资源长期保存、支持用户收割元数据

资源统计：定期主动提供资源使用统计、支持counter标准统计数据

用户评论：该库学科属性强，集成了大量高质量期刊，可通过PQP数据库平台合并检索，并提供本地化服务。但该库没有本地镜像服务，需要借助第三方软件才能进行可视化分析。

49. MLA International Bibliography（1926年至今）（美国现代语言学会国际书目数据库）

简称：MLA International Bibliography

数据库平台：ProQuest

数据库网址：http://www.proquest.com/products-services/abi_inform_complete.html/

数据库类型：索引（文摘）数据库

文献类型：期刊、图书

语种：英文、俄文、其他

学科分类：文学、艺术学

数据库概况：该库由美国现代语言学会创建，提供美国语言学题录信息及国际性语言学题录信息。该库涉及现代语言、文学、民俗学和语言学等专题，收录了1926年以来逾4 400种期刊文献（含同行评审电子期刊）及1 000多家出版商出版的图书信息，共计逾280万条文献记录。其文献内容覆盖文学、民俗学、语言学、文学理论、文学批评、图书史、修辞学、写作、语言教育和戏剧艺术等研究领域；共涉及60多种语言，以英语为主，还包含法语、西班牙语、德语、俄语、葡萄牙语、挪威语和瑞典语等非英语语言。该库每年更新9次，年增记录超过6.5万条。订阅该库的用户还可访问MLA期刊目录数据库（MLA Directory of Periodicals Database）；同时订购Project Muse与JSTOR数据库的用户，还可通过题录信息直接访问Project Muse与JSTOR的全文文献。

资源访问模式：远程访问

资源长期保存与元数据：不支持用户进行资源长期保存、支持用户收割元数据

资源统计：定期主动提供资源使用统计、支持counter标准统计数据

使用（试用）过的单位：武汉大学、厦门大学、上海外国语大学等。

用户评论：该库学科属性强，可通过PQP数据库平台合并检索，标引深入，并提供本地化服务。但该库没有本地镜像服务，需要借助第三方软件才能进行可视化分析。

50. Music & Performing Arts Collection(1864年至今)(音乐与表演艺术学科专辑数据库)

简称: Music & Performing Arts Collection

数据库平台: ProQuest

数据库网址:http://www.proquest.com/products-services/abi_inform_complete.html/

数据库类型:全文数据库

文献类型:期刊、图书、报纸、音视频

语种:英文

学科分类:艺术学

数据库概况:该库收录了世界著名出版商出版的音乐与表演艺术领域重要出版物的全文文献与题录信息,包含Music Periodicals Database(音乐期刊全文数据库)与Performing Arts Periodicals Database(表演艺术期刊全文数据库)2个子库,共计逾1 200种期刊文献。其主题覆盖舞蹈、马戏表演、流行音乐、木偶剧、广播、舞台艺术、戏剧、古典音乐和歌剧等领域。

资源访问模式:远程访问

资源长期保存与元数据:不支持用户进行资源长期保存、支持用户收割元数据

资源统计:定期主动提供资源使用统计、支持counter标准统计数据

使用(试用)过的单位:哈尔滨音乐学院、中国传媒大学、南开大学、天津大学、首都师范大学、天津师范大学、西南大学等。

用户评论:该库学科属性强,集成了大量高质量期刊,可通过PQP数据库平台合并检索,并提供本地化服务。但该库没有本地镜像服务,需要借助第三方软件才能进行可视化分析。

51. Music Online: Listening(世界音乐在线:音乐欣赏)

简称: Music Online Listening

数据库平台: ProQuest

数据库网址:http://www.proquest.com/products-services/abi_inform_complete.html/

数据库类型:多媒体数据库

文献类型:图片、音视频

语种:英文

学科分类：艺术学

数据库概况：该库收录了来自1 500余场实况演出的1 000余小时的古典音乐演出视频，涵盖古典音乐的各种表演形式。该库的子库“古典音乐图书馆”收录了超9万首合法授权的古典音乐作品，涵盖古典音乐的所有类目，这些作品来自1 900位作曲家，同时该库还提供620篇传记、5 300篇音乐注释、12 200幅音乐家画像。该库的子库“当代世界音乐”收录了约5万首乐曲，包括印第安古典音乐、葡萄牙民谣思乡曲、弗拉门戈等，用户可以组织与共享个人曲目表、课程文件夹，可通过全真图片或重新录入检索文本给出的注释。子库“史密森尼全球图书馆音乐”收录了超过3.5万首来自全球150多个国家与地区的各民族、部落的音乐、民谣、传统音乐、民俗演奏以及各种语音、声音，并支持多种形式的音乐创作与保存。子库“非洲裔美国人歌曲集”共收录超过5.4万首歌曲与音乐，包括爵士乐、布鲁斯、高士伯与其他形式，是一个记录非裔美国人音乐历史的在线音乐资源。子库“美国歌曲集”是一个收录有5万首歌曲的数据库，作曲者包括美洲印第安人、矿主、移民、儿童领袖与牛仔等。子库“爵士乐图书馆”广泛收录了在全球范围内自爵士乐诞生至今的在线爵士乐专辑。

资源访问模式：远程访问

资源长期保存与元数据：不支持用户进行资源长期保存、支持用户收割元数据

资源统计：定期主动提供资源使用统计、支持counter标准统计数据

使用(试用)过的单位：哈尔滨音乐学院、沈阳音乐学院、星海音乐学院、北京舞蹈学院、中央音乐学院、中国音乐学院、中国民航大学、南开大学、南京艺术学院、上海外国语大学、上海图书馆、上海大学、中山大学、河南大学、武汉音乐学院、四川音乐学院等。

用户评论：该库资源丰富，学科属性强，既有独立检索平台，又可通过PQP数据库平台合并检索，并提供本地化服务。但该库没有本地镜像服务，视频文件较大。

52. Music Online: Reference(世界音乐在线:音乐参考资料)

简称：Music Online Reference

数据库平台：ProQuest

数据库网址：http://www.proquest.com/products-services/abi_inform_complete.html/

数据库类型：多媒体数据库

文献类型：图片、音视频、其他

语种：英文

学科分类：艺术学

数据库概况：该库提供超过3万页的基本参考资料，其中包括Baker音乐字典、Baker音乐家字典等，并以电子形式提供。该库包含了完整的古典音乐种类、从文艺复兴时期到21世纪广为流传的音乐、主要古典音乐作曲家与艺术家的音乐定义及自传信息，以及重要文章、主要参考著作全文、乐谱与抒情诗摘录、音乐与记谱法、人物照片、乐器、合唱等。其子库“格兰德世界音乐百科全书”是一个供音乐研究的完整的在线资源平台，资料超过9 000页，汇集了全球超过700位音乐家撰写的条目，曾获得过“达特茅斯奖”、“纽约公共图书馆杰出参考书奖”与“图书馆期刊奖”等；“古典音乐乐谱图书馆”汇集了包括文艺复兴时期、巴洛克时期、古典主义时期、浪漫主义时期、现代音乐时期等多达8 000册、超过40万页的全球重要的古典音乐乐谱、手稿以及从未出版过的资料；“非洲裔美国人音乐参考资料集”是一个完整的参考数据库，它以编年史的方式记录了1970年之前丰富的非裔美国人音乐，并把这一领域的重要参考文献汇集到一起，包括唱片分类目录、参考书目、歌本、图像与其他印刷资源等内容。

资源访问模式：远程访问

资源长期保存与元数据：不支持用户进行资源长期保存、支持用户收割元数据

资源统计：定期主动提供资源使用统计、支持counter标准统计数据

使用（试用）过的单位：哈尔滨音乐学院、沈阳音乐学院、星海音乐学院、北京舞蹈学院、中央音乐学院、中国音乐学院、中国民航大学、南开大学、南京艺术学院、上海外国语大学、上海图书馆、上海大学、中山大学、河南大学、武汉音乐学院、四川音乐学院等。

用户评论：该库学科属性强，标引深入，提供本地化服务。但该库没有本地镜像服务，需要借助第三方软件才能进行可视化分析。

53. National Criminal Justice Reference Service Abstracts Database（刑事司法参考服务文摘数据库）

简称：National Criminal Justice Reference Service Abstracts Database

数据库平台：ProQuest

数据库网址：http://www.proquest.com/products-services/abi_inform_complete.html/

数据库类型：索引（文摘）数据库

文献类型：期刊、图书、报纸、学位论文、会议论文、音视频、其他

语种：英文

学科分类：法学

数据库概况：该库创建于1972年，是一个由美国联邦政府资助的信息资源中心，提供司法与毒品控制领域的有关研究、政策及项目开发等方面的信息。该库是由美国司法部司法项目办公室（OJP）下设的美国刑事司法参考服务（NCJRS）创建的数据库，收录了全球刑事司法、青少年司法与毒品控制等领域的有关研究、政策及判例等方面的信息，其内容源自超过2.2万种美国出版物及国际性出版物，包含期刊文献、联邦政府报告、州政府报告、地方政府工作报告、图书、研究报告、音视频、举证材料及未出版的研究资源，共计逾18.22万条记录。该库的独特之处在于其收录了由美国司法部司法项目办公室资助的科研项目的学术成果，包含政府机构文件以及最终的资助（项目）报告。该库可满足刑事司法研究领域专业人士、科研人员、政策制定者、技术专家与法律专家的信息资源需求。该库每月更新。

资源访问模式：远程访问

资源长期保存与元数据：不支持用户进行资源长期保存、支持用户收割元数据

资源统计：定期主动提供资源使用统计、支持counter标准统计数据

使用（试用）过的单位：清华大学、武汉大学等。

用户评论：该库学科属性强，可通过PQP数据库平台合并检索，标引深入，并提供本地化服务。但该库没有本地镜像服务，需要借助第三方软件才能进行可视化分析。

54. National Technical Information Service Database（美国政府报告题录数据库）

简称：NTIS

数据库平台：ProQuest

数据库网址：http://www.proquest.com/products-services/abi_inform_complete.html/

数据库类型：全文数据库、索引（文摘）数据库

文献类型：期刊、图书、报纸、学位论文、会议论文、音视频、其他

语种：英文

学科分类：多学科

数据库概况：该库是美国的一个政府信息文献中心，全面收集了由政府资助立项的科学、技术、工程及商业项目的信息。该库是一个重要的信息文献中心，收录了1964年以来美国国防部、能源部、内政部、航空航天局、环境保护局、国家标准局等国家、州及地方政府部门立项研究完成的项目报告，少量收录世界各国（如加拿大、法国、日本、芬兰、英国、瑞典、澳大利亚、荷兰、意大利）和国际组织的科学研究报告、期刊文献、数据集、计算机程序以及音视频等资源，包括项目进展过程中所做的初期报告、中期报告和最终报告等，能够及时反映科技的最新进展。该库文献内容涵盖经营与管理、航空学与空气动力学、农学、行为学与社会学、商业、化学、传媒、计算机科学、教育、能源、工程学、环境科学、卫生规划、国际贸易、图书馆与信息科学、材料科学、数学、医学、军事科学、自然与地球科学、核科学、物理学、研究管理、技术、电信学、运输等学科领域。该库每周更新，每周新增约3 500条数据。

资源访问模式：远程访问

资源长期保存与元数据：不支持用户进行资源长期保存、支持用户收割元数据

资源统计：定期主动提供资源使用统计、支持counter标准统计数据

使用（试用）过的单位：东北大学、北京航空航天大学、北京科技大学、中国科学院、中国科技信息中心、清华大学、南京航空航天大学、南京科技大学、中南大学、湖南大学、中国工程物理研究院、西北工业大学、西安交通大学等。

用户评论：该库学科属性强，可通过PQP数据库平台合并检索，标引深入，并提供本地化服务。但该库没有本地镜像服务，需要借助第三方软件才能进行可视化分析。

55. Natural Science Collection（自然科学学科专辑数据库）

简称：Natural Science Collection

数据库平台：ProQuest

数据库网址：http://www.proquest.com/products-services/abi_inform_complete.html/

数据库类型：全文数据库

文献类型：期刊、图书、报纸、学位论文、会议论文、音视频

语种：英文

学科分类：多学科

数据库概况：该库集成了 Agricultural & Environmental Science Database（农学与环境学期刊全文数据库）、Biological Science Database（生物学期刊全文数据库）及 Earth, Atmospheric & Aquatic Science Database（地球、大气与水科学期刊全文数据库）等自然科学相关研究领域数据库的全文文献与题录信息，收录了1946 年以来全世界范围内自然科学领域逾 5 900 种出版物、3 300 多种全文期刊，其中有 3 500 多种同行评审期刊、980 种被 SCI 或 SSCI 收录。该库收录的文献类型多样，包括学术期刊、行业杂志、书籍、会议论文、报告、新闻、视频资料等；文献内容涵盖农业科学、环境研究、自然灾害、水产科学、鱼类与渔业、自然科学、大气科学、食品与食品行业、物理学、生物学、森林与林业、公共健康与安全、气候学、地理学、可持续性研究、环境保护、地质学、兽医学、地球科学、生命科学、水文学、环境科学、气候学、天气等学科领域。该库内容每月更新，数据量达 5 575 GB。

资源访问模式：远程访问

资源长期保存与元数据：不支持用户进行资源长期保存、支持用户收割元数据

资源统计：定期主动提供资源使用统计、支持 counter 标准统计数据

使用（试用）过的单位：中国科学院、西南大学等。

用户评论：该库学科属性强，集成了大量高质量期刊，可通过 PQP 数据库平台合并检索，并提供本地化服务。但该库没有本地镜像服务，需要借助第三方软件才能进行可视化分析。

56. PAIS Index（公共事务信息索引数据库）

简称：PAIS Index

数据库平台：ProQuest

数据库网址：http://www.proquest.com/products-services/abi_inform_complete.html/

数据库类型：索引（文摘）数据库

文献类型：期刊、图书、报纸、学位论文、会议论文、音视频、其他

语种：英文、其他

学科分类：多学科

数据库概况：该库包含 PAIS Archive（1914—1976）与 PAIS International（1972 年至今）两个模块，包含有关全球公共事务领域出版物的文献索引记录，共计逾 200 万条。PAIS Archive 的内容源自 1915—1976 年出版的 *PAIS Annual Cumulated Bulletin* 第 1—62 卷回溯文献记录，提供涉及 20 世

纪公共政策与社会政策重要历史事件的独特视角。PAIS International 收录了1972年以来世界范围内源自120多个国家以英文、法文、意大利文、葡萄牙文与西班牙文等多种文字出版的期刊文献，包含1977年以来*PAIS Annual Cumulated Bulletin*与PAIS出版的*Foreign Language Index*（1972—1990年）的文献记录，这些记录后均并入了*PAIS Annual Cumulated Bulletin*。该库收录的文献类型丰富，包含期刊、图书、政府档案、统计目录、研究报告、会议论文等；其主题覆盖经济条件、教育、能源资源和政策、政府、卫生条件、国际关系、劳工条件和政策、政治、社会条件、民权运动、共产主义、社会主义、民族主义、大萧条、宗教和公立学校、太空探索、联合国和国际联盟、越南冲突、水门事件、女权运动、第一次世界大战和第二次世界大战等方面。

资源访问模式：远程访问

资源长期保存与元数据：不支持用户进行资源长期保存、支持用户收割元数据

资源统计：定期主动提供资源使用统计、支持counter标准统计数据

使用（试用）过的单位：重庆大学等。

用户评论：该库学科属性强，可通过PQP数据库平台合并检索，标引深入，并提供本地化服务。但该库没有本地镜像服务，需要借助第三方软件才能进行可视化分析。

57. Periodicals Archive Online（典藏学术期刊全文数据库）

简称：PAO

数据库平台：ProQuest

数据库网址：http://www.proquest.com/products-services/abi_inform_complete.html/

数据库类型：全文数据库

文献类型：期刊

语种：英文、其他

学科分类：多学科

数据库概况：该库提供了世界范围内从1802年至2006年著名人文社科类期刊的回溯性内容全文。该库共10个专辑，收录了800多种全文期刊，包括约340万篇文章，总计超过1 500万页的内容。该库涵盖了商业管理、经济学、教育、历史、哲学、语言学、文学、宗教、神学、表演艺术等领域，期刊内容涉及英文、法文、德文、西班牙文、拉丁文、意大利文、希腊文等不

同的文字，超过20%为非英文期刊内容。

资源访问模式：远程访问

资源长期保存与元数据：不支持用户进行资源长期保存、支持用户收割元数据

资源统计：定期主动提供资源使用统计、支持counter标准统计数据

使用(试用)过的单位：吉林大学、东北师范大学、南开大学、北京师范大学、中国国家图书馆、清华大学、北京大学、华东师范大学、复旦大学、上海师范大学、浙江大学、南京大学、中山大学、厦门大学、武汉大学、兰州大学等。

用户评论：该库集成了大量高质量期刊，可通过PQP数据库平台合并检索，并提供本地化服务。但该库没有本地镜像服务，需要借助第三方软件才能进行可视化分析。

58. Policy File Index（公共政策文献索引数据库）

简称：NTIS

数据库平台：ProQuest

数据库网址：http://www.proquest.com/products-services/abi_inform_complete.html/

数据库类型：索引（文摘）数据库

文献类型：期刊、图书、报纸、学位论文、会议论文、音视频

语种：英文

学科分类：经济学、管理学

数据库概况：该库收录了1990年以来世界范围内公共政策领域源自胡佛研究所（Hoover Institution）、国际货币基金组织（International Monetary Fund）、经济合作及发展组织（Organization for Economic Cooperation and Development）、兰德公司（RAND Corporation）、世界银行（World Bank）等超过350家智库、非政府组织、科研机构、高校、倡议组织等机构的实时信息，共计逾19.5万条记录。该库覆盖社会科学、政治、公共政策、国际关系、公共管理、经济等领域，是研究美国公共政策的绝佳资源。该库每周更新，周增记录约250条。

资源访问模式：远程访问

资源长期保存与元数据：不支持用户进行资源长期保存、支持用户收割元数据

资源统计：定期主动提供资源使用统计、支持counter标准统计数据

使用(试用)过的单位:重庆大学、清华大学等。

用户评论:该库学科属性强,可通过PQP数据库平台合并检索,标引深入,并提供本地化服务。但该库没有本地镜像服务,需要借助第三方软件才能进行可视化分析。

59. Polymer Library(聚合物文献文摘索引数据库)

简称: Polymer Library

数据库平台: ProQuest

数据库网址:http://www.proquest.com/products-services/abi_inform_complete.html/

数据库类型:索引(文摘)数据库

文献类型:期刊、图书、报纸、学位论文、会议论文、音视频

语种:英文

学科分类:工学

数据库概况:该库继承自欧洲领先的从事塑胶和橡胶研究的独立咨询公司(前身为英国橡胶和塑料研究协会)出版的RAPRA: Rubber and Plastics(橡胶与塑料文摘数据库),收录了1972年以来世界范围内橡胶、塑料、黏合剂及高分子材料领域的超过112万条文献记录,涵盖了这些领域在商业、市场、技术与学术方面的文献信息。该库收录的文献类型丰富,包括学术期刊、图书、技术报告、行业杂志等。该库内容源自RAPRA出版的纸本期刊文献,如橡胶与塑料文献源自*RAPRA Abstracts*(《橡胶与塑料文摘》),黏合剂子文件文献源自*Adhesives Abstracts*(《黏合剂文摘》)。该库内容主题覆盖添加剂与复合材料、聚合物应用、经济与商业信息、环境和工业危害、工业组织与管理、法律法规、机械与测试设备、天然橡胶种植等领域。该库每两周更新一次。

资源访问模式:远程访问

资源长期保存与元数据:不支持用户进行资源长期保存、支持用户收割元数据

资源统计:定期主动提供资源使用统计、支持counter标准统计数据

使用(试用)过的单位:北京化工大学、沈阳化工大学等。

用户评论:该库学科属性强,可通过PQP数据库平台合并检索,标引深入,并提供本地化服务。但该库没有本地镜像服务,需要借助第三方软件才能进行可视化分析。

60. ProQuest Agricultural & Environmental Science Database（农业科学与环境科学期刊全文数据库）

简称：ProQuest Agricultural & Environmental Science Database

数据库平台：ProQuest

数据库网址：http://www.proquest.com/products-services/abi_inform_complete.html/

数据库类型：全文数据库

文献类型：期刊、图书、报纸、学位论文、会议论文、音视频

语种：英文

学科分类：农学、理学

数据库概况：该库集成了世界著名的农学与环境学等相关领域出版物的全文文献以及美国农业文献题录数据库（AGRICOLA）、环境科学与污染管理文摘数据库（Environmental Science and Pollution Management，ESPM）与环境影响报告文摘数据库（Environmental Impact Statements，EIS）的题录信息。该库收录了1960年以来超过4 000种出版物，其中2 000多种全文刊、1 700多种同行评审期刊、约400种SCI期刊。该库收录的文献类型丰富，包括学术期刊、行业杂志、技术报告、书籍、会议论文及政府出版物的文献记录等；文献内容涵盖农业经济学、动物和兽医科学、水产养殖和渔业、耕作和耕作系统、食品和人类营养、林业和植物科学等学科领域。该库内容每月更新，数据量达3 323 GB。

资源访问模式：远程访问

资源长期保存与元数据：不支持用户进行资源长期保存、支持用户收割元数据

资源统计：定期主动提供资源使用统计、支持counter标准统计数据

使用（试用）过的单位：吉林大学、东北农业大学、北京林业大学、北京农林科学院、中国农业大学、中国林业科学院、广西大学、广州大学、海南大学、华南农业大学、华中农业大学、河南农业大学、四川农业大学、西北农林科技大学、西南大学、贵州大学等。

用户评论：该库检索功能的实用性很强，提供的检索方向很多元，设计理念很好。该库的质量比较高。希望该库能及时通报每一年度最新的收录期刊。

61. ProQuest Congressional Collections（美国国会文献数据库）

简称： ProQuest Congressional Collections

数据库平台：ProQuest

数据库网址： http://www.proquest.com/products-services/abi_inform_complete.html/

数据库类型：全文数据库

文献类型：期刊、报纸、其他

语种：英文

学科分类：多学科

数据库概况：该库为ProQuest独有的包含全套美国国会文献信息的数据库，广泛覆盖了1789年至今美国国会文献信息的第一手资源。通过比较研究美国史上和当今社会的重大事件及舆情格局发展趋势，该库为用户更好地了解当今社会的发展提供了绝佳的研究机会。该库收录的美国众议院和参议院的出版物，详细记录了美国从殖民地转变为一个世界强国的进程，涵盖战争、军事、核能、太空探索等主题领域。该库是世界上重要的、最全面的美国国会文献全文数据库之一，收录了1789年以来美国国会文献的全部内容，包括立法方面的出版物、美国国会法案及决议案、投票报告、国会委员会出版物、国会委员会听证会情况、国会研究服务报告、国会委员会听证会资料、美国众议院和参议院档案、美国众议院和参议院报告、国会连续出版物、国会连续地图出版物、行政部门出版物及行政部门命令及声明等，总计逾489万份。该库内容覆盖政治史、社会史、文化史、军事史、国际关系、核能、太空探索、种族史、工商业发展等研究领域。

资源访问模式：远程访问

资源长期保存与元数据：不支持用户进行资源长期保存、支持用户收割元数据

资源统计：定期主动提供资源使用统计、支持counter标准统计数据

使用（试用）过的单位：南京大学等。

用户评论：该库是丰富的国会资料集，按专辑提供，并提供本地化服务。但该库没有本地镜像服务，需要借助第三方软件才能进行可视化分析。

62. PsycARTICLES(美国心理学会期刊全文数据库)

简称: PsycARTICLES

数据库平台: ProQuest

数据库网址: http://www.proquest.com/products-services/abi_inform_complete.html/

数据库类型: 全文数据库

文献类型: 期刊、图书、报纸、学位论文、会议论文、音视频

语种: 英文

学科分类: 理学、医学

数据库概况: 该库收录了由美国心理学会(American Psychological Association,APA)、美国心理学会教育出版基金会(APA Educational Publishing Foundation)、加拿大心理学会(Canadian Psychological Association)、欧洲心理学出版机构Hogrefe & Huber与美国国家心理卫生研究院(National Institute of Mental Health)共同出版的140种心理学核心期刊,其中大部分可回溯至第1卷第1期,最早的期刊是从1894年起收录的*Psychological Review*。该库收录印本期刊(除广告与编委会以外)的全部信息,现提供超过15万篇全文。该库文献内容涵盖临床心理学、咨询普通心理学、认知心理学、普通心理学、实验心理学、发展心理学、儿童心理学、教育心理学、学校心理学、社会心理学、人格心理学、工业组织心理学、生理心理学、生物心理学、社区心理学、康复心理学等研究领域。

资源访问模式: 远程访问

资源长期保存与元数据: 不支持用户进行资源长期保存、支持用户收割元数据

资源统计: 定期主动提供资源使用统计、支持counter标准统计数据

使用(试用)过的单位: 北京师范大学、清华大学、中华女子学院、福建师范大学、广州医科大学、深圳大学、华南师范大学、深圳大学城图书馆、河南大学、华中农业大学、华中科技大学、湖南第一师范学院、陕西师范大学、西南大学、中国人民解放军陆军军医大学、四川师范大学等。

用户评论: 该库来自美国心理学会,学科属性强,专业性高,内容权威,可通过PQP数据库平台合并检索,并提供本地化服务。但该库没有本地镜像服务,需要借助第三方软件才能进行可视化分析。

63. PsycBOOKS（美国心理学会电子书数据库）

简称：PsycBOOKS

数据库平台：ProQuest

数据库网址：http://www.proquest.com/products-services/abi_inform_complete.html/

数据库类型：全文数据库

文献类型：图书

语种：英文

学科分类：理学、医学

数据库概况：该库收录了美国心理学会（APA）出版的4 200多种图书和逾4.8万篇图书章节内容，向心理学和相关学科领域的学生、研究人员和教师提供全球顶级的研究文献。该库覆盖了APA出版的心理学专业学术新书，包含由该协会专家基于心理学理论撰写的心理学分支学科手册系列中的参考资料，可以帮助研究人员更深入地研究这些分支领域。该库文献内容涵盖临床心理学、咨询普通心理学、认知心理学、普通心理学、实验心理学、发展心理学、儿童心理学、教育心理学、学校心理学、社会心理学、人格心理学、工业组织心理学、生理心理学、生物心理学、社区心理学、康复心理学等研究领域。

资源访问模式：远程访问

资源长期保存与元数据：不支持用户进行资源长期保存、支持用户收割元数据

资源统计：定期主动提供资源使用统计、支持counter标准统计数据

使用（试用）过的单位：沈阳师范大学、北京师范大学等。

用户评论：该库来自美国心理学会，学科属性强，专业性高，内容权威，可通过PQP数据库平台合并检索，并提供本地化服务。但该库没有本地镜像服务，需要借助第三方软件才能进行可视化分析。

64. Psychology Database（心理学期刊全文数据库）

简称：Psychology Database

数据库平台：ProQuest

数据库网址：http://www.proquest.com/products-services/abi_inform_complete.html/

数据库类型：全文数据库

文献类型：期刊、图书、报纸、学位论文、会议论文、音视频、其他

语种：英文

学科分类：理学、医学

数据库概况：该库为科研人员、学生、教师、医疗保健及社会保障专业人士提供全面的心理学理论与实践方面的全文文献，收录世界著名出版商出版的心理学与心身学领域的优质出版物超过1 200种，全文出版物800多种，全球心理学领域博、硕士论文全文逾7 000篇，由美国卫生研究院的专业老师讲授的300多集心理学教学视频，逾100万条深度索引的图形、图像和图标文献。该库收录的文献类型丰富，包含学术期刊、行业杂志、博硕士论文、音视频短片、会议论文及研究手稿等；文献内容涵盖临床心理学、社会心理学、遗传学、商业心理学、经济心理学、传播心理学、犯罪学、成瘾医学、神经病学及社会福利等学科领域。核心出版物包含：*Psychotherapy and Psychosomatics*、*The American Journal of Geriatric Psychiatry*、*Development and Psychopathology*、*The Psychological Record*。

资源访问模式：远程访问

资源长期保存与元数据：不支持用户进行资源长期保存、支持用户收割元数据

资源统计：定期主动提供资源使用统计、支持counter标准统计数据

使用(试用)过的单位：清华大学、中华女子学院等。

用户评论：该库是基于PsycINFO的集成全文刊，学科属性强，专业性高，内容权威，可通过PQP数据库平台合并检索，并提供本地化服务。但该库没有本地镜像服务，需要借助第三方软件才能进行可视化分析。

65. PsycINFO(美国心理学会文摘索引数据库)

简称：PsycINFO

数据库平台：ProQuest

数据库网址：http://www.proquest.com/products-services/abi_inform_complete.html/

数据库类型：索引(文摘)数据库

文献类型：期刊、图书、报纸、学位论文、会议论文、音视频

语种：英文、其他

学科分类：理学、医学

数据库概况：该库是美国心理学会出版的著名文摘索引数据库，收录了1597年以来50多个国家和地区的500多种心理学领域的期刊(其中

99%为同行评审期刊),300多万条文献记录(其中12%为心理学相关的博士论文文摘),还包含110多万篇期刊、图书与汇编文章中的4 800多万条引用文献信息,共涉及29种语言文字。该库将1967年以后的全部记录按照Thesaurus of Psychological Index Terms(心理学主题词表)进行了主题标引。其文献内容涵盖临床心理学、咨询普通心理学、认知心理学、普通心理学、实验心理学、发展心理学、儿童心理学、教育心理学、学校心理学、社会心理学、人格心理学、工业组织心理学、生理心理学、生物心理学、社区心理学、康复心理学等研究领域。

资源访问模式:远程访问

资源长期保存与元数据:不支持用户进行资源长期保存、支持用户收割元数据

资源统计:定期主动提供资源使用统计、支持counter标准统计数据

使用(试用)过的单位:北京师范大学、清华大学、华南师范大学、深圳大学、深圳大学城图书馆、西南大学等。

用户评论:该库来自美国心理学会,学科属性强,专业性高,内容权威,可通过PQP数据库平台合并检索,并提供本地化服务。但该库没有本地镜像服务,需要借助第三方软件才能进行可视化分析。

66. ProQuest Research Library(学术期刊全文数据库)

简称:PRL

数据库平台: ProQuest

数据库网址:http://www.proquest.com/products-services/abi_inform_complete.html/

数据库类型:全文数据库、索引(文摘)数据库

文献类型:期刊、图书、报纸、会议论文、音视频、其他

语种:英文

学科分类:多学科

数据库概况:该库是世界知名的综合学科全文期刊数据库,收录了1971年至今逾6 600种世界各地出版的综合学科领域的出版物,包括5 000多种全文刊、2 800多种全文现刊、1 200多种SSCI期刊、4 600多种同行评审期刊。其内容覆盖商学、经济学、教育学、文学、历史学、科学与技术、医学、军事学、艺术学等超过150个重要的学科。该库的独特之处在于,不仅为用户提供各研究领域的权威性学术期刊内容,还提供行业杂志、白宫简讯、白宫新闻通讯、全球知名报纸、各类研究报告、博客等多元化的资源。

该库内容每月更新，数据量达34 388 GB。

资源访问模式：远程访问

资源长期保存与元数据：不支持用户进行资源长期保存、支持用户收割元数据

资源统计：定期主动提供资源使用统计、支持counter标准统计数据

使用(试用)过的单位：东北师范大学、东北大学、中南大学、中国社会科学院、北京师范大学、清华大学、华东师范大学、上海交通大学、上海师范大学、浙江大学、广东外语外贸大学、汕头大学、华南师范大学、中山大学、武汉大学、武汉理工大学、石河子大学、西藏民族大学、重庆大学、四川大学、四川外国语大学、清华大学、华南师范大学、深圳大学、西南大学等。

用户评论：该库内容来源丰富，学科范围广，集成了大量高质量学术期刊，可通过PQP数据库平台合并检索，并提供本地化服务。但该库没有本地镜像服务，需要借助第三方软件才能进行可视化分析。

67. Screen Studies Collection(1893年至今)(电影学研究专辑数据库)

简称：Screen Studies Collection

数据库平台：ProQuest

数据库网址：http://www. proquest. com/products-services/abi_inform_complete.html/

数据库类型：全文数据库

文献类型：期刊、图书、报纸、学位论文、会议论文、音视频

语种：英文

学科分类：艺术学

数据库概况：该库提供世界著名出版商出版的电影学领域重要出版物的全文文献与经典影片的信息，包含FIAF International Index to Film Periodicals Database(国际电影资料协会的国际电影期刊索引与全文数据库)、American Film Institute Catalog(美国电影学会电影目录数据库)以及Film Index International(英国电影学会创建的国际电影期刊索引数据库)3个子库。该库收录了1893年以来超过80种全文出版物，超过200万条文献记录；收录的文献类型丰富，包含学术期刊、行业杂志、书籍、学位论文、会议论文、研究手稿等；文献内容涵盖电影史、电影学理论、电影评论欣赏等研究领域。

资源访问模式：远程访问

资源长期保存与元数据：不支持用户进行资源长期保存、支持用户收割元数据

资源统计：定期主动提供资源使用统计、支持counter标准统计数据

使用(试用)过的单位：中国传媒大学、清华大学等。

用户评论：该库学科属性强，集成了大量高质量期刊，可通过PQP数据库平台合并检索，并提供本地化服务。但该库没有本地镜像服务，需要借助第三方软件才能进行可视化分析。

68. Social Science Premium Collection（社会科学学科专辑数据库高级版）

简称：Social Science Premium Collection

数据库平台：ProQuest

数据库网址：http://www.proquest.com/products-services/abi_inform_complete.html/

数据库类型：全文数据库

文献类型：期刊、图书、报纸、学位论文、会议论文、音视频、其他

语种：英文

学科分类：多学科

数据库概况：该库收录了1951年以来全世界范围内社会科学领域超过6 600种出版物，含3 000多种全文期刊、3 500多种同行评审期刊、1 100多种被SSCI收录的期刊。该库内容每月更新，截至2019年，数据量约5 942 GB。该库集成了Sociological Database(社会学期刊全文数据库)、Education Database(教育学期刊全文数据库)、Linguistics Database(语言学期刊全文数据库)、Political Science Database(政治学期刊全文数据库)、Library Science Database(图书馆学期刊全文数据库)、Criminal Justice Database(刑事司法期刊全文数据库)、International Bibliography of the Social Sciences(国际社会科学书目数据库，简称IBSS)等社会科学相关研究领域数据库的全文文献与题录信息。该库收录的文献类型丰富，包括学术期刊、行业杂志、专著、会议论文、报告、新闻、视频资料等；其主题覆盖政治学、公共政策、社会学、社会工作、人类学、犯罪学、语言学、图书馆科学及教育学等领域。

资源访问模式：远程访问

资源长期保存与元数据：不支持用户进行资源长期保存、支持用户收割元数据

资源统计:定期主动提供资源使用统计、支持counter标准统计数据

使用(试用)过的单位:西南大学、华中科技大学、罗格斯大学等。

用户评论:该库学科属性强,集成了大量高质量期刊,可通过PQP数据库平台合并检索,并提供本地化服务。但该库没有本地镜像服务,需要借助第三方软件才能进行可视化分析。

69. Sociological Abstracts(社会学文摘数据库)

简称: Sociological Abstracts

数据库平台: ProQuest

数据库网址:http://www.proquest.com/products-services/abi_inform_complete.html/

数据库类型:索引(文摘)数据库

文献类型:期刊、图书、报纸、学位论文、会议论文、音视频

语种:英文

学科分类:多学科

数据库概况:该库收录了1952年以来世界范围内社会学、社会科学与行为科学研究领域的文摘索引记录,源自1 800多种连续出版物、图书、图书章节、学位论文、会议论文及研究手稿,共计逾200万条文献记录。其主题覆盖人类学、传播学、教育学、医学、政治学等领域。该库内容每月更新。

资源访问模式:远程访问

资源长期保存与元数据:不支持用户进行资源长期保存、支持用户收割元数据

资源统计:定期主动提供资源使用统计、支持counter标准统计数据

使用(试用)过的单位:武汉大学、东北师范大学等。

用户评论:该库学科属性强,可通过PQP数据库平台合并检索,标引深入,并提供本地化服务。但该库没有本地镜像服务,需要借助第三方软件才能进行可视化分析。

70. Teatro Espanol del Siglo de Oro(西班牙黄金世纪戏剧全文数据库)

简称:TESO

数据库平台: ProQuest

数据库网址:http://teso.chadwyck.co.uk/

数据库类型:全文数据库

文献类型:音视频、其他

语种:其他

学科分类:文学、艺术学

数据库概况:该库收录了800余部西班牙黄金世纪(公元16—17世纪)的戏剧作品,其资料版本多、内容全。除西班牙国内保存的各种版本外,该库还汇编了流散在欧洲其他图书馆的罕见版本,并全文收录了戏剧作品出版许可、新闻检查文件、特许权证、序言等珍贵资料,因此该全文数据库具有重要的文学、语言学、历史、社会和文化研究价值。

资源访问模式:远程访问

资源长期保存与元数据:不支持用户进行资源长期保存、支持用户收割元数据

资源统计:定期主动提供资源使用统计、支持counter标准统计数据

使用(试用)过的单位:北京大学等。

用户评论:该库学科属性强,可通过PQP数据库平台合并检索,标引深入,并提供本地化服务。但该库没有本地镜像服务,需要借助第三方软件才能进行可视化分析。

71. Technology Collection(技术学科专辑数据库)

简称:Technology Collection

数据库平台:ProQuest

数据库网址:http://www.proquest.com/products-services/abi_inform_complete.html/

数据库类型:全文数据库

文献类型:期刊、图书、报纸、学位论文、会议论文、音视频、其他

语种:英文

学科分类:工学

数据库概况:该库集成了Advanced Technologies & Aerospace Database(高科技与航空航天期刊全文数据库)、Materials Science & Engineering Database(材料学与工程学期刊全文数据库)等技术与工程相关研究领域数据库的全文文献与题录信息,收录了1962年以来世界范围内技术领域的约8 000多种出版物、4 600多种全文期刊(其中3 800多种同行评审期刊、750种被SCI收录期刊)。该库收录的文献类型丰富,包括学术期刊、行业杂志、书籍/专著、会议论文、报告、新闻、视频资料等;文献内容涵盖先进技术、电子与电气工程、冶金学、航空航天工程、工程材料、军事和防卫、自动

化工程、环境工程、纳米科学和纳米技术、生物工程和生物技术等学科领域。DRAA集团成员馆(与DRAA签署过《高校图书馆数字资源采购联盟集团采购委托协议》的图书馆)订阅该库还可访问第三方数据库National Technical Information Service(美国政府科技报告,简称NTIS)。该库每周更新,数据量约12 346 GB。

资源访问模式:远程访问

资源长期保存与元数据:不支持用户进行资源长期保存、支持用户收割元数据

资源统计:定期主动提供资源使用统计、支持counter标准统计数据

使用(试用)过的单位:中国科学院、南开大学、天津大学、天津医科大学、天津理工大学、昆明理工大学、云南财经大学、云南师范大学、云南农业大学、云南民族大学等。

用户评论:该库学科属性强,集成了大量高质量期刊,可通过PQP数据库平台合并检索,并提供本地化服务。但该库没有本地镜像服务,需要借助第三方软件才能进行可视化分析。

72. The Vogue Archive(1867年至今)(*VOGUE*美国版回溯数据库)

简称: The Vogue Archive

数据库平台: ProQuest

数据库网址:http://www.proquest.com/products-services/abi_inform_complete.html/

数据库类型:全文数据库

文献类型:期刊、图片

语种:英文

学科分类:艺术学

数据库概况:该库提供*Vogue*美国版的电子版现刊及回溯内容,收录了*Vogue*杂志(美国版)1892年至今发行的全部刊,再现了杂志高分辨率的彩色页面图像。40万页20世纪和21世纪伟大的设计师、摄影师、造型师和插图画家的佳作,构成了一个独一无二的美国和国际社会流行文化的记录。不论过去、现在还是未来,该库都是研究时尚、性别和现代社会历史必不可少的资源。

资源访问模式:远程访问

资源长期保存与元数据:不支持用户进行资源长期保存、支持用户收割元数据

资源统计:定期主动提供资源使用统计、支持counter标准统计数据

使用(试用)过的单位:北京服装学院、东华大学等。

用户评论:该库为高质量的一手资料,可通过PQP数据库平台合并检索,并提供本地化服务。但该库没有本地镜像服务,需要借助第三方软件才能进行可视化分析。

73. USC Shoah Foundation Visual History Archive(大屠杀视频数据库)

简称:USC Shoah Foundation Visual History Archive

数据库平台: ProQuest

数据库网址:http://www.proquest.com/products-services/abi_inform_complete.html/

数据库类型:多媒体数据库

文献类型:期刊、图片、音视频、其他

语种:英文

学科分类:历史学

数据库概况:该库是ProQuest与美国南加利福尼亚大学(USC)纳粹屠犹研究基金会影像历史与教育研究会合作开发的视频数据库,这一具有里程碑意义的数据库是目前世界上最大规模反映世界各地重要的大屠杀事件以及种种暴行的资源之一,收录了全球63个国家拍摄的2 300位大屠杀幸存者与目击者视频和音频采访记录,逾5.4万段,每段平均时长为2小时。在这些采访中,相关事件的幸存者与目击者讲述了他们的故事和悲惨遭遇。除视频外,该库中还包含其他多元化的资源,例如:115 000小时的影片、900份德文手稿、64 000个英文词条、712 000张图片文献(相片、档案、艺术作品等)、185万多位著名的人物及其家属的名字信息、49 000份当地的参考文献、2 500篇文学作品朗诵,包含诗歌、书信以及日记;其文献涉及40多种语言。该库是大屠杀研究、世界史研究、第二次世界大战研究等领域的优秀资源,包括1937年南京大屠杀事件和1994年卢旺达图西族大屠杀事件的珍贵资料。

资源访问模式:远程访问

资源长期保存与元数据:不支持用户进行资源长期保存、支持用户收割元数据

资源统计:定期主动提供资源使用统计、支持counter标准统计数据

使用(试用)过的单位:四川大学、重庆大学、南京大学等。

用户评论：该库内容来源丰富，学科属性强，既有独立检索平台，又可通过PQP数据库平台合并检索，并提供本地化服务。但该库没有本地镜像服务，需要借助第三方软件才能进行可视化分析。

74. Vogue Italia Archive（1964年至今）（*VOGUE*意大利版回溯数据库）

简称： Vogue Italia Archive

数据库平台：ProQuest

数据库网址： http://www.proquest.com/products-services/abi_inform_complete.html/

数据库类型：全文数据库

文献类型：期刊、图片

语种：英文

学科分类：艺术学

数据库概况：该库是*Vogue*杂志最具影响力和最著名的国际版本之一，收录了该杂志1964年创刊至今每期的文献，其内容涵盖阿尔伯特·沃森、赫尔穆特·牛顿和理查德·埃夫登等一流摄影师的作品，是公认的商业色彩最淡、艺术色彩最浓的*Vogue*家族杂志。该杂志几乎一半的销量来自意大利之外的国家和地区。

资源访问模式：远程访问

资源长期保存与元数据：不支持用户进行资源长期保存、支持用户收割元数据

资源统计：定期主动提供资源使用统计、支持counter标准统计数据

使用（试用）过的单位：东华大学等。

用户评论：该库有高质量的一手资料，可通过PQP数据库平台合并检索，并提供本地化服务。但该库没有本地镜像服务，需要借助第三方软件才能进行可视化分析。

75. Women´s Wear Daily Archive（《女装日报》回溯数据库）

简称：WWD

数据库平台：ProQuest

数据库网址： http://www.proquest.com/products-services/abi_inform_complete.html/

数据库类型：全文数据库

文献类型:期刊、图片

语种:英文、其他

学科分类:艺术学

数据库概况:该库所包含的*Womens' Wear Daily*(《女装日报》,简称WWD)有着"时尚圣经"之称,提供各种时尚、美容以及零售工业的信息,其报道具有权威性、国际性,拥有一群忠实的读者。该日报提供及时可靠的商业性新闻,以及主流的女性时尚趋势,其读者包括零售商、设计师、厂商、金融家、华尔街分析师、国际大腕、媒体和新闻机构、社交人士和时尚的缔造者们。该库涵盖了1910年到2014年该杂志的高清晰度图像,包含每一页的文章、广告和封面,并可进行全文检索。

资源访问模式:远程访问

资源长期保存与元数据:不支持用户进行资源长期保存、支持用户收割元数据

资源统计:定期主动提供资源使用统计、支持counter标准统计数据

使用(试用)过的单位:东华大学、北京服装学院等。

用户评论:该库有高质量的一手资料,可通过PQP数据库平台合并检索,并提供本地化服务。但该库没有本地镜像服务,需要借助第三方软件才能进行可视化分析。

76. Worldwide Political Science Abstracts(世界政治科学文摘数据库)

简称:Worldwide Political Science Abstracts

数据库平台:ProQuest

数据库网址:http://www.proquest.com/products-services/abi_inform_complete.html/

数据库类型:索引(文摘)数据库

文献类型:期刊、图书、报纸、学位论文、会议论文、音视频

语种:英文

学科分类:管理学

数据库概况:该库在合并了Political Science Abstracts(IFI-Plenum出版,收录年代为1975—2000年)与ABC POL SCI(ABC-CLIO出版,收录年代为1984—2000年)回溯文献的基础上,广泛收录国际性文献,提供世界范围内政治科学与国际关系领域文献的文摘与索引记录,共计约150万条。该库收录的文献类型丰富,包括学术期刊、图书、学位论文及研究手稿等,其主题覆盖比较政治学、发展中国家、选举制度、政府和政治制度、政治

科学史和政治科学理论、国际关系、政治行为、政治经济、政治心理、政治和社会、公共管理等领域。该库每月更新。

资源访问模式：远程访问

资源长期保存与元数据：不支持用户进行资源长期保存、支持用户收割元数据

资源统计：定期主动提供资源使用统计、支持counter标准统计数据

使用(试用)过的单位：清华大学、北京大学等。

用户评论：该库学科属性强，可通过PQP数据库平台合并检索，并提供本地化服务。但该库没有本地镜像服务，需要借助第三方软件才能进行可视化分析。

77. ProQuest Health Research Premium Collection（健康与医学学科专辑数据库）

简称：PHMC

数据库平台：ProQuest

数据库网址：http://www.proquest.com/products-services/abi_inform_complete.html/

数据库类型：全文数据库

文献类型：期刊、图书、报纸、学位论文、会议论文、音视频、其他

语种：英文

学科分类：医学

数据库概况：该库为原ProQuest Health & Medical Complete（ProQuest健康医学大全数据库，简称PHMC）的升级版，为健康与医学研究领域的科研人员、学生、教师与专业人士提供内容丰富的全文文献与题录信息，核心期刊包括4大权威医学期刊中的《新英格兰医学杂志》、《柳叶刀》与《英国医学杂志》。该库文献内容涵盖基础医学、临床医学、心血管系统疾病、呼吸系统疾病、消化系统疾病、内分泌及全身性疾病、外科学、泌尿科学、妇产科学、儿科学、神经病学、精神病学、肿瘤学、眼科与耳鼻咽喉科、口腔科学、皮肤病与性病、药学、麻醉学、放射学等学科领域；收录的文献类型丰富，包含学术期刊、行业杂志、书籍、报告、会议论文集、博硕士论文、研究手稿、新闻通信、音视频资源等。该库收录了1946年以来世界范围内超过600多家著名的健康与医学学科领域逾3 000种全文期刊，包括2 000多种全文现刊、910多种MEDLINE期刊、约900种SCI收录期刊、3 100多种同行评审期刊。

资源访问模式:远程访问

资源长期保存与元数据:不支持用户进行资源长期保存、支持用户收割元数据

资源统计:定期主动提供资源使用统计、支持counter标准统计数据

使用(试用)过的单位:吉林大学、北京大学、北京中医药大学、首都医科大学、中国疾病预防控制中心、中国医学科学院、复旦大学、中国人民解放军海军军医大学、广西医科大学、深圳大学、浙江大学、广州医科大学、桂林医学院、中南大学、华中科技大学、湖北医药学院、华中农业大学、中国人民解放军空军军医大学等。

用户评论:该库检索系统比较简单,易于操作;数据库商的服务比较好,能及时解决问题。该库作为一个文摘库,价格略微偏高。

Royal Society of Chemistry(英国皇家化学学会)

1. Chemical Business NewsBase(英国皇家化学学会化工商业信息库)

简称:CBNB

数据库平台: Engineering Village

数据库网址:http://www.engineeringvillage.com/

数据库类型:索引(文摘)数据库

文献类型:期刊、会议论文、标准、数值数据、科技报告、产品资料、其他

语种:英文

学科分类:工学、理学

用户权限:使用权(一旦停购则不能使用)

数据库概况:该库是一家领先的全球化工商业新闻提供商。该库涵盖跟踪化学和化工行业趋势和发展状况所需的实时信息,包含来自有影响力的化工企业的财务和商业数据、最新行业研发新闻、政府立法变更情报和经济趋势分析等,同时包含超过300个核心贸易出版物、市场研究报告、公司报告、期刊和新闻稿以及其他灰色文献。该库每日更新。

资源访问模式:远程访问

资源长期保存与元数据:不支持用户进行资源长期保存、支持用户收割元数据

资源统计：定期主动提供资源使用统计、支持counter标准统计数据

使用(试用)过的单位：上海交通大学、重庆大学、中南大学、深圳大学等。

用户评论：该库提供化学工业有关的各种新闻、观点及评述、统计数字等信息。数据库的内容来自约650个信息源，来源比较丰富，价格比较优惠，更新速度也较快。用户可查到的信息超过50万条，基本能满足需求，使用起来也很方便。但是因为服务器在国外，在国内打开网页偶尔会有延迟。

2. Royal Society of Chemistry eBooks Database(英国皇家化学学会电子书数据库)

简称：RSC eBooks Database

数据库平台：英国皇家化学学会

数据库网址：http://pubs.rsc.org/en/ebooks#!key=title&value=new-titles/

数据库类型：全文数据库

文献类型：图书

语种：英文

学科分类：工学、理学

用户权限：买断(永久使用)

数据库概况：该库是化学领域核心的、权威性的数据库。英国皇家化学学会(Royal Society of Chemistry，RSC)是一个国际权威的学术机构，是化学信息的主要传播机构和出版商之一。该学会成立于1841年，是由约4.85万名化学研究人员、教师、工业家组成的专业学术团体。通过该库，用户可全面搜索化学科学所有领域的内容，从核心化学、食品科学到新兴领域均有涉及，如纳米科学与生物科学。该库兼顾从高层次的参考著作到本科教科书等各个层级，作品都已组织成章节和书，用户可以以PDF格式下载或随时在线阅读。

资源访问模式：远程访问

资源长期保存与元数据：不支持用户进行资源长期保存、支持用户收割元数据

资源统计：定期主动提供资源使用统计、支持counter标准统计数据

使用(试用)过的单位：上海交通大学、南京大学、电子科技大学、哈尔滨工业大学等。

用户评论：该库资源内容权威，平台使用稳定，服务及时。该库对用户的培训过少，购买成本较高，服务也不够主动。

S. Karger AG(卡尔格公司)

Karger(医学电子资源)

简称: Karger电子刊+电子书

数据库平台: Karger

数据库网址:http://www.karger.cn/

数据库类型:全文数据库

文献类型:图书、期刊

语种:英文

学科分类:医学

用户权限:买断(永久使用)

数据库概况:该库所属的Karger出版社是瑞士一家独资家族出版社,成立于1890年。Karger的出版物以医学为主,是世界上为数不多完全专注于生物医学领域的出版社,也是世界上享有盛名的医学出版社之一。Karger每年出版约105种期刊(包括20种Open Access,即在线开放存取的期刊)、Extra(附属期刊)以及Case Reports(病案报告),其中绝大部分期刊被SCI收录;每年出版40余种丛书和不少的专著,主要为英语出版物,涵盖了传统医学和现代医学的最新发展信息。该库以新兴学科和热点领域为出发点,涵盖了生物医学的各个领域,例如肿瘤学、内分泌学、肾脏学、细胞生物学、神经系统学、血液学、遗传学等。为了保证出版物的质量,Karger只发表和出版经过同行评审的稿件。

资源访问模式:远程访问

资源长期保存与元数据:支持用户进行资源长期保存、支持用户收割元数据

资源统计:由图书馆自行查询资源使用统计、支持counter标准统计数据

使用(试用)过的单位:吉林大学、中国医科大学、北京大学、首都医科大学、南开大学、天津医科大学、上海交通大学医学院、复旦大学、浙江大学、东南大学、山东大学、中山大学、广州医科大学、南方医科大学、华中科技大学、中南大学、武汉大学、西安交通大学、四川大学、中国人民解放军陆军军医大学、昆明医科大学等。

用户评论:该库所属的出版社是瑞士的一家百年出版社,专注于生物医学领域,也是世界上享有盛名的医学出版社之一,其所有期刊都通过同

行评审。该库访问界面操作流畅、简便，其医学电子资源受到DRAA成员馆的一致好评，性价比极高。

Springer Nature（施普林格·自然）

1. Nature（电子期刊全文数据库）

简称：Nature

数据库平台：Nature

数据库网址：http://www.nature.com/

数据库类型：全文数据库

文献类型：期刊

语种：英文

学科分类：多学科

用户权限：买断（永久使用）

数据库概况：该库是施普林格·自然集团旗下产品。该集团为全球领先的科研、教育和专业出版机构，创建于1869年的*Nature*（《自然》杂志）是国际领先的科学周刊，也是自然科研这一品牌的核心期刊。该集团还出版了一系列研究和综述类品牌期刊及学术期刊，很多期刊拥有极高影响因子及行业领先的学科排名。该库网站每月访问人数超过800万。

资源访问模式：远程访问

资源长期保存与元数据：不支持用户进行资源长期保存、不支持用户收割元数据

资源统计：定期主动提供资源使用统计、支持counter标准统计数据

使用（试用）过的单位：吉林大学、大连理工大学、哈尔滨工业大学、北京大学、清华大学、中国人民大学、北京理工大学、浙江大学、山东大学、复旦大学、中国科技大学、中山大学、暨南大学、华南理工大学、四川大学、重庆大学、电子科技大学等。

用户评论：该库期刊学术质量高。但网站访问形式不太方便，需要更人性化一些。该库不能自行查看使用统计，且检索功能有待提高；除了Nature主刊，其他资源的利用率太低。

2. Russian Science Online Database（俄罗斯科学在线数据库）

简称：RLOS

数据库平台：SpringerLink

数据库网址：http://link.springer.com/

数据库类型：全文数据库

文献类型：期刊

语种：英文

学科分类：多学科

用户权限：部分买断（部分内容永久使用）

数据库概况：该库为用户打开了俄罗斯科学经典的大门，向用户全面呈现了俄罗斯顶级的科研成果、学术文献。Springer是全世界最大的俄语翻译期刊出版商和发行商之一，其所译期刊全部经同行评审、专家翻译。该库通过SpringerLink数据库平台提供200多种英文版俄罗斯科学期刊，其中的100多种来自MAIK Nauka出版社（俄罗斯科学院御用出版社），另有约45种重要科技期刊来源于Allerton Press出版社（自2005年1月起收录）。该库囊括了俄罗斯及乌克兰、拉脱维亚、立陶宛、白俄罗斯、亚美尼亚、乌兹别克斯坦等国家的顶级研究机构和协会近年来所发表的高水平文章和期刊。

资源访问模式：远程访问

资源长期保存与元数据：不支持用户进行资源长期保存、支持用户收割元数据

资源统计：由图书馆自行查询资源使用统计、支持counter标准统计数据

使用（试用）过的单位：北京大学、首都师范大学、哈尔滨工业大学、浙江大学、上海交通大学、华中科技大学、中山大学等。

用户评论：该库平台稳定，使用方便，购买成本不高，用户使用率较稳定。但该库的使用率低于Springer Nature的其他数据库产品。

3. Springer Materials（材料学领域理化性质归集数据库）

简称：Materials

数据库平台：Springer Materials

数据库网址：http://materials.springer.com/

数据库类型：数值文本数据库

文献类型：图书、其他（事实数值、在线文档）

语种：英文

学科分类：工学、理学

用户权限：使用权（一旦停购则不能使用）

数据库概况：该库以Landolt-Börnstein（LB丛书系列，含490余册，205 000余份文档）为基础，是全球最大的材料科学数据资源之一，是一个独一无二的高质量数值型数据库。该库内容涵盖物理化学和工程科学的各个领域，囊括了53万余份在线文档，包含多达29万种材料及化学体系的3 000多种特性信息。来自全球的专家负责对8 000多种经同行评审的期刊原文进行审阅，经评估和筛选后，将最有效的信息收入该库，帮助广大科研人员更高效地检索和获取材料科学领域的信息和材料性质。该库每个季度都会扩充内容并进行更新，以保持该库处于材料科学的前沿。该库涵盖粒子、核子和原子，分子和自由基，电子结构与传输，磁学，半导体，超导体，结晶学，热力学，多相系统，先进材料，先进技术，天体物理学和地球物理学等领域。

资源访问模式：远程访问

资源长期保存与元数据：不支持用户进行资源长期保存、支持用户收割元数据

资源统计：由图书馆自行查询资源使用统计、支持counter标准统计数据

使用（试用）过的单位：东北大学、哈尔滨工业大学、清华大学、北京科技大学、中国人民大学、浙江大学、中国科技大学、同济大学、厦门大学、华中科技大学、中南大学、四川大学、重庆大学等。

用户评论：该库资源内容权威，平台使用稳定，服务及时。但该库使用统计功能需要加强，系统检索不是很准确，需要更宽泛的检索才能找到所需数据，筛选项勾选后展示的数据与筛选项有点出入。该库使用成本较高，使用统计模式发生改变，不能进行横向对比。

4. Springer Nature（电子书全文数据库）

简称：Springer电子书

数据库平台：SpringerLink

数据库网址：http://link.springer.com/

数据库类型：全文数据库

文献类型：图书

语种：英文

学科分类：多学科

用户权限：买断（永久使用）

数据库概况：该库所属的Springer Nature是一家全球领先的从事科研、教育和专业出版的机构。SpringerLink数据库平台是全球最完备的科学、技术和医学数据库在线资源之一，也是迄今为止Springer Nature开发出的最快、最智能化的研究数据库平台之一，可适应各种移动终端，并且无数字版权管理（DRM）限制，IP控制无并发用户限制。SpringerLink数据库平台整合了Springer Nature的出版资源，收录文献超过800万篇，包括图书、期刊、参考工具书、实验指南和数据库，其中收录电子图书超过16万种，最早可回溯至1840年。该库收录了Springer Nature出版社当年出版的全文电子书，年新增量9 000册以上，已购数据库不含开放获取资源。

资源访问模式：远程访问

资源长期保存与元数据：不支持用户进行资源长期保存、不支持用户收割元数据

资源统计：由图书馆自行查询资源使用统计、支持counter标准统计数据

使用（试用）过的单位：吉林大学、大连理工大学、哈尔滨工业大学、北京大学、清华大学、中国人民大学、北京理工大学、浙江大学、山东大学、复旦大学、中国科技大学、中山大学、暨南大学、华南理工大学、四川大学、重庆大学、电子科技大学等。

用户评论：该库文档无版权限制，使用方便；每年的使用统计、所购买的内容很详尽，解决问题的速度很快。但该库检索时，标准书号中不带“-”时无法检索到，回溯数据价格有些高。

5. Springer Nature（电子期刊全文数据库）

简称：SLCC

数据库平台：SpringerLink

数据库网址：http://link.springer.com/

数据库类型：全文数据库

文献类型：期刊

语种：英文

学科分类：多学科

用户权限：部分买断（部分内容永久使用）

数据库概况：该库所属的Springer Nature是一家全球领先的从事科研、教育和专业出版的机构。SpringerLink数据库平台每年新增超过8 400种图书及3 300份实验指南，且每月新增超过12 000篇期刊文章。该库2018年可访问1 900余种全文电子期刊，可回溯至1997年或创刊年。

资源访问模式：远程访问

资源长期保存与元数据：不支持用户进行资源长期保存、支持用户收割元数据

资源统计：由图书馆自行查询资源使用统计、支持counter标准统计数据

使用(试用)过的单位：吉林大学、大连理工大学、哈尔滨工业大学、北京大学、清华大学、中国人民大学、北京理工大学、浙江大学、山东大学、复旦大学、中国科技大学、中山大学、暨南大学、华南理工大学、四川大学、重庆大学、电子科技大学等。

用户评论：该库资源质量很高，资源丰富，系统稳定。但用户访问受限过多，全文下载权限受限；检索功能有所欠缺，检索项较少，检索受限制，无法按逻辑表达式检索。

Taylor & Francis(泰勒弗朗西斯集团)

1. English Historical Documents(英国历史文献)

简称：英国历史文献

数据库平台：English Historical Documents

数据库网址：http://www.englishhistoricaldocuments.com/

数据库类型：参考工具数据库

文献类型：图书、图片、其他

语种：英文

学科分类：历史学

用户权限：买断(永久使用)

数据库概况：该库于2013年9月上线，共12卷，为用户提供5 500余份从公元500年到1914年约1 400年间有记载的英国史学资料及美洲殖民档案。Routledge与伦敦大学高级研究院的历史研究所联手制作了该库，历史研究所的专家团队利用英国皇家历史协会为“英国与爱尔兰历史参考目

录”开发的一份详细的历史分类汇编，对文献进行了逐一分类和编引。该库资源包括条约、法规、声明、政府和内阁会议录、军方调遣、命令、行动、演讲、报纸文章、小册子、个人和官方信件、日记等，文献的每一部分及许多文件本身都附有编辑评论。该库涉及从政治和宪法问题到社会、经济、宗教和文化史等广泛的议题，支持通过主题、年代、日期、人物或地点进行检索。

资源访问模式：远程访问

资源长期保存与元数据：不支持用户进行资源长期保存、支持用户收割元数据

资源统计：由图书馆自行查询资源使用统计、支持counter标准统计数据

使用(试用)过的单位：东北师范大学、四川大学等。

用户评论：该库包含的内容是具有权威性的英国历史概论，档案中的每一部分及许多文件本身都附有编辑评论，资料珍贵，是较全面的有注释功能的英国历史档案。希望该库能增加20世纪的内容，使之更全面。

2. Europe World Plus(欧巴罗世界)

简称：欧巴罗世界

数据库平台：Europaworld

数据库网址：http://www.europaworld.com/pub/

数据库类型：全文数据库、参考工具数据库

文献类型：图书、图片

语种：英文

学科分类：历史学

用户权限：买断(永久使用)

数据库概况：该库呈现了对250多个国家和地区最新经济、政治资料及统计信息的详细调研结果。该库提供及时更新功能，弥补了印刷版的不足。

资源访问模式：远程访问

资源长期保存与元数据：不支持用户进行资源长期保存、支持用户收割元数据

资源统计：由图书馆自行查询资源使用统计、支持counter标准统计数据

使用(试用)过的单位：重庆大学、四川大学、北京大学等。

用户评论：该库内容较丰富，资源独特。希望该库能提高更新速率。

3. Routledge(女权主义的历史)

简称:女权主义的历史

数据库平台: Routledge

数据库网址:http://www.routledgehistoricalresources.com/feminism/

数据库类型:全文数据库

文献类型:图书

语种:英文

学科分类:历史学

用户权限:买断(永久使用)

数据库概况:该库是Routledge史料库在线项目的第一部分,该项目旨在为学者和学生提供深入研究19世纪的工具,史料库的主题包括女权主义、经济思想史、浪漫主义和帝国等。该资料库提供超过170卷原始资料,这些资料多为首次电子化,其中包含16篇专业专家撰写的专题论文。

资源访问模式:远程访问

资源长期保存与元数据:不支持用户进行资源长期保存、支持用户收割元数据

资源统计:由图书馆自行查询资源使用统计、支持counter标准统计数据

使用(试用)过的单位:重庆大学、东北师范大学、上海外国语大学等。

用户评论:该库内容独特,检索功能实用,用户反馈良好。该库可通过主题、区域、年代、人物分类浏览内容和图片,比较方便。希望该库与Routledge史料库的其他产品整合。

4. Routledge(史料库经济思想史)

简称:经济思想史

数据库平台: Routledge

数据库网址:http://www.routledgehistoricalresources.com/

数据库类型:全文数据库

文献类型:图书、期刊、报纸、图片

语种:英文

学科分类:历史学、经济学

用户权限:买断(永久使用)

数据库概况:该库是一个不断更新的资料库,为专业领域内的学者提供现代历史学的跨学科资源。库内资料关注历史时期的不同方面,包括历

史、文学、政治、经济、哲学等。该库汇编了原始文献、二级文献，包括图书章节、专题论文和期刊文章，为学习1700年—1914年的经济思想史提供了超过7 000章节的珍贵资源。

资源访问模式：远程访问

资源长期保存与元数据：不支持用户进行资源长期保存、支持用户收割元数据

资源统计：由图书馆自行查询资源使用统计、支持counter标准统计数据

使用(试用)过的单位：北京外国语大学、重庆大学等。

用户评论：该库资源丰富，时间跨度为从18世纪到20世纪初，多为原始文献，且检索方便。希望该库能与Routledge史料库的其他产品整合。

5. Routledge(现代主义百科全书)

简称：现代主义百科全书

数据库平台：Routledge

数据库网址：http://www.rem.routledge.com/

数据库类型：全文数据库、参考工具数据库

文献类型：图书、图片

语种：英文

学科分类：哲学

用户权限：买断(永久使用)

数据库概况：该库于2016年5月正式发布，是该领域内最大、最全面的在线资源之一。该库包含1 600多篇该领域专家撰写的文章，配有100多张图片，提供了对现代主义综合性、跨学科的研究视角。该库有介绍每个主题的论文综述文章，适合学生和研究人员阅读。该库由总编史蒂芬·罗斯教授(现代主义研究协会主席)领导的团队每两年更新一次。该库的文章考虑到学生或研究者的需求，每一主题都配有介绍性的概述评论，所有概述评论均可免费访问，以确保用户能从该资源中获益。

资源访问模式：远程访问

资源长期保存与元数据：不支持用户进行资源长期保存、支持用户收割元数据

资源统计：由图书馆自行查询资源使用统计、支持counter标准统计数据

使用(试用)过的单位：兰州大学、重庆大学等。

用户评论：该库是目前最大、最全面的有关现代主义的线上资源之一；友好性强，每篇文章可以交叉引用并附有超链接，点击文章页面处的引用按钮即可引用文章。希望该库能全面整合参考类资料。

6. Routledge（在线手册）

简称：Routledge 在线手册

数据库平台：Routledge

数据库网址：http://www.routledgehandbooks.com/

数据库类型：全文数据库

文献类型：图书、图片

语种：英文

学科分类：多学科

用户权限：买断（永久使用）

数据库概况：该库是一套宝贵的教育资源，涵盖了来自全球优秀学者的研究，涵盖 Routledge 和 CRC press 出版的人文社科、教育学、心理学、工程学和建筑环境等领域的内容，针对当今主要的争论和分支学科提供了权威的理论和方法指导。该库的每本书都有意义深远的元数据和章节摘要，使其内容更容易被搜索和发现，以便研究人员和学生更高效地使用电子书内容。该库横跨了 18 个不同学科领域，每本手册均由学科专家编辑，并经同行评审，为整个学科领域或分支学科提供了权威综述。

资源访问模式：远程访问

资源长期保存与元数据：不支持用户进行资源长期保存、支持用户收割元数据

资源统计：由图书馆自行查询资源使用统计、支持 counter 标准统计数据

使用（试用）过的单位：重庆大学、北京大学等。

用户评论：该库内容较为独特实用；平台的每个章节都配有摘要和多项元数据，检索功能人性化。希望该库与电子书数据库平台整合，方便用户使用。

7. Routledge（哲学百科全书）

简称：哲学百科全书

数据库平台：Routledge

数据库网址：http://www.rep.routledge.com/

数据库类型:全文数据库

文献类型:图书、图片

语种:英文

学科分类:哲学

用户权限:买断(永久使用)

数据库概况:该库是哲学领域更新最快的在线资源之一,覆盖范围宽广,涉及哲学领域的各种主题,是深入研究这一领域的理想资源。该库总编及由30多位学科编辑组成的编委会仍在不断努力收录更多文章。所有文章在撰写时都考虑到了本科生的需求,是大学图书馆的理想之选。该库被誉为哲学研究领域最权威的资源之一,是最大的在线哲学百科全书数据库平台之一。

资源访问模式:远程访问

资源长期保存与元数据:不支持用户进行资源长期保存、支持用户收割元数据

资源统计:由图书馆自行查询资源使用统计、支持counter标准统计数据

使用(试用)过的单位:东北师范大学、西南政法大学等。

用户评论:该库内容权威,用户推荐度高;每一篇文章可完全交叉引用和实现超链接,用户友好性强;更新频率高。希望该库能够全面整合收录的参考类资料。

8. Routledge(演艺档案)

简称:Routledge演艺档案

数据库平台:Routledge

数据库网址:http://www.routledgeperformancearchive.com/

数据库类型:多媒体数据库

文献类型:图书、音视频、图片

语种:英文

学科分类:艺术学

用户权限:买断(永久使用)

数据库概况:该库为观众提供了大量的、独一无二的视听资料,这些资料均来自表演专业人士。这个有突破性的且仍在不断成长的数据库能够直接为课堂、讲堂和图书馆提供重要资源。该库包含定期更新的视频和音频素材库,并附有关键性评论,可全文检索,交叉引用的内容每3个月进行

更新和添加。该库还包括来自维多利亚和阿尔伯特博物馆国家表演纪录视频档案中的一些独家资料,随视频还附带由权威专家撰写的特约评论。该库内容涵盖戏剧界传奇人士亲自提供的独家视频素材和从未向全球观众公布过的纪录片等,曾被CHOICE杂志授予“杰出的学术资源奖”。

资源访问模式:远程访问

资源长期保存与元数据:不支持用户进行资源长期保存、支持用户收割元数据

资源统计:由图书馆自行查询资源使用统计、支持counter标准统计数据

使用(试用)过的单位:北京电影学院、重庆大学、上海戏剧学院等。

用户评论:该库资料独特,故障处理及时。希望该库收录参考类资料,并全面整合。

9. Taylor & Francis(电子书)

简称:T&F电子书

数据库平台:UBX

数据库网址:http://www.taylorfrancis.com/

数据库类型:全文数据库

文献类型:图书

语种:英文

学科分类:多学科

用户权限:买断(永久使用)

数据库概况:该库提供来自Taylor & Francis旗下Routledge、CRC Press和Focal Press等全球知名出版品牌的所有9万余册电子书,学科全面覆盖人文科学、社会科学、科学技术、医学等,全方位满足科研人员的各项需求。Routledge拥有150多年的出版历史,全面出版人文社科领域的图书,图书作者名单中包含一系列伟大的科学家、社会学家、哲学家、经济学家、文学家等。

资源访问模式:远程访问

资源长期保存与元数据:不支持用户进行资源长期保存、支持用户收割元数据

资源统计:由图书馆自行查询资源使用统计、支持counter标准统计数据

使用(试用)过的单位:华南师范大学、辽宁大学、北京大学、华南农业

大学、兰州大学、清华大学、上海大学等。

用户评论:该库的数据库商售后服务及时,解决问题很快;购买价格优惠,平台性能稳定;系统的使用统计功能简单明了,易于查看。希望该库进一步提升服务。

10. Taylor & Francis(期刊数据库)

简称:T&F期刊库

数据库平台: Taylor & Francis Online

数据库网址:http://www.tandfonline.com/

数据库类型:全文数据库

文献类型:期刊

语种:英文

学科分类:多学科

用户权限:使用权(一旦停购则不能使用)

数据库概况:该库主要包括科技期刊数据库和人文与社会科学期刊数据库,收录了知名出版品牌CRC press、Marcel Dekker和Haworth Press等的出版物,丰富了环境与农业科学、化学、数学等方面的内容,库内多个科技期刊拥有较高的影响力及影响因子。Taylor & Francis的人文社会科学期刊是由旗下的先锋出版品牌Routledge出版发行的。Routledge成立于1836年,在20世纪确立了它的学术地位,出版了当时许多重要思想家的著作,包括伯纳德·罗素、维特根斯坦、列维·施特劳斯、西格蒙德·弗洛伊德、卡尔·荣格、艾伦·泰勒、萨特、德里达、福柯等。Routledge与社会科学、艺术和人文科学领域内具有影响力的社团有合作关系,包括美国地理学家协会、美国规划协会、亚太旅游协会、欧洲会计师联合会、欧洲社会学协会、英国皇家音乐协会以及国际战略研究所等。

资源访问模式:远程访问

资源长期保存与元数据:不支持用户进行资源长期保存、不支持用户收割元数据

资源统计:定期主动提供资源使用统计、支持counter标准统计数据

使用(试用)过的单位:重庆大学、河南大学、大连理工大学、江南大学等。

用户评论:该库检索方便,平台运行稳定,内容丰富。该库使用成本偏高。

11. Taylor & Francis（医学期刊数据库）

简称：T&F 医学期刊库

数据库平台：Taylor & Francis Online

数据库网址：http://www.tandfonline.com/

数据库类型：全文数据库

文献类型：期刊

语种：英文

学科分类：医学

用户权限：使用权（一旦停购则不能使用）

数据库概况：该库是2015年Taylor & Francis收并了Informa Healthcare公司的医学期刊而推出的数据库。该库医学学科覆盖完整，汇集了众多权威的研究与分析资料，为基础医学研究人员、临床医生以及其他医学、药学、护理学相关专业人士提供专业学术支持。

资源访问模式：远程访问

资源长期保存与元数据：不支持用户进行资源长期保存、不支持用户收割元数据

资源统计：定期主动提供资源使用统计、支持counter标准统计数据

使用（试用）过的单位：中国科学技术大学、中山大学、河南大学、上海海洋大学、南方医科大学等。

用户评论：该库学科覆盖广泛，内容从实验到临床均有涉及，在同领域内影响因子较高，学术影响大。希望该库售后服务能进一步提高。

12. Cold War Eastern Europe（冷战时期的东欧 第一部分：1953—1960）

简称：冷战时期的东欧

数据库平台：Cold War Eastern Europe

数据库网址：http://www.coldwareasterneurope.com/

数据库类型：全文数据库、参考工具数据库

文献类型：报纸、图片、音视频、法律法规、其他（行政记录、信函、财务记录、会议记录、备忘录、杂记、议会和官方政府材料、报告、演讲和公开声明）

语种：英文

学科分类：历史学

用户权限：买断（永久使用）

数据库概况：该库于2017年推出，提供数千份有关冷战时期苏联与东欧社会主义国家的文献的在线访问，这些文献由英国外交部政治司负责处理和报告。该库提供了1953—1991年的英文版的东欧历史资料，涵盖了东欧的每一个国家。该资源为东欧发展趋势比较研究和对东欧单个国家的深入分析提供了大量的信息，旨在应用先进的搜索功能促进教学和研究，它将是从事国际关系、政治、历史和文化研究的教师、研究人员和学生的理想资源。该库绝大部分资源内容是英文，包括来自东欧的材料英译本，让没有东欧语言基础的用户也能在其研究中用到一手史料。该资源是研究东欧与苏联历史、20世纪国际关系、冷战历史、东欧各国历史与文化不可或缺的资源。该库资源全部来自英国国家档案馆的FO371系列，该系列包含东欧国家的外交政治部门档案，以及1953—1960年间的相关档案。此外，该库还包括可追溯到1946年的FO371俄罗斯委员会档案，提供了冷战初期英国苏联政策的背景。该库不再更新，共包含约6 862份文件、482 000余幅图片，共47万页。

资源访问模式：远程访问

资源长期保存与元数据：不支持用户进行资源长期保存、不支持用户收割元数据

资源统计：定期主动提供资源使用统计、支持counter标准统计数据

使用（试用）过的单位：重庆大学、陕西师范大学、东北师范大学等。

用户评论：该库资料较为珍贵，用户体验良好。希望该库的售后服务能进一步提高。

13. South Asia Archive（南亚研究回溯数据库）

简称：南亚研究回溯数据库

数据库平台：South Asia Archive

数据库网址：http://www.southasiaarchive.com/

数据库类型：全文数据库

文献类型：期刊、图书、古籍、图片、其他（日历、目录、工商名录、地图、手册等）

语种：英文、其他

学科分类：多学科

用户权限：买断（永久使用）

数据库概况：该库所呈现的珍贵资料是由南亚研究基金会通过各种渠

道艰难收集而来的，内容涵括印度及周边国家，时间跨度为18世纪至20世纪中叶。该库广泛的学科范围和时间跨度，可反映殖民地和早期后殖民地时期南亚地区学术研究的全貌。其资料专注于南亚研究，有各种连续及非连续出版物，包括报告、珍本书籍、有研究价值的期刊、法律、法案、印度电影宣传册等多种文献类型。该库内容主要具有以下特点：专业的编辑团队为所有期刊撰写评论，介绍出版物的主题与历史，引领用户通读内容；资料涉及学科广泛，包括文化与社会、工业与经济、科学技术和医学、城市规划与管理、政治与法律，适合多种学科领域的研究人员、教师和学生使用；元数据为英文，除英文外，该库有15%的内容是当地语言的文献；图片、地图、海报等资料的颜色和版式均与原始文献相同，最大程度保留了文献的原有面貌。该库的近450万页资料是由专业的学科编辑团队从2 000万页资料中精选出的，包含有2 500多册图书、388种期刊（此数据库提供其中300种的电子版权）、279本手册等资源，是南亚相关研究较大的在线资源。该库的388种期刊中有许多历史悠久的期刊如：*Asiatic Researchers*（《亚洲研究人员》）、*Indian Review*（《印度评论》）、*Modern Review*（《现代评论》）及*Calcutta Gazette*（《加尔各答公报》）等。该库包含关于殖民、后殖民时期印度历史的著作中不可或缺的内容。该库收录了大量珍本图书，包括一些丛书如*The Bibliotheca Indica*的翻译版。该库的立法、法案、法规、案例文件等为从殖民时期开始收录的海量文献，是研究殖民时期印度历史的无价之宝，其中印度电影宣传册（1930—1949年）是有关印度电影罕有的宣传材料。

资源访问模式：远程访问

资源长期保存与元数据：不支持用户进行资源长期保存、不支持用户收割元数据

资源统计：定期主动提供资源使用统计、支持counter标准统计数据

使用（试用）过的单位：北京大学、清华大学、重庆大学、四川大学等。

用户评论：该库内容较为独特，检索方便；文献语种包含一些当地的语言文字。希望该数据库商能提升服务质量。

14. Secret Files from World Wars to Cold War（世界大战至冷战时期的秘密档案）

简称：秘密档案

数据库平台：secretintelligencefiles

数据库网址：http://www.secretintelligencefiles.com/

数据库类型：全文数据库

文献类型:图片、其他(通信、地图、会议记录、报告、命令、指示等)

语种:英文

学科分类:多学科

用户权限:买断(永久使用)

数据库概况:该库包含从世界大战到冷战的秘密文件(1873—1953年间英国政府的秘密情报和外交政策文件),大部分文件可追溯至20世纪三四十年代。这些来自英国国家档案馆的资料以第二次世界大战为中心,跨越了20世纪的4大战争(冲突)。它们为研究从二战到冷战早期绥靖政策期间的相关情报工作、外交政策、国际关系、军事历史提供了丰富的素材。这些资料从政府高层和秘密情报的角度,提供了对二战期间几乎每一天的深入研究,包括二战的起因、过程、结果以及冷战早期的情况。该库所有文件被归纳为英国国内安全,情报机构与管理,外交政策与国际关系,军事情报与行动,情报活动经费和财务,政治宣传、审查与心理战,情报的收集与监管,信号情报与密码破译,情报行动,武器技术与核战争10个主题。该库独一无二地呈现了宝贵的英国官方情报、国防和外交档案,提供深入研究相关历史时期军事、外交、国际关系的依据,适用于不同年级的学生,以及专注其中某一领域的学术研究人员。该库档案内容来源于9个系列,可分成英国外交部常务次官办事处文件、内阁文件、军情六处报告3大部分。该库不再更新,内容包含档案4 504份、文件12 208份,总计约147 600页。

资源访问模式:远程访问

源长期保存与元数据:不支持用户进行资源长期保存、不支持用户收割元数据

资源统计:定期主动提供资源使用统计、支持counter标准统计数据

使用(试用)过的单位:重庆大学、北京大学等。

用户评论:该库内容独特,检索功能实用,用户体验反馈良好。希望该数据库商能提升服务质量。

15. World´s Celebrities(世界名人录)

简称:世界名人录

数据库平台: World′s Celebrities

数据库网址:http://www.worldwhoswho.com/

数据库类型:全文数据库

文献类型:图书、图片、数值数据

语种:英文

学科分类：历史学

用户权限：买断（永久使用）

数据库概况：该库为最新扩版的综合性数据库，汇集了60 000多位各领域中富有才华、知名且具有影响力的男性与女性的自传信息，这些信息均为最新数据且其中有些极难找到。该库内容词目涵盖广泛，包括国家、日期、出生日期、教育、婚姻和家庭细节、过去的职业和现在的职位、获奖荣誉、出版作品、艺术成就、业余爱好以及联系方式等。

资源访问模式：远程访问

资源长期保存与元数据：不支持用户进行资源长期保存、支持用户收割元数据

资源统计：由图书馆自行查询资源使用统计、支持counter标准统计数据

用户评论：该库资源比较独特，用户友好性强，检索方便，适用性强。希望该数据库商提升服务水平。

The Inorganic Crystal Structure Database（无机晶体结构数据库）

The Inorganic Crystal Structure Database（无机晶体结构数据库）

简称：ICSD

数据库平台：The Gmelin Institute（Frankfurt）

数据库网址：http://www2.fiz-karlsruhe.de/icsd_home.html/

数据库类型：数值文本数据库（实验数据）

文献类型：其他（无机晶体结构数据 ）

语种：英文、其他（德文）

学科分类：理学

用户权限：使用权（一旦停购则不能使用）

数据库概况：该库是国际权威的无机晶体结构数据库，由德国的The Gmelin Institute（Frankfurt）和FIZ（Fachinformationszentrum Karlsruhe）合办。该库收集并提供除了金属和合金以外，不含C—H键的所有无机化合物晶体结构信息，包括化学名和化学式、矿物名和相名称、晶胞参数、空间群、原子坐标、热参数、位置占位度、R因子及有关文献等各种信息。该库从1913

年开始出版，至今已包含近119.3万个被同行审查的化合物数据条目。该库每年更新，每次更新会增加约2 000种新化合物，所有的数据都是由专家记录并且经过修正的。

资源访问模式：远程访问

资源长期保存与元数据：不支持用户进行资源长期保存、支持用户收割元数据

资源统计：定期主动提供资源使用统计

使用(试用)过的单位：北京大学、北京科技大学、中山大学等。

用户评论：该库价格实惠，分为不同版本，可供不同规模的用户群体选择。该库运行速度较快，整体使用效果较好；使用情况统计细致到位，并及时提供。但全校开通的Web版本可能有访问上限数量限制，影响使用，也可向数据库商反馈情况。该库偶尔会有服务器升级所导致的暂时不可访问的情况。

Thomson Reuters Hong Kong Limited（汤森路透香港有限公司）

Thomson Reuters Westlaw（全新一代在线法律检索工具）

简称：Westlaw

数据库平台：Westlaw

数据库网址：http://www.westlaw.com/

数据库类型：全文数据库

文献类型：图书、期刊、报纸、法律法规、其他(案例)

语种：英文

学科分类：法学

用户权限：使用权(一旦停购则不能使用)

数据库概况：该库前身为Westlaw International，经过2016年1月1日全面升级为Westlaw Next后，从2017年1月1日起，全球统一名称为Thomson Reuters Westlaw。该库是由汤森路透集团旗下美国West出版公司于1975年开发的综合性法律法规、图书、期刊、新闻和公司信息数据库平台，现已发展成为全球使用量最多的包含不同法域、不同语言的法律信息检索在线数据库之一。该库目前包含的法域有美国、英国、加拿大、澳大利亚、欧盟各国、韩国等国和中国香港地区，覆盖几乎所有的法律学科，内容的更新速

度最快可达每10分钟一次。

资源访问模式:远程访问

资源长期保存与元数据:不支持用户进行资源长期保存、支持用户收割元数据

资源统计:由图书馆自行查询资源使用统计

使用(试用)过的单位:哈尔滨工业大学、中国人民大学、中国政法大学、北京大学、清华大学、上海交通大学、南京大学、华东政法大学、厦门大学、武汉大学、中南财经政法大学、湖北大学、湘潭大学、湖南大学等。

用户评论:该库内容质量高,服务好,功能强大。该库偶尔出现不能下载全文的情况。希望该库能增加培训;希望该库的功能更人性化。

Trans Tech Publications(跨技术出版社)

Trans Tech Publications(电子书)

简称: Trans Tech

数据库平台: Trans Tech Publications

数据库网址:http://www.scientific.net/

数据库类型:全文数据库

文献类型:图书、期刊、会议论文

语种:英文

学科分类:理学、工学

用户权限:买断(永久使用)

数据库概况:该库所属的出版社是全球知名的材料科学与工程出版社,1967年于瑞士成立。至今,该出版社始终保持出版材料科学最新的学术研究成果,并得到了科学研究界的广泛认可。该出版社专注出版材料科学和工程主题的高质量学术内容,每年有数千种新增学术出版物,丰富了出版社的内容,其中包括定期发布的特刊和专著、会议论文集、丛书和期刊。该库内容涵盖4 000多本电子书,包括专著、手册及会议论文,涉及材料科学、机械工程、建筑材料、生命科学与医学、计算机工程、纳米科学等共15个学科。该库电子书提供永久访问权。

资源访问模式:远程访问

资源长期保存与元数据:不支持用户进行资源长期保存、支持用户收割元数据

资源统计:定期主动提供资源使用统计

使用(试用)过的单位:合肥工业大学等。

用户评论:该库的电子书均经过严格评审程序,质量高,检索操作简单,检索高效准确。该库提供counter标准的使用统计报告,用户满意度较高。该库为国外数据库平台,希望其访问速度能更快,稳定性能更好。

VSDATA(北京威斯兰特科技有限公司)

Academic Data Retrieval System(威斯学术数据检索系统)

简称:威斯数据

数据库平台:vsdatalib

数据库网址:http://www.vsdatalib.com/

数据库类型:全文数据库

文献类型:图书、学位论文、会议论文、专利、产品资料、科技报告、其他

语种:英文

学科分类:多学科

用户权限:使用权(一旦停购则不能使用)

数据库概况:该库以其完善的数据挖掘开发技术,为用户提供海量的数据资源。该库通过与国外的专业机构数据进行深入合作(数据的专业性与学术价值由其进行初审,然后这些原始数据由国内聘请的信息化专家进行二次审核),将学术资源的研究价值发挥到最大,同时,对数字资源进行了原版原貌的收录。该库有丰富的专题供用户选择,并将国内外热点、使用频率高的专题进行重点开发,形成了以美国传统分类为基础,深入探索研究国内研究机构、教学单位的特点。该库资源类型主要包括:pre-print/e-print(预发表论文)、working paper(工作论文)、thesis/dissertation(学位论文)、courseware(课件)、lecture note(讲义教案)、reports(科技报告)、e-magazine(电子杂志)、patent documentation(专利文献)、government publications(政府出版物)、speech by the conference(会议发言)、presentation(演讲讲座)、proceedings & poster(会议记录)、special column & reviews(专栏评述)、legal rule & standards(法规标准)、news letter(科技通信)、e-reserves(教学参考资料)等。

资源访问模式:远程访问

资源长期保存与元数据:不支持用户进行资源长期保存、支持用户收

割元数据

资源统计:定期主动提供资源使用统计

使用(试用)过的单位:东北农业大学、哈尔滨理工大学、延边大学、长春师范大学等。

用户评论:该库用户满意度高,覆盖范围大,更新速度快,有些研究报告和收录论文资源独有性突出,对一些著名研究机构和企业的研究支撑数据范围广,支撑力度大,且价格适中,服务好。建议该库收录更多的权威期刊数据,检索方式更灵活精准。

William S. Hein & Co., Inc.(威廉·海因公司)

1. ABA Law Library Collection Periodicals(美国律师协会法律图书馆期刊文献库)

简称:ABA法律图书馆期刊文献库

数据库平台:HeinOnline

数据库网址:http://heinonline.org/HOL/Index?collection=aba/

数据库类型:全文数据库

文献类型:期刊

语种:英文

学科分类:法学

用户权限:使用权(一旦停购则不能使用)

数据库概况:该库包含了美国律师协会(American Bar Association,ABA)法律图书馆期刊所有卷期的电子版,这些期刊覆盖了美国法律的所有学科领域,而电子版具备更好的移动性与检索性。如果同时订购Hein Online Law Journal Library(法律期刊文献库)和ABA法律图书馆期刊文献库,用户将可以无缝连接所有具有历史价值的ABA期刊文献。

资源访问模式:远程访问

资源长期保存与元数据:不支持用户进行资源长期保存、不支持用户收割元数据

资源统计:定期主动提供资源使用统计

使用(试用)过的单位:吉林大学、烟台大学、大连海事大学、东北财经大学、辽宁大学、北京大学、清华大学、中国人民大学、中国国家图书馆、复旦大学、同济大学、浙江大学、华东政法大学、中山大学、汕头大学、武汉大

学、华中科技大学、江西财经大学、湖南大学、西安交通大学、四川大学、重庆大学、西南财经大学、西南政法大学、西南民族大学、云南大学等。

用户评论：该库收录的内容时效性强，收录的案例涉及面广。该库资源收录年代主要以20世纪为主，19世纪的资料内容较少。

2. Foreign & International Law Resources Database（国际法数据库）

简称：国际法数据库

数据库平台：HeinOnline

数据库网址：http://heinonline.org/HOL/Index?collection=intyb/

数据库类型：全文数据库

文献类型：期刊

语种：英文

学科分类：法学

用户权限：使用权（一旦停购则不能使用）

数据库概况：该库主要涉及法律领域的国际法，可协助用户研究国际法的演变。该库提供可以在线获取的重要的国际法研究相关文件。此外，该库解决了目前国际法研究人员面临的困难，即无法便捷地以印刷格式在多个国际法标题之间进行搜索。

资源访问模式：远程访问

资源长期保存与元数据：不支持用户进行资源长期保存、不支持用户收割元数据

资源统计：定期主动提供资源使用统计

使用（试用）过的单位：吉林大学、烟台大学、辽宁大学、北京大学、清华大学、中国人民大学、中国政法大学、中国国家图书馆、上海交通大学、复旦大学、同济大学、华东政法大学、中山大学、暨南大学、厦门大学、汕头大学、武汉大学、华中科技大学、湖南大学、西安交通大学、西北政法大学、四川大学、西南财经大学、西南政法大学、西南民族大学、云南大学等。

用户评论：该库收录内容全面，检索方便。

3. Hague Academy of Collected Courses（海牙国际法演讲集文献库）

简称：海牙国际法演讲集文献库

数据库平台：HeinOnline

数据库网址：http://heinonline.org/HOL/Index?collection=hague/

数据库类型：全文数据库

文献类型：期刊

语种：英文

学科分类：法学

用户权限：使用权(一旦停购则不能使用)

数据库概况：该库所涉及的海牙国际法学院是由卡内基国际和平基金会资助的，于1923年成立，其宗旨为培养国际法学高级人才，解决审查国际司法关系的相关问题。学院每年邀请当今国际法学领域的著名专家、学者来校讲授国际公法、国际私法和司法关系等相关课程，并将相关的课程进行整理以海牙国际法学院演讲集文献库(Hague Academy of Collected Courses Online)的形式出版。因其授课的对象为已经在国际法领域内有了一定专业知识的学生，所以其授课或演讲的内容多为对国际法某一领域进行认真研究后的成果。因此该库在国际法学界享有很高声誉，已成为国际法学研究领域的权威资源。

资源访问模式：远程访问

资源长期保存与元数据：不支持用户进行资源长期保存、不支持用户收割元数据

资源统计：定期主动提供资源使用统计

使用(试用)过的单位：吉林大学、烟台大学、大连海事大学、辽宁大学、北京大学、清华大学、中国国家图书馆、上海交通大学、复旦大学、同济大学、浙江大学、华东政法大学、中山大学、暨南大学、厦门大学、汕头大学、武汉大学、江西财经大学、湖南大学、西安交通大学、西北政法大学、四川大学、重庆大学、西南财经大学、西南政法大学、西南民族大学、云南大学等。

用户评论：该库收录内容全面且权威，检索功能易用，可以根据数据库设定好的人名、主题进行检索。该库价格较贵。

4. HeinOnline(法学期刊全文数据库)

简称：HeinOnline

数据库平台：HeinOnline

数据库网址：http://heinonline.org/HOL/Welcome/

数据库类型：全文数据库、索引(文摘)数据库

文献类型：图书、期刊、学位论文、法律法规

语种：英文

学科分类：法学

用户权限：使用权(一旦停购则不能使用)

数据库概况：该库所属的William S. Hein & Co., Inc.从事法律出版及信息服务已有近90年的历史，在美国乃至全球均享有盛名，现为全球最大的法律期刊的提供商、订购商和法律图书馆界的服务商之一。该库现有2 700余种法学期刊，收录了美国联邦和各州的案例，12 000多部精品法学学术专著。自2000年进入市场以来，该库在全球法律文献市场取得了巨大的成功。2001年获得美国法律图书馆协会颁发的“最佳新产品奖”；2002年获得国际法律图书馆协会颁发的“最佳商业网站奖”。

资源访问模式：远程访问

资源长期保存与元数据：不支持用户进行资源长期保存、不支持用户收割元数据

资源统计：定期主动提供资源使用统计

使用(试用)过的单位：东北师范大学、吉林大学、辽宁大学、大连海事大学、沈阳师范大学、北京大学、北京科技大学、华东政法大学、华东师范大学、上海政法学院、广州大学、广东财经大学、华南农业大学、武汉大学、湖南师范大学、西南财经大学、重庆大学、四川大学等。

用户评论：该库收录了世界排行前20名的法学全学科期刊，无并发用户数限制，搜索界面简单易懂，文献资料珍贵，独家收录内容多，加入了人工智能程序，更贴近使用者的想法。该库费用每年有5%—6%的涨幅。该库资源主要以期刊文献为主，案例相对较少。

5. History of Bankruptcy：Taxation & Economic Reform in America，Part III[破产史：美国税法与经济改革文献库(第三部分)]

简称：破产史——美国税法与经济改革文献库(第三部分)

数据库平台：HeinOnline

数据库网址：http://heinonline.org/HOL/Index?collection=bank/

数据库类型：全文数据库

文献类型：期刊

语种：英文

学科分类：法学

用户权限：使用权(一旦停购则不能使用)

数据库概况：根据美国统计数据，在2009年10月—2010年9月期间，美国发生了超过160万起破产，这些破产既包括了企业也包括了个人。这些数字的背后有美国经过200多年发展得较为完善的企业破产法案、法规以及相关的救济措施。为了帮助学者站在历史全貌的角度来观察和研究

美国自18世纪至今近225年的破产立法史，美国 William S. Hein & Co., Inc.推出了该库。研究美国的破产立法史，对研究破产等相关领域的学者有着重要的借鉴意义。

资源访问模式：远程访问

资源长期保存与元数据：不支持用户进行资源长期保存、不支持用户收割元数据

资源统计：定期主动提供资源使用统计

使用(试用)过的单位：大连海事大学、东北财经大学、辽宁大学、北京大学、清华大学、中国人民大学、中国政法大学、中国国家图书馆、上海交通大学、复旦大学、同济大学、浙江大学、华东政法大学、中山大学、暨南大学、厦门大学、华中科技大学、河南大学、江西财经大学、湖南大学、西安交通大学、西北政法大学、西南财经大学、西南政法大学、西南民族大学、云南大学等。

用户评论：该库收录了比较完整的有关财税和经济改革的立法性文献，收录的专著参考价值高，可以和HeinOnline的法学期刊数据库的期刊进行链接。该库收录的专著较少，没有其他媒体形式的载体可供浏览，比如音频或视频。

6. History of International Law Collection(国际法历史文献库)

简称：国际法历史文献库

数据库平台：HeinOnline

数据库网址：http://heinonline.org/HOL/Index?collection=hoil/

数据库类型：全文数据库

文献类型：期刊、图书

语种：英文

学科分类：法学

用户权限：使用权(一旦停购则不能使用)

数据库概况：该库收录了约1 000种国际法历史经典著作，最早出版时间为1602年。库内资源的作者均为国际法领域著名的学者，包括威廉·奥威尔·道格拉斯(William Orville Douglas)、杰塞普(Philip C. Jessup)、汉斯·凯尔森(Hans Kelsen)、塞缪尔·普芬道夫(Samuel Pufendorf)、胡果·格劳秀斯(Hugo Grotius)、赫希·劳特派特(Hersch Lauterpacht)、昆西·赖特(Quincy Wright)、亨利·惠顿(Henry Wheaton)等。该库涵盖战争与和平、纽伦堡审判、海洋法、国际仲裁等国际法领域；包括数以万计的研究国际法的法学期

刊文章；涵括哈佛大学出版社、耶鲁大学出版社、牛津大学出版社、剑桥大学出版社、斯坦福大学出版社、哥伦比亚大学出版社、约翰斯·霍普金斯大学出版社、芝加哥大学出版社、密歇根州立大学出版社、杜克大学出版社、卡内基基金会、海牙国际法学院、联合国世界和平基金会等著名出版社和机构，在学术界享有很高的声誉。

资源访问模式：远程访问

资源统计：定期主动提供资源使用统计

资源长期保存与元数据：不支持用户进行资源长期保存、不支持用户收割元数据

使用（试用）过的单位：吉林大学、烟台大学、辽宁大学、北京大学、清华大学、中国人民大学、中国政法大学、中国国家图书馆、复旦大学、同济大学、浙江大学、华东政法大学、中山大学、暨南大学、厦门大学、汕头大学、武汉大学、河南大学、江西财经大学、湖南大学、西安交通大学、西北政法大学、四川大学、重庆大学、西南财经大学、西南政法大学、西南民族大学等。

用户评论：该库是研究国际法历史的基本资源，内容涵盖领域较广。该库更新速度较慢。

7. Immigration Law & Policy in the U.S.（美国移民法律与政策文献库）

简称：美国移民法律与政策文献库

数据库平台：HeinOnline

数据库网址：http://heinonline.org/HOL/Index?collection=immigration/

数据库类型：全文数据库

文献类型：期刊、图书、法律法规、其他

语种：英文

学科分类：法学

用户权限：使用权（一旦停购则不能使用）

数据库概况：为了帮助学者站在历史全貌的角度来观察和研究美国19世纪至今200余年的美国移民与法律，美国William S. Hein & Co.，Inc.推出了该库。该库收录了超过1 500卷、40万页的1840年至2015年间关于美国移民法律和政策的完整的历史性材料，这些文献包括700多种经典著作、数以万计的期刊文章、200多年以来美国移民相关的联邦法条法规、美国参议院报告。同时该库包括听证、辩论内容以及移民法最新的发展，是一个关于美国移民法的综合文献库。

资源访问模式:远程访问

资源长期保存与元数据:不支持用户进行资源长期保存、不支持用户收割元数据

资源统计:定期主动提供资源使用统计

使用(试用)过的单位:吉林大学、东北财经大学、北京大学、清华大学、中国人民大学、中国政法大学、中国国家图书馆、上海交通大学、复旦大学、同济大学、浙江大学、华东政法大学、中山大学、暨南大学、厦门大学、武汉大学、华中科技大学、河南大学、西安交通大学、西北政法大学、四川大学、重庆大学、西南财经大学、西南政法大学、西南民族大学、云南大学等。

用户评论:该库内容独特,包含美国移民法和决策文摘、移民和国籍法案等重要资料。该库内容信息量较小,受众人群较窄。

8. Intellectual Property Law Collection(知识产权法律文献库)

简称:知识产权法律文献库

数据库平台: HeinOnline

数据库网址:http://heinonline.org/HOL/Index?collection=intprop/

数据库类型:全文数据库

文献类型:期刊、图书、法律法规、其他

语种:英文

学科分类:法学

用户权限:使用权(一旦停购则不能使用)

数据库概况:该库收录超过3 300卷、200万页的1774年至2011年间关于知识产权法律的完整的历史性材料,这些文献包括400多种经典著作、50多种知识产权法律期刊、数以万计的期刊文章、100多年以来美国知识产权相关的联邦法条法规、美国参议院报告、美国众议院报告和议案、美国参议院文件、美国众议院文件、美国总统文件及相关议案。该库是研究美国知识产权法律不可或缺的基础研究资料库。

资源访问模式:远程访问

资源长期保存与元数据:不支持用户进行资源长期保存、不支持用户收割元数据

资源统计:定期主动提供资源使用统计

使用(试用)过的单位:吉林大学、烟台大学、大连海事大学、北京大学、清华大学、中国人民大学、中国政法大学、中国国家图书馆、上海交通大学、复旦大学、同济大学、浙江大学、华东政法大学、厦门大学、汕头大学、武汉

大学、华中科技大学、河南大学、江西财经大学、湖南大学、西安交通大学、西北政法大学、西南财经大学、西南政法大学、西南民族大学、云南大学等。

用户评论：该库为完善的关于知识产权立法及相关领域的资源库，内容每天更新，通过数据库自带的Google专利搜索引擎，可以轻松地搜索到所需资料。目前该库在国内的知名度不够，了解的人较少。

9. Taxation & Economic Reform in America，Parts I & II［美国税法与经济改革文献库(第一和第二部分)］

简称：美国税法与经济改革文献库(第一和第二部分)

数据库平台：HeinOnline

数据库网址：http://heinonline.org/HOL/Index?collection=tera/

数据库类型：全文数据库

文献类型：期刊、图书、法律法规、其他

语种：英文

学科分类：法学

用户权限：使用权(一旦停购则不能使用)

数据库概况：为了帮助学者站在历史全貌的角度来观察和研究美国19世纪至今200余年的财税和经济改革立法史，美国William S. Hein & Co.，Inc.推出了该库。该库收录超过4 000卷、200万页的美国自1781年至今关于财税和经济改革的完整的历史性材料。这些文献包括200多种经典著作、美国财税和经济改革相关的联邦法条法规、美国参议院报告、美国众议院报告和议案、美国参议院文件、美国众议院文件、美国总统文件及相关议案。该库是研究美国财税和经济改革立法史不可或缺的基础性研究资料库。

资源访问模式：远程访问

资源长期保存与元数据：不支持用户进行资源长期保存、不支持用户收割元数据

资源统计：定期主动提供资源使用统计

使用(试用)过的单位：烟台大学、东北财经大学、辽宁大学、北京大学、清华大学、中国人民大学、中国政法大学、中国国家图书馆、复旦大学、同济大学、浙江大学、华东政法大学、中山大学、厦门大学、华中科技大学、河南大学、江西财经大学、湖南大学、西安交通大学、西北政法大学、四川大学、重庆大学、西南财经大学、西南政法大学、西南民族大学、云南大学等。

用户评论：该库收录了比较完整的有关财税和经济改革的立法性文献，收录的专著参考价值高，还可以和HeinOnline的法学期刊数据库的期刊进行链接。但该库收录的专著较少，没有其他媒体形式的载体可供浏览，比如音频或视频。

10. U.S. Congressional Documents（美国国会档案文献库）

简称：美国国会档案文献库

数据库平台：HeinOnline

数据库网址：http://heinonline.org/HOL/Index?collection=congrec/

数据库类型：全文数据库

文献类型：期刊

语种：英文

学科分类：法学

用户权限：使用权（一旦停购则不能使用）

数据库概况：该库的特色是其收录了完整的国会记录合订版卷集（1873年至今），以及该库之前的3个标题：国会年志（1789年到1824年）、争论的登记（1824年到1837年）和国会大全（1833年到1873年）。同时该库还可以订阅1980年至今的国会记录日报。

资源访问模式：远程访问

资源长期保存与元数据：不支持用户进行资源长期保存、不支持用户收割元数据

资源统计：定期主动提供资源使用统计

使用（试用）过的单位：吉林大学、烟台大学、大连海事大学、东北财经大学、北京大学、中国政法大学、中国国家图书馆、上海交通大学、复旦大学、同济大学、浙江大学、华东政法大学、中山大学、暨南大学、厦门大学、汕头大学、武汉大学、华中科技大学、河南大学、西安交通大学、西北政法大学、四川大学、重庆大学、西南财经大学、西南政法大学等。

用户评论：该库收录了完整的国会记录合订版卷集，专业性强，但适用人群范围较窄。

11. U.S. Federal Agency Documents, Decisions, and Appeals Library(美国联邦机构文件、裁决和上诉材料文献库)

简称:美国联邦机构文件、裁决和上诉材料文献库

数据库平台: HeinOnline

数据库网址:http://heinonline.org/HOL/Index?collection=usfed/

数据库类型:全文数据库

文献类型:期刊

语种:英文

学科分类:法学

用户权限:使用权(一旦停购则不能使用)

数据库概况:该库完整收录了美国重要的政府机构的判例法。这种判例法也被称为裁决法(decision law),它是由各个联邦机构出版的、被报告的司法裁决的主体组成的,因此也将其称为先例,可作为将来裁决的依据。

资源访问模式:远程访问

资源长期保存与元数据:不支持用户进行资源长期保存、不支持用户收割元数据

资源统计:定期主动提供资源使用统计

使用(试用)过的单位:吉林大学、烟台大学、大连海事大学、东北财经大学、辽宁大学、北京大学、清华大学、中国人民大学、中国政法大学、中国国家图书馆、同济大学、华东政法大学、中山大学、暨南大学、武汉大学、华中科技大学、河南大学、江西财经大学、湖南大学、西北政法大学、四川大学、重庆大学、西南财经大学、西南政法大学、西南民族大学、云南大学等。

用户评论:该库内容较为丰富,包含美国联邦政府超过75个出版单位的畅销法律文献、大量的政府公告和报告。该库资源范围仅限于美国联邦政府,受众面较窄。

12. U.S. International Trade Library(美国国际贸易文献库)

简称:美国国际贸易文献库

数据库平台: HeinOnline

数据库网址:http://heinonline.org/HOL/Index?collection=trade/

数据库类型:全文数据库

文献类型:期刊、图书、法律法规、其他

语种:英文

学科分类:法学

用户权限：使用权（一旦停购则不能使用）

数据库概况：为了帮助学者站在历史全貌的角度来观察和研究美国19世纪至今200余年的美国国际贸易立法史，美国William S. Hein & Co., Inc.推出了该库。该库收录超过6 000卷、170万页的19世纪至2014年间关于美国国际贸易法律的完整的历史性材料。该库包括100多部美国国际贸易相关法律史料；5 000多种美国国际贸易委员会和美国国际贸易领域的历史经典著作；联邦法规典籍和美国法典。此外，该库还可链接到数以万计的讨论美国国际贸易法的法律评论文章。

资源访问模式：远程访问

资源长期保存与元数据：不支持用户进行资源长期保存、不支持用户收割元数据

资源统计：定期主动提供资源使用统计

使用（试用）过的单位：吉林大学、烟台大学、大连海事大学、东北财经大学、辽宁大学、北京大学、清华大学、中国人民大学、中国政法大学、中国国家图书馆、上海交通大学、复旦大学、同济大学、浙江大学、华东政法大学、中山大学、暨南大学、华中科技大学、江西财经大学、西北政法大学、四川大学、重庆大学、西南财经大学、西南政法大学、西南民族大学、云南大学等。

用户评论：该库内容每天更新，收录了5 000余种关于美国国际贸易的经典著作，具有参考价值。同时该数据库可以和HeinOnline的法学期刊数据库的期刊进行链接。

13. World Constitutions Illustrated: Contemporary & Historical Documents & Resources（世界宪法文献库：当代和历史文献与资源）

简称：世界宪法文献库——当代和历史文献与资源

数据库平台：HeinOnline

数据库网址：http://heinonline.org/HOL/Index?collection=cow/

数据库类型：全文数据库

文献类型：期刊、图书

语种：英文

学科分类：法学

用户权限：使用权（一旦停购则不能使用）

数据库概况：该库是法学学者研究世界各国的宪法文献及政治制度发展的重要工具。该库资源包括各国现行宪法的原文文本和相应的英文译本，同时提供澳大利亚、巴西、中国、法国、墨西哥、英国等国家宪法的立法

史资源。该库还包含宪法期刊、数以千计的宪法经典图书及相关著作、学术文章的链接和在线资源以及参考文献。该库致力于促进历史和当前各国宪法与政府文献的研究，为世界各地法学工作者提供一个全新、友好、内容丰富的全球各国宪法和政治研究的数据库平台。该库将大部分以各国本地语言文字呈现的宪法文献翻译成英文，供全世界用户阅读。

资源访问模式：远程访问

资源长期保存与元数据：不支持用户进行资源长期保存、不支持用户收割元数据

资源统计：定期主动提供资源使用统计

使用(试用)过的单位：大连海事大学、东北财经大学、北京大学、清华大学、中国人民大学、中国政法大学、中国国家图书馆、上海交通大学、复旦大学、同济大学、浙江大学、华东政法大学、中山大学、暨南大学、厦门大学、武汉大学、华中科技大学、河南大学、江西财经大学、西北政法大学、四川大学、重庆大学、西南财经大学、西南政法大学、西南民族大学、云南大学等。

用户评论：该库收录了各国现行宪法，还有多种有关宪法的经典著作，内容权威；拥有英国、法国、巴西和哥伦比亚的详细宪法史，比较珍贵。该库专业性强，适用人群范围较窄。

14. World Treaty Library(世界条约文献库)

简称：世界条约文献库

数据库平台：HeinOnline

数据库网址：http://heinonline.org/HOL/Index?collection=weaties/

数据库类型：全文数据库

文献类型：期刊

语种：英文

学科分类：法学

用户权限：使用权(一旦停购则不能使用)

数据库概况：该库规模巨大，汇集了几乎所有重要条约集的原版，是目前规模最大的世界条约数据库之一。该库内容的时间范围为1648年至今，已确定的条约记录总计超过16万条。William S. Hein & Co., Inc.通过与塔夫茨大学、布里尔出版社、联合国以及其他组织的合作，首次实现了用户可在一个数据库中对世界范围内的所有重要条约进行检索的目标。

资源访问模式：远程访问

资源长期保存与元数据：不支持用户进行资源长期保存、不支持用户

收割元数据

资源统计：定期主动提供资源使用统计

使用(试用)过的单位：吉林大学、烟台大学、大连海事大学、北京大学、清华大学、中国人民大学、中国政法大学、中国国家图书馆、上海交通大学、复旦大学、同济大学、浙江大学、华东政法大学、中山大学、武汉大学、华中科技大学、江西财经大学、湖南大学、西安交通大学、西北政法大学、四川大学、重庆大学、西南财经大学、西南政法大学、西南民族大学、云南大学等。

用户评论：该库汇集了所有重要条约集的原版，数据量大。该库每年有5%左右的价格涨幅，希望能降低涨幅。

15. World Trials Library(世界审判文献库)

简称：世界审判文献库

数据库平台：HeinOnline

数据库网址：http://heinonline.org/HOL/Index?collection=trials/

数据库类型：全文数据库

文献类型：期刊、图书、其他

语种：英文

学科分类：法学

用户权限：使用权(一旦停购则不能使用)

数据库概况：该库是全球最大的、收录最全的在线世界审判文献库之一，由HeinOnline和康奈尔大学(Cornell University)法学院图书馆、Jenkinsa法学图书馆、密苏里大学哥伦比亚分校(University of Missouri Columbia)法学图书馆以及一些重要的私人藏书馆共同建设而成，收录了17世纪至今超过3 600个重要的全球性的审判判例。该库收录内容超过4 000卷，包括完整的美国国家审判、John Lawson国家审判判例集、Howell国家审判判例集、纽伦堡审判、东京审判、战争审判等，除了包括审判判例内容本身以外，还包括对这些审判判例的分析以及相关的专著、学者关于这些审判判例所写的学术文章和全球著名大法官的传记。该库是研究刑法、国际刑法、国际法、法律史等领域不可或缺的资源。

资源访问模式：远程访问

资源长期保存与元数据：不支持用户进行资源长期保存、不支持用户收割元数据

资源统计：定期主动提供资源使用统计

使用(试用)过的单位：吉林大学、大连海事大学、东北财经大学、清华

大学、中国人民大学、中国政法大学、中国国家图书馆、上海交通大学、复旦大学、同济大学、浙江大学、华东政法大学、中山大学、暨南大学、厦门大学、汕头大学、武汉大学、华中科技大学、江西财经大学、湖南大学、四川大学、重庆大学、西南财经大学、西南政法大学、西南民族大学、云南大学等。

用户评论：该库收录内容全，无并发用户数限制，检索界面友好。该库主要以欧美审判案例内容为主，专业性较强，受众面小。

World Scientific Publishing Company（新加坡世界科技出版公司）

1. World Scientific e-Books（世界科技电子书）

简称：世界科技电子书

数据库平台：World Scientific

数据库网址：http://www.worldscientific.com/

数据库类型：全文数据库

文献类型：图书、期刊

语种：英文

学科分类：多学科

用户权限：买断（永久使用）

数据库概况：该库所属的World Scientific Publishing Company（新加坡世界科技出版公司）是亚太地区规模最大的英文科技出版公司之一，也是世界主要科技出版公司之一。该公司总部位于新加坡，在美国新泽西、英国伦敦、德国慕尼黑、印度钦奈、日本东京以及中国的北京、上海、香港、台湾等地设有分公司。该公司专门出版高科技书刊，内容涉及数学、物理、非线性科学、化学、材料科学、纳米技术、计算机科学、工程学、环境科学、医学和医疗保健、生命科学、商业和金融经济、大众科学、社会科学以及亚洲研究等各学科领域。

资源访问模式：远程访问

资源长期保存与元数据：支持用户进行资源长期保存、支持用户收割元数据

资源统计：定期主动提供资源使用统计、支持counter标准统计数据

使用（试用）过的单位：北京师范大学、上海交通大学、同济大学、浙江大学、浙江师范大学、中国科技大学、西交利物浦大学、华中科技大学、电子

科技大学、四川大学等。

用户评论：该库新书的更新速度很快，每月都有新电子书上线；可在入口主页直接检索需要的书籍；书的学科种类比期刊丰富，内容也更丰富。该库检索时只能按书名、作者名、ISBN检索，关键词检索的结果范围太广，检索体验不太好。

2. WorldSciNet(世界科技期刊网)

简称：WSN

数据库平台：WorldSciNet

数据库网址：http://iopscience.iop.org/bookList/10/1/

数据库类型：全文数据库

文献类型：期刊

语种：英文

学科分类：多学科

用户权限：使用权(一旦停购则不能使用)

数据库概况：该库是新加坡世界科技出版公司专门为科研人员提供的期刊在线服务数据库。研究人员可以通过该库浏览120余种高质量科技期刊的电子全文，了解并掌握所需研究领域的最新科技进展。该库包含120余种期刊，其中62种为SCI收录的期刊，涵盖数学、计算机科学、物理学、工程学、医学与生命科学、非线性科学、经济学、材料科学、化学、社会科学、环境科学等学科。该库将其公司的出版资源整合在一起，更加方便用户查询检索。

资源访问模式：远程访问

资源长期保存与元数据：不支持用户进行资源长期保存、支持用户收割元数据

资源统计：定期主动提供资源使用统计、支持counter标准统计数据

使用(试用)过的单位：大连理工大学、北京大学、北京交通大学、北京理工大学、上海交通大学、复旦大学、中国科学技术大学、南京大学、山东大学、中山大学、广州大学、华中科技大学、华中师范大学、重庆大学、西南大学、电子科技大学等。

用户评论：该库的理工科类的期刊质量较高，尤其是数学和物理学科的期刊，国际排名靠前。数据库平台打开不卡顿，浏览顺畅稳定，检索界面简洁；可以查看年份比较久远的存档。该库社科类的期刊种类很少，偏重理工类；检索时只能按照期刊全称、ISSN号、学科进行检索。

附 录

附录一 数据库类型索引

附录二　文献类型索引

附录三 数据库名索引

数字

A

B

C

D

E

F

G

H

I

J

K

L

M

N

O

P

Q

R

S

T

U

V

W

X

Y

Z